建筑业“十二五”人才培养规划实用技术精讲丛书

建筑施工测量20讲

周新力　编著

机　械　工　业　出　版　社

本书是“建筑业十二五人才培养规划实用技术精讲丛书”之一，对建筑施工测量的基本知识、技术要点，操作方法，结合工程实例，进行了全面的阐述和讲解。全书由20讲组成，分别为绪论、测量坐标系、水准仪、经纬仪和全站仪、GPS卫星定位系统、RS卫星遥感系统、高程控制测量、平面导线控制测量、平面三角控制测量、GPS控制测量、经纬仪或全站仪以及GPS地形测图、摄影遥感测图、测量误差、施工放样、房屋工程测量、线路工程测量、水利工程测量、桥梁工程测量、隧道工程测量、建筑物或构造物的变形观测等。全书参照工程测量最新规范（GB50026—2007）的要求，内容系统全面、图文并茂、简洁明了，有较强的实践性和实用性。

本书不仅可以用作施工一线从业人员和施工工程技术人员的学习和指导用书，还可以作为高等院校的房屋建筑工程、道路桥梁工程和水利水电工程等专业的广大师生的参考用书。

图书在版编目（CIP）数据

建筑施工测量20讲/周新力编著. —北京：机械工业出版社，2014.1

（建筑业“十二五”人才培养规划实用技术精讲丛书）

ISBN 978-7-111-44328-5

Ⅰ.①建… Ⅱ.①周… Ⅲ.①建筑测量 Ⅳ.①TU198

中国版本图书馆CIP数据核字（2013）第241067号

机械工业出版社（北京市百万庄大街22号 邮政编码100037）
策划编辑：薛俊高 责任编辑：薛俊高
版式设计：霍永明 责任校对：张莉娟
封面设计：张 静 责任印制：张 楠
北京京丰印刷厂印刷
2014年1月第1版·第1次印刷
184mm×260mm·16印张·370千字
标准书号：ISBN 978-7-111-44328-5
定价：39.80元

凡购本书,如有缺页、倒页、脱页，由本社发行部调换

电话服务
社服务中心：（010）88361066
销售一部：（010）68326294
销售二部：（010）88379649
读者购书热线：（010）88379203

网络服务
教材网：http://www.cmpedu.com
机工官网：http://www.cmpbook.com
机工官博：http://weibo.com/cmp1952
封面无防伪标均为盗版

前　言

所谓“建筑”不仅仅是指工业与民用建筑，还包括铁路与公路、桥梁与隧道、水利工程、地下工程、管线工程，以及城市与矿山建设等。因此，建筑施工测量的内容实质上包括以上所涉及的一切人工建筑物或构筑物在工程的规划设计、施工生产和运营管理等各个阶段的建设过程中所应用到的测量技术。

近30年来，随着我国的电子、计算机和空间技术的迅猛发展，以电子水准仪、全站仪、GPS卫星全球定位系统和RS卫星遥感系统等为主的现代测绘技术在我国的应用也日益普及。21世纪以来，我国在建设大型水工建筑物、长隧道和城市地铁中，对施工测量提出了一系列崭新的要求，其总体布局和工程结构不仅复杂，施工场地也大，为了确保施工竣工后的工程质量，对于各个主轴线和细部结构的施工放样也都提出了更为严格的要求。同时，随着人类科学技术不断向着宏观宇宙和微观粒子世界的延伸，施工测量的对象不仅限于地球表面，而且深入地下、海水水域、宇宙空间，如核电站、摩天大楼、海底隧道、跨海大桥、大型正负电子对撞机等。对于我国的高能物理、天体物理、人造卫星、宇宙飞行、远程武器发射等事业的发展，需要建设各种巨型实验室，从测量的精度到仪器的自动化程度等方面都对施工测量提出了更高的要求。这就对施工测量从业人员的“实践技能”的要求有了更新和更高的标准。本书正是为了适应当今时代对高层次、高水平施工测量从业人员的需求而编写的。编写的过程中着重从以下两方面进行创新：

一是书的内容在广度上侧重于“宽”。即除了传统的工业与民用建筑等工程建设的三阶段的施工测量内容外，还囊括了道路、桥梁、隧道、大坝、管道等工程建设的各个领域。同时，测量的技术不仅有常规的光学和电子设备知识，如水准仪、经纬仪和全站仪等，还包括GPS卫星全球定位技术和RS卫星遥感技术等。

二是书的形式在深度上侧重于“简”。这里，“简”并不意味着该书的内容很浅，而是该书将难度较大理论性很强的内容通过形象化的形式进行了简化处理，使高职高专院校毕业的学生或中低层专业的从业人员也能够顺利地理解书中理论深奥和抽象的知识难点。

在本书即将出版之际，要感谢机械工业出版社的信任和支持，使我有机会主持编写此书。同时，本书的编写参照了很多专家和同行所编写的有关测量方面的教材和参考书（其详细的要目列于本书后的参考文献中），其中还包括参考并引用了一些专家的PPT教材中的一些图片，在此，向他们表示我由衷的敬意和谢意。

由于本人的精力、能力和水平有限，难免有错、漏及不妥和不足之处，敬请广大读者、专家和同行们的批评和赐教。

周新力
湖南邵阳学院城建系
2013-7-11

目　录

第1讲　施工测量知识概述

1.1　测量的通用坐标系

测量的目的就是确定地面上（包括空中、地下和海底）点的位置和位移状况，而空间里任何一个点的位置和运动轨迹都离不开一个参照基准。因此，在测量前需要首先建立一个特定的坐标系统。为了准确描述目标点在地球上的位置，测量时通常采用固联在地球上、随同地球自转的地球坐标系。

目前，世界上所采用的地球坐标系一般有参心坐标系和地心坐标系两种类型，如图1-1所示。

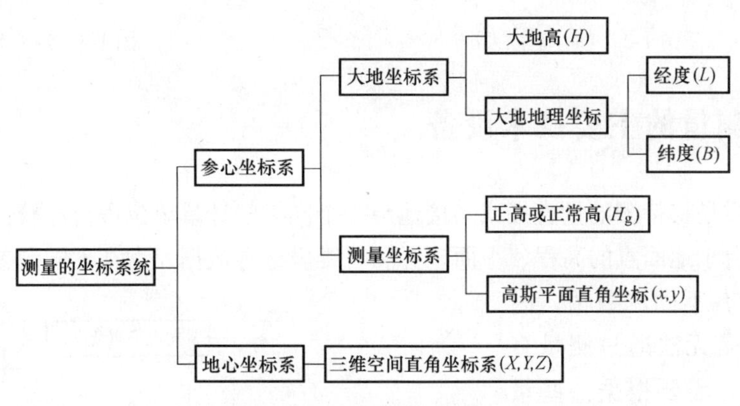

图1-1　地球坐标系类型

1.1.1　参心坐标系

所谓参心坐标系是指由原点、参考面和基准方向所定义的坐标系，该坐标系一般以参考椭球体为基准，其中心通常与地球的质心不一致，其表现的形式主要是以大地坐标系或测量坐标系来表示的，即由点到基准面的垂直距离和点在基准面上的投影坐标所表示的坐标系，例如我国的西安大地坐标系（C_{80}）和北京坐标系（BJ-54）就属于这类坐标系。在常规的大地测量中，世界上绝大多数国家均采用此坐标系作为测绘各种大、中比例尺地形图的测量坐标系统。

1. 大地坐标系

大地坐标系指由大地高（H）和大地地理坐标（经度L、纬度B）所表示的坐标系（如图1-2a所示）。

2. 测量坐标系

测量坐标系是指由正高或正常高（H_g）和高斯平面直角坐标（x，y）所表示的坐标系，如图 1-2b 所示。

1.1.2 地心坐标系

所谓地心坐标系是指用原点和三个坐标轴方向所定义的坐标系，该坐标系以地球的质心为坐标原点，其表现的形式主要是以空间三维直角坐标系来表示的（如图 1-3 所示），即由 X、Y、Z 三个互相垂直的坐标轴所表示的坐标系，对于各种先进的空间卫星大地测量技术如全球定位系统（GPS）所采用的世界大地坐标系（WGS-84）就属于这种坐标系。

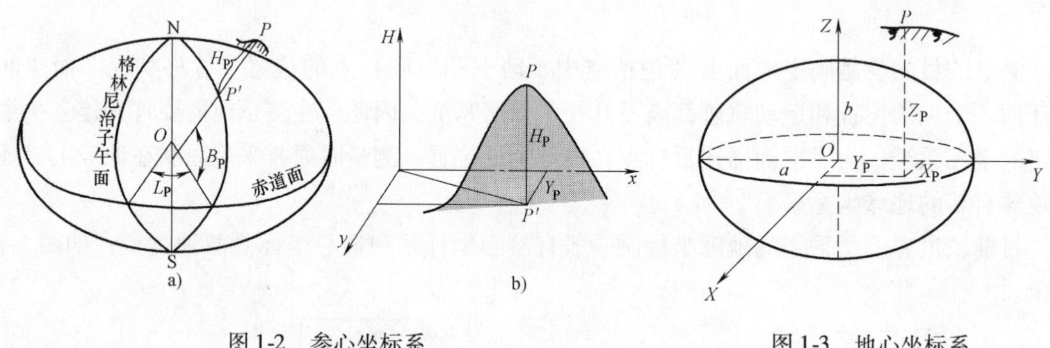

图 1-2 参心坐标系 图 1-3 地心坐标系

1.2 现代测量的主要技术设备

测量的实质是将待测的量直接或间接地与一个同类的计量单位进行比较，这就需要一个测量的装置。由于地面点的高程、平面坐标和三维坐标等数据元素在不同的参照系或者不同的坐标系中会有不同的数值，因此，它们一般是无法通过测量直接来获得，而是需要根据一些量的间接计算才能得到，这些量就是指那些与测量基准的起算数据无关的元素，如高差（即垂直距离）、水平距离、空间距离和水平角、竖直角等，其数值则可以通过观测直接获得。

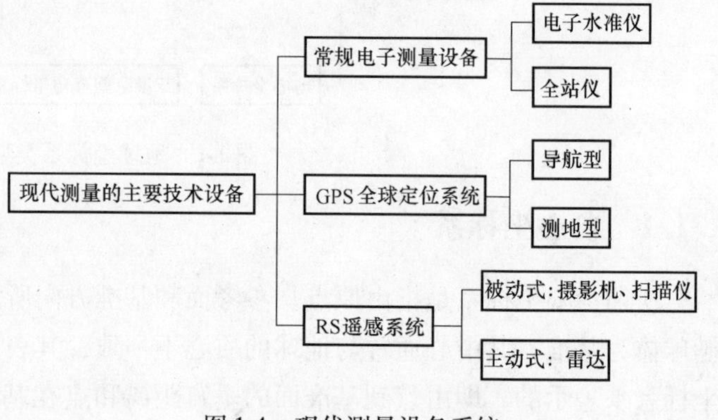

图 1-4 现代测量设备系统

目前无论是用直接的还是间接的观测方式，在工程建设上最基本的测量设备主要可分为常规电子测量设备、GPS 全球定位系统和 RS 遥感系统等三大系统，如图 1-4 所示。

1.2.1 常规电子测量设备

主要包括水准仪及电子水准仪和经纬仪及电子全站仪这两套设备。

1. 水准仪及电子水准仪

一种主要用于测量高程的设备，一般由观测站的仪器和观测点的标尺所组成，如图 1-5

所示。目前在普通微倾式水准仪的基础上随着电子技术的发展，经由自动安平水准仪和精密水准仪的改进而产生的电子水准仪，也称数字水准仪，是集电子光学、图像处理、计算机技术于一体的当代最先进的、精度最高的高程测量设备，代表了当代水准仪的发展方向，主要用于高等级高精度的水准测量。

图1-5　电子水准仪测量

2. 经纬仪及电子全站仪

主要用于测量角度和平面坐标的设备，通常由观测站的仪器和观测点的标杆或棱镜所组成，如图1-6所示。当前在光学经纬仪的基础上随着光电技术的发展，经由电子经纬仪与光电测距仪的组合而产生的全站仪，也称电子速测仪，是集电子测角、光电测距、三角高程测量和微处理器及其软件等技术于一体的智能型光电测量设备，能一次安置仪器就可以完成该测站上的全部测量工作。它主要用于高等级高精度的平面控制测量和三维地形图测绘。

图1-6　全站仪测量

1.2.2　GPS全球定位系统

GPS卫星导航定位系统即“授时与测距导航系统/全球定位系统”，英文全名为Navigation System Timing and Raging/Global Positioning System。它是以无线电导航系统为基础，经由多普勒子午卫星导航定位系统的发展演变而来的，该系统主要包括三个部分：即空间星座部分、地面控制部分和用户接收部分，如图1-7所示。其测量不要求两测站点之间互相通视，也不受时间、地点、气候等条件的限制，可以进行全方位、全天候、全天时的测量，并能提供连续、实时、高精度的三维坐标信息，是目前控制测量中自动化程度最高的设备，主要用于三维控制测量。

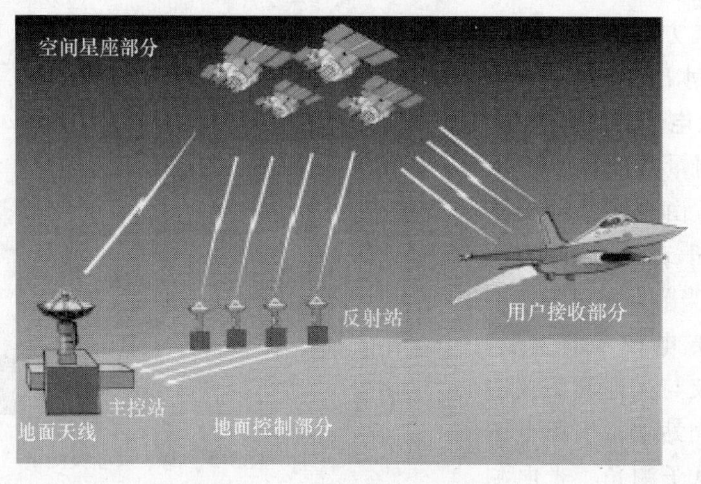

图1-7 GPS卫星导航定位系统

1.2.3 RS遥感系统

RS遥感系统是英文“Remote Sensing”的缩写，意思是“遥远的感知”，是指利用地面、空中或空间等平台上的传感器来对地表面上一切静止的或动态的物体进行无接触的远距离探测。它是20世纪60年代在摄影测量的基础上兴起的，并在航天技术、计算机技术和传感器技术等的推动下发展起来的一种对地观测综合性技术，RS遥感系统包括三大部分：即信息源部分、信息获取部分和信息处理部分，如图1-8所示。该系统可以获取目标物在任意时间内大量的几何信息和物理信息，并且能测绘动态变化的目标，其获取的影像信息具有丰富、客观、形象、生动、逼真等特点，是目前数字化地形图测绘的主要技术手段。

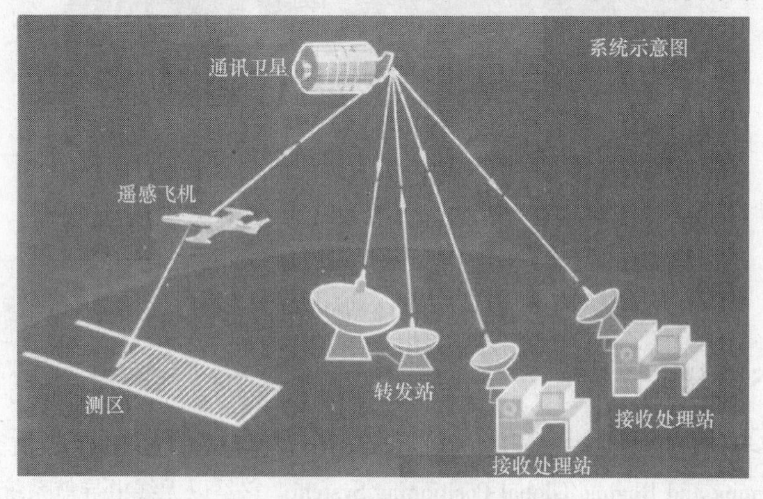

图1-8 RS遥感系统

1.3 测量的主要误差

在测量过程中，由于受测量者、仪器和自然等条件的影响，在同一个量的各次观测值之间或各观测值与其理论值之间不可避免地存在着必然或偶然的差异，这些差异称为测量误差。因此，测量工作的最基本的任务就是对误差的处理，即对一系列带有测量误差的观测值，运用一定的测量技术，并采取工程数学的方法来降低或消除它们之间的不符值，求出未知量的最可靠值；同时对其结果进行精度的评定。

根据测量误差对观测结果的影响性质，一般可将其分为系统误差和偶然误差两种类型，如图1-9所示。

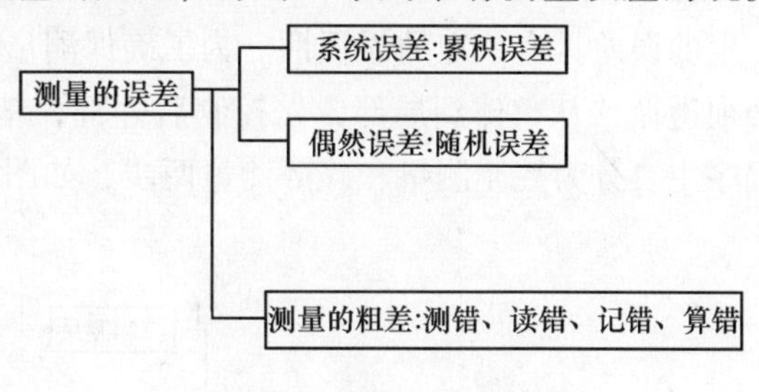

图1-9 测量误差类型

1.3.1 系统误差

所谓系统误差是指在同一观测条件下，对某量作一系列观测，其误差的大小和符号无论在个体或群体上都按一定规律变化或为某一常数，表现为测量所获得的一系列实测值始终偏离在真值的某一侧，如图1-10所示。例如，某钢尺的名义长为30m，实际长为29.99m，用该尺去丈量某一段路线的长度，所测得的距离与实际距离的差异即为系统误差；同时，由于该误差与所测距离的长度成正比地增加，测量的距离越长，所积累的误差也越大。因此也把系统误差称为累积误差。

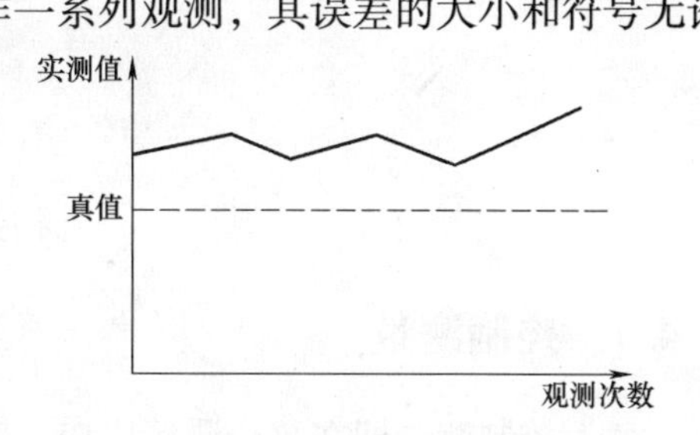

图1-10 含有系统误差的实测值曲线

1.3.2 偶然误差

所谓偶然误差是指在相同观测条件下，对某量作一系列观测，其误差出现的大小和符号在个体上没有任何的规律性，仅从总体上看，表现出一定的统计性正态分布规律，即表现为测量所获得的实测值始终在真值的左右两侧振荡，如图1-11所示。例如，用刻至1mm的钢尺丈量时，操作员在对1mm以下进行估读时，每一次的读数值都有所不同；并且误差的影响忽大忽小，表现出一定的随机性，因此偶然误差也称随机误差。

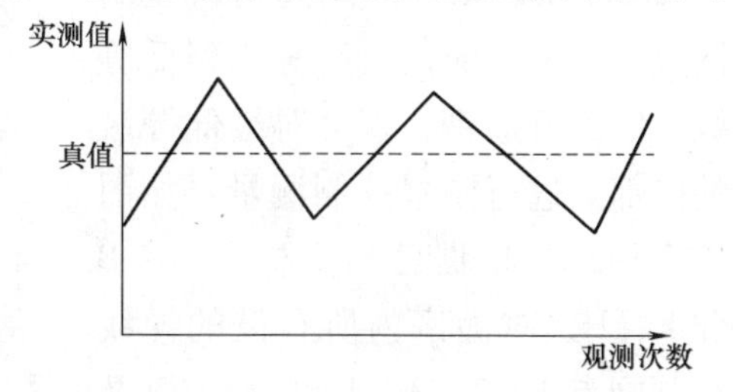

图1-11 含有偶然误差的实测值曲线

1.3.3 粗差

另外，测量过程中有时很可能发生错误，如读错、记错、算错和测错等，在测量上统称为粗差，它是由于观测者在工作中粗心大意所造成的，因此，它实质上不是误差，即在观测值的成果中是不允许存在的。

1.4 测量的基本工作程序

通常，测量的过程是由一个已知点坐标向一个待测点进行传递的过程，在这个过程中所产生的误差具有一定的累积性。为了确保测量精度和提高工作效率，要求在整个测量过程中必须遵循“从整体到局部，先控制后碎部，精度由高到低”的工作原则。具体的测量工作程序主要分为控制测量和碎部测量两步，如图 1-12 所示。

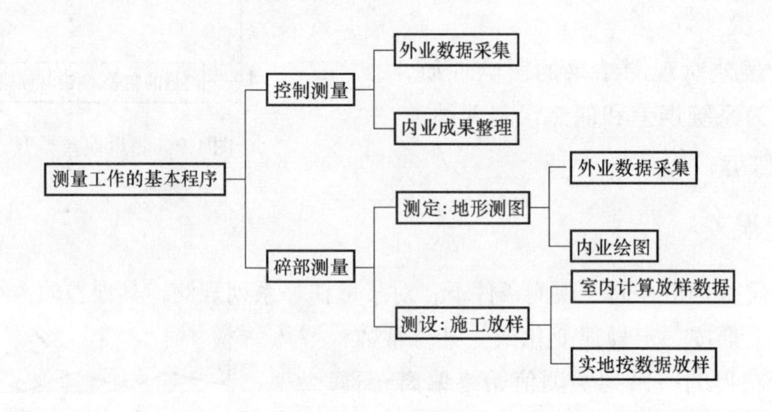

图 1-12　测量工作程序

1.4.1 控制测量

所谓控制测量即在整个测区内按一定密度选择若干个具有控制意义的、能起骨干作用的点，作为局部测量用的控制点（或称参考点），并使这些点之间相互连接构成一定的控制网图形，然后以较高的精度对这些点进行测量。其路线的布设主要有两种：一种是导线网的形式，对导线网的网点进行测量称为导线测量（traverse survey）；一种是三角网的形式，对三角网的网点进行测量称为三角测量（triangulation survey）。同时，控制网点的布设一般按由高等级到低等级逐级进行加密，直至对最低等级的碎部点进行图根控制测量。如图 1-13 所示，根据已知坐标点 A、B 和 F、H，对测区内所布设的导线控制网点 1、2、3、4、5 等，以及三角控制网点 C、D、E、G 等进行高精度路线测量就是控制测量（control survey）。其工作步骤一般分为三步，即外业布设路线、外业

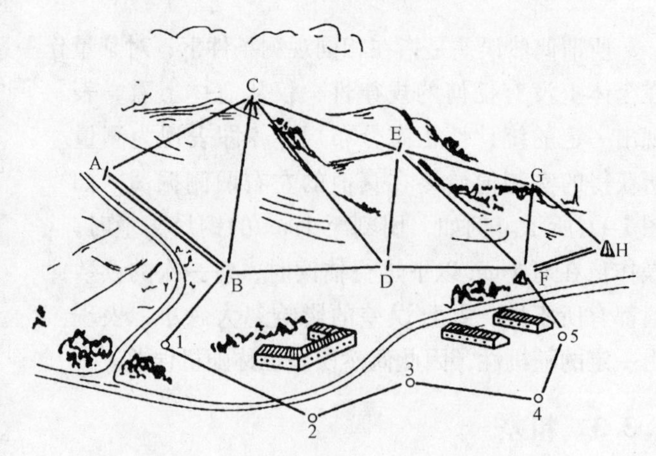

图 1-13　导线控制和三角控制测量

数据采集和内业成果整理。为了有效地减小误差，要求控制测量“测算工作步步有校核，前一步工作未作校核不能进行下一步工作”。例如，在测量过程中每一站要对观测的数据进行测站检核，每一天要对观测的记录进行计算检核，每一条测量路线要对全程进行成果检核。

1.4.2 碎部测量

所谓碎部测量即在测区内以控制点为已知点，用比控制测量要低的精度对地面上一些具有一定轮廓的、有特征意义的碎部点进行测量，其测量的内容分为以下两类：

1. 测定

即地形图测绘，指对地面上的自然地貌和人工建筑物进行实地测量，并按一定比例尺和规定的符号缩绘在图纸上，形成地形图。如图1-14所示，图根控制测量完毕后，分别将仪器安置在A、B、C、D、E、F等图根控制点上，对测区内的山丘、房屋、河流、小桥、公路等地形特征点进行测量，然后绘制成图的过程即是测定工作。它主要作为科研部门进行地壳升降、海岸变迁、地震预报等的研究，国土部门进行土地资源、矿产资源、地籍等的调查，国防部门进行的国界划分、战略部署、战役指挥等，以及工程建设部门进行的勘测、规划设计、变形监测等所使用的必备资料。

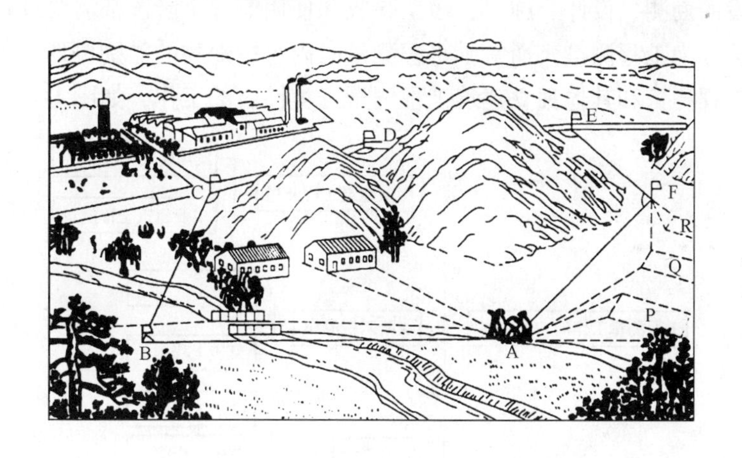

图1-14 地形图测绘

2. 测设

即施工放样，它与地形图的测绘工作正好相反，是指把在地形图上设计好的建筑物或构筑物按设计坐标和要求标定到地面上，从而在实地确定其三维立体的位置，以作为施工生产和建设的主要依据。如图1-15所示，根据工程建设的需要，设计人员在已经测绘好的地形图上设计出了P、Q、R三栋建筑物，施工人员在图纸上根据其轴线位置、尺寸和高程，计算出所需要的放样数据（即待建建筑物P、Q、R的各特征点或轴线交点与地面控制点A或已建建筑物的特征点之间的距离、角度、高差等测设数据），然后，采用一定的放样方法，将这三栋建筑物的位置测设到地面上，这个过程就是测设工作。

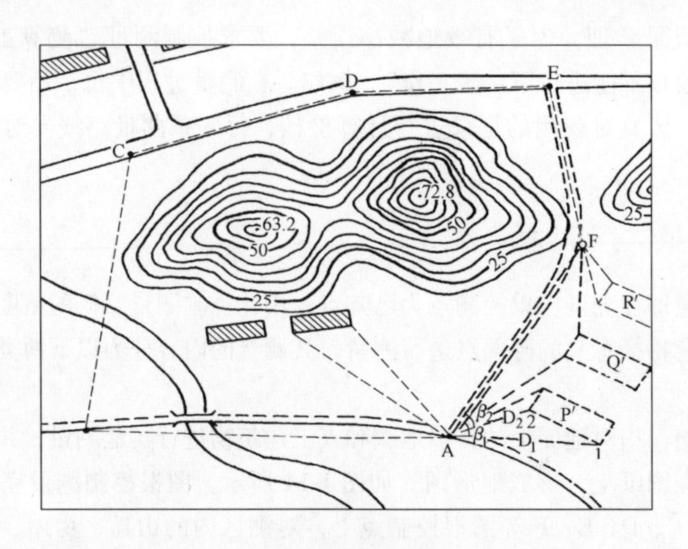

图1-15 施工放样

1.5 建筑工程测量的基本内容

在工程建设的勘测、设计、施工、竣工验收和使用等各个阶段都需要进行测量，这一系列的测量工作统称为工程测量。通常，工程测量的内容按地物的类别可划分为房屋建筑物工程测量、线路工程测量和其他独立建筑工程测量三类性质的工作，如图1-16所示。

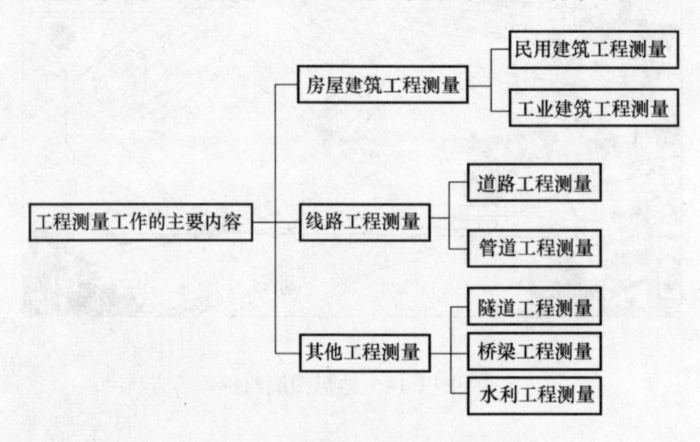

图1-16 工程测量的基本内容

1.5.1 房屋建筑物工程测量

房屋建筑物主要包括民用建筑物和工业建筑物两大类：

1. 民用建筑物

一般指住宅、办公楼、商店、食堂、俱乐部、医院和学校等建筑物，它分为单层、低层（2~3层）、多层（4~8层）和高层（9层以上）等几种类型，通常为砖混结构，如图1-17所示。民用建筑施工测量的任务是按设计的要求，把建筑物的各部位位置依照施工测量规范测设到地面上，并配合施工进程进行放样和检测，以确保工程施工的质量和建筑物的使用安全。对于不同的类型，其放样的方法和精度要求有所不同，但放样的过程基本相同。

2. 工业建筑物

图1-17　民用建筑物

主要指各类生产用房和为生产服务的附属用房，以生产厂房为主体，有单层厂房和多层厂房，目前使用较多的是钢结构及装配式钢筋混凝土结构的单层厂房，如图1-18所示。由于工业厂房的主要构件有柱子、吊车梁和屋架等，这些构件大多数是用钢筋混凝土预制后运到施工场地进行装配的，因此，工业厂房施工测量的主要任务是在这些构件安装时，严格地按照设计和规范的要求进行检测，以确保其质量和使用安全。各种厂房由于结构和施工工艺的不同，其施工测量的方法亦略有差异。

图1-18　工业厂房

1.5.2　线路工程测量

线路工程主要包括地面、地下和空中三个不同位置的道路和管道等工程。

1. 道路工程

一般指铁路工程和公路工程，其中铁路线路是由路基和轨道组成；而公路线路是由路基和路面所构成，如图1-19所示。道路施工测量的任务是将道路中线及其构筑物在实地按设计文件要求的位置、形状及规格等根据相应的工程施工技术标准正确地放样到实地，以确保道路的施工质量及使用安全。由于工程用途的不同、地质条件的差异和施工工艺的不同，其施工测量的具体内容和方法亦不尽相同，但测设的特点基本一致。

2. 管道工程

主要指给水、排水、煤气、天然气、灌溉、输油和电缆等工程，如图1-20所示。在城市和工业建设中，按管道的敷设方法可分为地下管线和架空管线两大类；就管道内介质的输送方式可分为压力管道和自流管道两种。管道施工测量的任务是根据设计文件的要求和工程的进度向施工人员随时提供将铺设管道中线的方向和标高位置，以保证管道的施工质量及使用安全。一般情况下，架空管道的定位精度高于地下管道，自流管道的标高测设精度高于压力管道。

图1-19 公路

图1-20 管道敷设

1.5.3 其他独立构筑物工程测量

独立构筑物一般有隧道、桥梁和拦河大坝等。

1. 隧道工程

隧道是线路工程穿越山体等障碍物时，为了缩短线路的长度、提高车辆的运行速度而采用的通道形式；或是在城市，为了节约土地而在建筑物、道路和水体等下面所建造的地面与地下联系的通道，如图1-21所示。它按长度可分为特长隧道、长隧道、中长隧道和短隧道。其结构通常由洞身、衬砌和洞门等组成。隧道施工测量的主要任务是在隧道两端洞口进行相向开挖施工时，保证隧道在施工期间能按设计的方向和坡度贯通，并使开挖断面的形状符合设计要求。

图1-21　隧道

2. 桥梁工程

桥梁是道路跨越河流、山谷或其他公路铁路交通线时的主要构筑物，如图1-22所示，它按功能可分为铁路桥、公路桥、铁路公路两用桥和人行桥等；按轴线长度可分为特大型（>500m）、大型（100~500m）、中型（30~100m）和小型（8~30m）等；按结构类型可分为梁式、拱式、斜拉式和悬索式等。其结构通常分为上下两部分，上部结构为桥台以上部分，一般包括梁、拱、桥面和支座等；下部结构包括桥墩、桥台及其基础。为了保证桥梁施工的质量和使用安全，施工时必须做好各部分的测量工作，施工测量的方法及精度要求则随桥梁轴线长度而定。

图1-22　大桥

3. 水利大坝工程

兴修水利，需要防洪、灌溉、排涝、发电、航运等综合治理，一般由若干建筑物组成一整体称为水利枢纽，其主要组成部分有拦河大坝、电站、放水涵洞、溢洪道等；其中拦河大坝是重要的水工建筑物，如图1-23所示，按坝型可分为土坝、堆石坝、重力坝及拱坝等（后两类大中型多为混凝土坝，中小型多为浆砌块石坝）。对于不同筑坝材料及不同坝型施工放样的精度要求有所不同，内容也有些差异，但施工放样的基本方法大同小异。

图1-23 拦河大坝

第2讲　测量坐标系

2.1　测量基准面的确定

2.1.1　水准面和大地水准面

为了准确地描述地球表面上任意一点的高低位置，需要在地球表面确定一个基准面，测量学称为水准面，如图2-1所示。

1. 水准面

地球表面是由海平面和陆地面组成，其中海平面约占地球整个表面积的71%，且比较平缓，而陆地面高低不平。因此，可以设想用静止的海平面延伸并穿过陆地面而形成的一个闭合曲面来代替地球的自然表面，这就是水准面（level surface），该曲面的特点是处处与重力线（gravity）方向即铅垂线（plumb line）方向垂直。

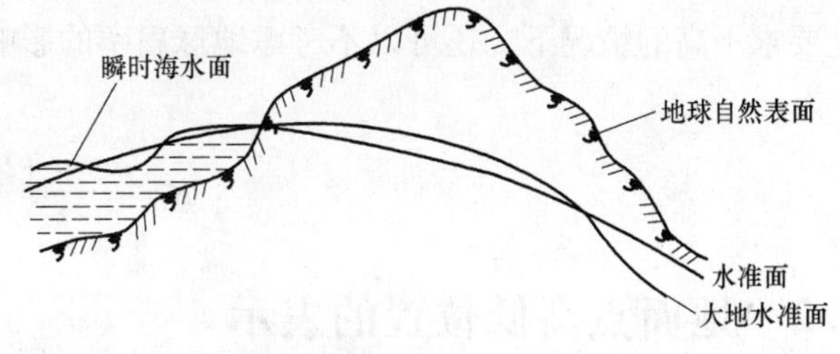

图2-1　水准面与大地水准面

2. 大地水准面

由于地球的自转，使海平面潮汐涨落而时刻在变化，以致形成无数个水准面。为了准确地描述地球形体，人们把其中通过平均海平面的那一个水准面称为大地水准面。由这个曲面所包围的地球形体，称为大地体（geoid）。

2.1.2　参考椭球体和圆球体

用大地体来描述地球形体，本来是恰当的，但由于地球内部质量分布的不均匀，使得地球上各点受到的吸引力不同，引起各点的铅垂线方向产生不规则的变化，从而使大地水准面成为一个有微小起伏的不规则曲面。在这个面上无法用简单的数学公式来计算和表达测量的成果，为了便于进行测量数据的处理，人们自然要寻找一个在形状和大小与大地体非常接近，并与大地体有着固定关系的数学体来代替它，作为建立地球坐标系的基准。

1. 参考椭球体

根据长期的研究和实测结果证明，地球是一个旋转的均质流体，其平衡状态是一个两极稍扁赤道略鼓的旋转椭球体，考虑到地表的高低落差（最高峰珠穆朗玛峰高达8848.13m、最低谷马里亚纳海沟深达－11022m）与地球半径（6371km）相比微不足道。因此，能模拟地球形体的最简单的数学体是以地球南北极为轴旋转而成的几何椭球体，称为参考椭球体（reference ellipsoid），如图2-2所示。

描述参考椭球体的几何特性参数有长半径 a 和短半径 b，还有根据 a、b 定义的椭球扁率 f、第一偏心率 e 和第二偏心率 e' 等，分别为

$$\begin{cases} f = \dfrac{a-b}{a} \\ e = \dfrac{\sqrt{a^2-b^2}}{a} \\ e' = \dfrac{\sqrt{a^2-b^2}}{b} \end{cases} \tag{2-1}$$

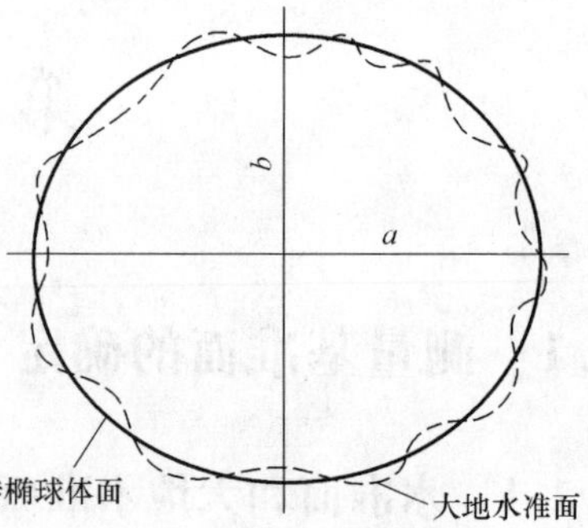

图 2-2　参考椭球体

2. 圆球体

由于椭球体的扁率 e 很小，在测区面积不大、精度要求不高的情况下，还可以不考虑地球扁率的影响而把大地体作为圆球体来看待，其半径 R 为

$$R = \frac{a+a+b}{3} \tag{2-2}$$

2.2　地面点高低位置的表示

2.2.1　正常高和大地高

地面某点的高低位置就是指该点距离所确定的某个基准面的高度，通常用高程（height）来描述，如图 2-3 所示。

1. 正常高

通过测量所获得的地面某点的绝对高程一般称之为正高或者是正常高，它是以大地水准面作为高程起算的基准面，表示地面点到大地水准面的铅垂距离，俗称“海拔”，用 H_g 表示。

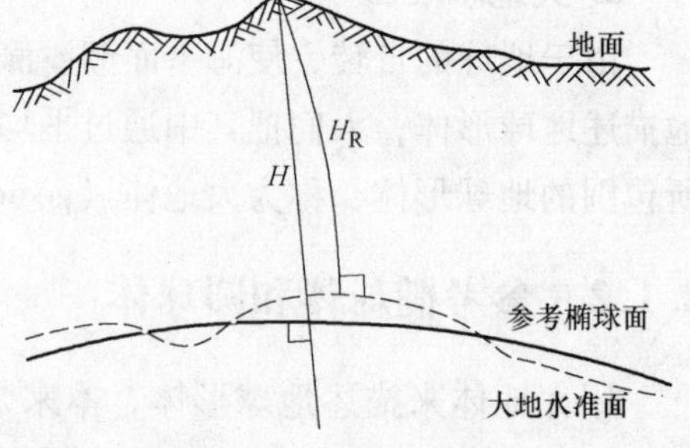

图 2-3　大地高和正常高

2. 大地高

在地形图上所标注的地面某点的绝对高程通常指的是大地高，它是以参考椭球面作为高程起算的基准面，表示地面点沿法线方向到参考椭球面的距离，用 H 来表示。大地高与正常高之间存在如下关系：

$$H_g = H - \zeta \tag{2-3}$$

式中，ζ 为高程异常，它是大地水准面至参考椭球面的垂直距离。

2.2.2　高差

通过地面上任意两点的水准面之间的垂直距离就是这两个点的高程之差，简称高差，用 h 表示。它是用于描述地面两个点之间的高低位置关系的量，如图 2-4 所示，设地面两点 A、B 的高程分别为 H_A、H_B，则这两点间的高差 h_{AB} 为

$$h_{AB} = H_B - H_A \tag{2-4}$$

若假设 A 点为高程零点，则 h_{AB}实质上就是 B 点对 A 点的相对高程，显然，它的大小与高程的起算面无关。

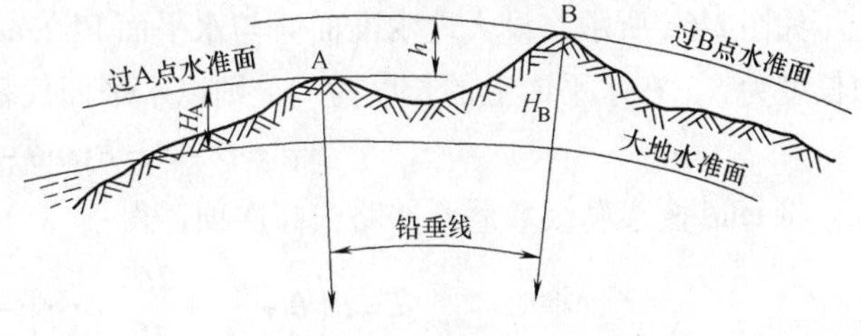

图 2-4 地面两点的高差

2.2.3 我国的高程系统

由于各地区海洋水平面的高度存在着差异，因此平均海平面的高度也随地点的不同而不同。在我国，新中国成立前就有吴淞口系统、珠江口系统、黄河口系统等。新中国成立后，我国采用统一的高程系统，即在青岛设立一个验潮站（tide gauge station），长期观测和记录黄海海平面的高低变化，并取其平均值作为大地水准面的位置，即高程起算面或高程基准（height datum）。

1. 1956 年黄海高程系

我国于 1955 年在青岛市观象山上建立了一个与青岛大港验潮站相联系的水准原点（leveling origin），用精密测量方法测定了它们之间的高差，根据 1956 年推算的结果，水准原点高出黄海平均海平面的数值是 72.289m，通常称其为“1956 年黄海高程系”（Huanghai height system 1956），如图 2-5 所示。

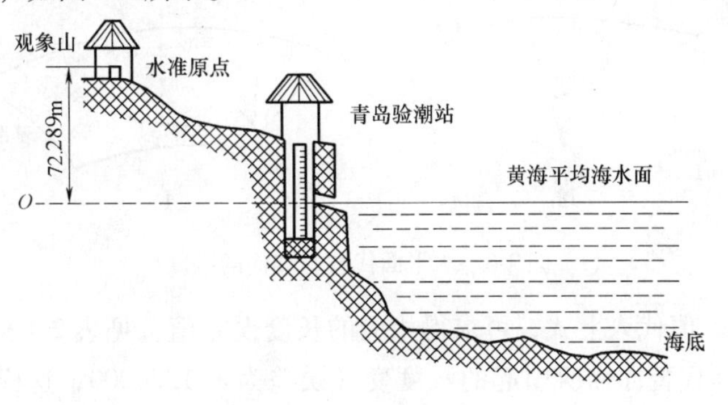

图 2-5 我国的高程系统

2. 1985 年国家高程基准

由于验潮资料不足等原因，我国自 1987 年启用“1985 年国家高程基准”（Chinese height datum 1985），它是采用青岛大港验潮站 1953 年至 1979 年的潮汐资料计算确定的，依此推算的青岛国家水准原点高程为 72.260m。

2.3 水平面代替水准面的限度

水平面就是与水准面相切并且在切点处与铅垂线正交的平面。由于地球椭球体对局部测量工作来说是非常不方便的，例如，在赤道上 1″的经度差或纬度差所对应的地面距离约为 30m。为了满足各种工程测量和大、中比例尺地形图测绘的需要，在测区范围很小时，可以不考虑地球曲率的影响，而把大地水准面近似地看做与其相切的水平面。

2.3.1 用水平面代替水准面对距离测量的影响

如图2-6a 所示，设大地水准面P与水平面P′在a点处相切，地面上A、B两点在球面上的长度为S，在水平面上的长度为D，则以水平面代替球面所产生的误差为

$$d = D - S = R\tan\theta - R\theta$$

将$\tan\theta$按泰勒级数展开并略去高次项，得：

$$d = R\left(\theta + \frac{\theta^3}{3} + \frac{2\theta^5}{15} + \cdots\right) - R\theta \approx R\frac{\theta^3}{3}$$

以$\theta = S/R$代入上式，得平距相对误差K为

$$K = \frac{d}{S} = \frac{S^2}{3R^2} \tag{2-5}$$

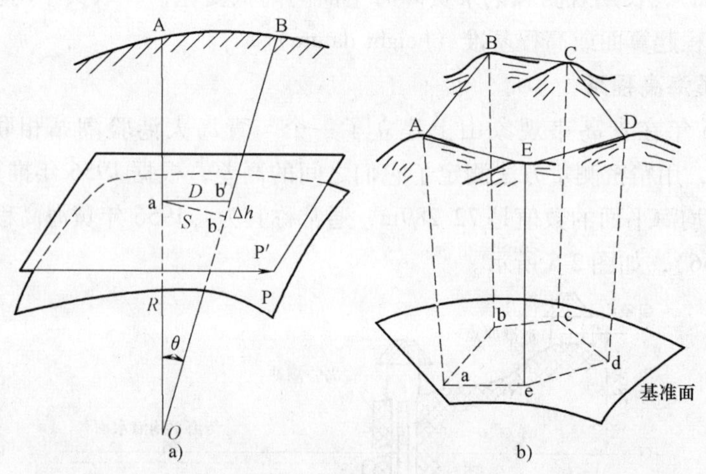

图2-6 水平面代替水准面的限度

以不同长度的S值代入上式，可求得相应的长度误差值，见表2-1。由表可知，当长度为10km时，以平面代替曲面所引起的长度变形误差为1:1220000，这样小的误差，即使是在地面上进行最精密的距离测量（限差1:1000000）也是允许的。因此，在半径为10km的范围内（面积约320km^2），变形对长度的影响可忽略不计。当精度要求较低时，还可以将测量范围扩大到25km的半径（面积约2000km^2）范围内。

表2-1 水平面代替水准面对长度的影响表

长度 D/km	长度误差 ΔD/cm	相对误差 K	长度 D/km	长度误差 ΔD/cm	相对误差 K
10	0.82	1:1220000	50	102.6	1:49000
25	12.83	1:200000	100	821.2	1:12000

2.3.2 用水平面代替水准面对角度测量的影响

由球面三角学可知，同一多边形投影在球面上的内角和$\sum\beta'$要比投影在水平面上的内角和$\sum\beta$大一个球面角超值ε，如图2-6b所示，它等于多边形面积A和地球曲率（e）平方的乘积，即

$$\varepsilon = \sum\beta' - \sum\beta = Ae^2 = \frac{A}{R^2} \times 206265'' \tag{2-6}$$

以不同的面积 A 代入上式，得到相应的角超值列于表 2-2 中，从表中可以看出，测区面积在 100km^2 范围内，除精密测量外，对一般测量如工程测量、地形测量等，均可不必考虑地球曲率的影响。

表 2-2 水平面代替水准面对角度的影响表

面积 A/km^2	10	50	100	300
角超值 $\varepsilon/''$	0.05	0.25	0.51	1.52

2.3.3 用水平面代替水准面对高程测量的影响

在图 2-6a 中，地面上 A、B 两点在大地水准面上的投影点 a、b 两点的高程是相等的，b 点投影到水平面上得 b′，设 $bb' = \Delta h$，则有

$$R^2 + D^2 = (R + \Delta h)^2$$

公式右边展开后，再进行变换，得

$$\Delta h = \frac{D^2}{R(R + \Delta h)}$$

上式中，$D \approx S$，$R + \Delta h \approx R$，于是有

$$\Delta h \approx \frac{S^2}{2R} \tag{2-7}$$

同样以不同长度的 S 值代入上式，可求得相应的高度误差值，见表 2-3。由表可知，以平面代替曲面所引起的高度变形误差较大，仅当测量距离小于 100m 时，才可以不顾及地球曲率的影响。

表 2-3 水平面代替水准面对高度的影响表

长度 D/km	0.1	1.0	10.0
高度误差 $\Delta h/\text{cm}$	0.078	7.8	78.5

2.4 地面点平面位置的表示

2.4.1 地理坐标系和测图平面坐标系

地面某点的水平位置就是指该点在所确定的基准面上的投影，一般用球面坐标或平面直角坐标来描述。

1. 大地地理坐标

地面某点的大地地理坐标（geographical reference system）即在参考椭球面上的投影位置，也称球面坐标，如图 2-7 所示，用经纬度 L、B 来表示：①地面某点的经度 L（geodetic longitude）是指通过该点的子午面与通过格林威治天文台的首子午面之间所夹的二面角。②地面某点的纬度 B（geodetic latiitude）是指过该点的法线（即在该点与椭圆体面垂直的线）与赤道面的

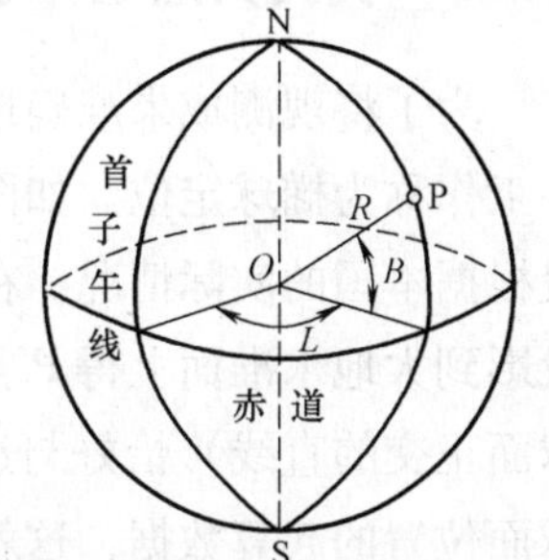

图 2-7 地面点的地理坐标

交角。

2. 测图平面坐标

由于测量上的计算和绘图一般要在平面上进行，而参考椭球面是一个曲面，不能简单地展成平面，故测量上主要是根据正形投影的理论将地面点的地理坐标（B，L）转换成该投影面的平面直角坐标，用（x，y）来表示。与数学上用的坐标系所不同的是，该坐标系的横轴为 y 轴，竖轴为 x 轴，坐标象限为顺时针方向排列。对于采用高斯投影法得到的平面直角坐标来说，它与大地地理坐标之间的转换关系为

$$\begin{cases} x = X + R't\left[\dfrac{1}{2}m^2 + \dfrac{1}{24}(5 - t^2 + 9\eta^2 + 4\eta^4)m^4 + \dfrac{1}{720}(61 - 58t^2 + t^4)m^6\right] \\ y = R'\left[m + \dfrac{1}{6}(1 - t^2 + \eta^2)m^3 + \dfrac{1}{120}(5 - 18t^2 + t^4 - 14\eta^2 - 58\eta^2 t^2)m^5\right] \end{cases} \tag{2-8}$$

式中，$m = \cos B(L - L_0)\dfrac{\pi}{180}$，$\eta = e'\cos B$，$t = \tan B$。$X$ 为子午线弧长，对于克拉索夫斯基椭球和 IUGG-75 椭球可以分别按下式进行计算：

$$X = 111134.8611B^0 - 16036.4803\sin 2B + 16.8281\sin 4B - 0.0220\sin 6B$$

$$X = 111133.0047B^0 - 16038.5282\sin 2B + 16.8326\sin 4B - 0.0220\sin 6B$$

2.4.2 坐标增量和水平距离

地面两点之间的坐标差称为坐标增量，用（Δx，Δy）来表示。地面两点投影在水平面上的线段长度称为水平距离，用 D 表示。它们是用于描述地面两点之间的平面位置关系的量，如图 2-8 所示，设地面某测区内 A、B 两点的测图平面坐标分别为（x_A，y_A）、（x_B，y_B），则这两点之间的水平距离 D_{AB} 为

$$D_{AB} = \sqrt{\Delta x_{AB}^2 + \Delta y_{AB}^2} = \sqrt{(x_B - x_A)^2 + (y_B - y_A)^2} \tag{2-9}$$

若假设 A 点为坐标原点，则 D_{AB} 实质是 B 点相对于 A 点的水平位移，Δx_{AB}，Δy_{AB} 分别是 B 点相对于 A 点在 x，y 两个方向上的水平坐标分量，其值的大小显然与平面坐标系原点的位置以及坐标轴方向无关。

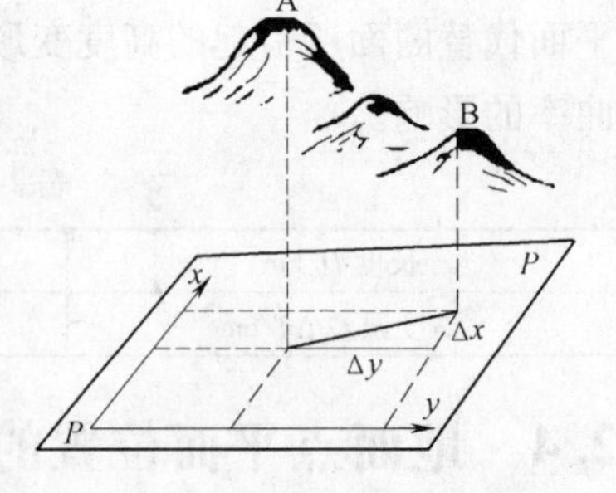

图 2-8 地面两点之间的平面位置关系

2.4.3 我国大地坐标系

为了将观测成果准确地换算到椭球面上，需要确定椭球面与大地水准面的相关位置，这一工作称为椭球定位。如图 2-9 所示，为了使椭球体与大地体之间达到最好的密合，各国一般根据本国的实际情况，在本国合适的地方选择一点 P 作为大地原点，先将 P 点沿铅垂线投影到大地水准面上得 P′点，使椭球在 P′点与大地体相切，这时，过 P′点的法线（即与椭球面正交的直线）恰好与过 P 的铅垂线重合。然后，P 点地理坐标就可以作为全国其他点的球面位置的起算数据，这就建立了一个大地坐标系。在我国，新中国成立前没有统一的大地坐标系统；新中国成立后，则建立了北京坐标系和西安坐标系。

1. BJ-54 北京坐标系

1954 年，为建立我国的天文大地网，鉴于当时历史条件，在原苏联专家的建议下，我国根据当时的具体情况，在东北黑龙江边境上同原苏联西伯利亚地区的一等锁进行联测，并把推算出的坐标作为我国天文大地网的起算数据，随后通过锁网的大地坐标计算，推算出了北京点的坐标，并定名为 1954 年北京坐标系（Beijing geodetic coordinate system 1954），简称 BJ-54 坐标系。该坐标系是原苏联 1942 年坐标系的延伸，其坐标原点不在北京，而在原苏联的普尔科沃，它采用克拉索夫斯基椭球参数，由于该椭球并未依据当时我国的天文观测资料进行重新定位，因此，54 北京坐标系统实质上是平面坐标系。

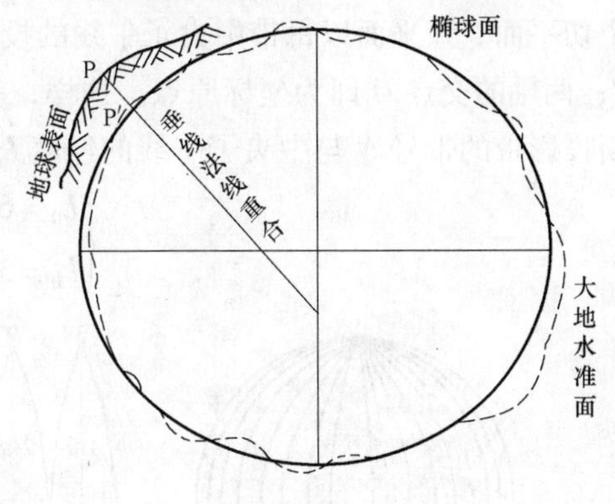

图 2-9 椭球定位

2. C80 西安坐标系

为了克服了 1954 年北京坐标系所存在椭球参数精度不高、参考椭球面与大地水准面存在系统性的倾斜等缺陷，1978 年 4 月，全国天文大地网平差会议决定重新对全国天文大地网施行整体平差，并建立新的国家大地坐标系统，这个坐标系统就是 1980 年西安国家大地坐标系（Xian geodetic coordinate system 1980），简称 C80 坐标系。该坐标系在陕西省西安市西北的径阳县永乐镇洪流村境内设立一个大地原点（简称西安原点），该点对大地水准面的铅垂线与对应椭球面上点的法线相重合，椭球短轴平行于地球的自转轴（由地球质心指向 1968. 0JYD 地极原点方向），起始子午面平行于格林尼治平均天文子午面，椭球参数选用的是 1975 年国际大地测量与地球物理联合会第 16 界大会的推荐值，简称 IUGG-75 椭球或 IAG-75 椭球。

2.4.4 我国高斯平面坐标系

当前世界上多数国家的平面坐标系采用的投影有高斯—克吕格投影、兰勃特正形圆锥投影和通用横墨卡托投影三种。在我国，通常采用高斯投影（Gauss projection）。如图 2-10 所示，该投影又名等角横切椭圆柱投影，它假想有一个横椭圆柱套在地球的外面，椭圆柱中心通过地球中心，椭圆柱面与地球椭圆的某一个子午线相切（即使该子午线与椭圆柱面重合），这条子午线称中央子午线（central meridian）或轴子午线，在保持等角条件下，将中央子午线东西两侧一定经差范围内的地区投影到椭圆柱表面上，再将椭圆柱沿通过南北极的母线切开，并展成平面，就得到该地区在平面上的投影位置。

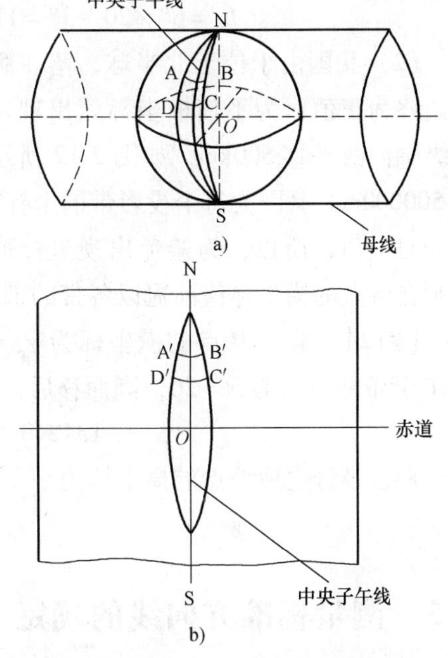

图 2-10 高斯投影原理

（1）为了减小投影变形的影响，一般采用高斯分带投影法，如图2-11所示，即将椭球面从首子午线（通过英国格林尼治天文台）起每隔经差6°或3°划分为若干带，每带的带号依次编号为1、2、…、N；分别以每带中央子午线为轴对球面的各带做正形投影，形成一个个切平面。该平面以每带中央子午线的投影线为纵轴，记为X；以赤道投影线为横轴，记为Y；两轴的交点O即为坐标原点。这样，就建立起了若干个高斯平面直角坐标系，每一个高斯投影带的带号N与中央子午线的经度L_0之间存在如下关系，即

$$\begin{cases} L_0 = 6N - 3° & (6°\text{带}) \\ L_0 = 3N & (3°\text{带}) \end{cases} \tag{2-10}$$

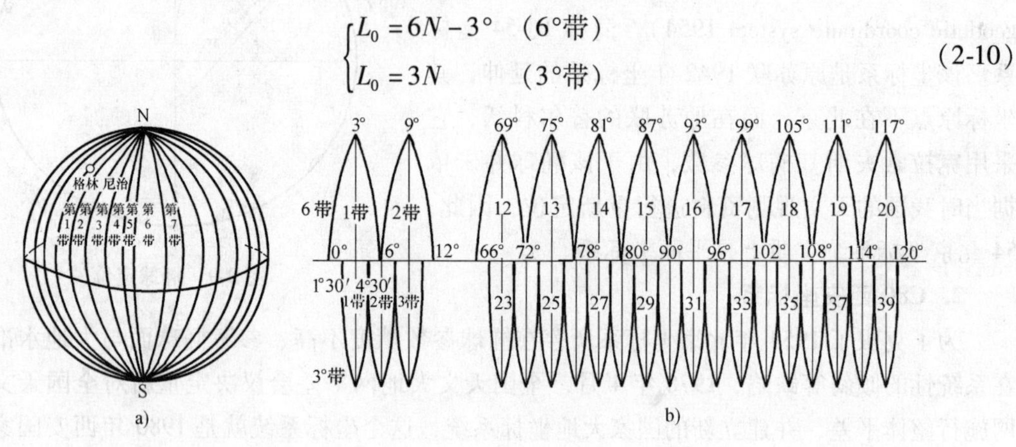

图2-11　高斯分带投影法

【例1】　北京市中心某点P的经度为116°24′，则该点所在的高斯投影带6°带的带号N及其中央子午线的经度L_0分别为

$$N = \text{int}\left(\frac{116°24'}{6°} + 1\right) = \text{int}\,(19\text{余}\,2°24' + 1) = 20$$

$$L_0 = 6° \times 20 - 3° = 117°$$

（2）我国由于位于北半球，落在版图内所有点的纵坐标值始终为正值；为不使横坐标值出现负值，一般将每带的坐标纵轴向西平移500km，如图2-12所示，即将横坐标Y值加上500000m。又因为每个投影带的坐标都是相对本带内坐标原点的对应值，所以，为避免出现坐标值完全相同的点，使用时则在各点的横坐标值前冠以各带的带号N。

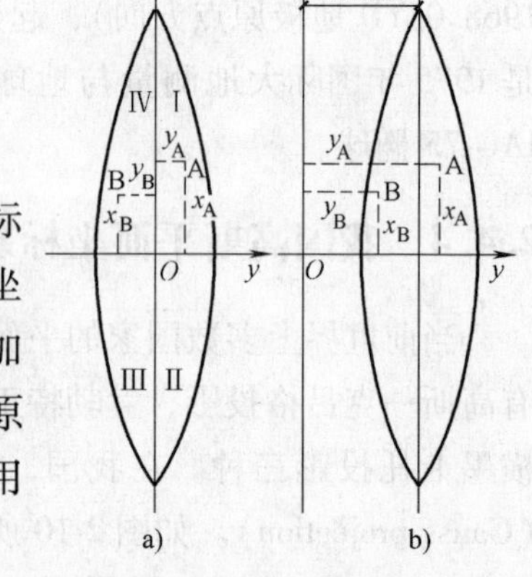

图2-12　我国高斯平面坐标系

【例2】　假设P点的横坐标为$y_p = -134240.69\text{m}$，该点所在6°带的带号为$N=20$，则西移后该点的横坐标为

$$y_p = -134240.69 + 500000.00 = 365759.31\text{m}$$

冠以带号之后该点的横坐标为

$$y_p = 20365759.31\text{m}$$

2.5　测量标准方向线的确定

为了准确地描述空间任意两点的相对位置关系，还必须确定这两个点的连线在投影面上

的具体方位，这就是直线的标准方向线的确定，简称直线定向（line orientation），通常，测量上以过直线一端的子午线切线的北端为标准方向线，从这个北方向线起顺时针方向量至该直线的水平夹角，称为直线的方位角（azimuth），如图2-13所示。

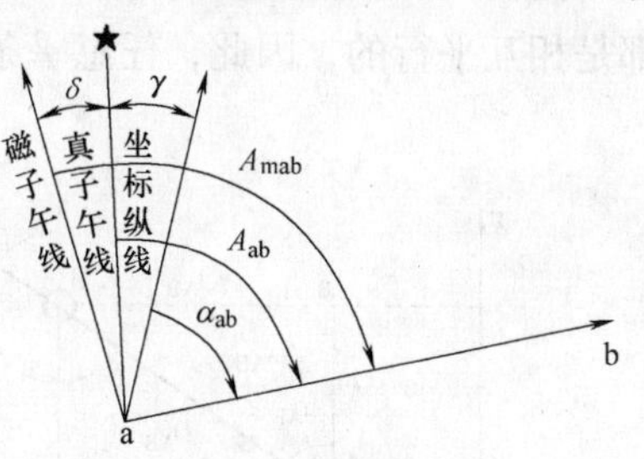

图2-13 直线三北方向方位角

2.5.1 真方位角

一般把用天文观测北极星的方法或者陀螺经纬仪所获得的真子午线北方向（true meridian direction）作为真北方向，以此方向为基准的方位角称为真方位角，用A表示。

过地面上任意两点的真子午线方向均向南北两极收敛而相交，其交角称为子午线收敛角（mapping angle），用γ表示，如图2-14所示。当过地面某点的真子午线方向与其所在高斯投影带的中央子午线方向的收敛角γ为正时，表明该投影面的坐标纵轴方向偏东；当γ为负时表明其坐标纵轴方向偏西。即

$$\gamma = A - \alpha \tag{2-11}$$

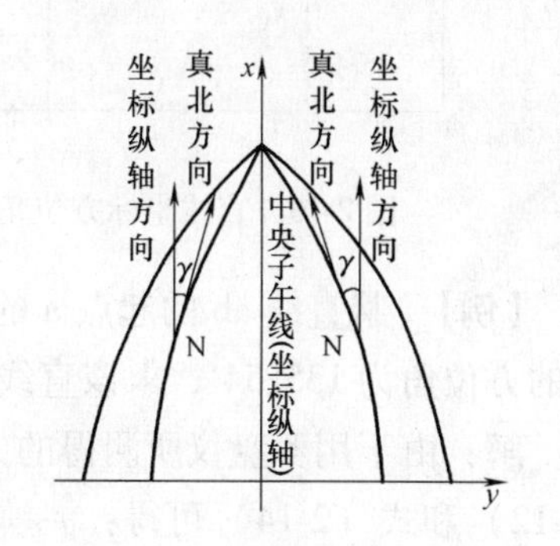

图2-14 真子午线方向与轴子午线方向的关系

2.5.2 磁方位角

由于地球磁力异常的影响，地球的磁南北级与真南北极并不一致，因此常将由罗盘仪的磁针水平静止时所指的磁子午线北方向（magnetic meridian direction）称为磁北方向，以此方向为基准的方位角称为磁方位角，用A_m表示。

过地面上任意一点的磁子午线方向与真子午线方向之间的夹角称该点的磁偏角（magnetic declination），用δ表示，如图2-15所示。当该点的磁北方向在真北方向以东时，δ为正；当该点的磁北方向在真北方向以西时，δ为负。即

$$\delta = A - A_m \tag{2-12}$$

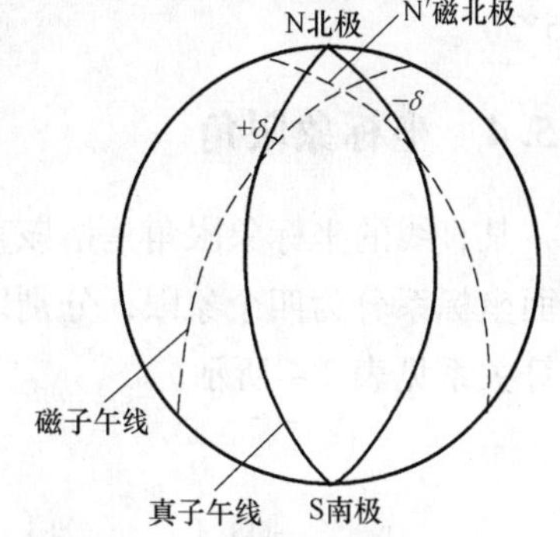

图2-15 真子午线方向与磁子午线方向的关系

2.5.3 坐标方位角

在高斯平面直角坐标系中，为了便于计算，常以坐标纵轴正向所示的方向（即中央子午线的北方向）为正北方向，称为轴北方向（ordinates axis direction）。以此方向起算的方位角称为坐标方位角（grid bearing），用α表示。如图2-16所示，设地面A、B两点的平面直角坐标分别为（x_A，y_A）、（x_B，y_B），则直线AB的坐标方位角α_{AB}为

$$\alpha_{AB} = \arctan\frac{\Delta y_{AB}}{\Delta x_{AB}} = \arctan\frac{y_B - y_A}{x_B - x_A} \tag{2-13}$$

这里，若以直线AB起点的北方向起算的方位角，称为正方位角；若以直线AB终点的北方向起算的方位角，称为反方位角，如图2-17所示。由于过平面上各点的轴子午线方向都是相互平行的，因此，任意一条直线的正反坐标方位角相差180°，即

$$\alpha_{AB}=\alpha_{BA}\pm180° \tag{2-14}$$

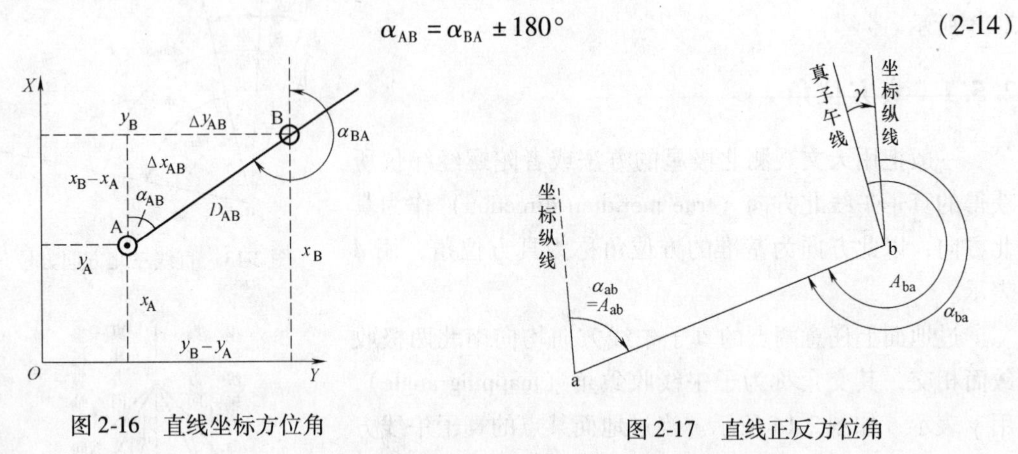

图2-16 直线坐标方位角

图2-17 直线正反方位角

【例】 某直线ab的起点a的子午线收敛角为+3′，磁偏角为-21′，用罗盘仪测得该直线的方位角为135°54′，求该直线的真方位角、坐标方位角和反方位角。

解： 由于用罗盘仪所测得的方位角就是磁方位角，即$A_m=135°54'$，因此由式（2-11）、（2-12）和式（2-14）可得：

$$A=135°54'+(-21')=135°33'$$

$$\alpha_{ab}=135°33'-(+3')=135°30'$$

$$\alpha_{ba}=\alpha_{ab}+180°=315°30'$$

计算求得直线ab的真方位角为135°33′，坐标方位角为135°30′，坐标反方位角为315°30′。

2.5.4 坐标象限角

某直线的坐标象限角是指该直线与标准方向线所夹的锐角，用R表示。如图2-18所示，平面坐标系分为四个象限，分别以Ⅰ、Ⅱ、Ⅲ、Ⅳ来表示。坐标象限角和坐标方位角之间的换算关系见表2-4所示。

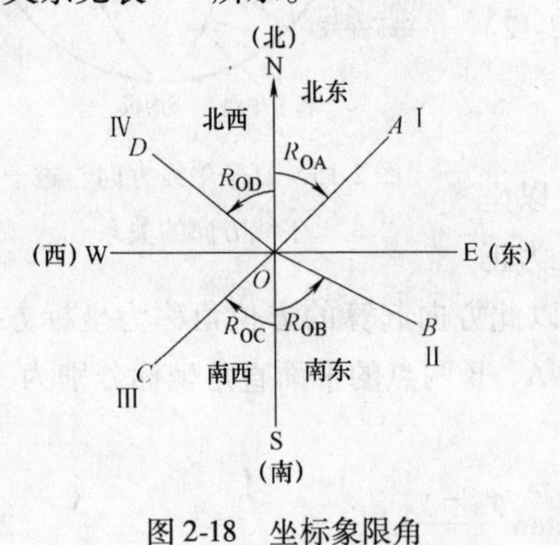

图2-18 坐标象限角

表2-4 坐标象限角与方位角的换算关系

象 限	象限角和方位角之间的换算式
Ⅰ	北东 $R=\alpha$
Ⅱ	南东 $R=180°-\alpha$
Ⅲ	南西 $R=\alpha-180°$
Ⅳ	北西 $R=360°-\alpha$

2.6　地面点空间位置的表示

2.6.1　空间三维直角坐标系

地面某点的空间位置通常指该点以地球为参照系的空间位置，除了可以用高低位置和水平位置来描述外，还可以用空间三维直角坐标来描述。该坐标系是以地球质心为坐标原点，用三个坐标轴方向（X，Y，Z）来表示的。其 X 轴正方向在赤道面上由地心指向首子午线（过格林威治天文台）的方向，Y 轴正方向在赤道面上由地心指向东经90°的正方向，XY 平面与赤道面重合，Z 轴正方向为平均地极（即地球的自转轴）的北方向。如图 2-19 所示，地面任意一点 P 的大地坐标为（B，L，H），空间三维直角坐标为（X，Y，Z），两者之间具有如下转换关系：

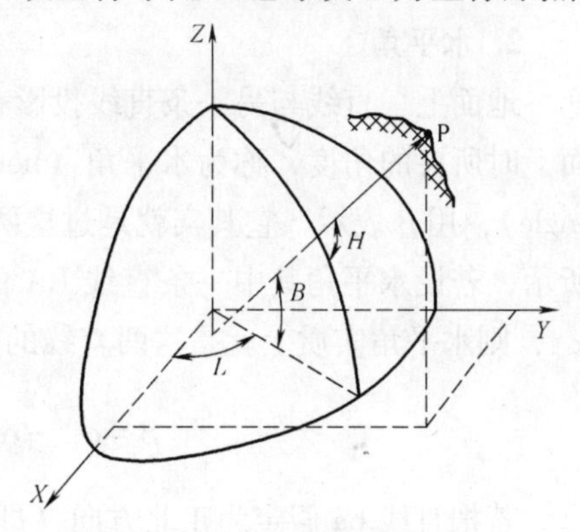

图 2-19　空间直角坐标与大地坐标的转换关系

$$\begin{cases} X = (R' + H)\cos B\cos L \\ Y = (R' + H)\cos B\sin L \\ Z = [R'(1 - e^2) + H]\sin B \end{cases} \tag{2-15}$$

式中，R'为点的卯酉圈曲率半径，它可以按下式进行计算

$$R' = \frac{a}{\sqrt{1 - e^2\sin^2 B}} \tag{2-16}$$

2.6.2　空间距离

地面上任意两点之间的直线连线称为两点的空间距离，它是描述地面两点之间的空间位置关系的量，一般用 S 来表示。如图 2-20 所示，设地面上观测站 A 和空间的一颗卫星 B 两点在某一时刻的三维空间直角坐标分别为（X_A，Y_A，Z_A）、（X_B，Y_B，Z_B），则这两点之间的空间距离 S_{AB} 为

$$\begin{aligned} S_{AB} &= \sqrt{\Delta X_{AB}^2 + \Delta Y_{AB}^2 + \Delta Z_{AB}^2} \\ &= \sqrt{(X_B - X_A)^2 + (Y_B - Y_A)^2 + (Z_B - Z_A)^2} \end{aligned} \tag{2-17}$$

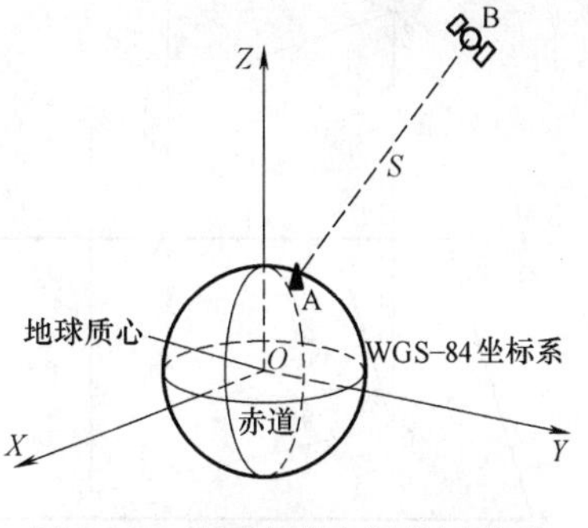

图 2-20　地面点的空间位置关系

若假设 A 点为坐标原点，则 S_{AB}实质上是 B 点相对于 A 点的空间位移，（ΔX_{AB}，ΔY_{AB}，ΔZ_{AB}）分别为 B 点相对于 A 点在 x，y，z 三个方向上的空间坐标分量，它的大小与坐标系原点的位置以及三个坐标轴方向是无关的。

2.6.3　水平角和竖直角

1. 竖直角

地面上任意两点的连线所构成的直线在竖直平面内与水平线之间的夹角，称为竖直角

(vertical angle)，用α表示，α为正时为仰角，α为负时则是俯角。如图2-21所示，设地面上A、B两点的空间距离、水平距离和垂直距离分别为S_{AB}、D_{AB}、h_{AB}，则直线AB的竖直角实质上反映了这两点之间的垂直距离与水平距离关系，即

$$\alpha = \arctan\frac{h_{AB}}{D_{AB}} = \arcsin\frac{h_{AB}}{S_{AB}} \quad (2\text{-}18)$$

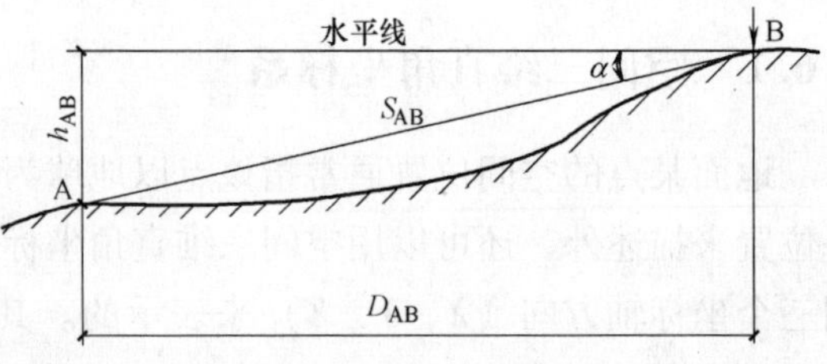

图2-21 竖直角

2. 水平角

地面上一直线与另一条直线投影在水平面上时所夹的角度，称为水平角（horizontal angle)，用β表示，它其实就是过这两条直线的两个竖直平面之间所夹的二面角。如图2-22所示，若设水平角其中一条直线BA的坐标方位角为α_{ba}，另一条直线BC的坐标方位角为α_{bc}，则水平角实质上就是这两直线的坐标方位角之差，即

$$\beta = \alpha_{bc} - \alpha_{ba} = \arctan\frac{\Delta y_{bc}}{\Delta x_{bc}} - \arctan\frac{\Delta y_{ba}}{\Delta x_{ba}} \quad (2\text{-}19)$$

若把直线ba假定为正北方向（即假设$\alpha_{ba}=0$)，则水平角β实质上就是直线bc相对于直线ba的坐标方位角，它与坐标基准方向线的选取无关。

因此，如图2-23所示，假设直线AB的坐标方位角为α_{AB}，在B、1两点的转折角（即水平角）分别为β_1、β_2（位于线路前进方向左边的称为左角，位于线路前进方向右边的称为右角)，则直线B1和12的坐标方位角α_{b1}、α_{12}与水平角β_1、β_2有如下相互推算关系，即

$$\begin{cases}\alpha_{B1} = \alpha_{AB} - 180° + \beta_1 \\ \alpha_{12} = \alpha_{B1} - 180° + \beta_2\end{cases} \quad (2\text{-}20)$$

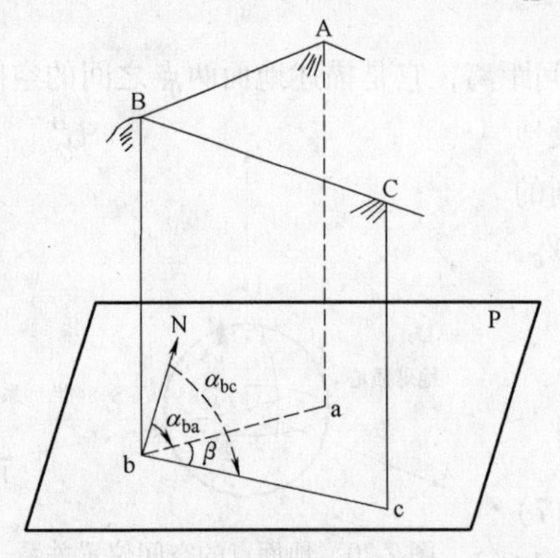

图2-22 水平角

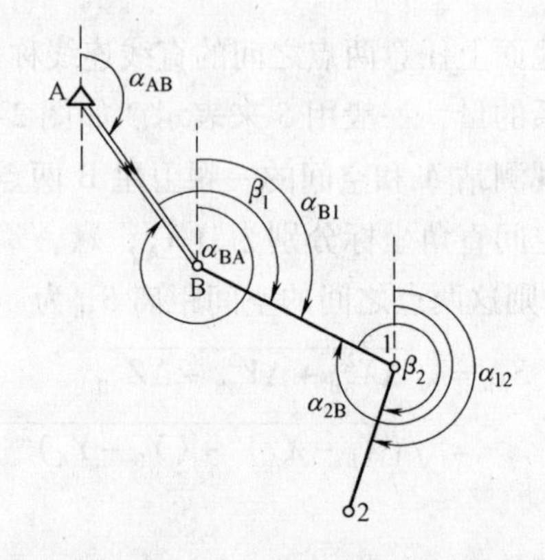

图2-23 水平角与坐标方位角的相互推算关系

【例】 假设测得直线AB的坐标方位角为$\alpha_{AB}=145°23'$，左转角$\beta_1=160°15'$、$\beta_2=294°31'$，则直线B1和12的坐标方位角α_{b1}、α_{12}分别为

$$\begin{cases}\alpha_{B1} = 145°23' - 180° + 160°15' = 125°38' \\ \alpha_{12} = 125°38' - 180° + 294°31' = 240°09'\end{cases}$$

2.6.4　WGS—84 世界大地坐标系

为了便于 GPS 卫星全球性导航定位系统的使用，美国国防部制图局于 1984 年根据更高精度的特长基线干涉测量（VLBL）和卫星激光测距（SLR）等成果，建立了一个地心地固坐标系统，即 1984 年世界大地坐标系（World Geodetic System），简称 WGS—84 坐标系，用以取代 1984 年以前所采用的 WGS-72 坐标系统。

如图 2-24 所示，由于地球存在着极移现象，地极的位置在地极平面坐标系中是一个连续的变量，其瞬时坐标（X_P，Y_P）是由国际时间局（Bureau International deI′Heure，简称 BIH）定期向用户公布的。因此，为了使用方便，该坐标系的地极是通过国际协议来确定的，即它是以国际时间局 1984 年第一次公布的瞬时地极（BIH1984. 0）为基准，建立的准协议地球坐标系，通常称为协议地球坐标系（Conventional Terrestrial System），简称 CTS。其坐标原点位于地球的质心，Z 轴指向 BIH1984. 0 协议地极（CTP），X 轴指向 BIH1984. 0 的起始子午面和赤道的交点，Y 轴与 X 轴和 Z 轴构成右手坐标系。它拥有自己的重力场模型和重力计算公式，可以算出相对于 WGS—84 椭球的大地水准面差距，GPS 卫星所发布的卫星广播星历和精密星历等参数都是基于此坐标系统的。

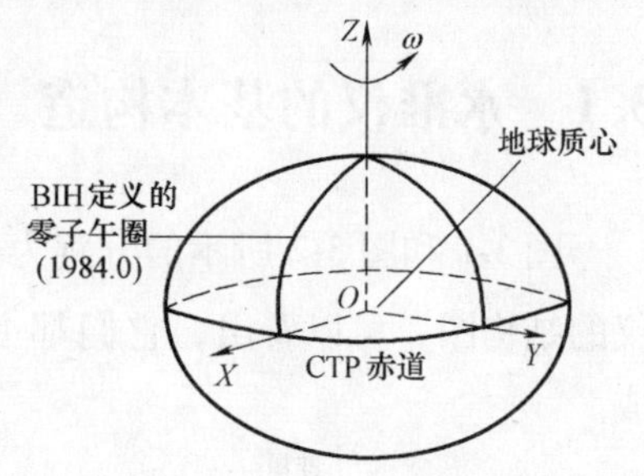

图 2-24　协议地球坐标系

第3讲　水　准　仪

3.1　水准仪的基本构造

图3-1和图3-2所示的分别为DS_3型微倾式水准仪的结构图和拓扑康DL111型电子水准仪的结构图，可以看出，它们都主要由望远镜成像装置、望远镜读数装置和调平装置所组成。

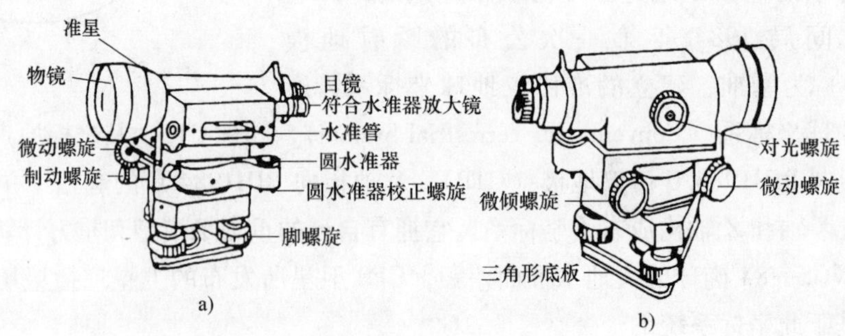

图3-1　DS_3型微倾式水准仪结构

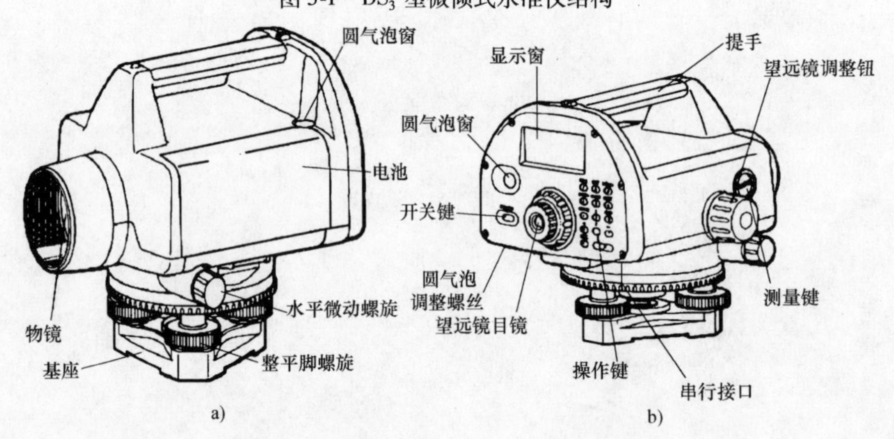

图3-2　拓扑康DL111型电子水准仪结构

3.1.1　水准仪的观测装置及其功能

水准仪的观测装置即望远镜，主要包括物镜、目镜、对光透镜等，如图3-3所示。

（1）物镜　由凸透镜或复合透镜组成，其作用是将所照准的目标成像在望远镜内形成一个倒立而缩小的实像。

（2）对光透镜　这是一个凹透镜，其作用是通过变焦使不同距离的目标在望远镜内十字丝分划板上成像清晰。

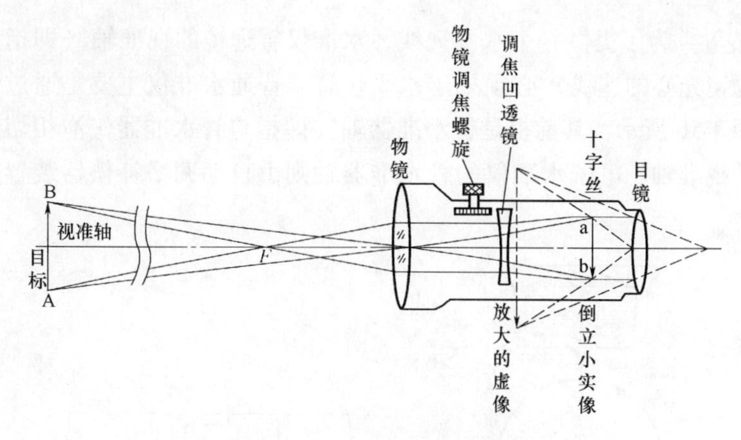

图 3-3 望远镜成像原理

(3) 目镜 这是一个凸透镜，其作用是将物镜所成的实像放大成一个正立的虚像。

3.1.2 水准仪的读数装置及其功能

水准仪的读数装置即望远镜的十字丝分划板，是安装在望远镜筒内的一块光学玻璃板，其作用相当于人眼的视网膜，上面刻有两条相互垂直的长细线，分别为纵丝和横丝，其中纵丝用于判断水准尺竖立在地面上的垂直状况，横丝用于读取望远镜水平视线的读数。在纵丝或横丝上还刻有上、下对称或左、右对称的两根短横线，称为视距丝，用于进行视距测量。如图 3-4 所示，设望远镜的焦距为f，望远镜物镜光心到仪器竖轴的距离为δ，十字丝分划板上、下视距丝之间的间距为p，当望远镜在标尺上读出上丝和下丝的读数分别为n和m时，两者的读数差称为视距间隔l，这时，仪器至标尺的水平距离D为

$$D=d+f+\delta=\left(\frac{f}{p}\right)\times l+(f+\delta)\approx 100l=100(m-n) \tag{3-1}$$

式中，$\frac{f}{p}$为视距乘常数，$f+\delta$为视距加常数。

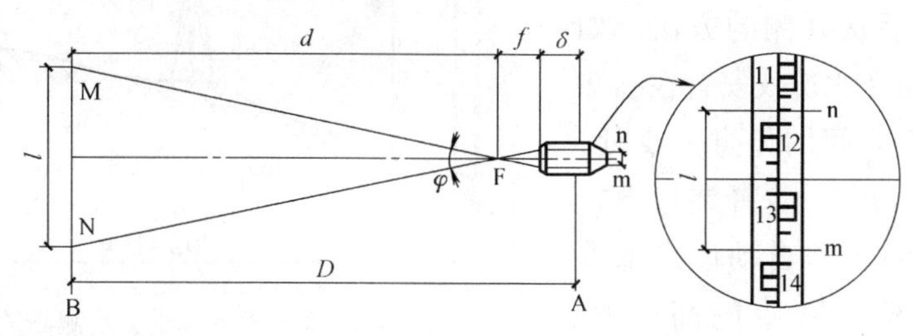

图 3-4 望远镜视距测量原理

3.1.3 水准仪的调平装置及其功能

水准仪的调平装置包括粗平装置和精平装置。

(1) 粗平装置 水准仪在测量时，仪器的竖轴（即指望远镜的转动轴）必须处于铅垂位置。它主要是通过圆水准器装置来完成的，如图 3-5a 所示，其前提是圆水准器轴（即指垂直于圆水准器气泡中心平面的轴线）必须平行于仪器的竖轴。

（2）精平装置　为了提供一个水平视线，水准仪望远镜的视准轴（即指望远镜十字丝分划板中心与物镜光心的连线）必须处于水平位置。普通水准仪主要是通过管水准器装置来完成的，如图3-5b所示，其前提是管水准器轴（即指与管水准器气泡相切的直线）必须平行于望远镜的视准轴。电子水准仪的管水准器轴则由自动调平补偿器装置的水平轴所代替。

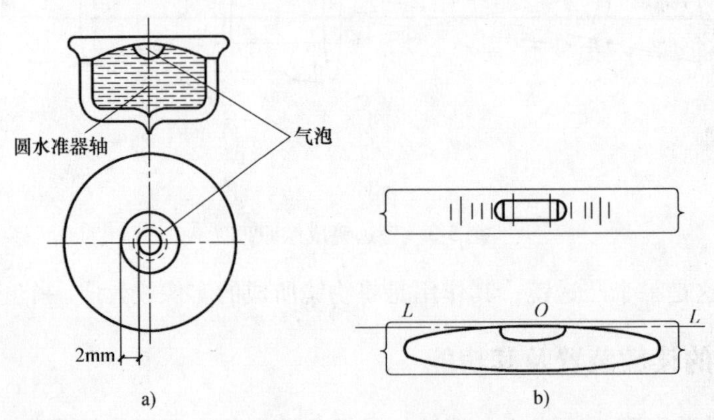

图3-5　水准仪调平装置

3.2　水准仪的测量原理与方法

3.2.1　水准仪测量高程的原理与方法

水准仪测量高程是通过望远镜所提供的水平视线直接测出地面两点之间的高差来进行的，其测量方式主要有高差法和仪高法两种。

（1）高差法　即在已知点和待测点之间安置水准仪，分别向待测点和已知点进行前、后视观测的方法。如图3-6所示，将电子水准仪安置在已知点A和待测点B之间的任意一点处，后视A点上的水准尺，选择测量模式并按测量按钮，仪器将自动读出水准尺上的读数a；输入A点的高程H_A后，前视B点上的水准尺，按测量键，仪器将自动读出水准尺上的读数b，并按下式自动计算出待测点B的高程H_B。

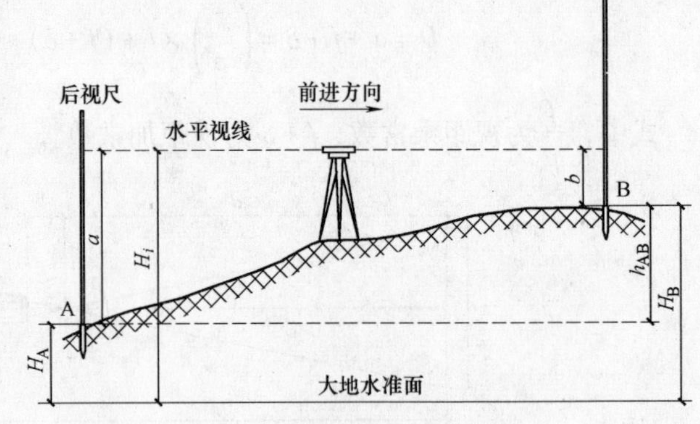

图3-6　水准仪高差法测高原理

$$H_B = H_A + h_{AB} = H_A + (a - b) \tag{3-2}$$

该方法通常采用双面尺法进行校核，主要用于高程控制测量或远距离高程引测，例如图3-7所示，由于已知点BM_1和待测点A、B之间相距较远，需要在沿线加设若干个作为临时传递高程的立尺点T_1、T_2、T_3等，称为转点（turning point），这就要求测量时必须要在多个测站点上安置多次仪器才能得到待测点的高程，具体的操作步骤是：首先将水准仪安置于

已知点 BM_1 和转点 T_1 之间，测出两者间的高差 h_{M1}；然后将仪器搬至转点 T_1 和 T_2 之间，测出两者间的高差 h_{12}；再将仪器搬至转点 T_2 和 T_3 之间，测出两者间的高差 h_{23}，依此类推，直至测到待测点 A 和 B。表 3-1 为该水准测量高差法的观测记录。

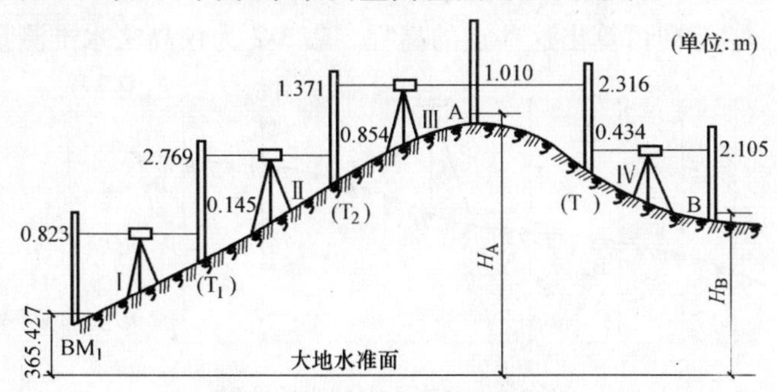

图 3-7 高差法水准测量过程

表 3-1 高差法水准测量的观测记录

地点：幸福村糖厂工地　　天气：晴间多云　　观测：吴大维

日期：1985.6.30　　仪器：DS_3　　记录：陈宝琴

测　点	后视读数 a /m	前视读数 b /m	高差/m		高程/m	备　注
			+	−		
BM_1	0.823				365.427	幸福桥石栏杆上
T_1	2.769	0.145	0.678		366.105	
T_2	1.371	0.854	1.915		368.020	
(A)		(1.010)	(0.361)		368.381	间视点
T_3	0.434	2.316		0.945	367.075	
B		2.105		1.671	365.404	
Σ	5.397	5.420	2.593	2.616		
计算校核	$\sum a-\sum b=-0.023$		$\sum h=-0.023$		$H_B-H_{BM1}=-0.023$	

(2) 仪高法　即以已知点为测站点（即在已知点上安置水准仪）对待测点进行观测，或者是以待测点为测站点对已知点进行观测的方法。如图 3-8 所示，将水准仪安置在已知点 A（或待测点 B）上，照准 B 点（或 A 点）上的水准尺，输入所量取的仪器高 i 和 A 点的高程 H_A 后，按测量键，仪器自动读出水准尺上的读数 v_b（或 v_a），并按下式自动计算出待测点 B 的高程 H_B。

$$H_B=H_A+h_{AB}=\begin{cases}H_A+(i-v_b)\\H_A-(i-v_a)\end{cases} \tag{3-3}$$

该方法一般采用两次仪器高法进行检核，主要用于碎部点高程测量或高程放样，例如图 3-9 所示，当已知点 A 和待测点 B_1、B_2、B_3、B_4 等相距较近时（200m 以内），

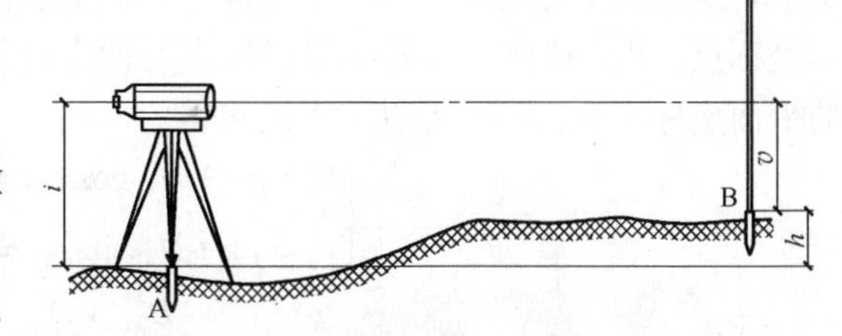

图 3-8 水准仪仪器高法测高原理

可以在一个测站上安置一次仪器即可得到这些待测点的高程，具体的操作步骤是：首先将水准仪安置于已知点 A 和和待测点 B_1、B_2、B_3、B_4 等之间，后视 A 点，读出该点上水准尺的读数 a 即可算出仪器的视线高 H_i；然后分别前视 B_1、B_2、B_3、B_4 等点，读出各点上的水准尺读数 b_1、b_2、b_3、b_4 等即可算出这些点的高程。表 3-2 为仪高法水准测量的观测记录。

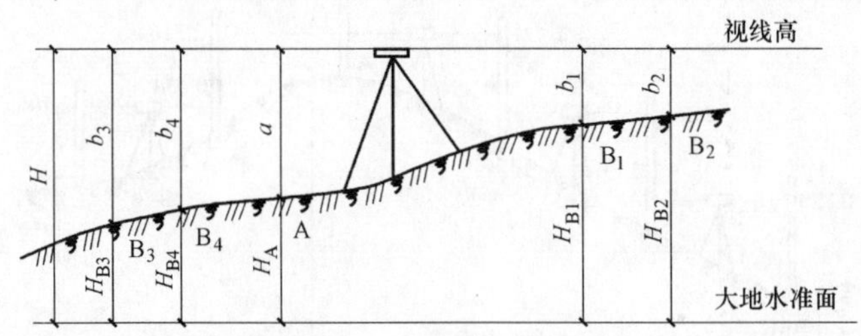

图 3-9 仪高法水准测量过程

表 3-2 仪高法水准测量的观测记录

工程名称：幸福村糖厂工地　　天气：晴间多云　　观测：吴大维

日期：1985.6.30　　仪器：DS_3　　记录：陈宝琴

测　点	后视读数 a/m	前视读数 b/m	视线高/m	高程/m	备　注
A	0.823		367.250	365.427	幸福桥石栏杆上
B_1		0.854		366.396	
B_2		0.145		367.105	
B_3		2.316		364.934	
B_4		2.105		365.145	

注：为了防止已知点高程的错误和所包含的误差的影响，在实际应用以上两种方法进行水准测量时，往往还可以另外观测一个已知点（如图 3-10 所示的 C 点），以便进行校核，并通过求其平均值来减小误差。

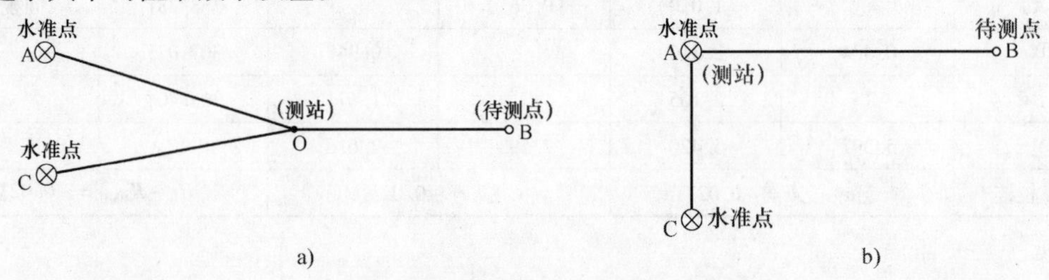

图 3-10 水准测量的检核

3.2.2 水准仪测量平面坐标的原理与方法

水准仪测量平面坐标是通过视距丝装置直接测出两点之间的水平距离来进行的，主要用于平坦地区的坐标测量。所用的原理是距离交会法的测量原理，如图 3-11 所示，A、B 为已知坐标点，P 为待测点，若测得待测点与两个已知点的水平距离分别为 D_{PA} 和 D_{PB}，则 P 点的平面坐标（x_P，y_P）可以按下式求得。

$$\begin{cases} x_P = x_A + D_{AP}\cos\alpha_{AP} = x_B + D_{BP}\cos\alpha_{BP} \\ y_P = y_A + D_{AP}\sin\alpha_{AP} = y_B + D_{BP}\sin\alpha_{BP} \end{cases} \tag{3-4}$$

式中，$\alpha_{AP} = \alpha_{AB} + \beta_A = \alpha_{AB} + \arccos\dfrac{D_{AB}^2 + D_{AP}^2 - D_{BP}^2}{2D_{AB}D_{AP}}$

$$\alpha_{BP} = \alpha_{BA} - \beta_B = \alpha_{BA} - \arccos\frac{D_{BA}^2 + D_{BP}^2 - D_{AP}^2}{2D_{BA}D_{BP}}$$

表3-3为距离交会法坐标测量的观测记录，其交会的方式一般有两种：

（1）后方距离交会　即以待测点为测站点对两个已知点进行距离观测的方法。例如，将水准仪安置在待测点P上，分别照准已知点A点和B点上的水准尺，按测距键，仪器将自动显示待测点到两个已知点的水平距离 D_{PA} 和 D_{PB}。

（2）前方距离交会　即分别以两个已知点为测站点对待测点进行距离观测的方法。例如，将水准仪分别安置在已知点A和B上，照准待测点P上的水准尺，按测距键，仪器将自动显示两个已知点到待测点的水平距离 D_{AP} 和 D_{BP}。

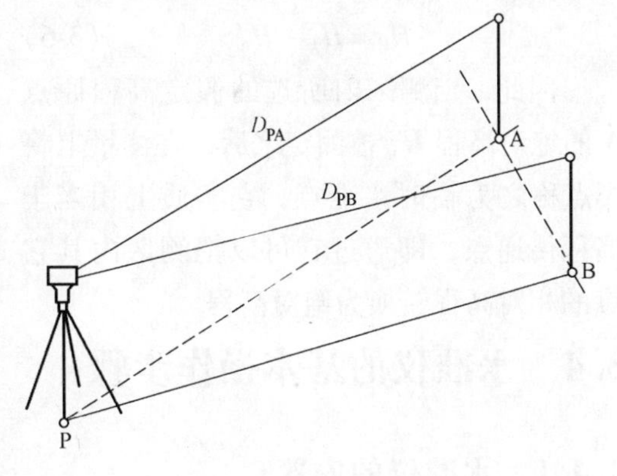

图3-11　水准仪测量平面坐标的原理与方法

表3-3　距离交会法坐标测量的观测记录

$$\begin{cases} x_P = x_A + e\cos\alpha_{AB} + f\sin\alpha_{AB} \\ y_P = y_A + e\sin\alpha_{AB} - f\cos\alpha_{AB} \end{cases}$$

$$e = \frac{b^2 + c^2 - a^2}{2c},\ f = \sqrt{b^2 - a^2}$$

点　号	x/m	y/m	Δx	Δy	观测边长	
A	1630.744	834.560	−352.414	574.325	a	518.624
B	1278.330	1408.885			b	360.000
e	233.5395	f	274.0746		c	673.828
$\cos\alpha_{AB}$	−0.5230028	$\sin\alpha_{AB}$	0.8523310		α_{AB}	121°32′02″
Δx_{AP}	111.460	Δy_{AP}	342.395			
x_P	1742.204	y_P	1176.955			
Δx_{BP}	463.874	Δy_{BP}	−231.930			

3.3　水准仪测量的高程转换

3.3.1　相对高程

由于个别地区在进行高程测量时引用绝对高程是很困难的，因此，测量上通常采用相对高程，即先在测区内任意假设一个点为高程原点，然后，测量测区内的其他点到过该点的水准面的铅垂距离，所得到的高程实质上就是这些点的相对高程，也称假定标高，用 H' 表示。建筑上则常把建筑物室内地坪的高程定为零，记作±0.000标高，其余部位的高程均从±0.000起算，高出±0.000m为正，低于±0.000m为负。

3.3.2　绝对高程与相对高程的关系

如图3-12所示，假设某测区地面两点A和B的绝对高程分别为 H_A 和 H_B，若测得它们到假定水准面的相对高程分别为 H_A' 和 H_B'，则相对高程与绝对高程之间具有如下关系：

$$H_B - H_A = H_B' - H_A' \tag{3-5}$$

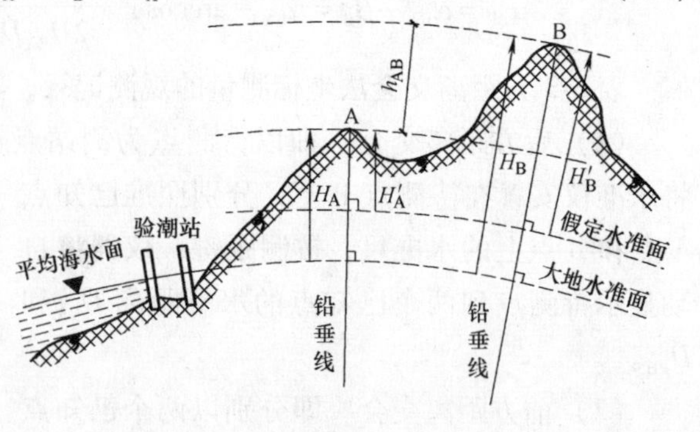

图 3-12 相对高程和绝对高程的关系

若假设 A 点的相对高程 $H_A' = 0$（即 A 点为假定高程零点），则 B 点的绝对高程 H_B 与其相对高程 H_B'之间具有如下关系，即

$$H_B = H_A + H_B' \tag{3-6}$$

因此，当测区内所选的假定高程原点 A 的绝对高程 H_A 被测定之后，在测量上将 A 点称之为临时水准点，它实质上相当于高程传递点，即通过它可以把测区内其它点的相对高程转换为绝对高程。

3.4 水准仪的基本操作步骤

3.4.1 水准仪的安置

如图 3-13 所示，水准仪在安置时需要先将三脚架安置在地面上，然后通过基座中心螺旋使水准仪固定在三脚架的架头上。安置时，要求三脚架的架头大致水平，因为，如果三脚架的架头倾斜度超过了仪器脚螺旋的调节范围，那么，脚螺旋将失去调平的作用。同时，架头的高度必须能使望远镜视线高出地面一定高度（一般不低于 0.3m），因为这样做可以减小大气折光的影响；并尽量与眼睛的视线保持在同一个水平线上，防止因目标影像没有完全成像于十字丝分划板上而产生视差的影响。

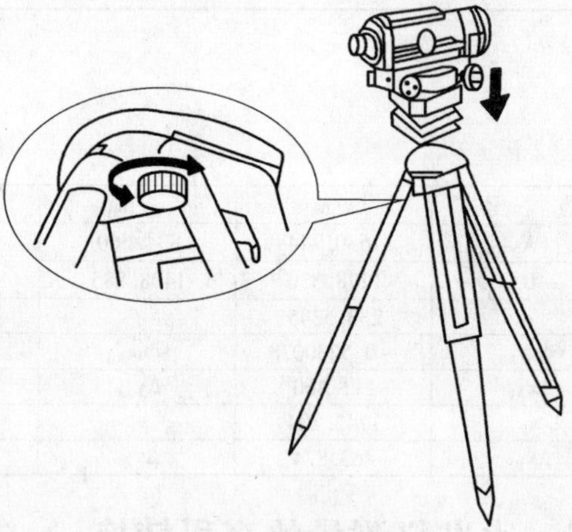

图 3-13 水准仪的安置

3.4.2 水准仪的粗平

水准仪的粗略整平是通过调节仪器的脚螺旋使圆水准器气泡居中，如图 3-14 所示，为了不使水准仪的圆水准器气泡围绕其中心打转转，要求调节分两步进行：

1）首先使望远镜平行于任意一对脚螺旋的连线，调节该对脚螺旋使气泡位于其中心线上，此时表明该对脚螺旋的连线处于水平位置。

2）然后调节第三个脚螺旋就可以使圆水准器气泡居中。从严格意义上讲，此时

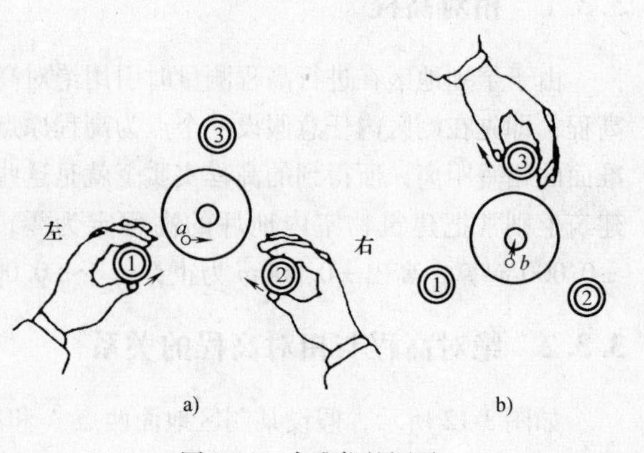

图 3-14 水准仪的调平

的气泡应该在该对脚螺旋连线的垂直线上运动；但是，由于目视的误差，实际操作过程中气泡未必在该对脚螺旋连线的垂直线上运动，这就需要反复调节，并且，调节时应注意左手拇指的运动方向与气泡的运动方向相同。

3.4.3 水准仪的瞄准与对光

（1）目镜对光 首先进行目镜对光，即通过目镜螺旋使望远镜的十字丝分划板清晰，要求调节时应尽可能地使望远镜对准光亮的背景，比如对准天空等。

（2）初步瞄准 其次进行初步瞄准，即通过望远镜上的准星使望远镜初步瞄准目标，要求初步瞄准目标后调节制动螺旋使望远镜固定，如图3-15所示。

（3）物镜对光 然后进行物镜对光，即调节调焦对光螺旋使目标影像清晰，要求调焦后要让眼睛在目镜端上下微微移动，看十字丝横丝与水准尺分划有无相对运动。如果有就表明存在视差，需要重新进行对光。

（4）精确瞄准 最后还要进行精确瞄准，即调节微动螺旋使望远镜在水平面内做微小移动以便准确瞄准目标，要求水准尺最好立在尺垫上，尺的零点朝下，如图3-16所示；并且立尺一定要直，否则会产生倾斜误差。

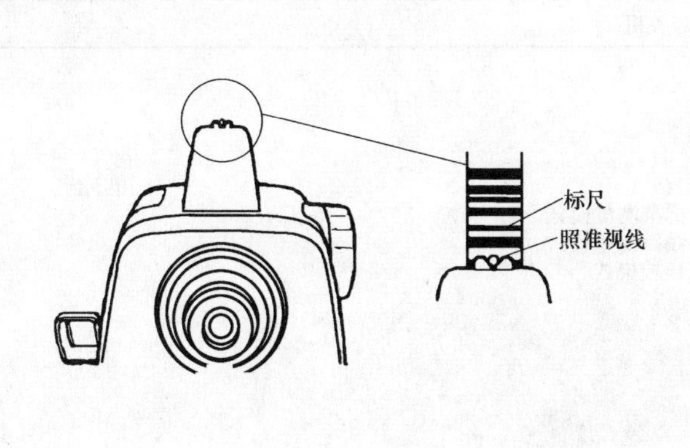

图3-15 水准仪的瞄准

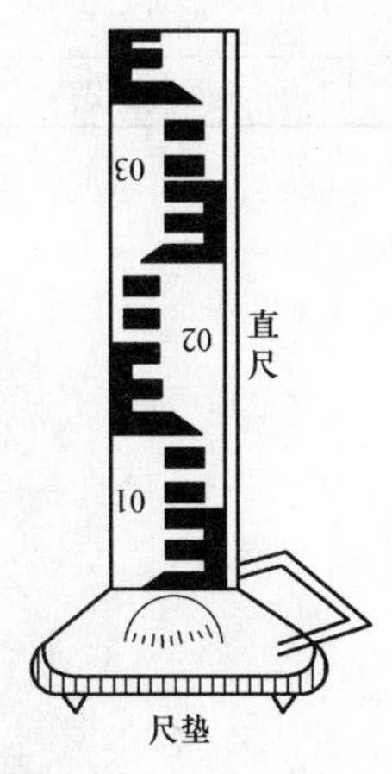

图3-16 水准尺的立尺

3.4.4 水准仪的精平与读数

微倾式水准仪的精平是通过管水准器装置进行的，即在每次读数前都必须调节微倾螺旋使管水准器气泡严格居中；而电子水准仪和自动安平水准仪的精平则是通过补偿器装置自动调平的。同时，电子水准仪在读数时是通过控制器操作键盘进行自动化测量的，因此，需要通过电子水准仪的使用说明书来熟悉其操作面板上各键的功能。图3-17为拓扑康DL111型电子水准仪的操作面板，其各键的功能见表3-4所示。

表3-4 拓扑康DL111型电子水准仪操作面板上各键的功能

键符	键名	功能
REC	记录键	记录测量数据或在仪器中输入显示的数据
SET	设置键	进入设置模式，设置模式是用来设置测量模式、记录模式和其他参数

（续）

键　符	键　名	功　能
MENU	菜单键	进入菜单模式，菜单模式有下列选择项：标准测量、水准线路测量模式、格式化内存/数据卡、校正模式和工具模式
SRCH	查询键	用来查询和显示记录的数据
IN/SO	中间点/放样模式键	在连续水准线路测量时，测中间点或放样
DIST	测距键	测量并显示距离
MANU	手工输入键	当不能用[MEAS]键进行测量时，可从键盘手工输入数据
▲ ▼	选择键	用来翻页菜单屏幕或数据显示屏幕
◀ ▶	数字移动键	当显示值超出屏幕范围时，可用来左右移动显示屏查看整个数据
REP	重复测量键	在连续水准线路测量时，可用来重测已测过的后视或前视
ESC/C	退出/清除键	用来退出菜单模式或任一设置模式，也可用作输入数据时的后退清除键
0～9	数字键	用来输入数字
●（▼）	数字、符号、字母输入键	在字母模式，可用来改变为数字、字母或符号的输入模式
- ▶	标尺倒置模式	用来进行倒置标尺输入，并应预先在设置模式下，将倒置标尺模式设置为‘USE’
ENT	输入键	用来确认模式参数或输入显示的数据
MEAS	测量键	用来进行测量
POWER	电源开关键	仪器开机与关机

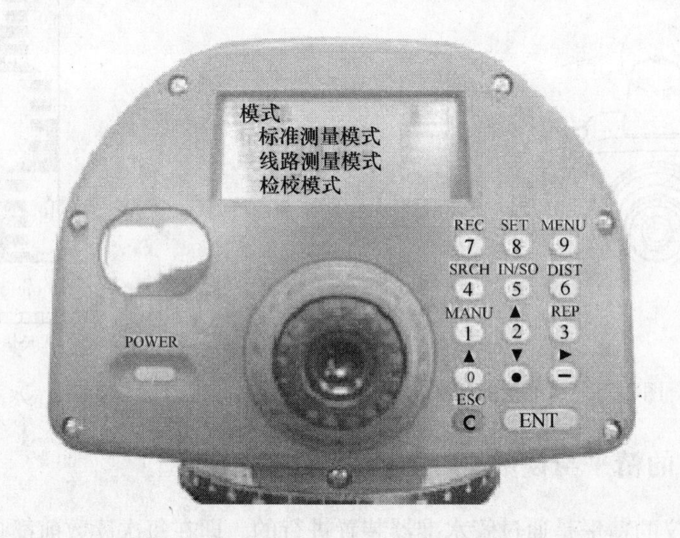

图3-17　拓扑康 DL111 型电子水准仪的操作面板

3.5　水准仪的检验与校正

水准仪有4条主要的几何轴线：仪器的竖轴（即望远镜的转动轴）、望远镜的视准轴（即望远镜十字丝分划板中心与物镜光心的连线）、圆水准器轴（垂直于圆水准器气泡中心平面的轴线）和管水准器轴（与管水准器气泡相切的直线）等，如图3-18所示，这4条轴线应满足两个几何条件：即圆水准器轴∥仪器竖轴、管水准器轴∥望远镜视准轴。

3.5.1 水准仪的圆水准器轴不平行于仪器竖轴的检校

（1）检校的原理　水准仪的圆水准器轴指的是垂直于圆水准器气泡中心平面的轴线，而仪器的竖轴实质上就是望远镜的转动轴，如图 3-19a、b、c、d 所示，假设这两条轴线不平行，两者的交角设为 δ，当转动脚螺旋使圆水准器气泡居中时，圆水准器轴位于铅垂位置，而仪器的竖轴则倾斜了一个 δ 角。将望远镜旋转 180°后，圆水准器轴就转到了仪器竖轴的另一侧，这时，圆水准器轴与铅垂线之间的夹角为 2δ。若旋转脚螺旋使气泡向圆水准器中心移动偏距的一半，则仪器的竖轴处于铅垂状态，拨动圆水准器上的校正螺丝使气泡居中就可以消除圆水准器与仪器竖轴之间的交角，使两轴相互平行。

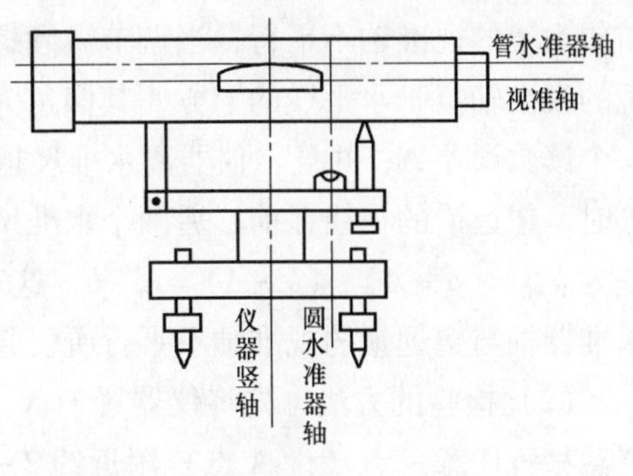

图 3-18　水准仪四条几何轴线关系

（2）检校的方法　调节脚螺旋使圆水准器气泡居中，然后将望远镜转动 180°，若气泡仍居中，则此条件满足，否则必须校正。如图 3-19e 所示，先稍微松开圆水准器底部中央的固紧螺丝，再拨动固紧螺丝周围的三个校正螺丝使气泡返回偏离值的一半。

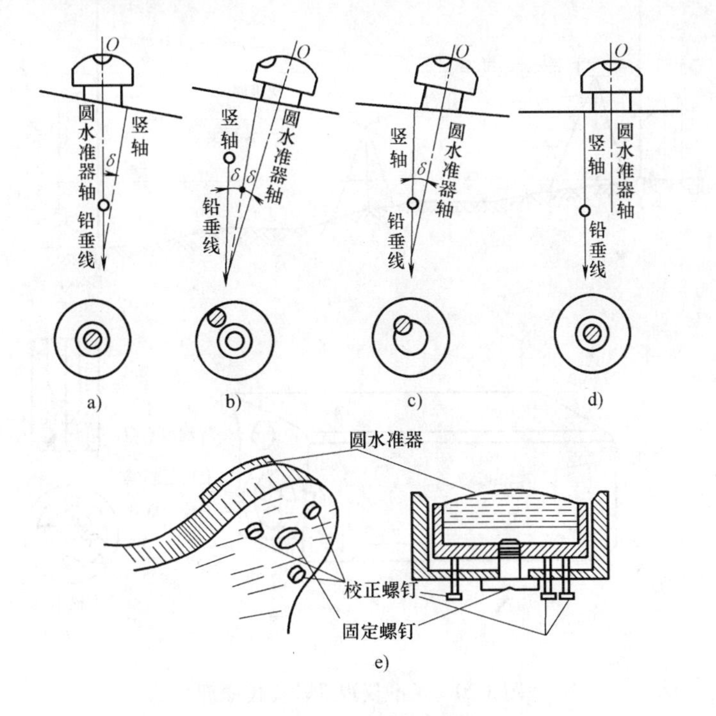

图 3-19　水准仪仪器竖轴的检校原理

（3）特殊处理　如果想要仪器在未经过此项条件校正的前提下进行观测，那么，为了获得正确的读数，也可以在检验之后直接调节脚螺旋使气泡返回偏离值的一半状态下进行测量。

3.5.2 水准仪的管水准器轴不平行于望远镜视准轴的检校

（1）检验的原理　水准仪的管水准器轴指的是与管水准器气泡相切的直线，而望远镜的视准轴就是望远镜十字丝分划板中心与物镜光心的连线，如图3-20a所示，若管水准器轴与望远镜的视准轴不平行，当调节微倾螺旋或自动补偿器装置进行水准仪精平时，假设望远镜的视准轴位于水平线的上方，其仰角为i。这时，望远镜的视线在水准尺上的读数会产生一个读数误差Δ；并且，仪器离水准尺越远，该误差也越大。当仪器到A、B两点的距离相等时，望远镜的视线在前、后两个水准尺上的读数误差也相等。这样一来，A、B两点的高差为$h_{AB}=(a-\Delta)-(b-\Delta)=a-b$，这表明，当仪器到前、后水准尺的距离相等时，由管水准器轴与望远镜的视准轴不平行所引起的读数误差对测量的高差值不受影响。

（2）检验的方法　先将仪器置于A、B两点的中央，测得这两点之间的高差为h；再将仪器移置任意一点（设A点）附近约2～3m处，测得其高差为h'；若$h'\approx h$，则条件满足。

（3）校正的原理　假设仪器移至A点附近时在该点水准尺上的读数为a'，由于仪器离A点较近，所引起的读数误差很小，即可以认为$a'\approx a$，这时，仪器在B点水准尺上的应读读数为$b=a-h\approx a'-h$。

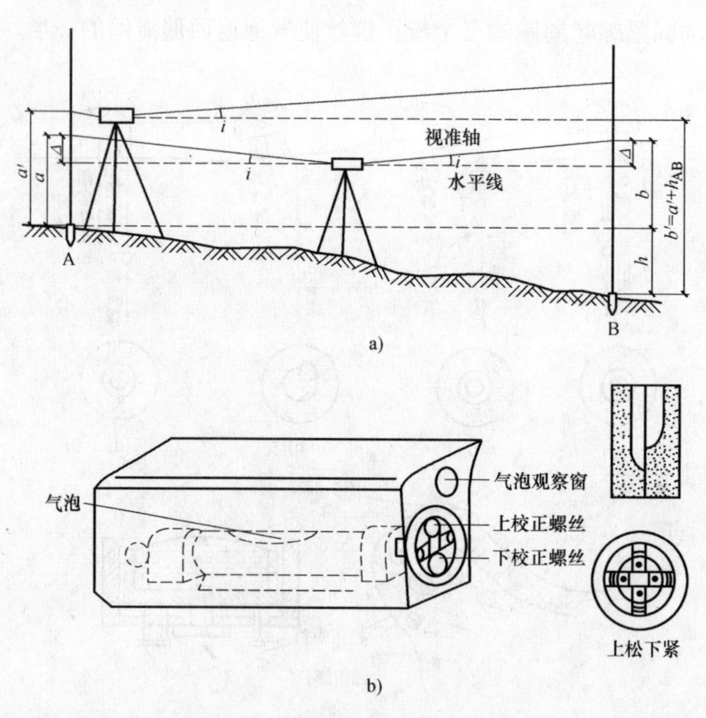

图3-20　水准仪视准轴检校原理

（4）校正的方法　调节望远镜目镜端的十字丝校正螺丝，使十字丝分划板的横丝在远离点（设B点）的标尺上对准读数（$a'-h$）即可。对于普通微倾式水准仪，一般是先转动微倾螺旋，使十字丝分划板的横丝对准B点尺上的读数（$a'-h$），然后用校正针松开水准管左右的校正螺丝，拔动其上下校正螺丝使气泡居中，如图3-20b所示。

（5）特殊处理 如果想要仪器在未经过此项条件校正的前提下进行观测，那么，为了获得正确的读数，可以使仪器安置在前后视距等长的点上进行观测。

3.6 水准仪的发展历程

水准仪是在17～18世纪发明了望远镜和水准器后出现的，经历了微倾式水准仪、自动安平水准仪、精密水准仪和电子水准仪的发展，如图3-21所示。

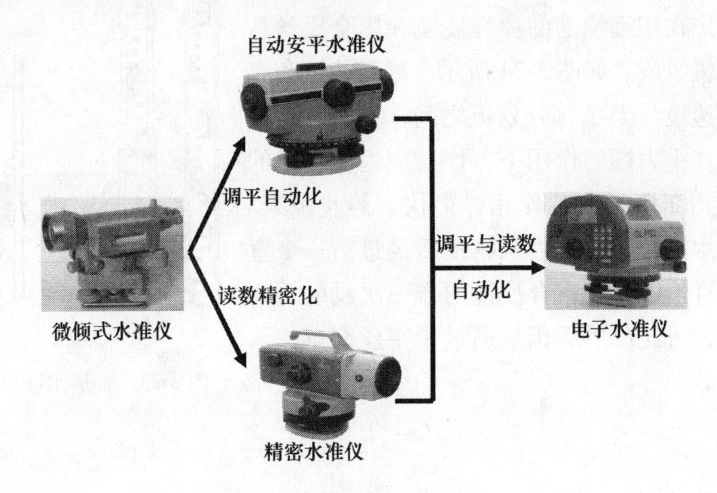

图3-21 水准仪的发展历程

3.6.1 微倾式水准仪的测量特点

20世纪初，在研制出内调焦望远镜和符合水准器的基础上生产出了微倾式水准仪，它主要是通过调节微倾螺旋使管水准器气泡居中来获得水平视线，并通过望远镜十字丝分划板装置进行人工读数的，如图3-22所示。

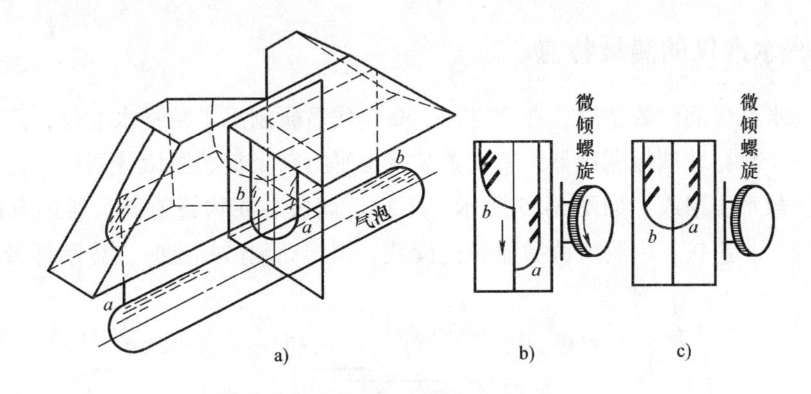

图3-22 微倾式水准仪读数结构

它所使用的水准尺是普通水准尺，该尺有直尺和塔尺两种，其长度分别为3m和5m，如图3-23a、b所示。尺上分划黑白格相间，每格宽0.5cm或1cm。通常尺的两面均有分划，黑面底为零点，红面底为4.687m或4.787m。该尺精度为0.5cm或1cm，如图3-23c中所示的读数为1.622m；图3-23d中所示的读数为0.995m。

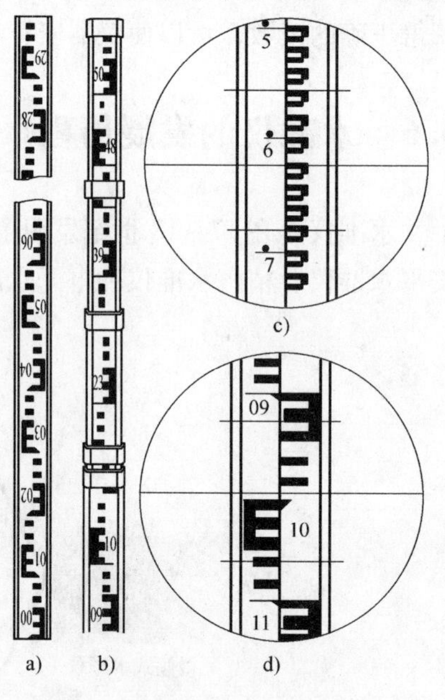

图3-23 普通水准尺的分划与读数

3.6.2 自动安平式水准仪的测量特点

为了实现水准仪精平的自动化，20世纪50年代初出现了自动安平水准仪，该设备在望远镜的光路上取消了管水准器装置，代替安装了一个自动调平补偿器装置。该装置由固定在望远镜上的屋脊棱镜和用金属丝悬吊的两块直角棱镜组成。如图3-24所示，屋脊棱镜和直角棱镜加在对光透镜与十字丝分划板之间，当望远镜倾斜时，直角棱镜在重力摆的作用下，作与望远镜相反的偏转运动，而且由于阻尼器的作用，很快会静止下来。当望远镜视准轴水平时，光线进入物镜后经过第一个直角棱镜反射到屋脊棱镜，在屋脊棱镜内作三次反射后到达另一直角棱镜，再经反射后仍然通过十字丝交点，从而读得正确的读数。

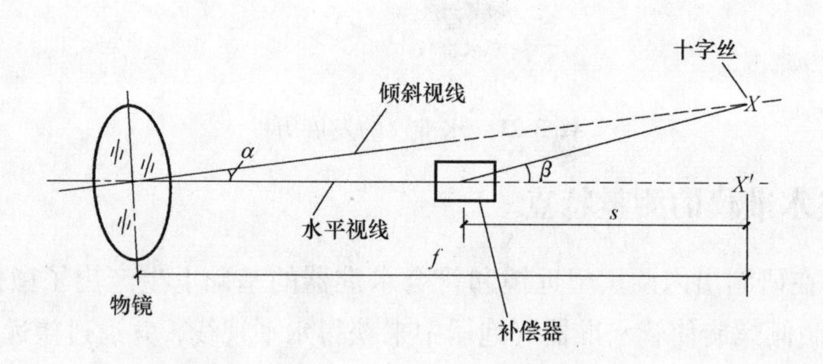

图3-24 自动安平水准仪读数结构

3.6.3 精密水准仪的测量特点

为了提高水准仪的读数精度，在20世纪60年代后研制出了精密水准仪，该设备在望远镜上安装了一个平行玻璃板测微器装置，该装置由平行玻璃板、测微分划尺、传动杆、测微螺旋和测微读数系统组成。如图3-25所示，平行玻璃板装在物镜前面，通过有齿条的传动杆与测微分划尺相连接，由测微读数显微镜读数。当转动测微螺旋时，传动杆带动平行玻璃

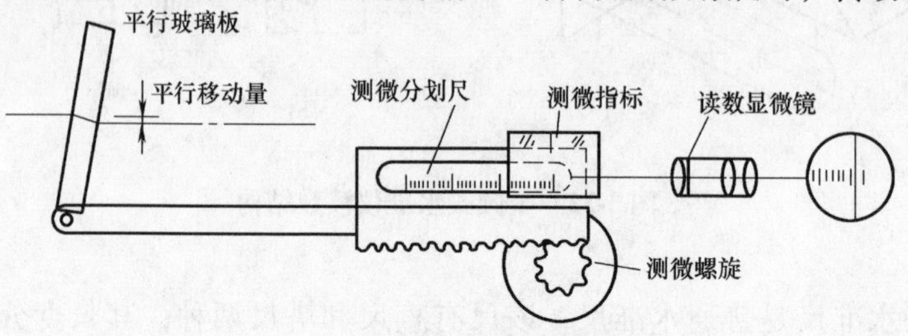

图3-25 精密水准仪读数结构

板前后俯仰，而使视线上下平行移动，同时测微分划尺也随之移动。当平行玻璃板铅垂时，光线不产生平移；当平行玻璃板倾斜时，视线经平行玻璃板后则产生平行移动，移动的数值则由测微尺读数反映出来。

与精密水准仪配套使用的水准尺是精密水准尺，其长度一般为3m，尺上刻有间隔为5mm或10mm的左右两排相互错开的基本分划和辅助分划，两种分划相差一个常数 K，如图3-26a、b所示；尺上注记为分米或厘米，另外在测微尺上一个分格等于0.1mm或0.05mm；该尺精度为0.1mm或0.05mm，如图3-26c中所示的读数为3.04150/2m = 1.52075m，图3-26d中所示的读数为176.650cm = 1.76650m。

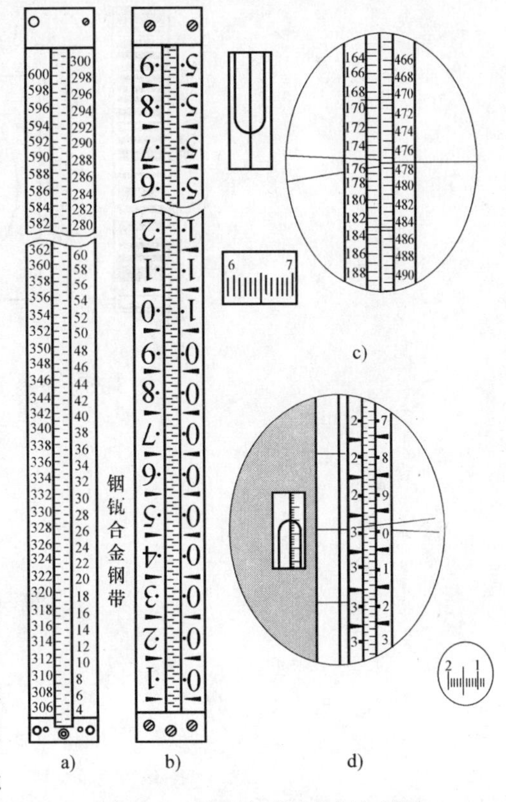

图3-26 精密水准尺分划与读数

3.6.4 电子水准仪的测量特点

为了进一步实现自动安平水准仪读数的自动化，到了20世纪90年代，随着电子技术的发展，产生了电子数字水准仪，如图3-27所示，该设备在其望远镜的光路中增加了分光镜和光电探测器（CCD阵列）等部件，当标尺代码的影像经过分光镜成像在行阵探测器上时，分光镜将入射光线分离成可见光和红外光两部分，探测器将接收到的红外光图像先转换成模拟信号，再转换为数字信号传送给仪器的处理器，通过自动地编码、释义、对比、数字化等一系列数据处理，即可获得水准尺上的读数。目前，电子水准仪采用的读数方法大体上分为三种，如徕卡NA系列采用的相关法、蔡司DiNi系列采用的几何法和拓扑康DL系列采用的相位法等。

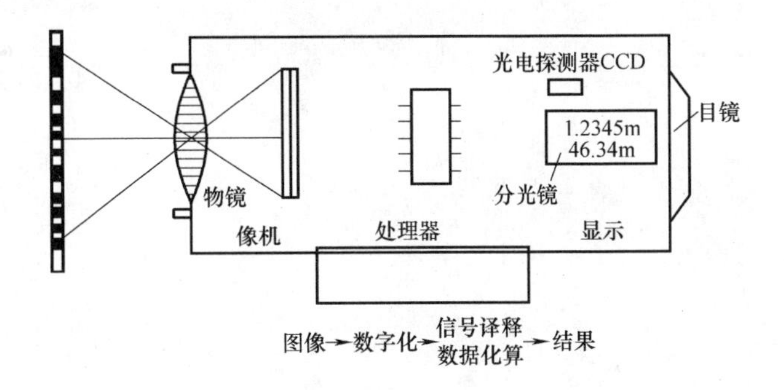

图3-27 电子水准仪读数结构

与电子水准仪配套使用的标尺是条码水准尺，其长度分别有1m、2m、3m、4m和5m等几种，有直尺和折叠尺两种。尺的分划一面为二进制伪随机码分划线或规则分划线，其外形类似于一般商品外包装上印制的条形码；另一面为长度单位的分划线，类似于普通水准尺分划。该尺最小读数精度一般为0.01mm，如图3-28所示。

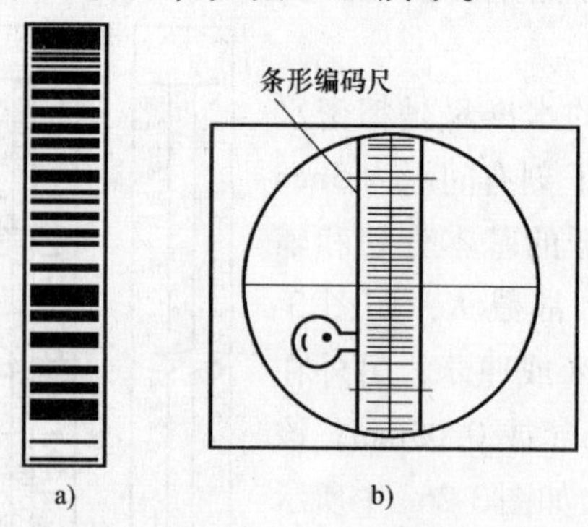

图3-28 条码水准尺分划及其读数

第4讲　经纬仪和全站仪

4.1　经纬仪和全站仪的基本构造

图4-1和图4-2所示分别为DJ_6型光学经纬仪的结构图和南方测绘公司生产的NTS-355型全站仪的结构图，可以看出，无论是经纬仪还是全站仪，其基本结构都可分为照准部的观测装置和度盘读数装置两大部分。

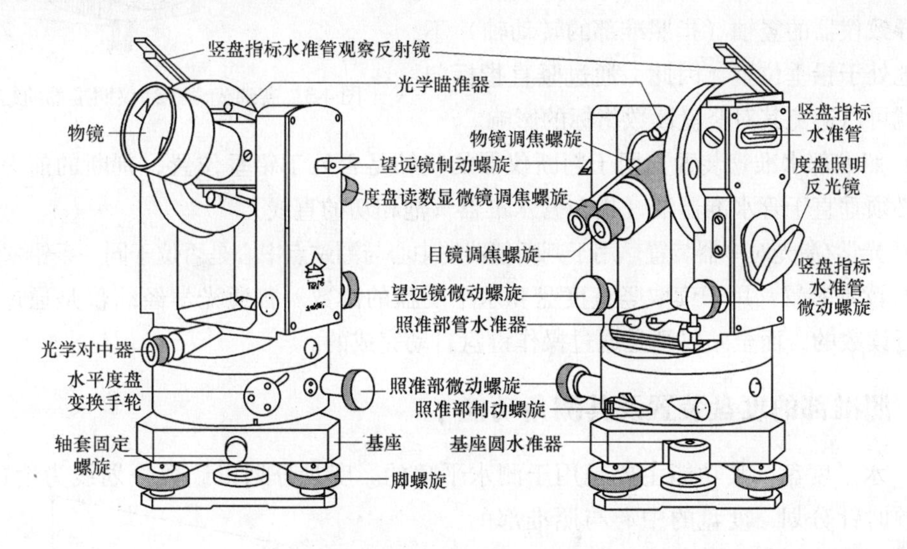

图4-1　DJ_6型光学经纬仪结构

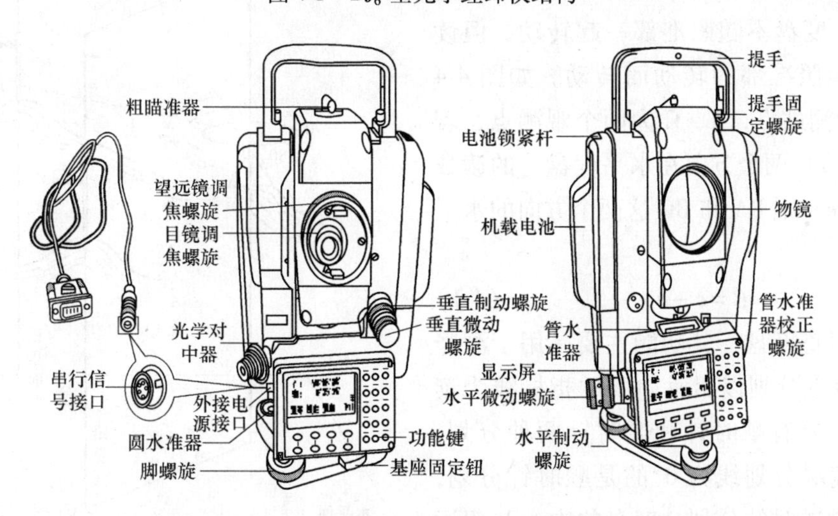

图4-2　南方测绘公司生产的NTS-355型全站仪的结构

4.1.1 照准部的观测装置及其功能

经纬仪的照准部包括望远镜装置、竖直指标归零装置、管水准器装置、光学对中器装置和读数装置等，如图4-3所示。

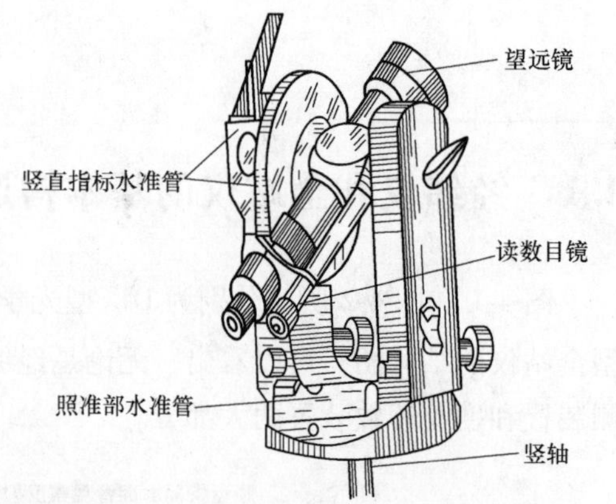

图4-3 普通光学经纬仪照准部的结构

（1）望远镜装置 包括物镜、对光透镜、目镜和十字丝分划板等，主要用于瞄准与对光。其视准轴（指望远镜十字丝分划板中心与物镜光心的连线）必须与其横轴（指望远镜的转动轴）垂直。

（2）竖直指标归零装置 用来判断竖盘的读数指标是否处于铅垂位置。由于仪器不可能绝对整平，导致仪器的竖轴（指照准部的转动轴）不是严格地处于铅垂位置，因此，通过竖直指标归零装置就可以避免其对竖盘读数指标的影响。

（3）照准部水准管装置 用于判断仪器的竖轴是否处于铅垂位置，判断的前提是仪器的竖轴必须垂直于管水准器轴（指与管水准器气泡相切的直线）。

（4）光学/激光对中器装置 用于判断仪器的中心与测站点中心是否位于同一条铅垂线上。

（5）读数装置 用于读取竖直度盘和水平度盘的读数。普通光学经纬仪是通过读数目镜来进行读数的，而全站仪则是通过操作键盘自动完成的。

4.1.2 照准部的度盘装置及其测角功能

（1）水平度盘 其功能主要是用于测水平角的。度盘分划以读数分划线为读数指标，一般为顺时针分划，度盘的中心与照准部的转动轴中心重合。在观测过程中，照准部左右转动时，度盘不随照准部一起转动，但读数指标线随照准部的转动而转动。如图4-4所示，B为测站点，A、C为两个观测点，若假设BA和BC两个方向在水平度盘上的读数分别为a、c，则BA和BC这两个方向的水平角β为

$$\beta = c - a \tag{4-1}$$

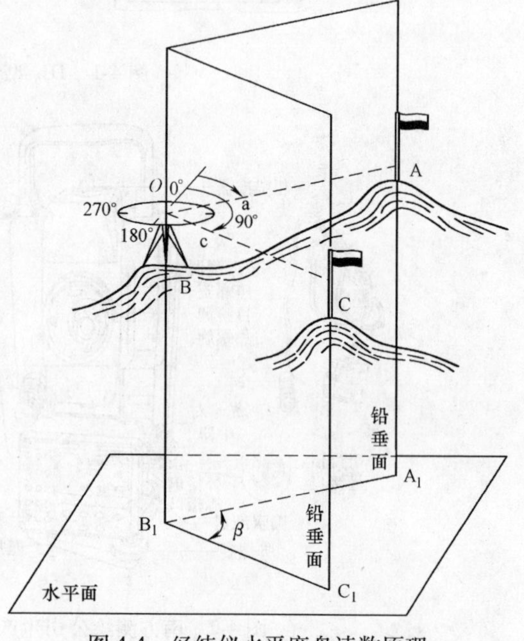

图4-4 经纬仪水平度盘读数原理

（2）竖直度盘 其功能主要是用于测竖直角的。度盘分划以铅垂向下的指标线为读数指标，主要有顺时针和逆时针两种分划，其中，目镜端分划线为0°的是顺时针分划，为180°的是逆时针分划。度盘的中心与望远镜的旋转中心重合。在观测过程中，望远镜

上下转动时，度盘也随望远镜一起转动，而读数指标线则铅垂向下固定不动。如图4-5所示，假设竖直度盘为顺时针分划，则其读数情况有两种，见表4-1所示。

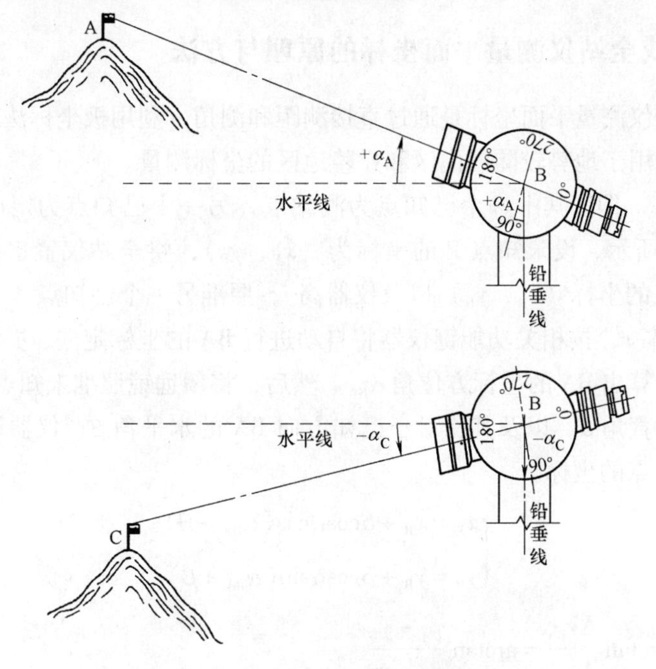

图4-5　经纬仪竖直度盘读数原理

表4-1　经纬仪竖直度盘两种读数情况

竖盘位置	视准轴水平	视准轴向上	竖盘位置	视准轴水平	视准轴向上
盘左	270°　180°　0°　$L_{水平}$　90° $L_0=90°$	α　180°　270°　0°　90°　$L_{读}$ $\alpha_L=L_0-L$	盘右	90°　0°　180°　$R_{水平}$　270° $R_0=270°$	90°　180°　$R_{读}$　α　0°　270° $\alpha_R=R-R_0$

1）当度盘位于望远镜视线的左侧（称为盘左位置）时，若度盘的读数为L，则此时的竖直角α_L为：

$$\alpha_L=90°-L \tag{4-2}$$

由该式可以看出，当望远镜的视线处于水平位置（即竖直角为零）时，盘左的读数应为90°。

2）当度盘位于望远镜视线的右侧（称为盘右位置）时，如果度盘读数为R，则此时的竖直角α_R为：

$$\alpha_R=R-270° \tag{4-3}$$

上式表明，当望远镜的视线处于水平位置（即竖直角为零）时，盘右读数应为270°。

4.2 经纬仪或全站仪的测量原理与方法

4.2.1 经纬仪或全站仪测量平面坐标的原理与方法

经纬仪或全站仪测量平面坐标是通过直接测距和测角，利用极坐标法或距离交会法的原理来进行的，主要用于地势较陡的山区和丘陵地区的坐标测量。

（1）极坐标法 即以其中一个已知点为测站点，另一个已知点为定向点，对待测点进行观测。如图4-6所示，设未知点P的坐标为（x_P，y_P），将全站仪置于已知点B，选择测量模式，输入B点的坐标（x_B，y_B）以及仪器高i，照准另一个已知点A，并输入A的坐标（x_A，y_A）和棱镜高v，按相关功能键仪器将自动进行BA的坐标定向，并根据A、B两个已知点的坐标自动计算出BA的坐标方位角α_{BA}。然后，将望远镜照准未知点P，测出P点与B点间的斜距S和垂直角α，以及其相对于已知方向BA的水平角β，仪器即可按下列公式自动计算并显示出P点的坐标。

$$\begin{cases} x_P = x_B + S\cos\alpha\cos(\alpha_{BA} + \beta) \\ y_P = y_B + S\cos\alpha\sin(\alpha_{BA} + \beta) \end{cases} \tag{4-4}$$

式中，$\alpha_{BA} = \arctan\dfrac{\Delta y_{BA}}{\Delta x_{BA}} = \arctan\dfrac{y_A - y_B}{x_A - x_B}$

（2）后方距离交会法 即在待测点上安置仪器，分别向两个已知点进行距离观测。如图4-7所示，将全站仪置于待测点P上，选择测量模式，输入仪器高i，然后分别照准已知点A和已知点B，输入A、B两点的坐标（x_A，y_A）、（x_B，y_B）和棱镜高v_A、v_B。并按相关功能键测出PA、PB的斜距S_1、S_2，以及垂直角α_1、α_2，则P点的坐标（x_P，y_P）可由仪器按以下公式自动计算并显示出来，即

$$\begin{cases} S_1\cos\alpha_1 = \sqrt{(x_A - x_P)^2 + (y_A - y_P)^2} \\ S_2\cos\alpha_2 = \sqrt{(x_B - x_P)^2 + (y_B - y_P)^2} \end{cases} \tag{4-5}$$

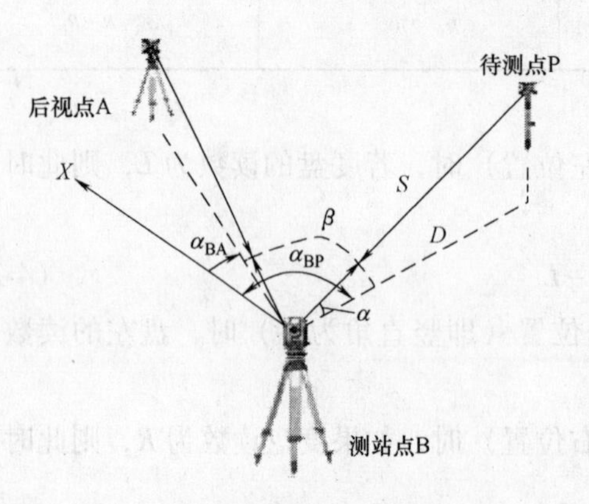

图4-6 全站仪极坐标法测量平面坐标的原理

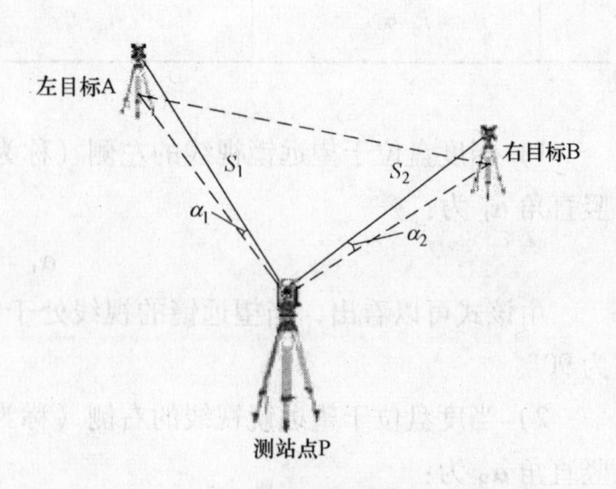

图4-7 全站仪后方距离交会法测量平面坐标的原理

为了防止已知点A或B的错误和所包含的误差的影响，在实际测量中，往往还要另外观测一个已知点（如图4-8所示的C点），以便进行校核，并通过求其平均值来减小误差。

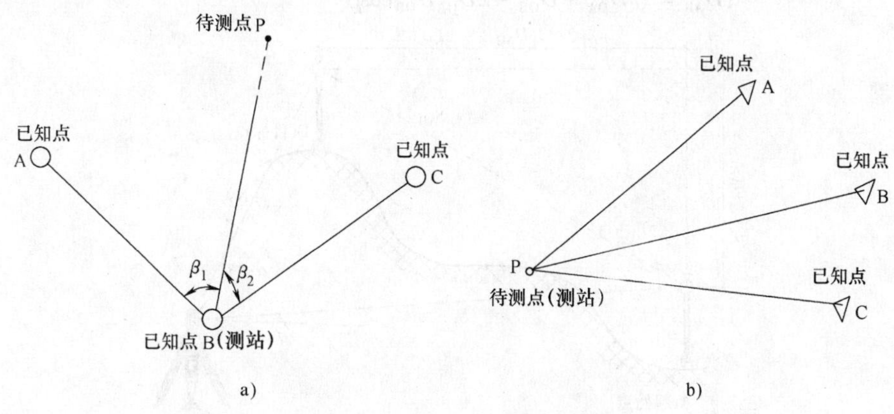

图4-8　全站仪平面坐标测量的检核

4.2.2　经纬仪或全站仪测量高程的原理与方法

经纬仪或全站仪是采用三角高程法的测量原理来测量高程的，其测量的方式主要有站点观测法和对边观测法两种。

1. 站点观测法

即以已知点为测站点对待测点进行观测或以待测点为测站点对已知点进行观测。如图4-9所示，若将仪器安置于已知点A，输入A点的高程H_A，以及仪器高i和棱镜高v，然后将望远镜照准未知点B上的棱镜中心，选择测量模式并按相关功能键测出仪器中心至棱镜中心的距离S以及竖直角α，则B点的高程H_B以及A、B间的平距D_{AB}将由仪器按下面公式自动计算并显示出来，即

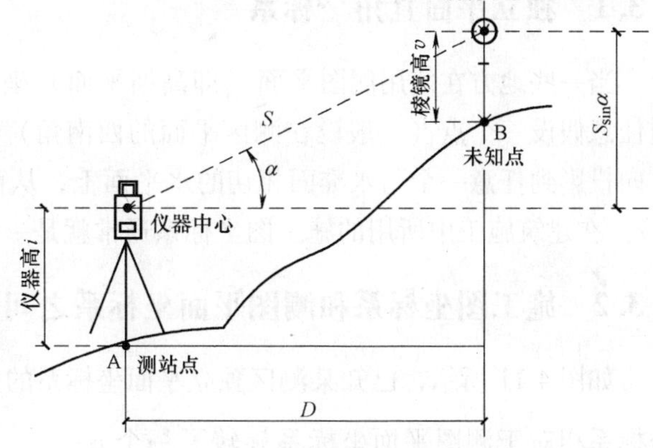

图4-9　全站仪站点观测高程的原理

$$\begin{cases}H_B=H_A+h_{AB}=H_A+(S\sin\alpha+i-v)\\D_{AB}=S\cos\alpha\end{cases}\tag{4-6}$$

2. 对边观测法

即在已知点和待测点之间安置仪器，向已知点和待测点进行对边观测。如图4-10所示，将全站仪安置于已知点A和未知点B之间任意一点O，输入A点的高程H_A后，分别将望远镜照准A点和B点的棱镜中心，选择测量模式，按相关功能键测出仪器中心至棱镜中心的距离S_1、S_2，以及竖直角α_1、α_2。若A、B两点的棱镜高相等，则不用量仪器高（可将仪器高与棱镜高设为0），B点的高程H_B以及A、B间的平距D_{AB}即可由仪器按下面公式自动计

算并显示出来，即

$$\begin{cases} H_B = H_A + (h_{AO} + h_{OB}) = H_A + (S_2\sin\alpha_2 - S_1\sin\alpha_1) \\ D_{AB} = \sqrt{D_{OA}^2 + D_{OB}^2 - 2D_{OA}D_{OB}\cos\beta} \end{cases} \tag{4-7}$$

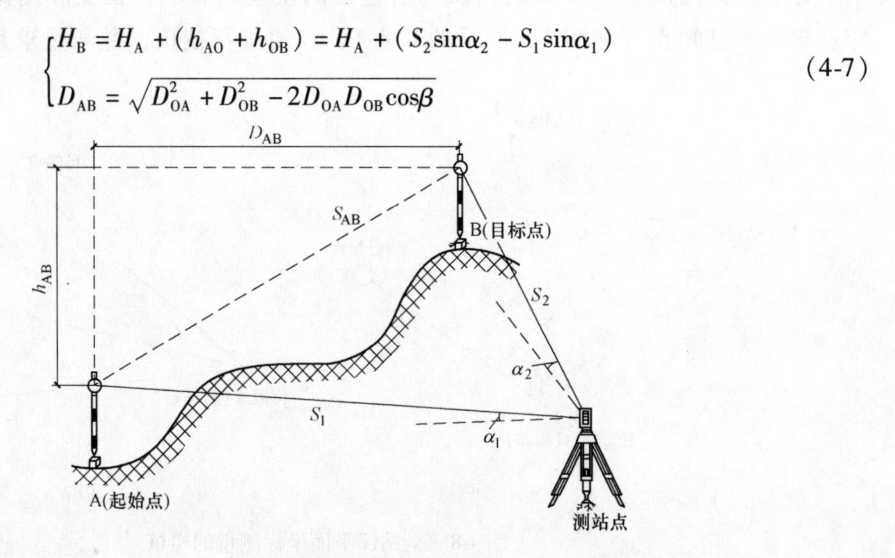

图4-10　全站仪对边观测高程的原理

4.3　经纬仪或全站仪测量的平面坐标转换

4.3.1　独立平面直角坐标系

当一些地方在使用测图平面（即高斯平面）坐标系比较困难时，可以在该地方的测区内任意假设一个点（一般设在测区平面的西南角）为坐标原点，然后直接将该点沿铅垂线方向投影到任意一个与水准面相切的水平面上，从而得到一个假定的平面直角坐标系（x'，y'）。在建筑施工中所用的施工图坐标系通常就是一种独立平面直角坐标系。

4.3.2　施工图坐标系和测图平面坐标系之间的关系

如图4-11所示，已知某测区独立平面坐标系的坐标原点C的测图坐标为（x_C，y_C），该坐标系相对于测图平面坐标系旋转了一个α角，若假设测得该测区内某一点P的独立平面坐标为（x_P'，y_P'），则P点的测图（高斯）平面坐标与独立平面直角坐标之间的关系为

$$\begin{cases} x_P = x_C + x_P'\cos\alpha - y_P'\sin\alpha \\ y_P = y_C + x_P'\sin\alpha + y_P'\cos\alpha \end{cases} \tag{4-8}$$

因此，当测区内所选的假定平面坐标原点C的测图坐标（x_C，y_C）被测定之后，在测量上将C点称之为临时平面控制点，通过它可以把测区内其他点的独立平面坐标转换为测图平面坐标。

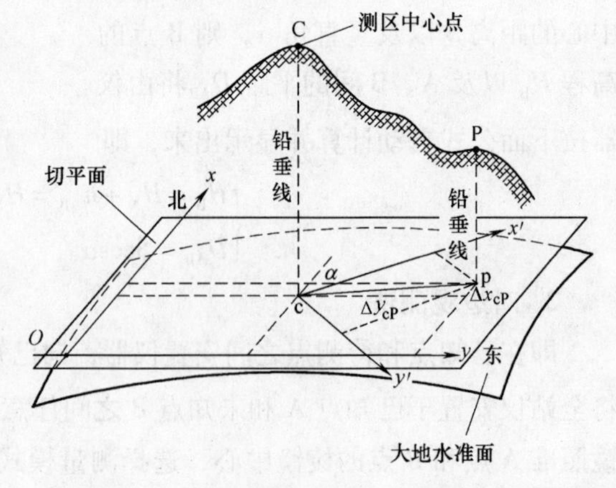

图4-11　测图平面坐标系和施工图平面坐标系的关系

4.4　经纬仪或全站仪的操作步骤

4.4.1　经纬仪或全站仪的安置

通过基座中心螺旋使仪器与三脚架的架头相连，要求三脚架的架头应高度适中，大致水平（即架头的倾斜度不能超过仪器脚螺旋的调平范围），并利用垂球使架头的中心大致对准测站点的中心标志。垂球对中时，球尖离地面要<1cm。操作时应注意先将三脚架的其中两个脚架固定，前后移动第三个脚架使垂尖位于地面中心的连线上；然后左右移动两固定脚架中的一个，使垂尖居中（与中心桩偏差<5mm），如图4-12所示。

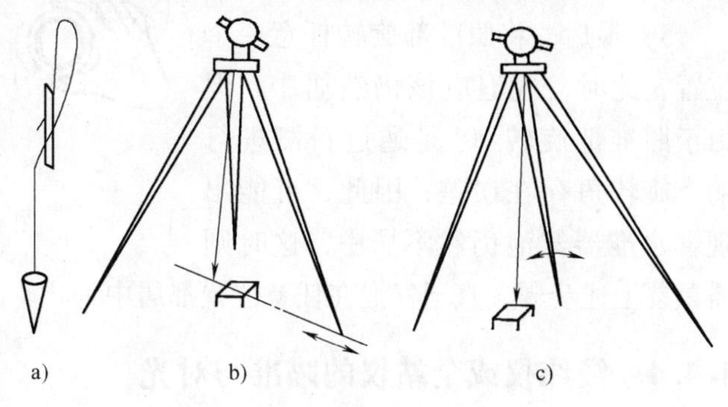

图4-12　经纬仪或全站仪垂球对中操作

4.4.2　经纬仪或全站仪的对中

经纬仪或全站仪的光学对中是通过光学或激光对中器来完成的，即在架头上水平移动仪器，通过调节光学对中器螺旋或激光对中器观察地面标志，使仪器中心标志与测站点中心标志重合，如图4-13所示。由于当基座调平时，仪器的中心不仅在垂直方向上会发生位移，而且在水平方向上也会发生位移，因此，在光学对中之前，如果仪器基座的倾斜度过大，那么，在光学对中之后，仪器的调平幅度就会很大，导致在基座调平之后，仪器的中心再次偏离测站中心的距离也会很大，出现了所谓的“对中之后不平，整平之后又不对中”的恶性循环现象，为了避免这种现象，要求在进行光学对中前，必须先进行粗平，即先调节脚螺旋使基座的圆水准器气泡居中。

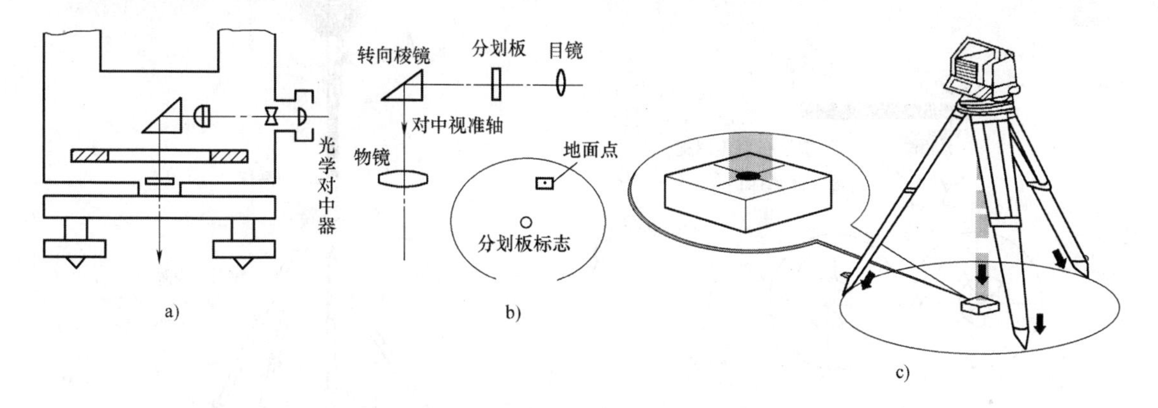

图4-13　经纬仪或全站仪光学对中操作

4.4.3　经纬仪或全站仪的整平

经纬仪或全站仪的精平是通过调节基座脚螺旋使照准部管水准器气泡居中来完成的。如

图4-14所示，操作时，应按以下步骤进行：

1）先使水准管轴平行于任一对脚螺旋的连线，调节该对螺旋使气泡居中，此时表明该对脚螺旋的连线处于水平位置；

2）再将照准部旋转90°，调节第三个脚螺旋使气泡居中；

3）最后，将照准部旋转任意一个位置，此时，气泡应该仍然居中，但由于照准部旋转90°是通过目测进行的，旋转角存在误差，因此，可能出现管水准器气泡仍然不居中，这时则需重复上述步骤，直至气泡在任意位置都居中为止。

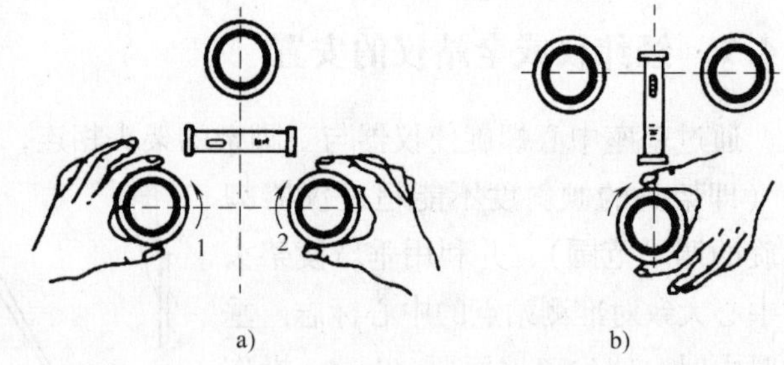

图4-14 经纬仪或全站仪整平操作

4.4.4 经纬仪或全站仪的瞄准与对光

（1）目镜对光 通过调节目镜螺旋使十字丝分划清晰，要求调节时尽量对准光亮的背景，如图4-15所示。

（2）初步瞄准 在大致瞄准目标后通过水平方向和垂直方向的制动螺旋使照准部和望远镜固定，要求通过粗瞄准器大致照准棱镜的中心。

（3）物镜对光 通过调节对光螺旋使目标成像清晰，要求检查和消除视差。

（4）精确瞄准 通过调节水平方向和竖直方向的微动螺旋使照准部和望远镜分别在水平面和竖直面内做微小移动，以便精确地对准标杆或棱镜支杆。要求标杆或棱镜支杆必须要立直和对中，如图4-16所示；并且瞄准时尽量以对准标杆的根部或棱镜的中心为基准，否则就会产生目标偏心差。

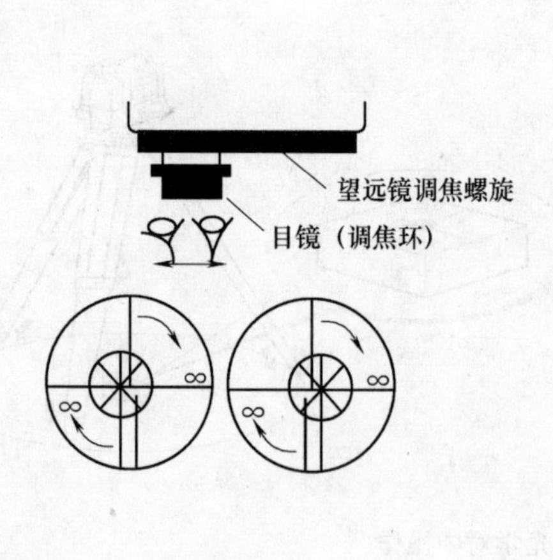

图4-15 全站仪目镜对光

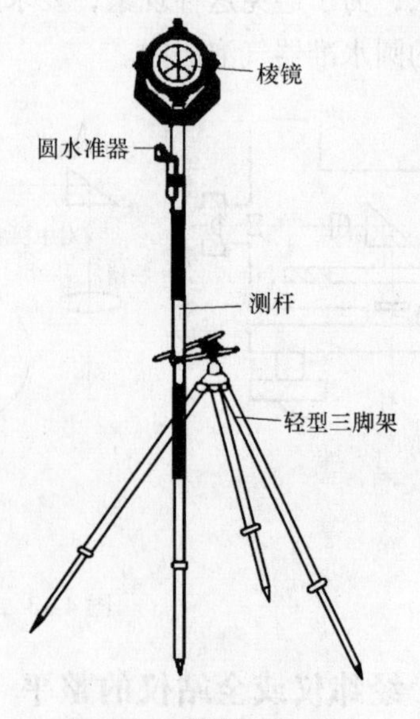

图4-16 棱镜支杆安置

4.4.5 经纬仪或全站仪的读数

普通光学经纬仪的读数是通过调节读数目镜螺旋来进行观察的，而全站仪则是通过操作控制器上的键盘即可自动完成读数和测量，因此，需要通过全站仪的使用说明书来熟悉其操作面板上各键的功能。图4-17为南方测绘生产的NTS-355型全站仪的操作界面，各操作键的功能见表4-2。

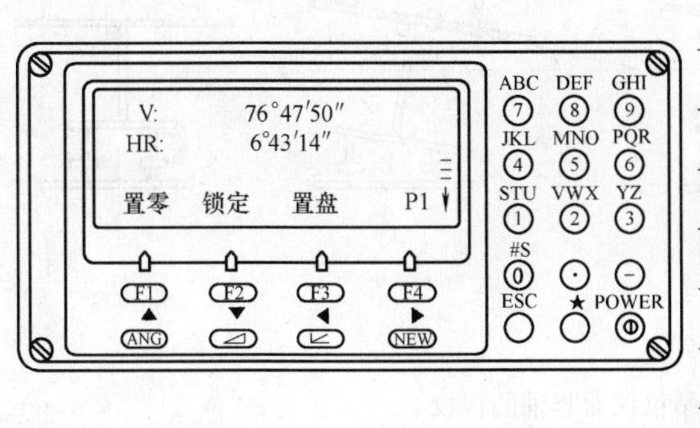

图4-17 南方测绘NTS-355型全站仪的操作界面

表4-2 南方测绘NTS-355型全站仪各操作键的功能

按键	名 称	功 能
ANG	角度测量键	进入角度测量模式（或▲上移键）
◢	距离测量键	进入距离测量模式（或▼下移键）
↗	坐标测量键	进入坐标测量模式（或◀左移键）
MENU	菜单键	进入菜单模式（或▶右移键）
ESC	退出键	返回上一级状态或返回测量模式
POWER	电源开关键	电源开关
F1—F4	功能键	对应于显示的软键信息
0—9	数字键	输入数字和字母、小数点、负号
★	星键	进入星键模式

4.5 经纬仪或全站仪的检验与校正

经纬仪或全站仪主要有4条几何轴线，它们是：仪器的竖轴VV（vertical axis），即照准部的转动轴；仪器的横轴HH（horizc axis），即望远镜的转动轴；望远镜的视准轴CC（collimation axis），即望远镜十字丝分划板中心与物镜光心的连线；管水准器轴LL（bubble axis），即与管水准器气泡相切的直线。这4条轴线应满足水准管轴⊥仪器竖轴、望远镜的视准轴⊥仪器横轴、望远镜的视准轴⊥仪器横轴等三个几何条件，如图4-18所示。

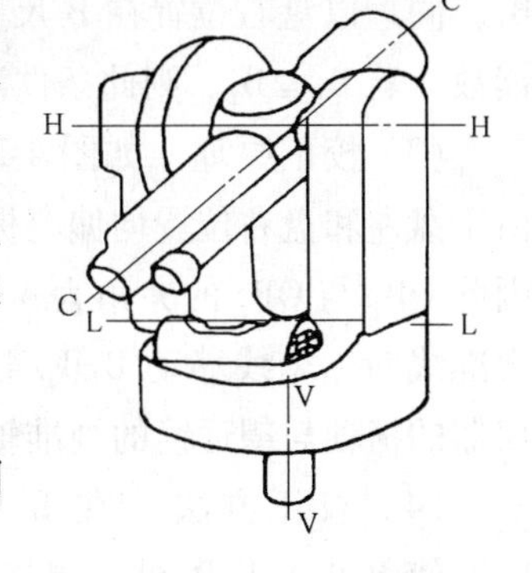

图4-18 经纬仪或全站仪照准部的几何轴线

4.5.1 经纬仪或全站仪的水准管轴不垂直于仪器竖轴的检校

（1）检校原理 如图4-19所示，假设水准管轴与仪器的竖轴垂直，当水准管气泡居中时，水准管轴与水平线的夹角为α，将照准部绕竖轴旋转180°，这时水准管轴转到了仪器竖轴的另一侧，它与水平线之间的夹角为2α。这时，若调节脚螺旋使气泡向水准管中心移动偏距的一半，则仪器的竖轴处于铅垂位置，然后拨动管水准器一端的校正螺丝使气泡居中就可以消除水准管轴与水平线之间的夹角，使水准管轴垂直于仪器的竖轴。

（2）检校方法　使水准管平行于任一对脚螺旋的连线，调节该对脚螺旋使气泡居中；将照准部旋转180°，若气泡仍居中，则此条件满足。否则必须进行校正，即拨动管水准器一端的校正螺丝，使气泡返回偏离值的一半。

（3）特殊处理　若想在未校正的情况下进行角度观测，则可直接调节该对脚螺旋使气泡返回偏离值的一半。

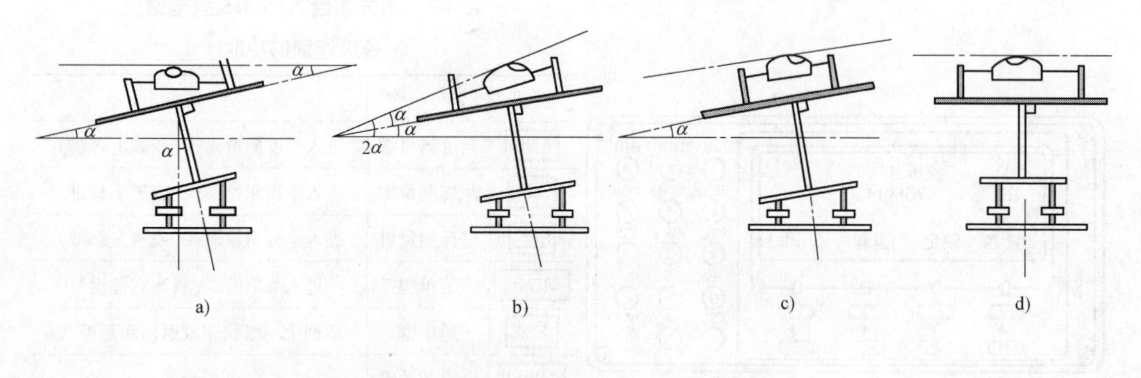

图4-19　经纬仪或全站仪仪器竖轴的检校

4.5.2　经纬仪或全站仪的望远镜视准轴不垂直于望远镜横轴的检校

（1）检验原理　如图4-20a所示，假设仪器的横轴与望远镜的视准轴不垂直时，其角度与90°相差一个c。以照准某一点A的视准线为标志线，当望远镜绕横轴旋转180°时，视准线偏离标志线为$2c$。

（2）检验方法　置仪器于A、B两点的中央，在B点放一水平尺，以盘左位置照准A后竖向调转望远镜对准B尺，读数B_1；同理以盘右位置在B尺上读取B_2读数，若$B_1 \cong B_2$，则此条件满足。

（3）校正原理　如图4-20b所示，由于盘左和盘右位置均偏离标志线$2c$，因此OB_1与OB_2的夹角为$4c$，只要将视准线向标志线移动$B_1B_2/4$，即可使仪器的横轴与望远镜的视准轴垂直。

（4）校正方法　在B尺上定出B_3，使$B_2B_3 = B_1B_2/4$，调节十字丝护环左右校正螺丝，使望远镜中心对准B_3点。

（5）特殊处理　若想在未校正的前提下进行观测，则可以采取盘左盘右取平均值的方法。

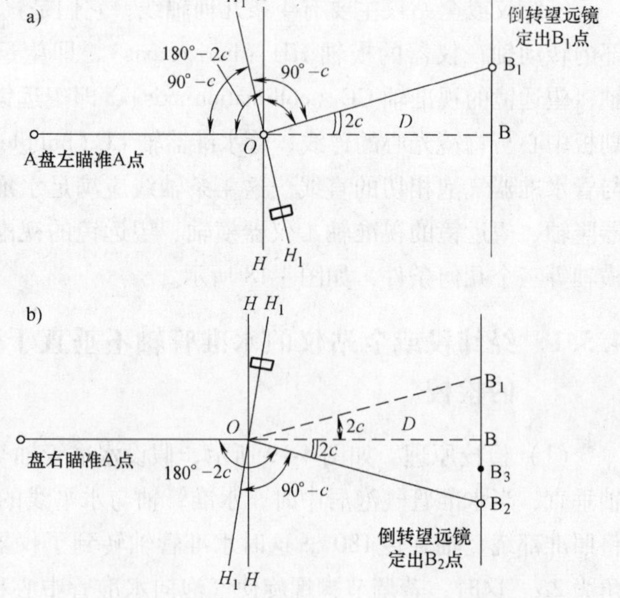

图4-20　经纬仪或全站仪望远镜视准轴的检校

4.5.3　经纬仪或全站仪的望远镜横轴不垂直于仪器竖轴的检校

（1）检验原理　如图4-21a所示，若仪器的竖轴与横轴不垂直，当水准管气泡居中时，假设仪器的横轴与水平线的夹角为i，这时照准墙上某一点P，分别以盘左和盘右位置将望远镜竖直向下投射出两条直线，则这两条直线的夹角为$2i$。

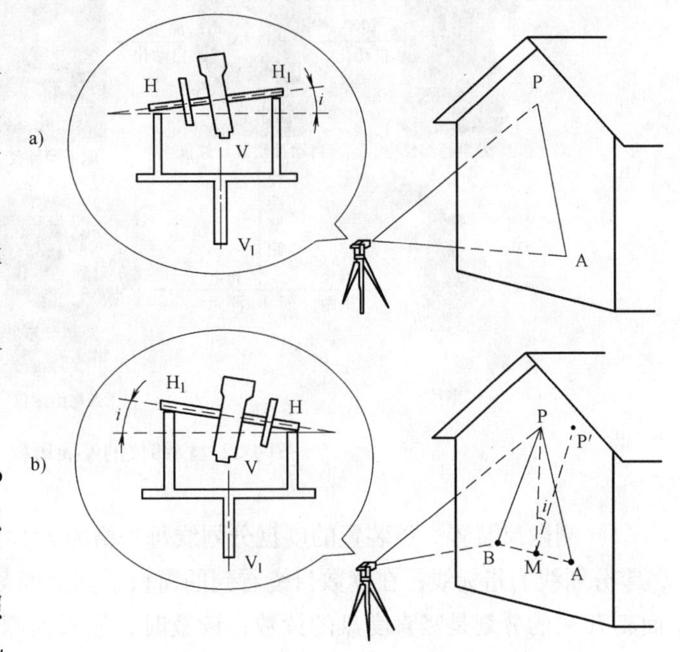

图4-21　经纬仪或全站仪仪器横轴的检校

（2）检验方法　以盘左位置瞄准墙上P点（仰角$\alpha>30°$），然后将望远镜放平在墙上定出A点；同理以盘右位置定出B点，若A≌B，则此条件满足。

（3）校正原理　如图4-21b所示，取AB的中点M，则M点即在过P点的铅垂线上。

（4）校正方法　将望远镜照准AB的中点M，以相同的仰角α抬高望远镜至P点附近定为P′，然后调节水平轴一端的偏心轴校正螺丝，使P′点与P点重合。

（5）特殊处理　若想在未校正的前提下进行观测，则也可以采取盘左盘右取平均值的方法。

4.6　经纬仪的发展状况

经纬仪最初应用于15～16世纪，由英国、法国等一些发达国家因为航海和战争等原因需要绘制各种地图和海图而发明的，经历了光学经纬仪、电子经纬仪和全站仪的发展，如图4-22所示。

4.6.1　普通光学经纬仪的测量特点

20世纪初，光学经纬仪取代了游标经纬仪，其读数是通过望远镜旁边的读数显微镜装置进行的，如图4-23所示。通常，在读数前，应先打开反光镜，让光线进入仪器内部后，调节读数显微镜螺旋，使水平度盘和竖直度盘的分划清晰。当读取水平盘读数时，一般是通过操作照准部上的复测板扭或度盘变换手轮来变换观测目标的方向值；当读取竖盘读数时，则通过调节竖盘指标水准管微倾螺旋使竖盘指标上所安装的管水准器气泡居中，以此达到竖盘指标归零的目的。

它的度盘读数装置一般有三种：

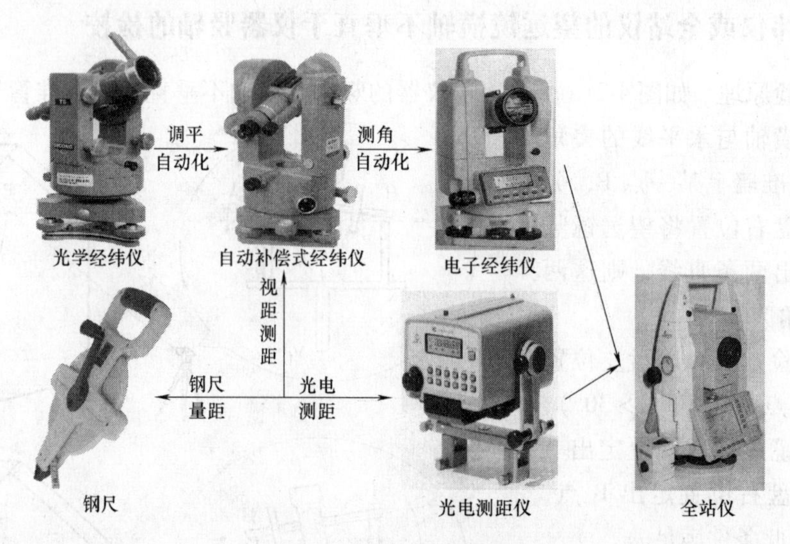

图4-22 经纬仪的发展历程

（1）测微尺装置 该装置的度盘分划线每一格为1°，测微尺分划共为60格，每一格为1′，零分划线为指标线；在读数目镜看到的窗口，其上面刻有H的分划是水平度盘的读数，下面刻有V的分划是竖直度盘的读数；读数时，先根据测微尺上的度盘分划线直接读取整度数，再在测微尺上读取不足1°的分数，最后估读秒数得全读数。该装置测量精度为1′，是J_6型装置。如图4-24所示，水平度盘读数为261°04′24″，竖直度盘读数为90°54′36″。

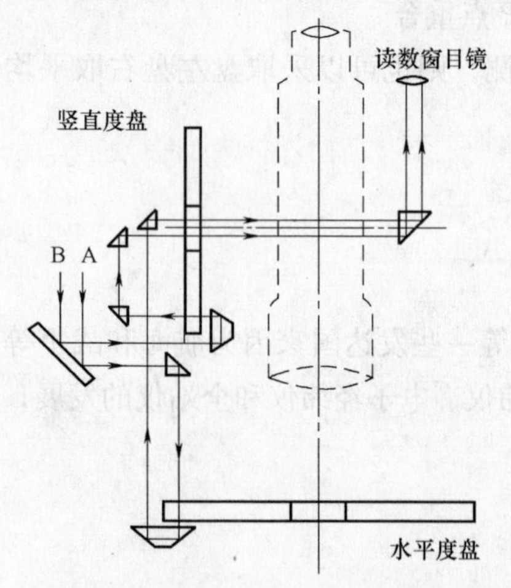

图4-23 普通光学经纬仪读数原理

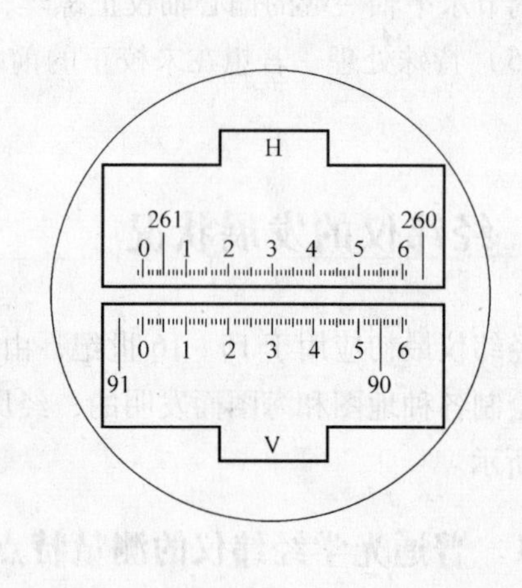

图4-24 光学经纬仪测微尺装置读数

（2）测微器装置 该装置的度盘分划线每一格为30′，测微器分划共为30大格，每格为1′，在每一大格内又分为三小格，每格为20″，分划线上有双指标线；在读数目镜看到的窗口，最上面的分划是测微器读数，中间的分划是竖直度盘的读数，下面的是水平度盘的读数；读数时，转动测微轮使靠近的一条度盘分划线位于双指标线的中间，先读取度盘分划值，再读取测微器上的分划值，两者相加即为全读数。该装置测量精度为20″，也是J_6型装置。如图 4-25a 所示，竖直度盘读数为 92°17′30″；如图 4-25b 所示，水平度盘读数为 4°41′00″。

（3）符合装置　该装置的度盘分划线每一格为 20′，分为上下两个分划，上为主像，下为副像。测微器分划共为 10′，左侧注记为分，右侧注记为秒，中间的横线为指标线。读数窗只显示水平度盘和竖直度盘的其中一种读数，主要是通过度盘换像手轮来进行切换。读数时，转动测微轮使主、副像分划线重合，找出主像在左、副像在右且度盘读数相差 180° 的一对分划线，按主像读取度盘分划值，将主副像分划之间的格数乘度盘分划值的一半（即 20′/2），再读取测微器上不足 10′的分秒数，三者相加即为全读数。该装置测量精度为 1″，是 J_2 型装置。如图 4-26 所示，竖直度盘读数为 174°44′26. 3″。

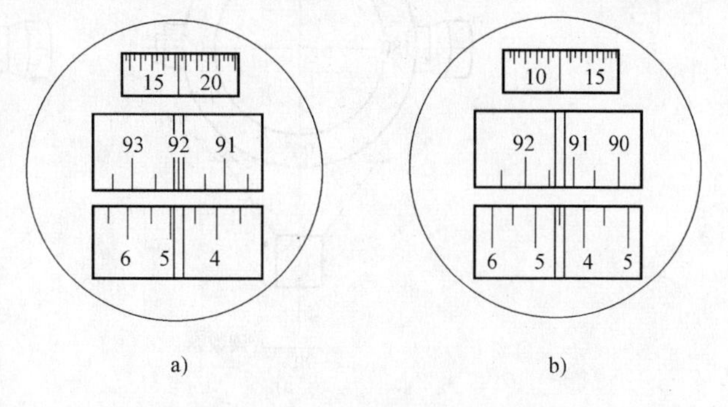

图 4-25　光学经纬仪测微器装置读数

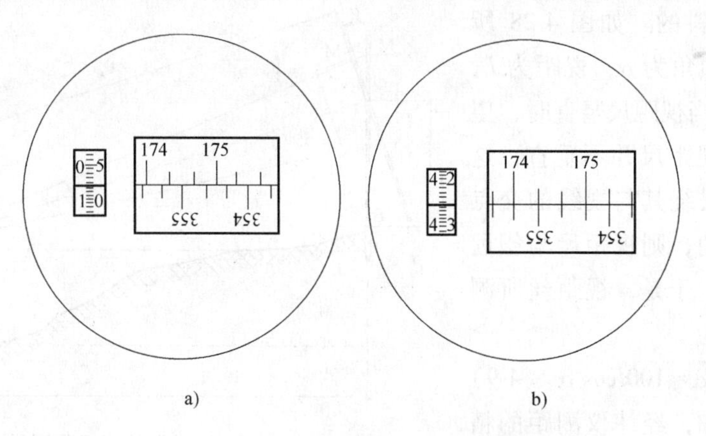

图 4-26　光学经纬仪符合装置读数

4. 6. 2　自动归零光学经纬仪的测量特点

为了使竖盘指标归零操作的自动化，以后大多数经纬仪就改用竖盘指标自动归零补偿器装置来代替管水准器装置。如图 4-27 所示，在竖盘读数光路系统中，指标线与竖盘之间悬吊一块平行玻璃板。当仪器竖轴处于铅垂位置和望远镜视线处于水平位置时，指标指在 90°；当仪器竖轴倾斜一个小角度 α 时，假设平行玻璃板是固定在仪器上的，它也将随仪器倾斜 α 角。这时若视线水平，则指标不再指在 90°而是指在 K 读数。但实际上平行玻璃板并未固定，而是用吊丝悬挂着，由于平行玻璃板受重力的作用会偏转一个 β 角，因此，指标线通过偏转后的平行玻璃板将产生位移，而使指标仍然指在 90°，从而达到竖盘指标自动归零的目的。一般 DJ_6 型光学经纬仪采用的是 V 形吊丝式自动归零补偿器，而 DJ_2 则采用的是 X 形吊丝式自动归零补偿器。

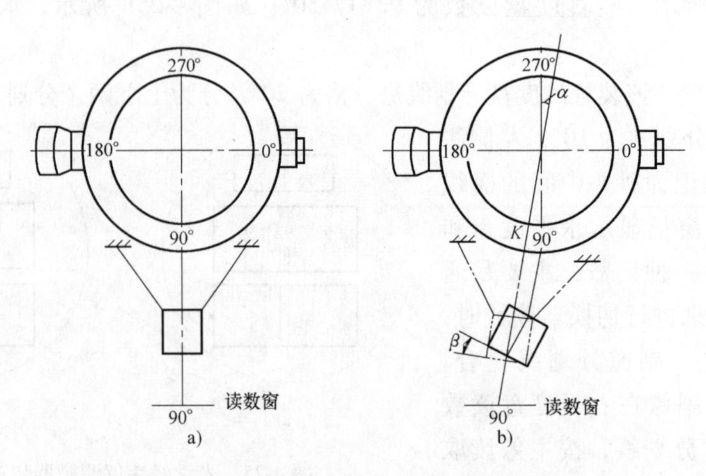

图 4-27 光学经纬仪竖盘指标自动归零结构

值得注意的是，经纬仪的测距与水准仪一样也是通过视距丝进行的，所不同的是，经纬仪的视线是倾斜的。如图 4-28 所示，假设视线倾角为 α，视距为 L，视距间隔为 l。当视距尺竖直时，望远镜的视线与视距尺并不垂直，这时，若将视距尺绕其与视线的交点 O 旋转一个 α 角，则视距尺与望远镜的视线垂直。于是，视距丝所测的水平距离 D 为

$$D = L\cos\alpha \approx 100l\cos^2\alpha \quad (4\text{-}9)$$

由上式可知，经纬仪测距的精度是不高的，尤其是当所测的距离越长，其精度也越低。

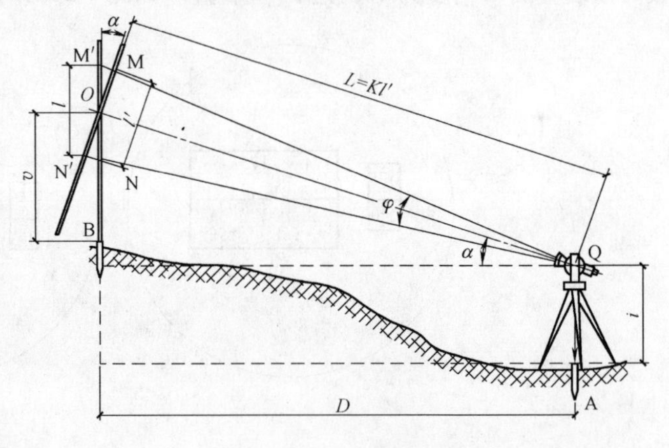

图 4-28 经纬仪视距测量

4.6.3 电子经纬仪的测量特点

为了实现经纬仪测角过程的自动化和数字化，在电子技术问世后，出现了电子经纬仪，该设备采用了光电扫描度盘和角-码转换自动读数装置。该装置通常有三种类型：

（1）绝对式编码度盘　该度盘的每一个位置均可以读出绝对的数值，如图 4-29 所示，整个圆盘被均匀地分成 16 个扇形区间，每个扇形区间由里到外分成 4 个环带，称为 4 条码道。图中黑色部分表示透光区，白色部分表示不透光区。透光表示二进制代码“1”，不透光表示为“0”。这样通过各区间的 4 个码道的透光和不透光，即可由里向外读出 4 位二进制数来。例如，区间 1 的编码为 0000，区间 8 的编码为 1000，假设一已知角度的起始方向在区间 1 内，某照准方向在区间 8 内，则中间所隔 6 个区间所对应的角度值即为该角的角值。该光电读数系统可将度盘的透光与不透光状态转变成电信号，并可译出这两组电信号码

道的状态，以识别其所在的区间。

（2）增量式光栅度盘　在光学玻璃圆盘上全圆360°均匀而密集地刻划出许多径向刻线，构成等间隔的明暗条纹——光栅，如图4-30a所示。通常光栅的刻线宽度与缝隙宽度相同，二者之和称为光栅的栅距。栅距所对应的圆心角即为栅距的分划值。如在光栅度盘上下对应位置安装照明器和光电接收管，光栅的刻线不透光，缝隙透光，即可把光信号转换为电信号。当照明器和接收管随照准部相对于光栅度盘转动，由计数器计算出转动所累计的栅距数，就可以得到转动的角度值。通过如图4-30b所示的莫尔条纹，还可使栅距 d 放大到 D。

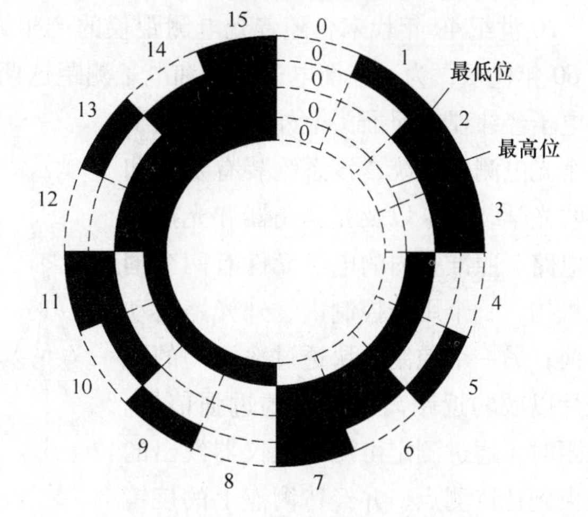

图4-29　电子经纬仪编码度盘读数

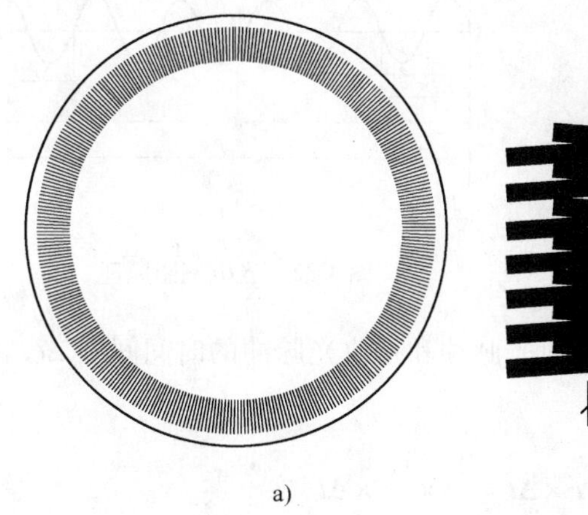

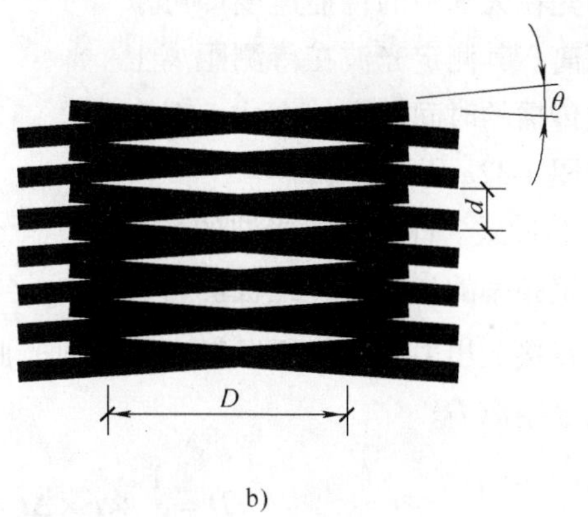

图4-30　电子经纬仪光栅度盘读数

（3）动态式区格度盘　该度盘刻有1024个分划，每个分划间隔包括一条刻线和一个空隙（刻线不透光，空隙透光），其分划值 φ_0 为360°/1024。度盘的内外缘上分别安装有两个指示光栏，L_S 为固定光栏，L_R 为可动光栏。测角时，可动光栏可随照准部转动，两光栏之间构成角度为 φ，度盘在电动机带动下以一定的速度旋转，其分划被两光栏扫描而计取之间的分划数，从而求得角度值，如图4-31所示。

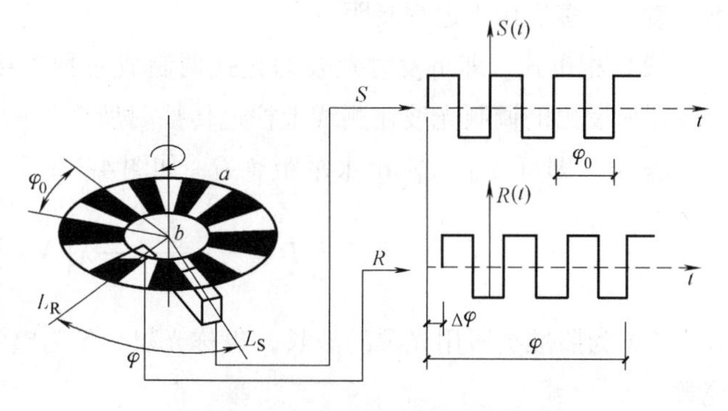

图4-31　电子经纬仪区格度盘读数

4.6.4 全站仪的测量特点

20世纪40年代末，随着光电测距仪的产生，电子测距得到了较大的发展，到了20世纪60年代末，为了平衡电子测角和电子测距这两大系统，研制出了电子全站仪。该设备是在电子经纬仪的照准头上外加或内置了一个光电测距系统，该系统装有发射和接收光学装置，以及光调制器和光接收器电路。照准头内的电子元件有两个伺服机构，一个用于控制内、外光路自动转换；另一个控制两块透过率不同的滤光片以减弱近距离时返回的过强信号。测距时，通过测定由测站上仪器发出的光束到达待测点，并经待测点上的棱镜反射，回到测站点时往返传播的时间间隔，利用光在大气中的传播速度即可求出水平距离。其测定光波在待测距离上往返一次传播的时间间隔的方式一般有两种，如图4-32a所示：

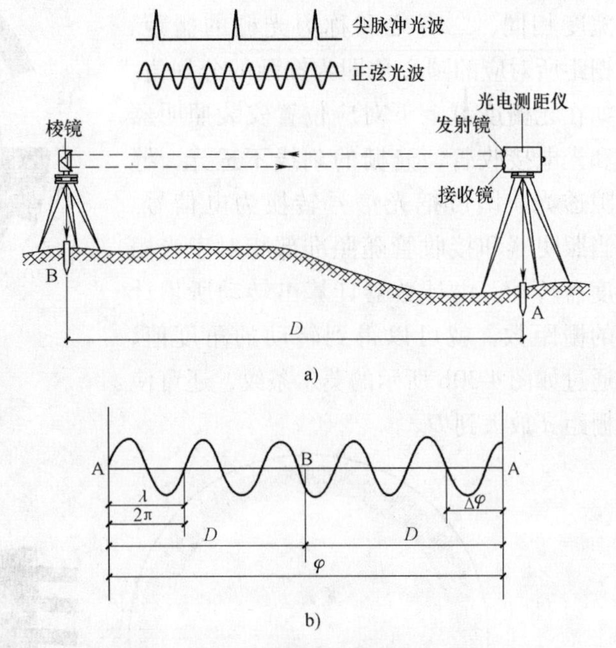

图4-32 光电测距原理

（1）脉冲式 即将发射光波的光强调制成一定频率的尖脉冲，经被测目标反射后，直接测出由测距仪所发射出的发射光脉冲和接收光脉冲的时间间隔 Δt，即可按下式求出水平距离 D。

$$D=\frac{1}{2}\times c\times\Delta t=\frac{1}{2}\times\frac{c_0}{n}\times\Delta t \tag{4-10}$$

式中，c_0 为真空中的光速值，其值为299792458m/s，n 为大气折射率，它与照准头所用光源的波长 λ，测量时的气温 T、气压 P 和湿度 e 有关。

其测距的精度不高，通常在“米”级，所用光源一般为激光光源，可直接照准目标而不用棱镜，多适用于远程测距。

（2）相位式 即将发射光波的光强调制成一种连续的正弦波，经被测点棱镜反射，测出仪器所发出的调制光波在测线上往返传播时所产生的相位移 $\Delta\phi$，从而间接地确定传播时间间隔 Δt，即可按下式求出水平距离 D，如图4-32b所示。

$$D=\frac{1}{2}\lambda\frac{\phi}{2\pi}=\frac{1}{2}\lambda\left(N+\frac{\Delta\phi}{2\pi}\right) \tag{4-11}$$

式中，λ 为照准头所用光源的波长，也称光尺，N 为整波长 2π 的个数，$\Delta\phi$ 为不足一整周的尾数。

其测距的精度较高，一般在厘米以下，多采用红外光，主要用于中、短程测距。

光电测距所用棱镜有单棱镜和三棱镜或多棱镜，如图4-33所示。前者的测程较短，后者的测程较长。

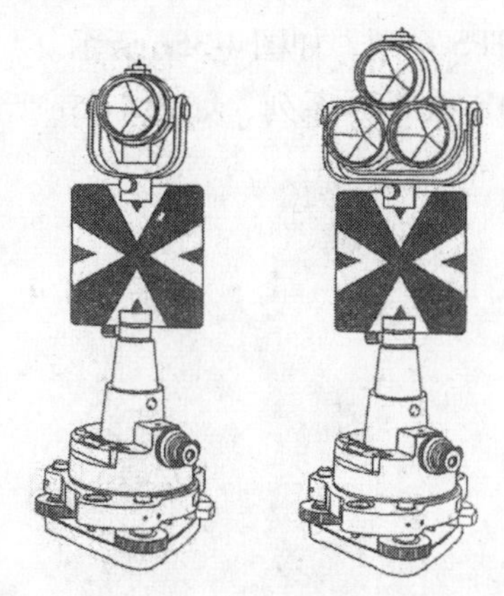

图4-33　单棱镜和三棱镜

4.7　电子全站仪的发展状况

4.7.1　全站仪的发展阶段

从总体上看，全站仪的发展经历了以下两个阶段。

（1）积木式全站仪阶段　即把光电测距仪与光学经纬仪组合在一起，形成照准部与测距轴不共轴的组合式全站仪，如图4-34a所示。作业时，可以将测距仪安装在电子经纬仪之上，相互之间用电缆数据线连接在一起使用；也可以拆离后分开使用。所以，该设备也称半站型全站仪。

（2）整体式全站仪阶段　即将光电测距仪与光学经纬仪融为一体，共用一个光学望远镜，光电测距仪的光波发射接收系统的光轴和经纬仪的视准轴组合为同轴的集成式全站仪，如图4-34b所示。作业时，集测角和测距计算于一体进行全自动化作业，但不可以拆分使用。所以称该设备为电脑型全站仪。

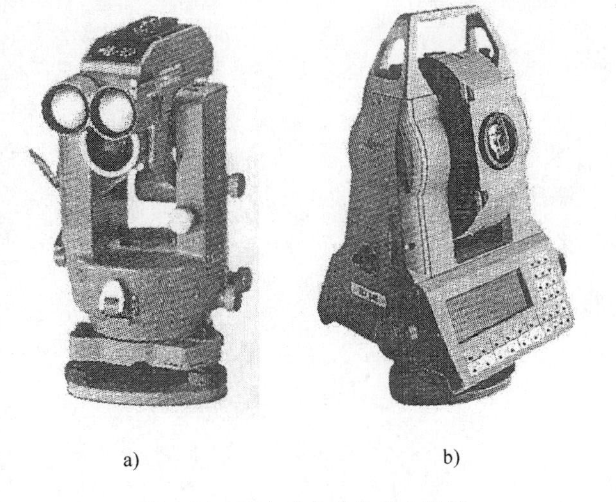

a)　　　　b)

图4-34　积木式和整体式全站仪

4.7.2　全站仪在各国的生产情况

目前世界上各测绘仪器厂商生产出的全站仪品种有防水型、防爆型、马达驱动型……等，其中常见的型号有：

1）日本的索佳（SOKKIA）SET系列、拓普康（TOPOCON）GTS系列、尼康（NIKON）DTM系列等，如图4-35a所示。

2）瑞士的徕卡（LEICA）TPS系列，如图4-35b所示。

3）我国生产的南方测绘NTS和ETD系列，如图4-35c所示。

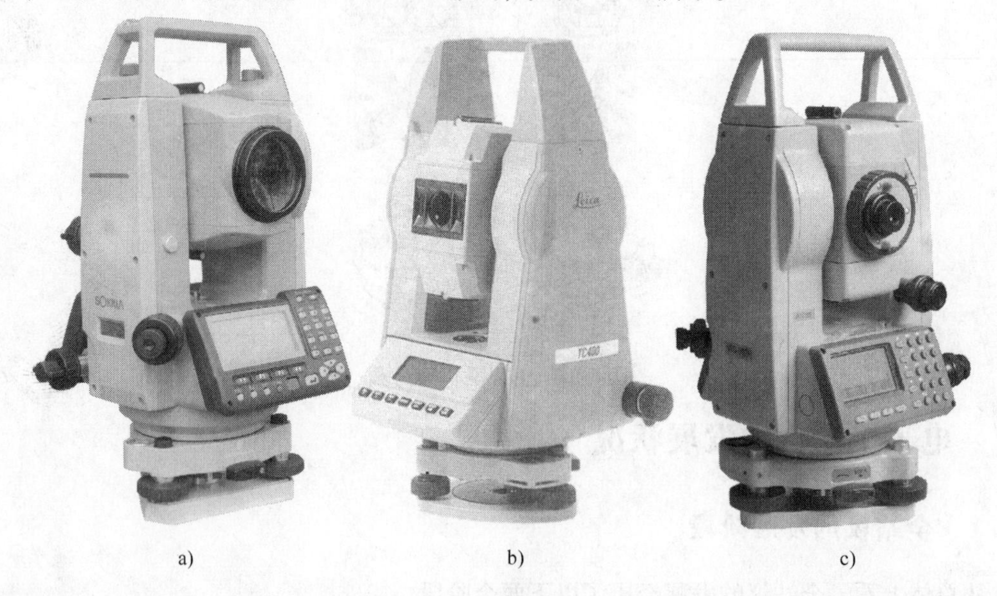

a)　　b)　　c)

图4-35　日本、瑞士及国产全站仪

第5讲　GPS卫星定位系统

5.1　GPS系统的基本组成

5.1.1　空间星座部分

GPS系统的空间星座部分主要由24颗卫星组成，其中21颗工作卫星，3颗备用卫星。GPS卫星均匀分布在6个轨道面上，高度在地面以上约为20200公里，各轨道面相对于地球赤道面倾斜55°角，每个轨道上均匀分布4颗卫星，相邻轨道之间的卫星还要彼此叉开40°，如图5-1a所示。卫星运转周期约为12h（半个恒星日），这样使得在地球上任何地方都能同时观测到4～12颗高度角在15°以上的卫星，以满足定位的要求。在卫星上安装了精度很高的铯原子钟，以确保频率的稳定性，并且还装备了无线收发两用机和计算机等其他设备，如图5-1b所示。

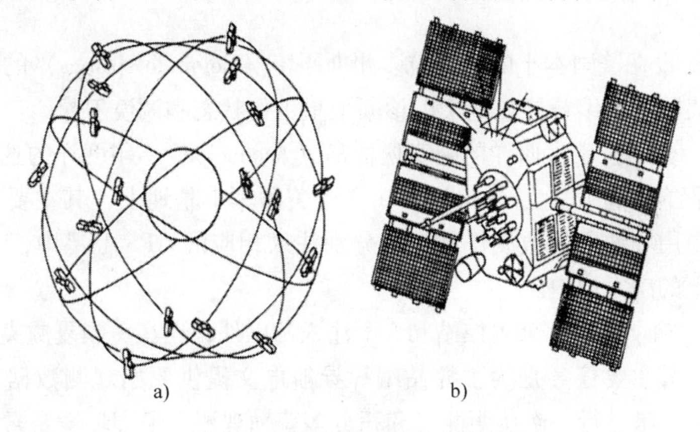

图5-1　GPS定位系统的空间部分

GPS卫星的基本功能有以下几个方面：

1）向广大用户连续不断地发送导航定位信号，简称GPS信号，并用导航电文报告自己的实时位置和其他在轨卫星的概略位置。如图5-2所示，卫星信号是由同一个原子钟频率（f_0 = 10.23MHz）经倍频和分频产生，基频信号经154和120倍频后，分别形成L波段的两个载波频率信号（L_1 = 1575.42MHz，L_2 = 1227.60MHz）。同时，在L载波上调制有表示卫星星历即卫星概略坐标的导航电文（D码）和用于测距的

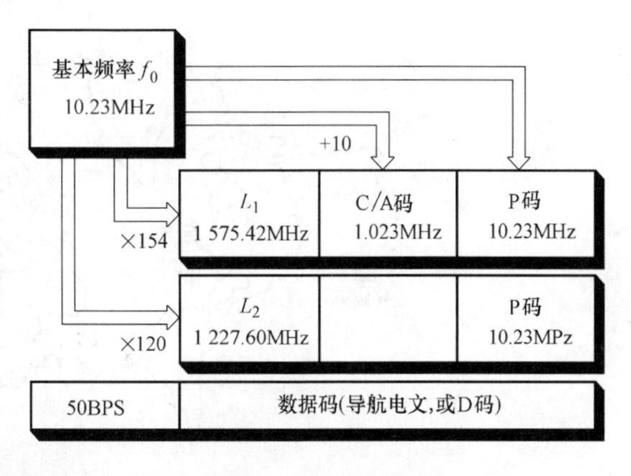

图5-2　GPS卫星信号

精码（P码）和粗码（C/A码）。其中，P码是提供精密定位服务（PPS），主要对象是美国军事部门和其他特许的部门。C/A码是提供标准定位服务（SPS），主要对象是广大的民间用户。测距码与载波的波长和定位精度见表5-1所示。

2）在飞越地面注入站上空时，接收由该站用S波段（10cm波段）发送到卫星的导航电文和其他有关信息，并通过GPS信号形成电路，适时地发给用户。

3）接收地面主控站通过注入站发送到卫星的调度命令，适时地改正运行偏差，或者启用备用时钟。

表5-1　GPS卫星信号的波长及精度

信号	波长/cm	观测误差/mm	信号	波长/cm	观测误差/mm
P码	2930	290	载波 L_1	19.05	2.0
C/A码	29300	2900	载波 L_2	24.45	2.5

5.1.2 地面控制部分

GPS系统的地面控制部分由1个主控站、3个注入站和1个监控站组成（如图5-3所示）。

（1）主控站　设在美国本土的科罗拉多州斯平士（Colorado springs）的联合空间执行中心，其作用是收集数据、编算导航电文、诊断卫星工作状态和调度卫星。

（2）注入站　分别位于大西洋的阿森松群岛（Ascencion）、印度洋的迭哥伽西亚（Diego Garcia）和太平洋的卡瓦加兰（kwajalein）3个美国军事基地上，其主要功能是将主控站传来的导航电文，用S波段的微波作载波，分别注入相应的GPS卫星中，通过卫星将导航电文传递给地面上的广大用户。

（3）监控站　除了位于1个主控站和3个注入站以外，还在美国夏威夷岛（Hawaii）设立了1个监控站，其主要任务是为主控站编算导航电文提供原始观测数据，每个站上都有GPS接收机对所见卫星进行一次伪距测量和积分多普勒观测，采集环境要素等数据，并将计算和处理后的信息发往主控站。

图5-3　GPS系统的地面控制部分

5.1.3 用户接收部分

GPS系统的用户部分主要是GPS接收机，它是一种单程系统，用户只接收而不必发射信号，因此用户的数量是不受限制的。它由天线前置放大器、信号处理、控制与显示、记录和供电等单元组成，具有解码、分离出导航电文、进行相位和伪距测量的功能，如图5-4所示。测得的GPS卫星观测数据经数据处理软件进行测后处理，解得测站的三维坐标或待测物体的位置、运动的速度、方向和精确时刻。

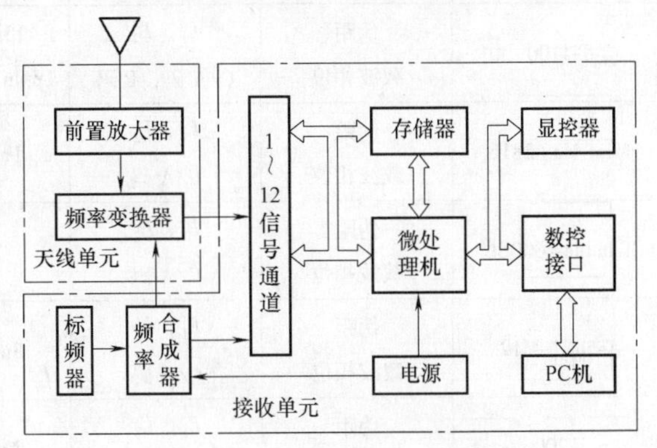

图5-4 GPS接收机的结构

其观测值一般有7种：即C/A码伪距、L_1和L_2载波上P码伪距、L_1和L_2载波相位、L_1和L_2多普勒频移。其类型一般有导航型和测地型两种，如图5-5a、b所示，对于不同接收机其观测值是不同的。

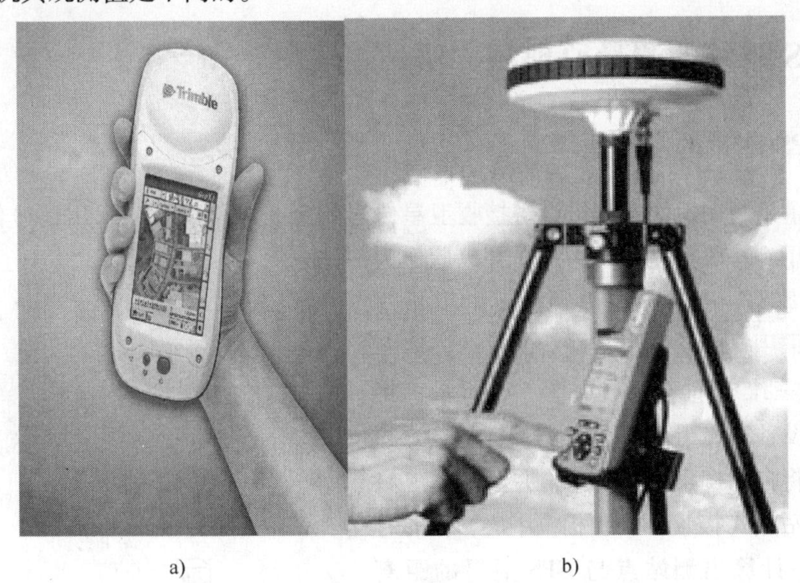

a) b)

图5-5 导航型和测地型GPS接收机

（1）导航型GPS接收机 只有C/A码伪距和伪距变化率测量值，其测量精度较低，但价格相对低廉，主要用于运动载体的导航。

（2）测地型GPS接收机 分两类：①测地型单频接收机（即L_1型）有C/A码伪距、L_1载波相位和多普勒频移等观测值，其测量精度较高，但价格比较昂贵，常用于10㎞以内短距离的精密定位，如工程测量等；②测地型双频接收机（即L_1/L_2型）则上述7种观测值全有，因此它的测量精度更高，价格更昂贵，主要用于长距离的精密定位，如大地测量等。常见的几种型号的测地型GPS接收机的基本观测量见表5-2。

表 5-2 大地型 GPS 接收机的基本观测量

型号	观测值	利用的载波和调整码	精　度	重量和体积	备　注
TI4100	伪距 载波相位	L_1，L_2 C/A 码，P 码	15m（实时） 1ppm（测 3 小时）	接收机 16kg 天线 2kg	
Mini-Mac 2816	伪距 载波相位	L_1，L_2 C/A 码	1mm + 1ppm	接收机 20kg	8 通道
Trimble-4000SL	伪距 载波相位	L_1，L_2 C/A 码			
Ashtoch M12	伪距 载波相位	L_1，L_2 C/A 码	5mm + 1ppm		最新抗 AS，Z 跟踪 12 通道
W200	伪距 载波相位	L_1，L_2 C/A 码	5mm + 1ppm	接收机 2.2kg	配快速定位软件
Gss1A	伪距 载波相位	L_1 C/A 码	5mm + 2ppm	接收机 1.9kg 电池 0.5kg	8 通道

5.2 GPS 系统的测量原理与方法

5.2.1 GPS 测量的基本原理

GPS 测量是利用地面接收机设备接收卫星传送的无线电信号，来求出信号传播的时间，从而确定卫星到接收机之间的距离，并以此作为已知的起算数据，通过接收三颗以上的卫星信号，就可以采用空间后方距离交会的方法，解算出地面点的三维空间坐标。如图 5-6 所示，将 GPS 接收机设备安置于待测点 P 上，打开电源开机后，仪器将自动搜索卫星信号，并测量出卫星信号到达测站点（接收机天线相位中心）P 的时间 Δt_i，进而计算出测站点与 GPS 卫星的距离 S_i。若假设仪器锁定的其中三个卫星 A、B、C 的空间三维坐标分别为（X_1，Y_1，Z_1）、（X_2，Y_2，Z_2）、（X_3，Y_3，Z_3），则在理想状况下，待测点 P 的坐标（X_P，Y_P，Z_P）即可由接收机按下列公式自动计算并显示出来。即

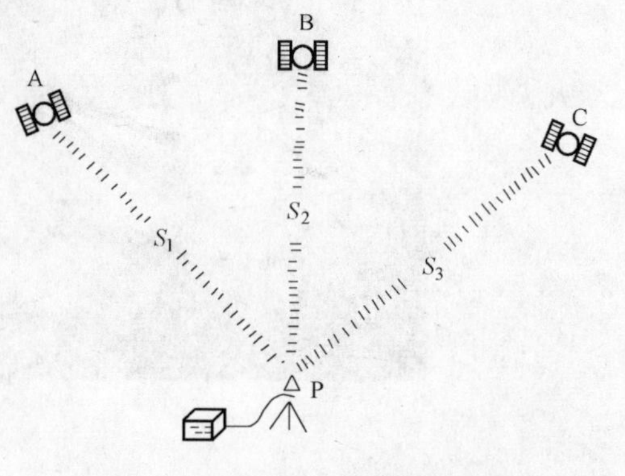

图 5-6 GPS 接收机的测量原理

$$
\begin{cases}
\sqrt{(X_1-X_P)^2+(Y_1-Y_P)^2+(Z_1-Z_P)^2}=S_1=\Delta t_1 c \\
\sqrt{(X_2-X_P)^2+(Y_2-Y_P)^2+(Z_2-Z_P)^2}=S_2=\Delta t_2 c \\
\sqrt{(X_3-X_P)^2+(Y_3-Y_P)^2+(Z_3-Z_P)^2}=S_3=\Delta t_3 c
\end{cases}
\tag{5-1}
$$

5.2.2 GPS测量的基本方法

实际测量时，由于卫星信号的传播时间 Δt_i 中包含有卫星时钟与接收机时钟不同步的误差，以及无线电信号经过大气层中的电离层和对流层时传播的延迟误差等原因，实际测出的卫星在空间的传播时间是不准确的，由此求出的距离 S' 并非真正的卫星到GPS接收机的几何距离 S，而是具有一定的差值，习惯上称之为“伪距”。为了有效地消除或减弱这些误差的影响，GPS测量通常采用的是差分定位技术，即按卫星、测站和历元三个要素分别进行差分处理，以提高其观测的精度。

1. 星际之间的差分

指对测站 P 在同一个历元 T 观测 n 个不同卫星 J_i（$i=1, 2, \cdots, n$）时所获得的观测值进行求差。由于是用同一台GPS接收机进行的观测，因此，对不同的卫星来说，接收机的时钟误差是相同的（设为 vt_o）。假设卫星的时钟误差（它们是由卫星星历提供的）为 vt_i（$i=1, 2, \cdots, n$），则GPS接收机在一个未知点测站上只需要接收四颗以上的GPS卫星信号，就可以通过星际之间的一次差分来消弱接收机钟误差对未知点坐标的影响，如图5-7所示，即

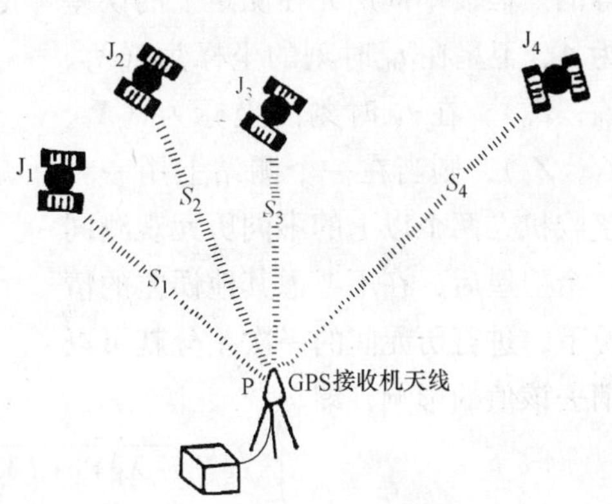

图5-7　GPS星际间差分定位的原理

$$\begin{cases}\sqrt{(X_1-X_P)^2+(Y_1-Y_P)^2+(Z_1-Z_P)^2}=S_1'=S_1-c(vt_1-vt_0)\\ \sqrt{(X_2-X_P)^2+(Y_2-Y_P)^2+(Z_2-Z_P)^2}=S_2'=S_2-c(vt_2-vt_0)\\ \sqrt{(X_3-X_P)^2+(Y_3-Y_P)^2+(Z_3-Z_P)^2}=S_3'=S_3-c(vt_3-vt_0)\\ \sqrt{(X_4-X_P)^2+(Y_4-Y_P)^2+(Z_4-Z_P)^2}=S_4'=S_4-c(vt_4-vt_0)\end{cases} \tag{5-2}$$

2. 站际之间的差分

指对不同测站 P_i 在同一个历元 T 同步观测同一个卫星 J 时所获得的观测值进行求差，如图5-8所示。由于基线长度与卫星高度相比是一个微小量，因此，不同测站受大气折光和卫星星历误差的影响几乎相同。并且，不同接收机在同一时刻接收同一颗卫星的信号，其所包含的卫星钟误差相等。假设这些误差为 δ，则当用两台以上GPS接收机在一个待测点P和另一个或几个已知点 P_i 的测站上同步观测同一个卫星后，在不考虑其他误差的情况下，求站际之间一次差时，必然会消弱这些误差的影响，即

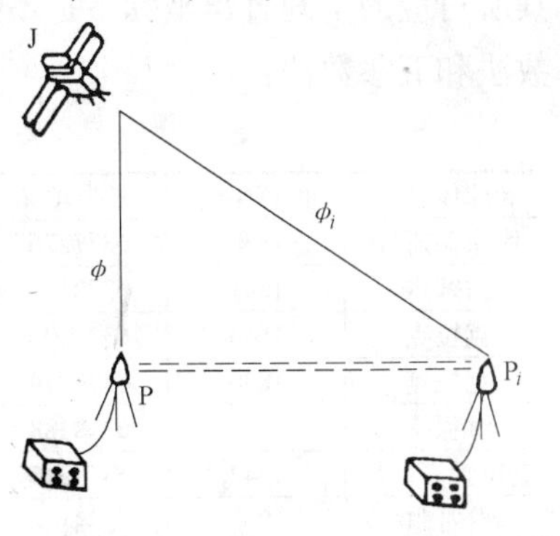

图5-8　GPS站际间差分定位的原理

$$\begin{cases}\sqrt{(X_J-X_P)^2+(Y_J-Y_P)^2+(Z_J-Z_P)^2}=S_1'=S_1-\delta\\ \sqrt{(X_J-X_{Pi})^2+(Y_J-Y_{Pi})^2+(Z_J-Z_{Pi})^2}=S_2'=S_2-\delta\end{cases} \tag{5-3}$$

3. 不同历元之间的差分

指对测站 P 在不同个历元 T_i 观测同一个卫星 J 时所获得的观测值进行求差，如图5-9所示。由于是同一台接收机对同一颗卫星进行观测，因此，其初始历元的整周待定值 N_0（即指开始观测时接收机和卫星无线电振荡器的相位初始值和起始历元的载波相位整数）是相等的。假设不同历元在测距上的误差为 Δ，卫星在 t_0 时刻的坐标为（X_0，Y_0，Z_0），在 t_k 时刻的坐标为（X_k，Y_k，Z_k），则当在一个测站上用一台接收机在两个以上的不同历元观测同一个卫星后，在不考虑其他误差的情况下，进行历元间的一次差分就可以消去该值的影响，即

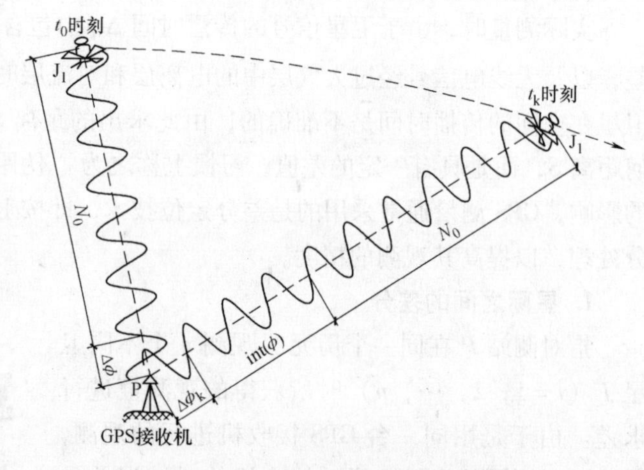

图5-9 GPS不同历元间差分定位的原理

$$
\begin{cases}
\sqrt{(X_0-X_P)^2+(Y_0-Y_P)^2+(Z_0-Z_P)^2}=S_1-\Delta \\
\sqrt{(X_k-X_P)^2+(Y_k-Y_P)^2+(Z_k-Z_P)^2}=S_2-\Delta
\end{cases}
\tag{5-4}
$$

5.3 GPS测量的三维坐标转换

5.3.1 GPS坐标的转换方法

GPS测量用的WGS—84坐标和我国采用的BJ—54坐标或C80坐标，这两种坐标系统由于其坐标原点和所用的椭球参数是采用不同资料推算的（各国常用的椭球参数见表5-3），其所对应的空间直角坐标系是不同的，两者之间需要进行相互转换。常用的转换方法有七参数法和五参数法：

表5-3 各国常用的椭球参数表

椭球体名称	推算年代	长半轴a	扁率e	使用国家和地区或公布组织
埃弗瑞斯特	1830	6377276	300.8	印度及南亚
白塞尔	1841	6378397	299.15	苏、德（1946年前）及中欧大部分国家
克拉克	1866	6378206	294.98	美国（包括夏威夷）和加拿大
克拉克	1880	6378249	293.46	法国、非洲大部分
海福特	1909	6378388	297.0	美、中（1952年前）及阿根廷、比利时、大洋洲各国
克拉索夫斯基	1942	6378245	298.3	苏联、东欧、中国（北京54坐标）
费希尔	1960	6378166	298.3	南美
165	1970	6378165	298.3	澳大利亚
WGS-72	1972	6378135	298.26	美国国防部
CEM-76	1976	6378145	298.256	美国哥达德宇航中心
IAG-75	1975	6378140	298.257	国际大地测量协会、中国西安80坐标
IAG-80	1980	6378137	298.257	国际大地测量协会
WGS-84	1984	6378136	298.257	国际大地测量协会、GPS机均应用

1. 七参数法

从严格意义上说，两个椭球之间的坐标转换需要有7个校正参数，即3个平移参数（ΔX_0，ΔY_0，ΔZ_0）、3个旋转参数（ε_x，ε_y，ε_z）、1个尺度参数（m），如图5-10所示。求解这7个参数的数学模型一般有三种：

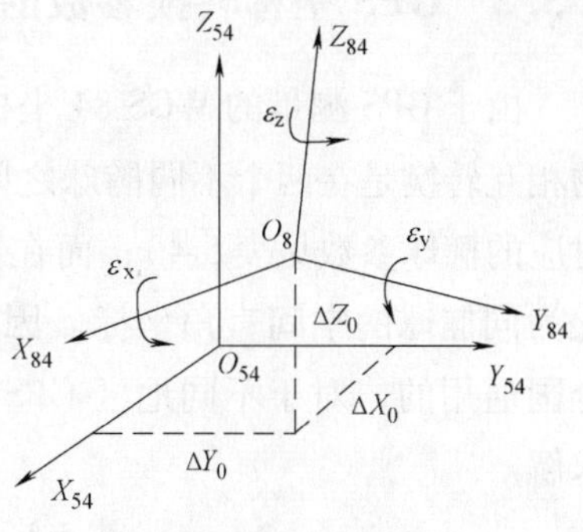

（1）布尔沙模型

$$\begin{pmatrix} X \\ Y \\ Z \end{pmatrix}_s = \begin{pmatrix} X_0 \\ Y_0 \\ Z_0 \end{pmatrix} + (1+m)\begin{pmatrix} X \\ Y \\ Z \end{pmatrix} + \begin{pmatrix} 0 & \varepsilon_z & -\varepsilon_y \\ -\varepsilon_z & 0 & \varepsilon_x \\ \varepsilon_y & -\varepsilon_x & 0 \end{pmatrix}\begin{pmatrix} X \\ Y \\ Z \end{pmatrix}_r \tag{5-5}$$

图5-10　不同椭球体坐标系之间的七个参数

（2）莫洛金斯基模型

$$\begin{pmatrix} X \\ Y \\ Z \end{pmatrix}_s = \begin{pmatrix} X_0 \\ Y_0 \\ Z_0 \end{pmatrix} + \begin{pmatrix} X_k \\ Y_k \\ Z_k \end{pmatrix} + (1+m)\begin{pmatrix} 1 & \psi_z & -\psi_y \\ -\psi_z & 1 & \psi_x \\ \psi_y & -\psi_x & 1 \end{pmatrix}\begin{pmatrix} X_i - X_k \\ Y_i - Y_k \\ Z_i - Z_k \end{pmatrix}_r \tag{5-6}$$

（3）武测模型

$$\begin{pmatrix} X \\ Y \\ Z \end{pmatrix}_s = \begin{pmatrix} X_0 \\ Y_0 \\ Z_0 \end{pmatrix} + \begin{pmatrix} X_k \\ Y_k \\ Z_k \end{pmatrix} + m\begin{pmatrix} X_i - X_k \\ Y_i - Y_k \\ Z_i - Z_k \end{pmatrix} + \begin{pmatrix} 0 & \Omega_z & -\Omega_y \\ -\Omega_z & 0 & \Omega_x \\ \Omega_y & -\Omega_x & 0 \end{pmatrix}\begin{pmatrix} X \\ Y \\ Z \end{pmatrix}_r \tag{5-7}$$

以上三个模型，尽管解算出的7个参数相差很大，但参数之间存在着明显的解析关系，可以相互转化。因此，这三个模型是等价的，分别用它们来解算其他点的坐标时，其结果是完全相同的。一般来说，只要测区内有3个以上已知两套坐标系坐标的公共点，就可以按以上任意一个转换模型求解其他点的转换坐标。

2. 五参数法

当点位精度要求低于分米级时，则可以假定这两个椭球的极轴是相互平行的，如图5-11所示。这样，两个椭球之间的坐标转换就只需要5个校正参数：即3个平移参数（dx，dy，dz）、1个椭球长半轴差（da）和1个椭球扁率差（df）。其转换的数学模型为：

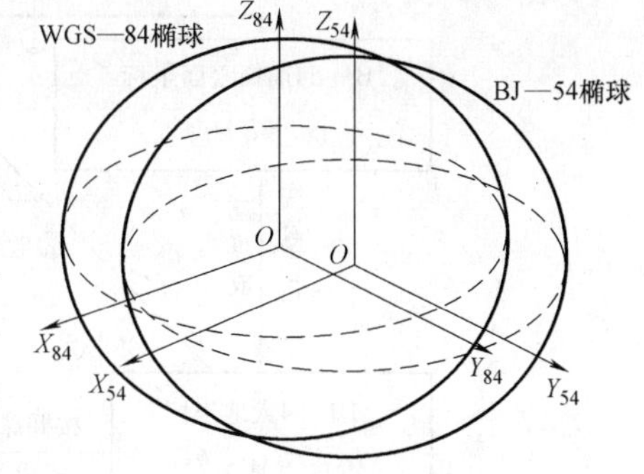

图5-11　不同椭球体坐标之间的极轴平行

$$\begin{pmatrix} dx \\ dy \\ dz \\ da \\ df \end{pmatrix} = \begin{pmatrix} X_1 \\ Y_1 \\ Z_1 \\ A_1 \\ F_1 \end{pmatrix} - \begin{pmatrix} X_2 \\ Y_2 \\ Z_2 \\ A_2 \\ F_2 \end{pmatrix} \tag{5-8}$$

该模型只需有1个已知两套坐标系坐标的公共点，就可以进行其他点的坐标转换。

5.3.2 GPS坐标转换参数的求解步骤

由于GPS测量的WGS-84坐标与我国目前使用的C80或BJ-54坐标，这两种坐标系之间的相互转换是在两个不同椭球之间进行的，这种坐标转换的参数是不严密的（三个坐标系对应的椭球参数见表5-4）；而在同一个椭球里的坐标转换都是严密的，如西安大地坐标转化为同椭球的空间直角坐标。因此，在这两种坐标系之间是不存在有一套转换参数可以全国通用的，对于不同地区GPS的坐标转换参数都会有不一样的值，这就需要分别进行求解。

表5-4 不同坐标系所对应的椭球的有关常数

坐标系	WGS-84	BJ-54	C80
a/m	6378137	6378245	6378140
f	-484.16685×10^{-6} （或1/298.257223563）	— （或1/298.3）	— （或1/298.257）
J_2	—	—	1.08263×10^{-3}
ω/(rad/s)	7.292115×10^{-5}	—	7.292115×10^{-5}
GM/(m^3/s^2)	3.986005×10^{14}	—	3.986005×10^{14}

一般来说，测定GPS的坐标转换参数可分为三步，如图5-12所示：

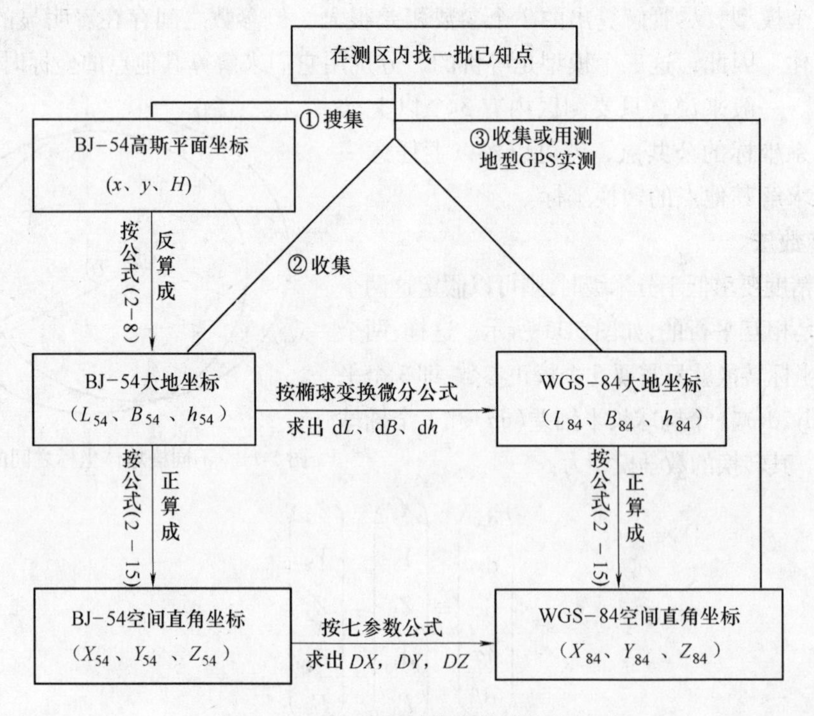

图5-12 GPS坐标转换参数计算流程

1）首先要取得测量区域内分布均匀的三个以上具有54坐标或80坐标和WGS—84坐标两套坐标值的国家GPS“B”级网网点，当实际工作中很难收集到已知点的WGS—84坐标时，还可以通过GPS实测来获取。

2）分别将这些已知点各自的大地坐标（B，L，h），按转换公式（2-15）换算成同椭球的三维空间直角坐标（X、Y、Z），若收集到的54坐标值是高斯平面坐标，则还应先按公式（2-8）将其反算成同椭球的大地坐标。

3）将转换后两套对应的空间直角坐标值分别代入七参数或五参数的坐标转换公式，即可解算出GPS的坐标转换参数。

5.3.3 GPS坐标转换参数的计算方法

一般来说，有一个公共点或三个公共点就可以求得3个平移参数或7个坐标转换参数。但因为公共点在两套坐标系中的坐标都受到随机误差或其他系统误差的影响，所以，当公共点多于三个时，取不同的三个点，会得到不同的坐标转换参数。在实际工作中则根据不同的精度要求可采用以下两种方法来求定转换参数：

（1）简单平差法　即将全部公共点在两套坐标系的坐标差（ΔX_i，ΔY_i，ΔZ_i）视为等权，这样，只要将坐标转换参数当作未知参数，即可根据坐标转换的数学模型推出误差方程，然后由误差方程求解出各转换参数的法方程，最后由法方程求得坐标转换参数。

（2）严密平差法　即考虑公共点在两套坐标系的坐标（X_i'，Y_i'，Z_i'）和（X_i''，Y_i''，Z_i''）分别受到不同误差的影响，因此，应将它们当作不同精度的相关观测值来处理。假设公共点在第一套坐标系的坐标方差阵为D_{11}，权阵为$P_{11}=\sigma_0^2 D_{11}^{-1}$；而在第二套坐标系的坐标方差阵为$D_{22}$，权阵为$P_{22}=\sigma_0^2 D_{22}^{-1}$；那么，除坐标转换参数为未知数外，还应取公共点在其中一套坐标系的坐标作为未知参数。

5.4 卫星定位系统的产生背景

5.4.1 无线电导航系统的产生和特点

在无线电导航出现之前所使用的一种基本的导航技术是对自然星体的角测量，如图5-13所示。1922年，随着无线电技术的发展，出现了无线电导航系统（radio navigation system），它们包括无线电信标、甚高频全向信标（VOR）、远程无线电导航罗兰（LORAN）和奥米加（OMEGA）等。罗兰工作在100kHz，由3个地面导航台组成，导航工作区域2000km，一般精度为200～300m。奥米加工作在十几千赫，由8个地面导航台组成，可覆盖全球，精度几英里。这些系统的缺点是电磁波传播受大气影响，定位精度不高。

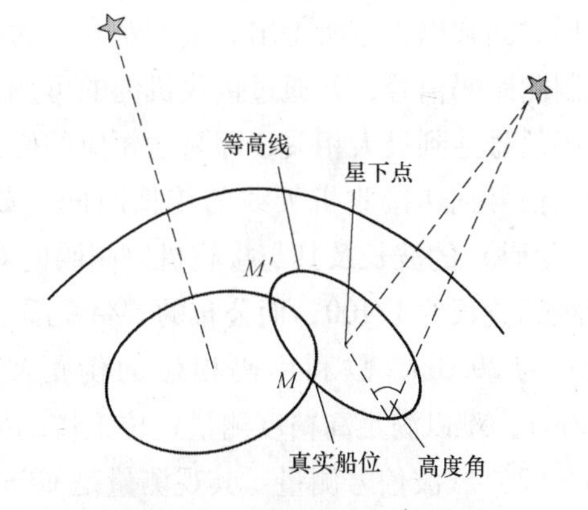

图5-13　对自然星体的角测量技术

5.4.2 多普勒卫星导航定位系统的产生和特点

1957年，原苏联发射了人类的第一颗人造地球卫星，天基电子导航应运而生，使得更精确的视距无线电导航信号成为可能。在随后对人造地球卫星的跟踪研究中，美国科学家发现了多普勒频移现象（如图5-14所示），并在1964年利用该原理促成了多普勒卫星导航定位系统NNSS（又称为子午仪TRANSIT）的建成，它在军事和民用方面取得了极大的成功，是导航定位史上的一次飞跃。

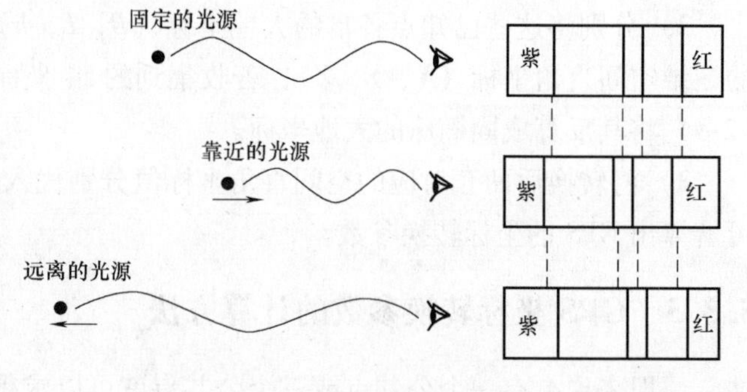

图5-14 多普勒频移现象

尽管如此，但用子午卫星信号进行多普勒定位时，不仅因卫星数量少，间隔时间过长，需要1~2d的时间观测，不能进行实时连续定位；而且由于多普勒卫星轨道高度低、信号载波频率低，轨道精度难以提高，不能达到厘米级定位精度，难以满足大地测量或工程测量的要求，更不可能用于地球动力学研究。

5.4.3 GPS卫星定位系统的产生和特点

为了实现全天候、全球性和高精度的连续导航和定位，美国国防部于1973年制定了一项能使导航技术发生革命性转变的计划，该计划的基础是对叫做导航星（NAVSTAR）的人造卫星星座的无线电测距（最终具有毫米精度），它不利用对自然星体的角测量技术，而使用对人造卫星的距离测量可望达到更高的精度，这就是新一代卫星导航系统——卫星全球定位系统。从覆盖范围、信号可靠性、数据内容、准确度以及多用性等五项指标来看，GPS系统远比先前的子午卫星导航系统优越，它的问世导致了测绘行业一场深刻的技术革命，部分常规测量方式基本上被其取代。

其测距的方式主要有两种：

（1）测距码信号测量 其所观测的距离是由卫星发射的测距码信号到达GPS接收机的传播时间乘以光速所得出的量测距离。为了测定测距码上的时间延迟，需要在用户接收机内复制测距码信号，并通过接收机内的可调延时器进行移相，使得复制的码信号与接收到的相应码信号达到最大相关，即与之相应的码元对齐。这样，所调整的移相量便是卫星发射的测距码信号到达接收机天线的传播时间，如图5-15所示。显然，其测量的精度与测量信号（测距码）的波长及其与接收机复制码的对齐精度有关。目前，接收机的复制码精度一般取测距码波长的1/100，而公布的*C/A*码码元宽度（即波长）为293m，P码码元宽度（即波长）为29.3m，故利用码相位的伪距测量的精度最高仅能达到0.3m（29.3×1/100≈0.3m），难以满足高精度测量定位工作的要求，只能用于单点绝对定位。

（2）载波信号测量 其观测量是GPS接收机接收到的卫星载波信号与接收机本振参考信号之间的相位差，如图5-16所示。一般在接收机钟确定的历元时刻量测，保持对卫星信号的跟踪，就可记录下相位的变化值。由于载波的波长（$\lambda_{L1}=19\text{cm}$、$\lambda_{L2}=24\text{cm}$）比测距码（即 C/A 码和 P 码）的波长要短得多，因此，它是目前 GPS 测量中精度最高的观测量。尽管利用载波相位进行单点定位可以达到比测距码伪距定位更高的精度，但载波相位测量的最大障碍是要解算出整周模糊度（所谓整周模糊度即指开始观测时接收机和卫星无线电振荡器的相位初始值是不知道的，起始历元的载波相位整数也是不知道的），它只能在数据处理中作为参数解算。因此，其主要的应用是进行相对定位，即要达到优于米级的定位精度，就只有在相对定位并有一段连续观测值时才能使用相位观测值。

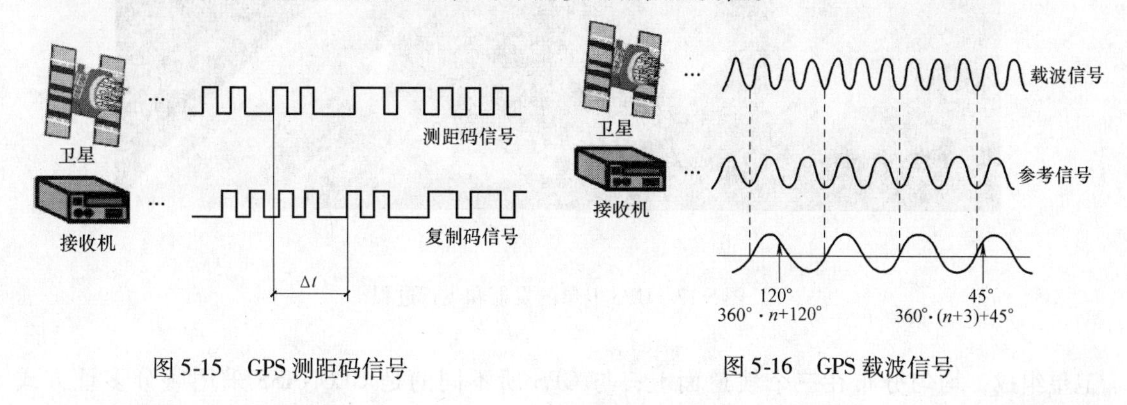

图 5-15　GPS 测距码信号　　图 5-16　GPS 载波信号

5.5　GPS 卫星定位系统的发展

5.5.1　卫星定位系统的发展阶段

GPS 卫星全球定位系统从 20 世纪 70 年代起开始研制，历时 20 年，耗资 300 亿美元，是本世纪继阿波罗登月计划和航天飞机计划之后的又一重大科技成就，已成为美国导航技术现代化的重要标志。整个 GPS 系统的发展计划分为三个阶段实施：

（1）方案论证阶段（1973～1979）　1973 年 5 月开始筹建，在经过了原理与可行性验证阶段后，于 1978 年 2 月 22 日成功发射了第一颗 GPS 试验卫星，标志着工程研制与系统试验阶段的开始。图 5-17a 所示为 GPS 卫星的发射过程。

（2）工程研制阶段（1979～1989）　1989 年 2 月 14 日，第一颗 GPS 工作卫星的发射成功，宣告了 GPS 系统进入生产作业阶段。

（3）生产作业阶段(1989～1994)　至 1994 年,7 颗 GPS 试验卫星和分布在六个轨道上的 24 颗(3 颗备用)工作卫星已全部升空并正常工作。图 5-17b 所示为 GPS 卫星的太空飞行过程。

5.5.2　世界各国 GPS 卫星的发展状况

1）目前，美国已着手设计与试验新的第二代工作卫星改进系统（BLOCK Ⅱ R），在 20 世纪 90 年代末开始发射，共计发射 20 颗，新系统的定位精度可达 1mm。

2）前苏联自 1978 年 10 月开始，发射了自己的全球导航卫星系统（GLONASS）试验卫星，并在 90 年代中期建成 GLONASS 工作星座，该星座也由 21 颗工作卫星和 3 颗在轨备用

a)　　　　b)

图 5-17　GPS 卫星的发射和飞行过程

卫星组成，均匀分布在三个轨道面上；与 GPS 所不同的是 GLONASS 采用频分多址方式（FDMA），即根据载波频率来区分不同卫星，而 GPS 系统是采用码分多址方式 CDMA，即根据调制码来区分卫星。

3）欧洲空间局（ESA）正在筹建民用导航卫星系统（GNSS 伽利略系统），包括在赤道平面上的 6 颗同步卫星（GEO）和 12 颗高椭圆轨道（HEO）卫星的混合卫星星座，其导航定位精度要比目前任何系统都高。

4）日本科技厅在 1996 年计划建立一个区域性导航卫星系统，1997 年 3 月要求日本宇宙开发事业团用 7 年的时间开发其关键技术，1999 年以后发射的多功能运输卫星（MTSAT），服务于国际民航组织提出的通信导航监视和空中交通管理系统，并建立基于 MTSAT 卫星的 GPS 增强系统，包括增发 GPS 格式的测距信号。

5）我国于 2000 年 10 月，随着 2 颗北斗导航试验卫星的成功发射，建立了自己的卫星导航系统，即北斗一号双星定位系统，它是由 2 颗同步卫星确定平面位置的导航系统，如图 5-18 所示。导航通信卫星距离地面 36000km，位于赤经 80°E 和 140°E。还有一颗备用卫星将位于赤经 110.5°E。

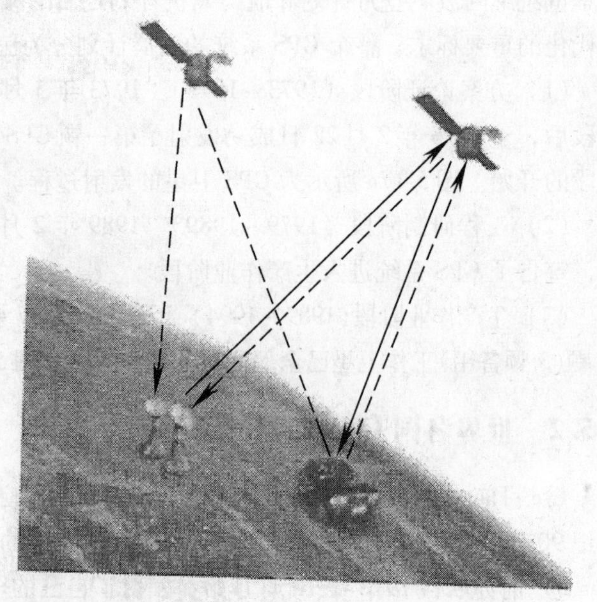

图 5-18　我国北斗一号双星定位系统

第 6 讲　RS 卫星遥感系统

6.1　RS 卫星遥感系统的基本组成

6.1.1　信息源部分

一切物体，由于其种类及环境条件不同，因而具有反射或辐射不同波长的电磁波的特性。RS 遥感系统的信息源部分即为被探测目标对象所主动或被动地发射、反射和吸收的电磁波，如图 6-1a 所示。此外还包括电磁场、力场、机械波（如声波、地震波）等。

各种电磁波的光谱按波段可分为四种，见图 6-1b 所示。

（1）紫外光　波段在 0.05 ~ 0.38μm。

（2）可见光　波段在 0.38 ~ 0.76μm。

（3）红外光　波段在 0.76 ~ 1000μm。

（4）微波　波段在 1mm ~ 10m。

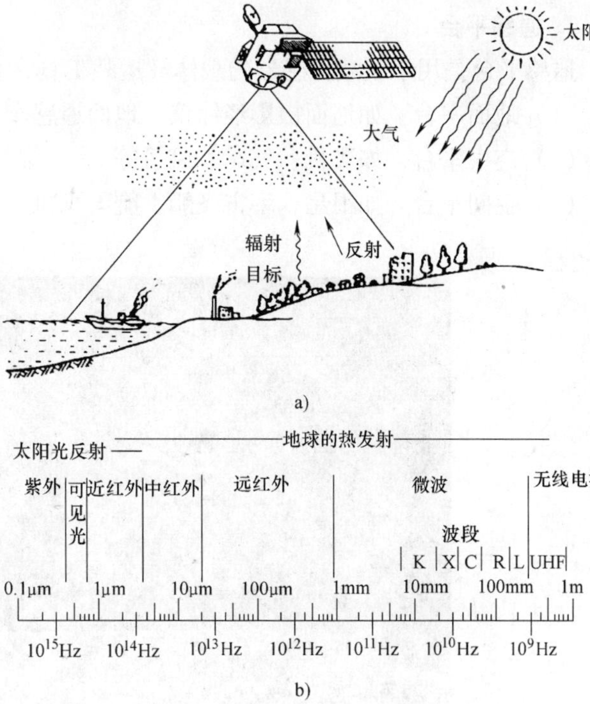

图 6-1　目标物发射或反射电磁波频谱

6.1.2　信息获取部分

信息获取部分包括传感器和遥感平台等。

1. 传感器

传感器由收集系统、探测系统、信号处理系统和记录系统四个部分组成，如图 6-2 所示，是获取遥感信息的设备，用于探测、接收和记录目标物反射或发射的电磁波特征，以便在不同的波段上获取或形成遥感影像，其接收到的目标地物的电磁波信息记录在数字磁介质或胶片上。该设备一般分为主动式和被动式两种：

（1）主动式传感器　自身发射并接收经地面反射的能量，不受天气干扰，如侧视雷达、激光雷达等，如图 6-3a 所示。

（2）被动式传感器　主要接收经地面反射的太阳光能量，受天气干扰大，如扫描仪、摄影机等，如图 6-3b 所示。

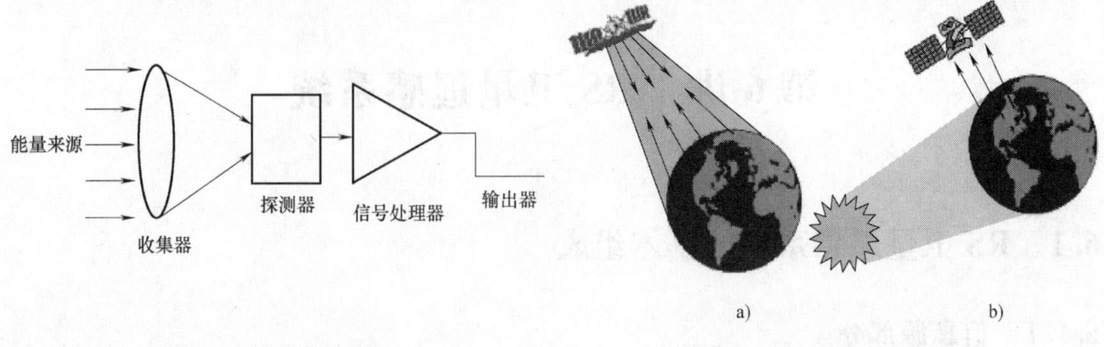

图6-2　传感器的结构

图6-3　主动式和被动式传感器的对比

2. 遥感平台

遥感平台是用于装载传感器的载体或运载工具，主要有三类，如图6-4所示：

（1）地面平台　如地面摄影经纬仪、地面遥感车、地面观测台等。

（2）空中平台　如飞机、气球、风筝等。

（3）空间平台　如卫星、宇宙飞船、航天飞机、宇宙空间站等。

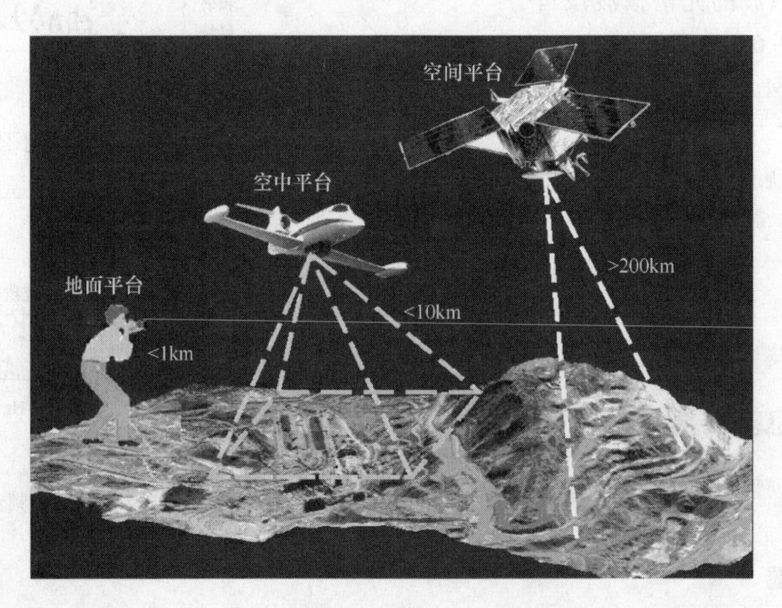

图6-4　地面、空中和空间遥感平台

6.1.3　信息处理部分

（1）遥感信息的接收　遥感影像和胶片信息通过直接回收和视频传输两种方式送达地面接收站。前者指传感器将目标物体反射或发射的电磁波信息记录在胶卷或磁带上，待运载工具返回地面后回收。后者指传感器将接收到的目标物反射或发射的电磁波信息，经光、电转换，通过无线电将数据送到地面接收站。

（2）遥感信息的预处理　由于受传感器的性能、遥感平台的姿态不稳定、地球曲率、大气不均匀和地形的差别等多种因素的影响，地面接收站接收到的遥感信息总有不同程度的失真，因此，必须将接收到的信息进行一系列的光学处理，如图像的校正（包括辐射校正和几何校正）、图像的增强（包括对比度变换、空间滤波、彩色变换和多光谱变换）、图像的分类（包括目视判读和计算机分类）等，如图6-5所示。并且还要通过计算机的处理，以便获取目标物的三方面信息：一是几何特征，指目标物的大小、形状和空间分布等。二是物理特征，指目标物的属性等。三是时间特征，指目标物的变化动态等。

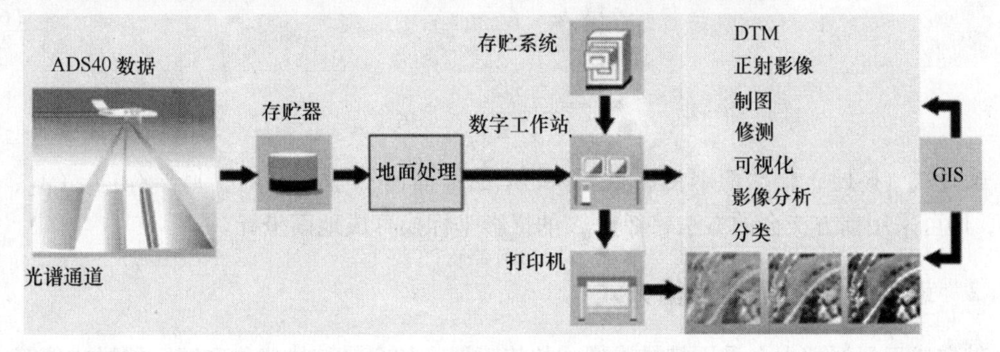

图6-5　遥感信息处理程序

（3）地面信息的实况调查　主要包括在空间遥感信息获取前所进行的地物波谱特征（即地面反射或发射电磁波的特性）的测量，以及在空间遥感信息获取的同时所进行的与遥感目的有关的各种遥测数据的采集（如区域的环境和气象等数据）。前者主要是为设计遥感器和分析应用遥感信息提供依据，后者则主要用于遥感信息的校正处理。

6.2　遥感的基本原理和方法

6.2.1　摄影测量的基本原理

遥感的基本原理是以摄影测量的原理为理论基础的，即它是通过摄像获得物体的空间位置影像相片，并通过量测相片上物体的二维坐标（x，y）来计算其空间的三维坐标（X，Y，Z），其基本原理是基于测量上的前方交会法的测量原理，如图6-6a所示，若要在两个已知点S_1、S_2上安置经纬仪来测量未知点A的三维坐标，只要测出水平角β_1、β_2和竖直角α_1、α_2，即可确定A点的位置。同理，摄影测量就是在这两个已知点上对同一个目标点A分别摄取两张影像相片，根据两张相片上同名点A的像平面坐标a_1（x_1，y_1）、a_2（x_2，y_2），就能解算出对应点A的空间三维坐标（X_A，Y_A，Z_A）。

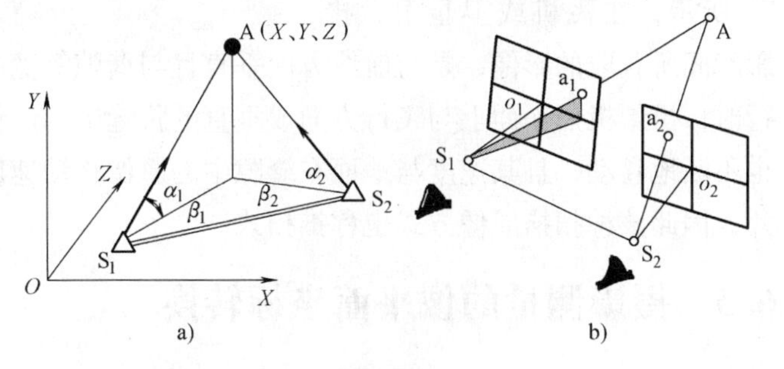

图6-6　遥感摄影测量的原理

如图6-6b所示，假设摄影是正直摄影，即两台摄影机的主光轴S_1o_1、S_2o_2与摄影基线（即两个摄影点的连线）S_1S_2垂直。如果用其中一张相片的摄影中心S_1为摄影坐标系的原点，其摄影光轴S_1o_1作为摄影坐标系的Z轴，并以S_1S_2为X轴，则像片上任何一个像点所对应的物点（如A点）的摄影坐标（X'，Y'，Z'）为

$$\begin{cases} X' = \dfrac{S_1S_2}{x_1 - x_2} \cdot x_1 \\ Y' = \dfrac{S_1S_2}{x_1 - x_2} \cdot y_1 \\ Z' = \dfrac{S_1S_2}{x_1 - x_2} \cdot S_1o_1 \end{cases} \tag{6-1}$$

通过式（6-1），根据两个摄影点S_1和S_2的地面已知坐标（X_1，Y_1，Z_1）、（X_2，Y_2，Z_2），即可采用前方交会的方法将像点A的摄影坐标换算成地面坐标。

6.2.2 遥感摄影测量的成像方式

航空或卫星遥感大多采用扫描成像式的传感器，如全景扫描成像和缝隙扫描成像等。

（1）全景扫描成像　如图6-7a所示，它是在物镜焦面上平行于飞行方向设置一狭缝，并随物镜作垂直于航线方向扫描，得到一幅扫描成的图像。由于物镜在机械驱动下，随飞机或卫星的前进而摆动，摆动的幅面很大，能将航线两边的地平线内的影像都摄入底片，因此该种扫描成像方式也称摆扫式。

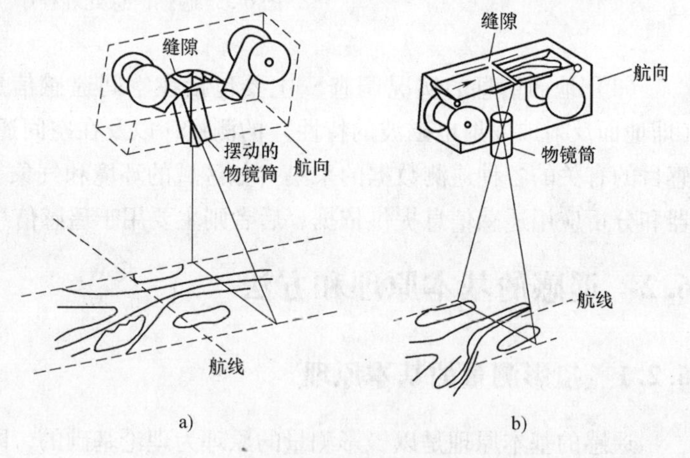

图6-7　扫描成像方式的工作原理

（2）缝隙扫描成像　如图6-7b所示，在飞机或卫星上，摄影瞬间所获取的影像，是与航线方向垂直且与缝隙等宽的一条线影像。当飞机或卫星向前飞行时，摄影机焦平面上与飞行方向成垂直的狭缝中的影像也连续变化。如果摄影机内的胶片也不断地卷动，且其速度与地面在缝隙中的影像移动速度相同，则能得到连续的航带摄影像片，因此该种扫描成像方式也称推扫式。

6.3 摄影测量的像平面坐标转换

6.3.1 相片的方位元素

实际摄影时，每一张影像的投影光束形状及其所处的空间方位是各不相同的，这就需要

知道摄影机镜头在曝光时的空间位置和投影中心与相片的相关位置，以及相片与地面的相关位置，描述这些相关位置的参数分为两类：

（1）内方位元素 指描述投影中心 S 对像平面 P 的位置关系参数，具体包括3个，即像主距 f 和像主点坐标（x_0，y_0），如图6-8a所示，它们确定了投影光束的形状。对于某摄影机而言，内方位元素（f，x_0，y_0）是定值，用户可在航摄资料中直接抄得。

（2）外方位元素 指描述相片的空间方位的参数，具体包括6个，即3个线元素和3个角元素。线元素确定了拍摄瞬间投影中心 S 在地面坐标系中的坐标（X_S，Y_S，Z_S），角元素则确定了相片平面在地面坐标系中的姿态角（φ，ω，κ），如图6-8b所示，它们确定了投影光束在空间的方位。外方位元素可以根据在相片上构象的地面控制点反算，也可在飞行时由GPS等设备直接测定。

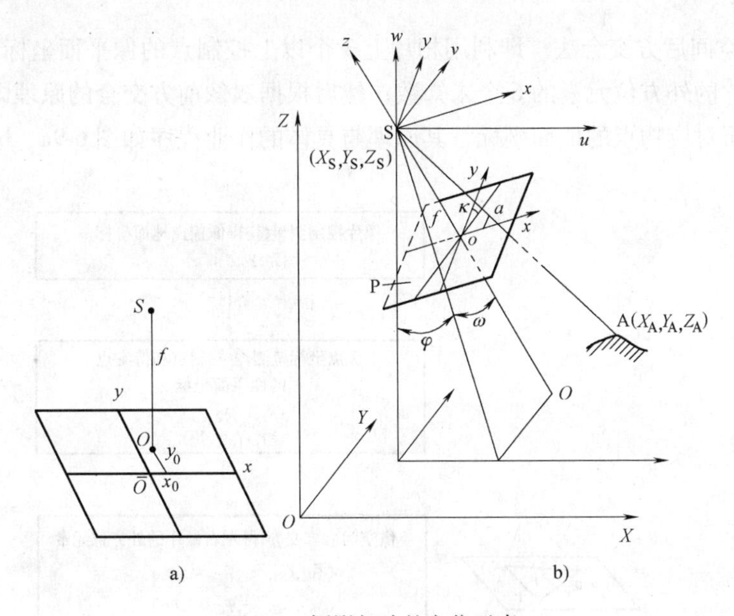

图6-8 摄影相片的方位元素

6.3.2 中心投影的构像方程

若设物点A在地面坐标系 $D-XYZ$ 中的坐标为（X_A，Y_A，Z_A），像点 a 在像平面坐标系 $o-xy$ 中的坐标为（x，y）。根据相片上的像点、摄影中心和地面点之间的共线条件，可建立中心投影 S 的构像方程，即

$$\begin{cases} x - x_0 = -f \cdot \dfrac{a_1(X_A - X_S) + b_1(Y_A - Y_S) + c_1(Z_A - Z_S)}{a_3(X_A - X_S) + b_3(Y_A - Y_S) + c_3(Z_A - Z_S)} \\ y - y_0 = -f \cdot \dfrac{a_2(X_A - X_S) + b_2(Y_A - Y_S) + c_2(Z_A - Z_S)}{a_3(X_A - X_S) + b_3(Y_A - Y_S) + c_3(Z_A - Z_S)} \end{cases} \tag{6-2}$$

式中，（a_1，b_1，c_1）、（a_2，b_2，c_2）、（a_3，b_3，c_3）为相片的9个方向余弦，其根据外方位

元素的3个角元素（φ，ω，κ）算得。

共线方程表达了物点A、像点a和投影中心S三点共线的事实，建立了物像间的投影关系。利用该方程，即可进行像平面坐标与地面坐标的转换。

1）当已知物点A的地面坐标（X_A，Y_A，Z_A）和相应像点a的像平面坐标（x，y）时，即可求解相片的外方位元素和内方位元素。

2）当已知立体像对的两张相片的内、外方位元素和同名像点的像平面坐标a_1（x_1，y_1）、a_2（x_2，y_2）时，则可求解物点A的地面坐标（X_A，Y_A，Z_A）。

3）当已知物点A的地面坐标（X_A，Y_A，Z_A）和相片的内、外方位元素时，则可解得像点a的像平面坐标（x，y）。

6.3.3 像平面坐标转换成地面坐标的方法

（1）单像空间后方交会法　即利用相片上3个以上控制点的像平面坐标及其地面坐标，可解算出该相片的外方位元素的6个未知数；然后根据双像前方交会的原理即可求解相片上任意一个像点所对应物点的地面坐标，其原理与具体的作业程序如图6-9a、b所示。

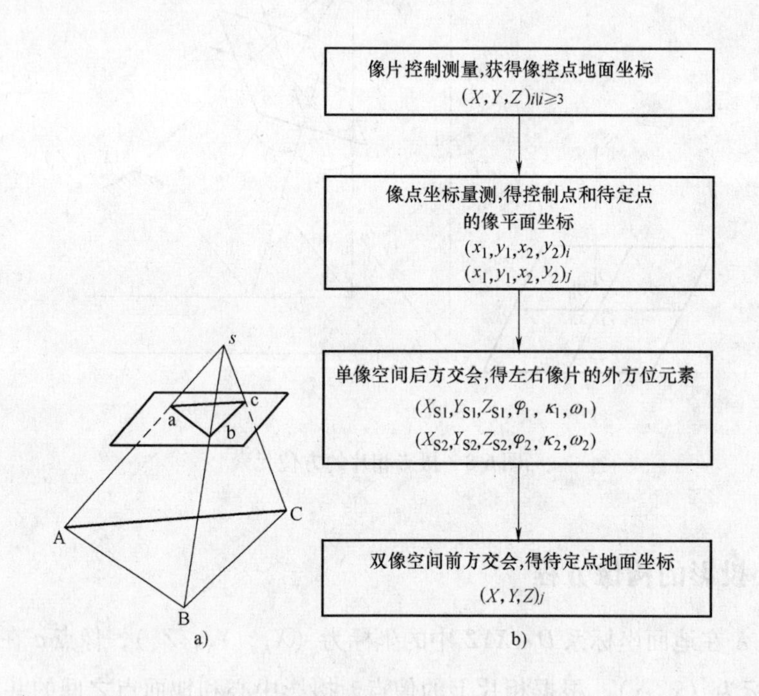

图6-9　单像空间后方交会法原理与作业流程

（2）相对定向法　即利用立体像对中存在的同名光线共面的几何关系（即光线在空间对对相交，来确定相片上相应各物点之间的地面相对位置关系；然后根据双像前方交会的原理同样可求解相片上相应物点的地面模型坐标，从而建立起一个比实际小的空间立体几何模型；通过空间相似变换，将模型内各点的相对坐标转换为相应的地面绝对坐标。其原理与具体的作业程序见图6-10a、b所示。

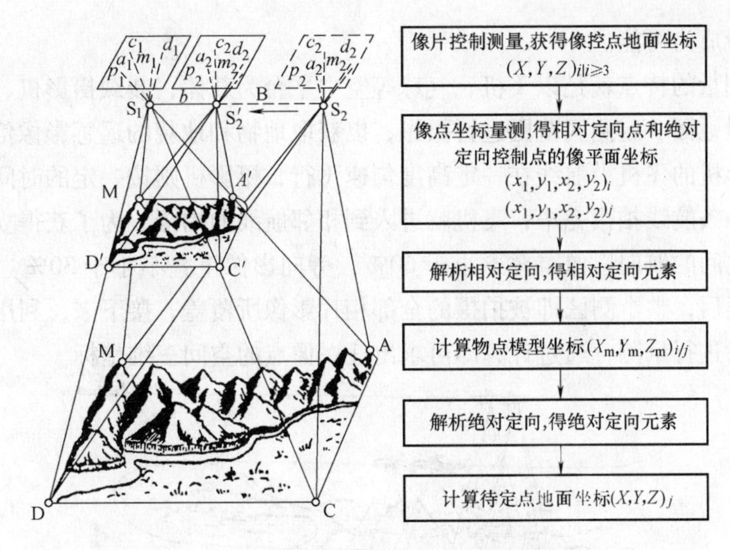

图6-10　相对定向法原理与作业流程

6.4　遥感测量系统的特点

6.4.1　近景摄影测量的主要特点

1759年，德国数学家兰贝特（J·H·Lambert）在他的著作《Frege　Perspective》中系统地阐述了透视几何理论，这是近景摄影测量的第一个理论根据。1839年，法国人达盖尔（J·L·M·Daguerre）发明了摄影术，为摄影测量提供了基本的手段。1851年法国陆军上校劳赛达特（A·Laussedat）提出了交会摄影测量，利用这个原理，差不多同一时期德国的迈登鲍尔（A·Meydenbauer）测绘了万森城堡图，它标志着近景摄影测量的开始。

图6-11　近景摄影测量

近景摄影测量的特点就是以地面摄影经纬仪、地面遥感车、地面观测台等地面平台为载体，装载摄影机、扫描仪等传感器设备在地面对一些局部的小面积区域进行拍摄，以获取目标物的遥感影像信息。如图6-11所示，假设在一条基线的两个端点上分别安置摄影经纬仪，然后对同一个物体摄取两张相片，再从这两张相片向要测定的点引出交会方向线，通过交会摄影测量就可以逐点测绘出所摄物体。

6.4.2　航空摄影测量的主要特点

1858年，法国摄影师纳达尔（Nadar）乘坐气球在巴黎郊外80m上空拍摄了世界上第一张航空相片，这为航空摄影测量开了先河。1903年，怀特兄弟发明了飞机，使利用飞机进行航空摄影测量成为可能。

航空摄影测量的特点就是以飞机、气球等空中平台为载体，装载摄影机、扫描仪等传感器装置在空中对地面一定测区范围进行摄影，以获取地物和地貌的遥感影像信息。如图6-12所示，装载摄影机的飞机沿航线在一定高度匀速飞行，摄影机则按一定的时间间隔开启快门进行拍摄，当一条航线拍摄完毕，飞机就进入到相邻航线的拍摄。为了获得立体像，则规定相邻两张航片之间的航向影像重叠不小于60%，旁向影像重叠不小于30%。如此，直至所有航线拍摄完毕后，整个测区即被拍摄的全部相片影像所覆盖，接下来，利用立体坐标量测仪对各立体像对进行量测，通过计算即可求出任一像点的空间三维坐标。

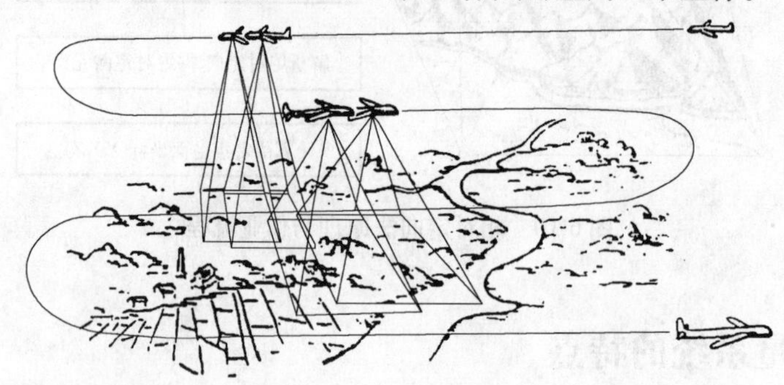

图6-12 航空摄影测量

6.4.3 卫星遥感的主要特点

1957年，苏联第一颗人造卫星的发射成功，标志着人类从空间观测地球和探索宇宙的奥秘进入了新的纪元。1960年，美国发射了TIROS-1和NOAA-1太阳同步气象卫星，这是人类真正从航天器上对地球进行长期观测的开始。1972年，美国第一颗地球资源卫星（LandSat）上天后，卫星遥感技术获得了极为广泛的应用。

卫星遥感测量的特点就是以卫星、宇宙飞船、航天飞机等空间平台为载体，装载了摄影机、扫描仪等传感器装置，在宇宙空间对地面的地物和地貌所反射或发射的电磁波进行探测和记录，在不同的波段上形成影像，然后，通过遥感图像处理系统获取地面地形的坐标信息，如图6-13所示。

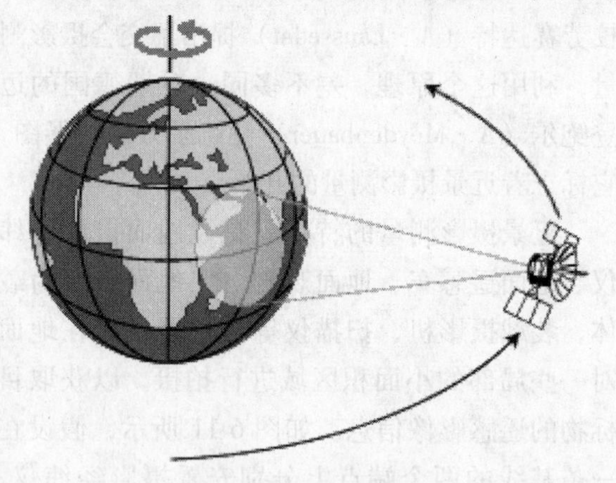

图6-13 卫星遥感测量

6.5 遥感测量系统的发展

6.5.1 摄影测量的发展阶段

摄影测量的发展经历了三个阶段，如图6-14所示。

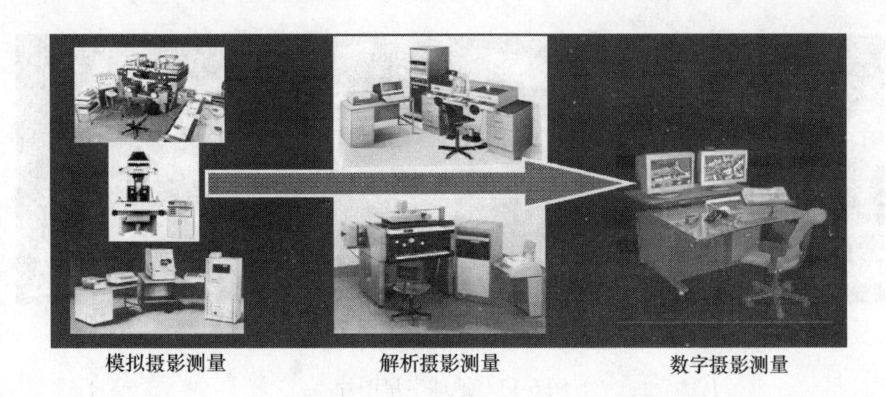

图6-14 摄影测量的发展阶段

（1）模拟摄影测量阶段 在这个时期，限于当时的计算技术不可能对摄影测量的复杂几何关系直接进行计算。因此，人们只能依赖当时的光学和机械技术，利用物理的方法模拟投影的光线，在几何上反转摄影过程，由模拟投影光线建立起缩小了的被摄目标的几何模型。按照这个思路，在20世纪初由德国卡尔·蔡司厂成功地制造出了实用的“立体自动测图仪”，利用这种仪器即可在几何模型上完成测图工作。

（2）解析摄影测量阶段 在这个时期，随着模数转换技术、电子计算机技术和自动控制技术的发展，海拉瓦（Helava）于1957年提出了用数字投影取代物理投影的新概念，即利用电子计算机实时地进行投影光线（共线方程）的运算，从而解算出被摄物体的空间位置。根据这个理念，意大利的OMI公司与美国的BENDIX公司合作，于1961年制造出第一台解析立体测图仪。利用这种仪器即可将立体模型上测得的结果，在计算机辅助下测绘成图。

（3）数字摄影测量阶段 20世纪90年代，由于计算机技术的快速发展和应用，使得人们试图将“由影像灰度转换成电信号再转变成数字信号，由电子计算机来实现摄影测量的自动化过程”，这一探索了将近30年左右的数字摄影测量系统变成了现实。该系统是将摄影测量的基本原理与计算机的视觉相结合，从数字影像中自动提取所摄对象用数字表达的几何与物理信息。其理论方法主要包括影像匹配和影像理解两大部分。前者是自动对数字影像进行特征提取和立体量测，然后完成空间几何定位，建立目标数字高程模型和数字正射影像。后者是自动解决对数字影像的属性描述或数字图像分类。数字摄影测量的发展还导致了实时摄影测量的问世，即用数字摄影机直接对目标获取数字影像，并直接输入计算机中，在实时软件的作用下，自动处理和提取信息，并用来控制对目标的操作。

6.5.2 目前世界各国在卫星遥感平台上的发展状况

当前航天平台已成系列，如图6-15所示，在空间轨道卫星中，有地球同步卫星、太阳同步卫星，有各类不同轨道高度的卫星，有综合目标的大型卫星、专题目标的小卫星群，有气象卫星、海洋卫星和陆地卫星。不同高度、不同用途的卫星构成了对地球和宇宙空间的多角度、多尺度、多周期的观测。各国遥感卫星的主要性能见表6-15所示。

a) b)

图6-15 地球卫星图片

（1）SPOT（地球观察卫星系统） 是由瑞典、比利时等国参加，由法国国家空间研究中心（CNES）设计制造的。1986年发射第一颗，至今已发射了5颗。其轨道高度在830km左右，卫星覆盖的周期是26天，重复探测的能力一般为3~5天，部分地区达到1天，最高空间分辨率达到2.5~10m。并且，其传感器可在不同轨道间重叠扫描产生立体像对，提供了立体观测和立体成图的能力。

（2）CBERS（中巴地球资源卫星） 即资源一号卫星，是中国与巴西联合研制的地球资源卫星。其轨道高度为778km，卫星的重访周期是26天，携带有多种成像传感器，最高空间分辨率为19.5m。资源一号卫星01星于1999年10月发射，现已停止工作；资源一号卫星02星于2003年10月发射，目前运行正常。在"十一五"期间还发射了03和04星。

表6-1 各国遥感卫星的主要性能

系统	公司	发射时间	扫描宽度/km	分辨率/m
Landsat MS	NASA	1972－1978	185	80MS
Landsat TM	NASA	1982	185	30MS 15MS
Landast7	NASA	1999	185	30MS
Spot1-4	Spotimage	1986-1990-1993-1998	60	20MS
IRSI C/D	ISRO	1995-1997	142	18MS
MOMS 02P	DLR	1996	78	50MS
MOS	NASDA	1982-1992	100	18MS
Adeos	NASDA	1996-1997	80	16MS
CBERS-1	中国/巴西	1999.10	113（CCD） 119（IRMSS）890（WFI）	20（CCD） 80（MSS） 160（热红外） 256（WFI）

6.5.3 目前世界各国在传感器上的发展状况

当前，探测的波段范围不断延伸，波段的分割越来越细，从单一波段向多波段发展。成像光谱技术的出现把感测波段从数百个推向上千个，激光测距与遥感成像的结合使得三维实时成像成为可能，高空间分辨率航天图像的出现使航天遥感与航空遥感的界限变得模糊，数字成像技术的发展打破了传统摄影与扫描成像的界限，雷达、多光谱成像与激光测高、GPS等多种探测技术的集成日趋成熟。

（1）高光谱成像仪　这是遥感进展中的新技术，其图像是由多达数百个波段的、非常窄的、连续的光谱波段组成，光谱波段覆盖了可见光、近红外、中红外和热红外区域的全部光谱带，使得图像中的每一像元均得到连续的光谱反射率曲线，而不像传统的成像光谱仪那样在波段之间存在间隔。

（2）侧视雷达成像仪　它是由发射机通过天线向目标物发射一束很窄的大功率电磁波脉冲，然后用同一天线接收目标物反射的回波信号并进行显示的一种传感器，如图6-16所示。不同物体回波信号的强度和相位不同，因此处理后可测出目标物的方向和距离等数据。由于微波在大气中衰减较少，对云层、雨区的穿透力较强，基本上不受烟、云、雨、雾、冰、土壤、森林等的限制，因此它具有全天候、全天时、全方位的工作特点。

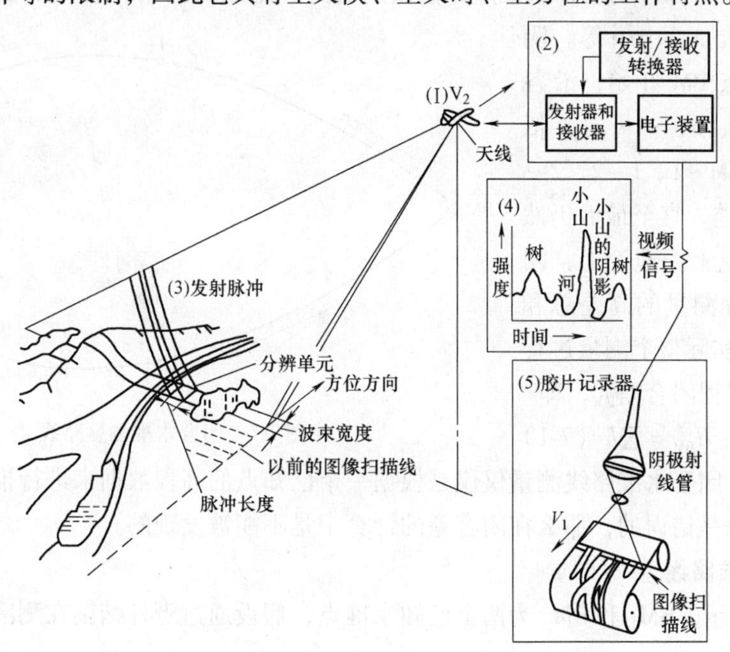

图6-16　侧视雷达成像仪工作原理

第7讲　水准仪高程测量

7.1　水准测量前的准备工作

7.1.1　水准路线的布设

用水准仪在野外进行高程控制测量通常也被称之为水准测量，其测量时所经过的路线称为水准路线，根据测区的情况和需要，主要有闭合水准路线和附合水准路线两种布设方式。

1. 闭合水准路线

如图7-1所示，BM为已知水准点，假设通过野外踏勘在测区内选取了若干个待定的高程控制点1、2、3、……等。测量时，从已知点BM开始，沿各个待测点1、2、3、……等，依次测量各测段BM~1、1~2、2~3、……等的高差，直至最后仍然测回到原水准点上。理论上，闭合水准路线全程测量的高差总和$\sum h$应为0，而实际整个测量过程则会产生一个高程闭合差f_h，即

$$f_h = H'_{BM} - H_{BM} = \sum h \quad (7\text{-}1)$$

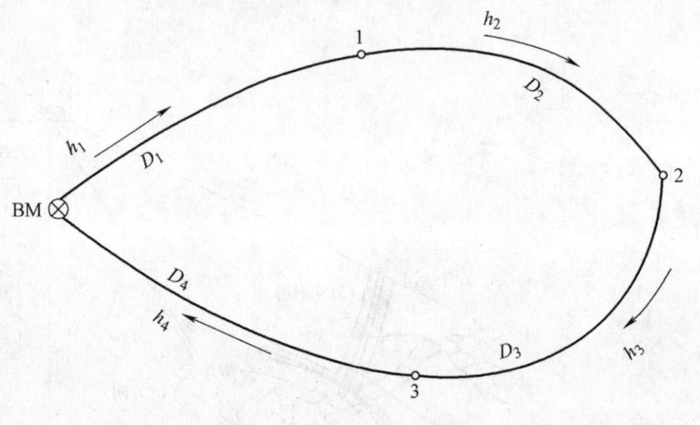

图7-1　闭合水准测量路线

上式表明，闭合水准路线测量仅仅是根据一个已知点的高程数据来进行推算的，一旦这个已知点的数据是错误的，那么在闭合差的计算中是不能被发现的。

2. 附合水准路线

如图7-2所示，BM_1和BM_2为两个已知水准点，假设通过野外踏勘在测区内选取了若干个待定的高程控制点1、2、3、……等。测量时，从已知点BM_1开始，沿各个待测点1、2、3、……等，依次测量各测段BM_1~1、1~2、2~3、……等的高差，直至最后测量到另一个已知水准点BM_2上。理论上，附合水准路线全程测量的高差总和$\sum h$应等于BM_1和BM_2两点的高差h_0，而实际整个测量过程则会产生一个高程闭合差f_h，即

$$f_h = H'_{BM2} - H_{BM2} = \sum h - (H_{BM2} - H_{BM1}) \quad (7\text{-}2)$$

上式表明，附合水准路线测量是将一个已知点的高程数据闭合到另一个已知点上，假如其中有一个已知点的数据是错误的，那么在闭合差的计算中是可以被发现出来的。显然，由于两个已知点同时出错的概率比一个已知点出错的概率要小，在通常情况下，水准测量时要求尽量采用附合水准路线的布设形式。

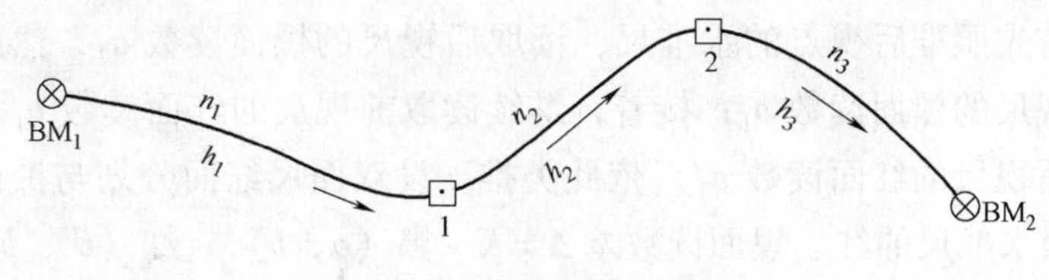

图7-2 附合水准测量路线

7.1.2 水准点的设置

水准点是水准测量引测高程的依据，通常是在地形图上标出计划联测的高程控制点，以确定水准路线的形式，然后根据水准路线的布设形式初步选定其位置，如图7-3所示。布设水准点时，应注意以下几点：

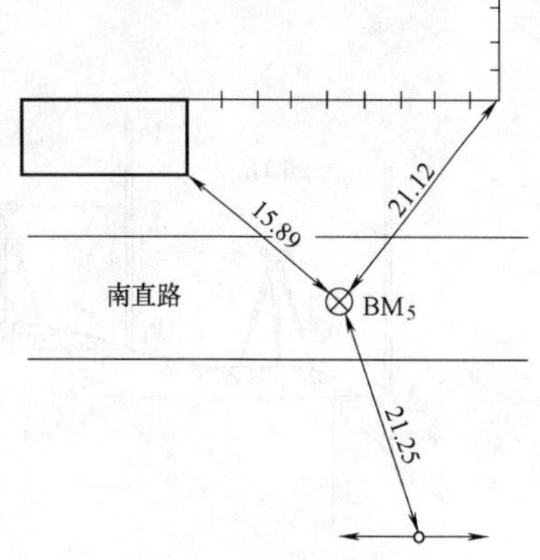

图7-3 水准点的布设

1）水准点应尽可能沿各类道路进行布设。

2）水准点的位置应选在土质坚硬、易于观测、使用方便、地下水位低，并能长期保存的安全地方。

3）布设水准点时，应尽量避免穿越湖泊、沼泽和江河地带，同时，凡易受震动的公路、铁路附近，以及易于掩埋、潮湿、有土崩、沉陷等地段均不能选作水准点位。

4）各等级水准点的密度和布设应满足表7-1中（GB 50026—2007工程测量新规范）的技术要求。

表7-1 各等级水准测量的主要技术要求（新规范）

等级	高差全中误差/（mm/km）	路线长度/km	水准仪型号	水准尺	观测次数		往返较差、附合或环线闭合差/mm	
					与已知点联测	附合或环线	平地	山地
二等	2	—	DS_1	铟瓦	往返各一次	往返各一次	$4\sqrt{L}$	
三等	6	≤50	DS_1	铟瓦	往返各一次	往一次	$12\sqrt{L}$	$4\sqrt{n}$
			DS_3	双面		往返各一次		
四等	10	≤16	DS_3	双面	往返各一次	往一次	$20\sqrt{L}$	$6\sqrt{n}$
五等	15	—	DS_3	单面	往返各一次	往一次	$30\sqrt{L}$	—

7.2 水准测量的具体内容

7.2.1 水准测量的外业施测

1. 每一个测站的观测

一般按“后—前—前—后”的观测次序进行，并采用双面尺法进行检核，这样做可以在每一测站上的整个观测过程中避免仪器沉降所造成的影响。如图7-4所示，假设在第一测站上安置仪器，首先照准后视点的水准尺，读取后视尺的黑面读数 a_1，然后照准前视点的水准尺，读取前视尺的黑面读数 b_1；接着，继续读取前视尺的红面读数 b_1'，再照准后视点的水准尺，读取后视尺的红面读数 a_1'，依此类推。设双面尺红面分划与黑面分划的零点差为 K，如果同一根水准尺的红、黑面读数差 $\Delta = K + 黑（a，b）- 红（a'，b'）$，以及前、后水准尺黑面高差和红面高差之差 $\Delta_h = (a-b) - (a'-b')$ 均在测量规范所规定的允许值范围，则取两次观测值的平均值作为最终结果。表7-2所示为三、四等水准测量观测记录，其中106水准尺的 $K=4784\text{mm}$，107水准尺的 $K=4684\text{mm}$。

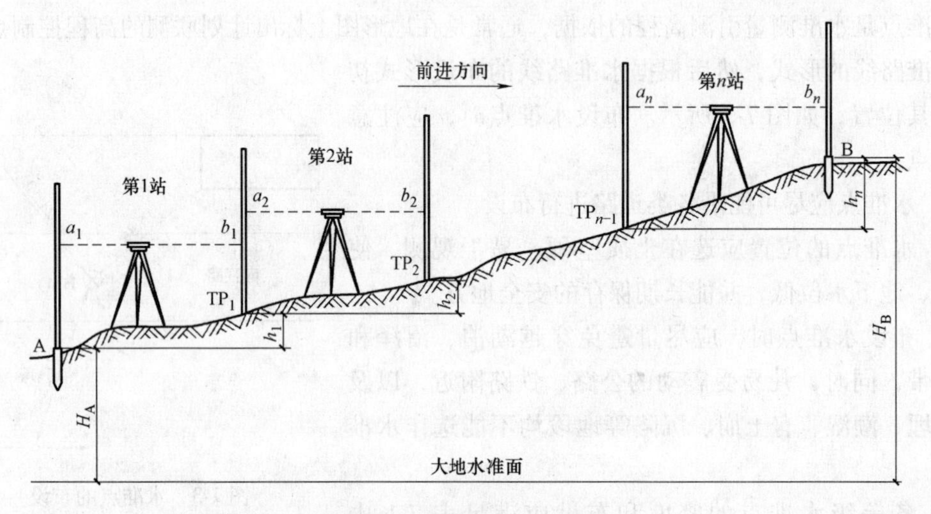

图7-4 水准路线每一站观测

为了有效地消除水准仪的视准轴所引起的误差，以及地球曲率和大气折光所引起的误差，在设站时还要求采用“前、后视距等长”的方法，即各测站点到前、后视点的距离应大致相等。

表7-2 某三、四等水准测量的观测记录

测站	点号	后尺 上丝	前尺 上丝	方向及尺号			K+黑-红 /mm	平均高差 /m
		后尺 下丝	前尺 下丝					
		后视距	前视距		黑面	红面		
		视距差	累积差					
		（1）	（4）	后尺	（3）	（8）	（14）	
		（2）	（5）	前尺	（6）	（7）	（13）	
		（9）	（10）	后-前	（15）	（16）	（17）	（18）
		（11）	（12）					
1	A-TP_1	1426	0801	后106	1211	5998	0	
		0995	0371	前107	0586	5273	0	
		43.1	43.0	后-前	+0.625	+0.725	0	+0.6250
		+0.1	+0.1					

（续）

测站	点号	后尺 上丝 下丝	前尺 上丝 下丝	方向及尺号	黑面	红面	K+黑－红 /mm	平均高差 /m
		后视距	前视距					
		视距差	累积差					
2	TP_1-TP_2	1812	0570	后107	1554	6241	0	
		1296	0052	前106	0311	5007	+1	
		51.6	51.8	后－前	+1.243	+1.144	−1	+1.2435
		−0.2	−0.1					
3	TP_2-TP_3	0889	1713	后106	0698	5486	−1	
		0507	1333	前107	1523	6210	0	
		38.2	38.0	后－前	−0.825	−0.724	−1	−0.8245
		−0.2	+0.1					
4	TP_3-B	1891	0758	后107	1708	6395	0	
		1525	0390	前106	0574	5361	0	
		36.6	36.8	后－前	+1.134	+1.034	0	+1.1340
		−0.2	−0.1					
计算检核	$\sum(9)=169.5$			$\sum(3)=5.171$		$\sum(8)=24.120$		
	$\sum(10)=169.6$			$\sum(6)=2.994$		$\sum(7)=21.941$		
	$\sum(9)-\sum(10)=-0.1$			$\sum(15)=2.177$		$\sum(16)=2.179$		
	$\sum(9)+\sum(10)=339.1$			$\sum(15)+\sum(16)=4.356$		$2\sum(18)=4.356$		

2. 每一段路线的观测

要求采取前、后视尺成对相间交替读数的方法进行，因为这样做可以消除前、后水准尺的零点误差。同时，在每一测段观测完毕后，要进行计算检核。

7.2.2 水准测量的内业整理

设在整个水准测量过程中，每一条测段的路线长为 L_i，每一段路线的测站数为 n_i，测得的每一段路线的高差为 h_i，则水准测量的全程高程闭合差为

$$f_h=\sum h-(H_{终}-H_{始}) \tag{7-3}$$

各等级水准测量的闭合差限差应满足 GB 50026—2007 工程测量新规范的技术要求。当水准测量的全程高程闭合差小于或等于表7-1中所规定的闭合差允许限差时，说明水准测量的成果符合限差要求，即水准测量的外业工作基本合格，可以进行高程闭合差的调整和高程的改正。目前此项工作有相应的软件（如平差易软件）来完成，具体的计算程序如下：

1）计算各测段的高差改正数 v_i，即

$$v_i=\frac{-f_h}{\sum L}\cdot L_i\ 或\ \frac{-f_h}{\sum n}\cdot n_i \tag{7-4}$$

2）计算改正后各待测点的高程 H_j，即

$$H_j = H'_j + v_j = H_i + h_{ij} + v_j \tag{7-5}$$

3）计算的结果可以整理成表输出，例如表7-3为闭合水准路线内业成果，表7-4为附合水准路线内业成果。

表7-3　闭合水准路线内业成果

点号	距离/km	测得高差/m	高差改正数/m	改正后高差/m	高程/m
BM_5					37.141
1	1.10	-1.999	-0.012	-2.011	35.130
2	0.75	-1.420	-0.008	-1.428	33.702
3	1.20	+1.825	-0.013	+1.812	35.514
BM_5	0.95	+1.638	-0.011	+1.627	37.141
Σ	4.00	+0.044	-0.044	0	

辅助计算与成果图

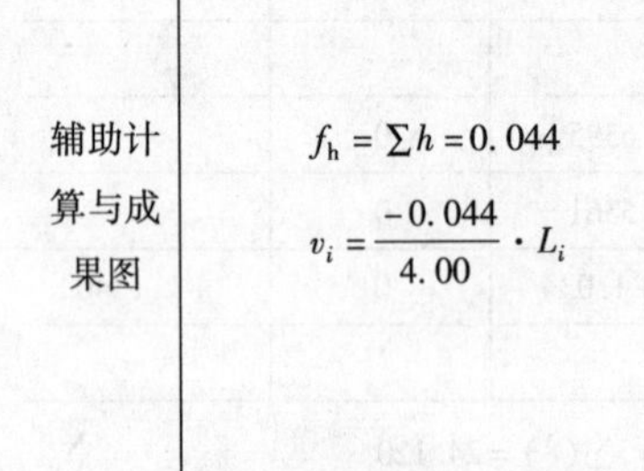

$$f_h = \sum h = 0.044$$

$$v_i = \frac{-0.044}{4.00} \cdot L_i$$

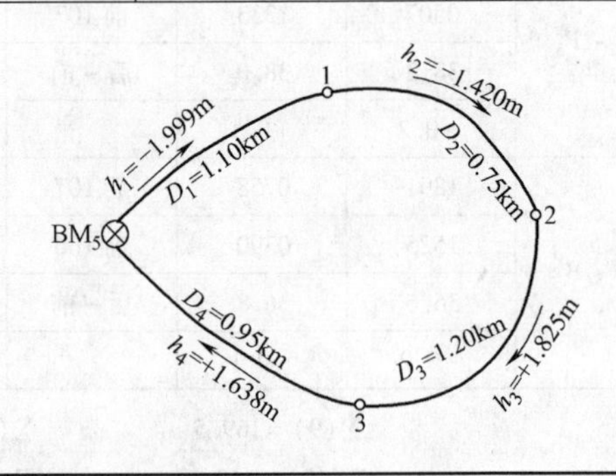

表7-4　附合水准路线内业成果

点号	测站数	测得高差/m	高差改正数/m	改正后高差/m	高程/m
BM_1					19.826
B_{01}	4	-0.312	+0.012	-0.300	19.526
B_{02}	3	+1.793	+0.009	+1.802	21.328
BM_2	3	-0.751	+0.009	-0.742	20.586
Σ	10	0.730	0.030	0.760	

辅助计算与成果图

$f_h = 0.730 - (20.586 - 19.826) = -0.030$，$v_i = \dfrac{-(-0.030)}{10} \cdot n_i$

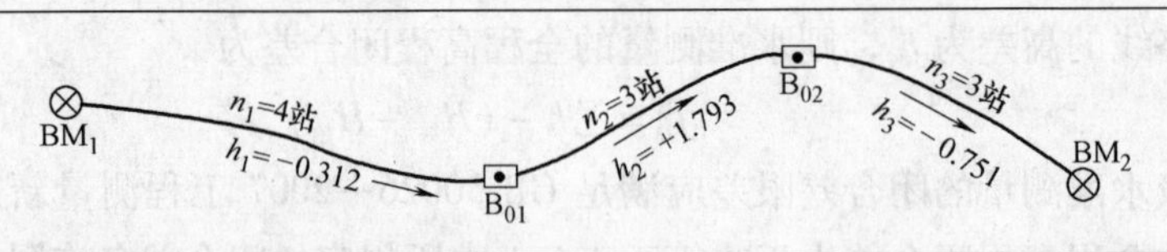

7.3 水准测量的误差来源与处理

7.3.1 与仪器有关的误差

1. 望远镜十字丝分划板的横丝与仪器纵轴不垂直的误差

（1）检验　如图7-5a、b、c、d所示，整平仪器后，用望远镜的十字丝交点瞄准一个明显的点P，然后用制动螺旋固定望远镜，转动微动螺旋使望远镜在水平面上做微小地移动，这时，P点应在横丝上移动，若P点偏离横丝，表明十字丝分划板的横丝不垂直仪器的竖轴，需要校正。

（2）校正 如图7-5e、f所示，旋下靠目镜端的十字丝环外罩，用校正针松开十字丝环的四个固定螺钉，按横丝倾斜的反方向转动十字丝环，直到满足要求为止。

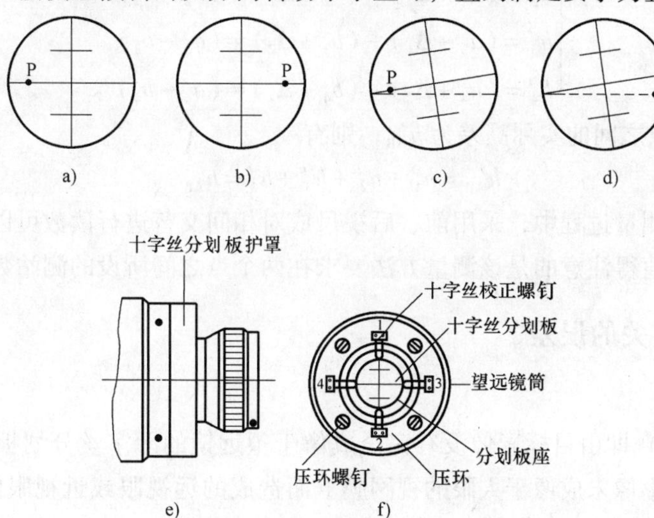

图7-5 水准仪望远镜十字丝横丝的检校

2. 水准尺的零点误差

如图7-6所示，欲对在地面两点A、B之间进行水准测量，假设共有四个测站，根据水准测量的原理，所测得A、B两点之间的高差h_{AB}应为

$$h_{AB}=(a_1-b_1)+(a_2-b_2)+(a_3-b_3)+(a_4-b_4)$$

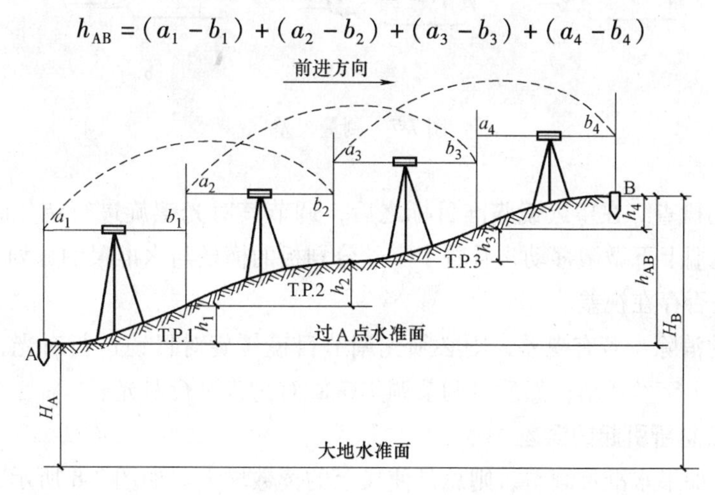

图7-6 水准测量前后视尺成对相间

如果前、后视水准尺存在零点误差，假设前视尺的零点误差为Δ_1，后视尺的零点误差为Δ_2，当前、后视尺在测量过程中成对相间交替进行时，即在第一站时为后视尺的话，到

第二站时就成了前视尺，到了第三站就又变成后视尺，以此类推；而在第一站时为前视尺的话，到第二站时就成了后视尺，到了第三站就又变成前视尺，以此类推；那么，各站的实际高差 h_i'为

$$\begin{cases} h_1' = (a_1 + \Delta_1) - (b_1 + \Delta_2) \neq (a_1 - b_1) \\ h_2' = (a_2 + \Delta_2) - (b_2 + \Delta_1) \neq (a_2 - b_2) \\ h_3' = (a_3 + \Delta_1) - (b_3 + \Delta_2) \neq (a_3 - b_3) \\ h_4' = (a_4 + \Delta_2) - (b_4 + \Delta_1) \neq (a_4 - b_4) \end{cases}$$

若设 A、B 两点之间的实际高差为 h'_{AB}，则有

$$h'_{AB} = h_1' + h_2' + h_3' + h_4' = h_{AB}$$

显然，在水准测量过程中，采用前、后视尺成对相间交替进行读数可以消除前、后水准尺的零点误差。但值得注意的是该测量方法要求在两个点之间所设的测站数必须是偶数。

7.3.2 与观测有关的误差

1. 视差

视差（parallax）即由目标影像没有完全成像于望远镜的十字丝分划板上而引起的读数误差，就好比目标影像未成像于人眼的视网膜上而造成的远视眼或近视眼的视觉误差一样，如图 7-7 所示。

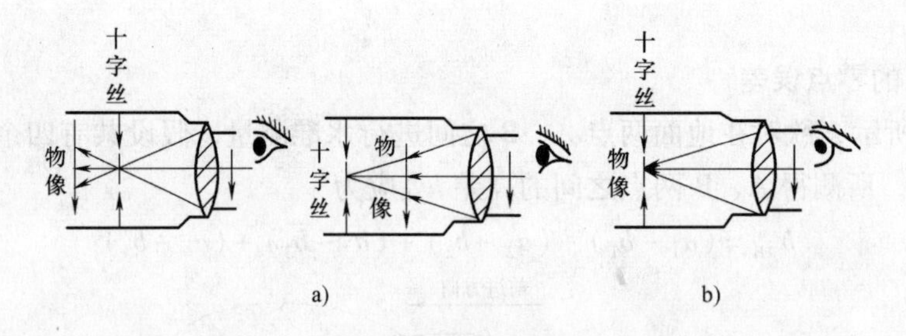

图 7-7 测量视差

（1）视差的检查 在望远镜瞄准目标之后，调节其对光螺旋进行调焦时，只要让眼睛在望远镜的目镜端上下微微移动，看看十字丝分划板的横丝与水准尺的分划之间有无相对运动，借以判断是否存在视差。

（2）视差的消除 若有视差，则必须先调节目镜螺旋对目镜进行对光，使目镜内的十字丝分划板上的十字丝清晰；然后再调节调焦螺旋对物镜进行对光。

2. 水准尺倾斜所引起的误差

在读数时，如果水准尺倾斜，则总是使尺上的读数增大。如图 7-8 所示，设水准尺的倾角为 ε，所产生的倾斜误差 Δb 为

$$\Delta b = b' - b = b' - b'\cos\varepsilon = 2b'\left(\sin\frac{\varepsilon}{2}\right)^2 \approx b'\frac{\varepsilon^2}{2\rho^2} \tag{7-6}$$

当 $\varepsilon=3°$、$b=0.5\text{m}$ 时，$\Delta b=0.7\text{mm}$；当 $\varepsilon=3°$、$b=2.0\text{m}$ 时，$\Delta b=2.7\text{mm}$。由此可见，倾斜误差 Δb 与读数的大小成正比，与尺子倾斜角的平方成正比。

由于水准尺发生倾斜时表现为左右和前后两种情况，当立尺员立尺向左右倾斜时，仪器操作员可以通过水准仪的望远镜观察出来；而当立尺员立尺向前后倾斜时，仪器操作员在水准仪的望远镜里是观察不到的。因此，为了避免这一情况，标尺的尺身侧面都装有一个圆水准器。这样，通常可以在读数时前后摆动水准尺，取其最小的读数。

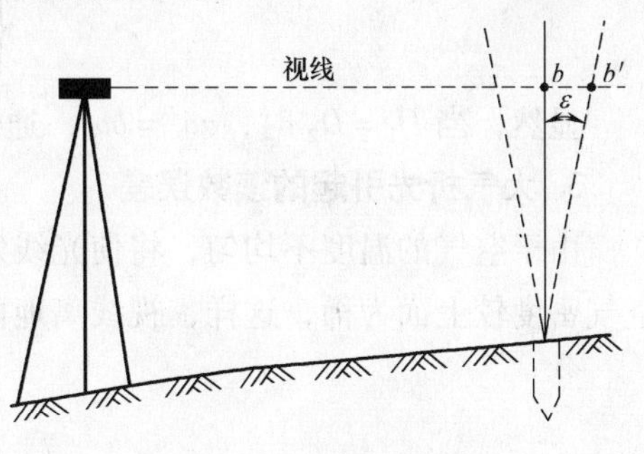

图 7-8　水准尺倾斜误差

7.3.3　与外界有关的误差

1. 仪器沉降引起的读数误差

在观测中，由于仪器的自重和观测者的走动，使仪器可能发生沉降，它将使读数减小。如图 7-9 所示，假设仪器下沉的速度与时间成正比，若在某一测站从读取后视读数 a_1 到读取前视读数 b_1 为止的一段时间内，仪器下沉了 Δ，则所测高差 h_1 中必然包含这项误差，即

$$h_1=a_1-(b_1+\Delta)$$

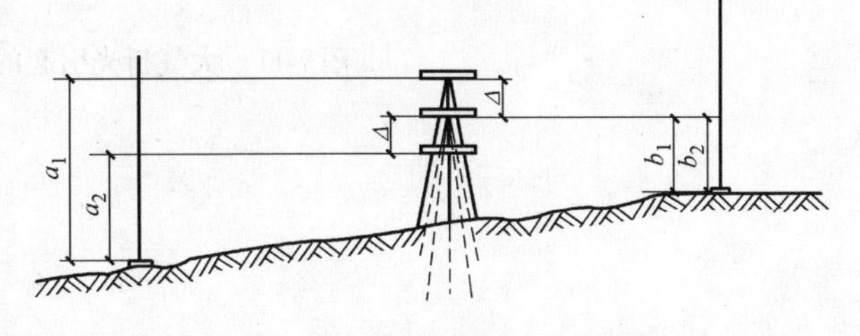

图 7-9　水准仪沉降引起的读数误差

为了减弱此项误差的影响，可在同一测站进行第二次观测，并且在观测时与第一次相反，先读取前视读数 b_2，然后再读取后视读数 a_2，这样，所得高差 h_2 为

$$h_2=(a_2+\Delta)-b_2$$

取两次高差的平均值 h 为

$$h=\frac{h_1+h_2}{2}=\frac{(a_1-b_1)+(a_2-b_2)}{2}$$

可见，在一个测站上进行水准测量时，通过采用"后、前、前、后"的观测程序可以减弱仪器下沉对高差的影响。

2. 地球曲率所引起的读数误差

如图 7-10 所示，在水准测量时，水平视线在前、后视尺上的读数分别为 b、a，根据高差的定义，两点间的高差就是通过两点的水准面之间的垂直距离，所以通过望远镜视准轴的水准面截取前、后视尺的读数差，就是高差。若水准面在后视尺上截取的读数为 a'，在前视尺上截取的读数为 b'，则 aa'和 bb'就是由地球曲率引起的读数误差。

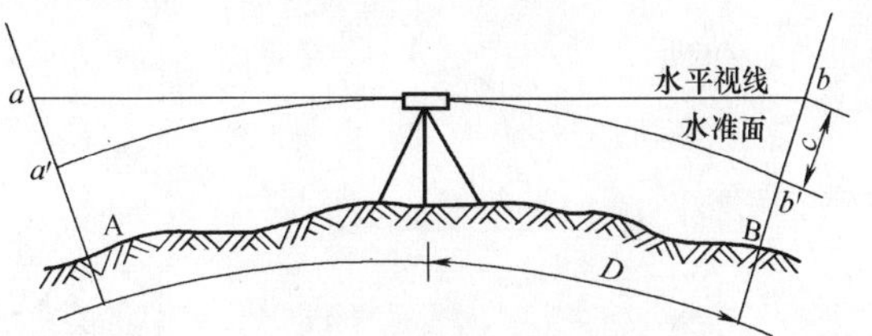

图 7-10　地球曲率引起的读数误差

如果仪器到后视尺的距离为 D_1，至前视尺的距离为 D_2，设地球半径为 R，则有

$$\begin{cases} aa' = {D_1}^2/2R \\ bb' = {D_2}^2/2R \end{cases} \tag{7-7}$$

显然，当 $D_1 = D_2$ 时，$aa' = bb'$，通过高差计算即可消除该误差对高差的影响。

3. 大气折光引起的读数误差

由于空气的温度不均匀，将使光线发生折射，特别是在晴天，靠近地面的温度较高，使空气密度较上面为稀，这样，视线离地面越近折射也就越大，如图 7-11 所示。

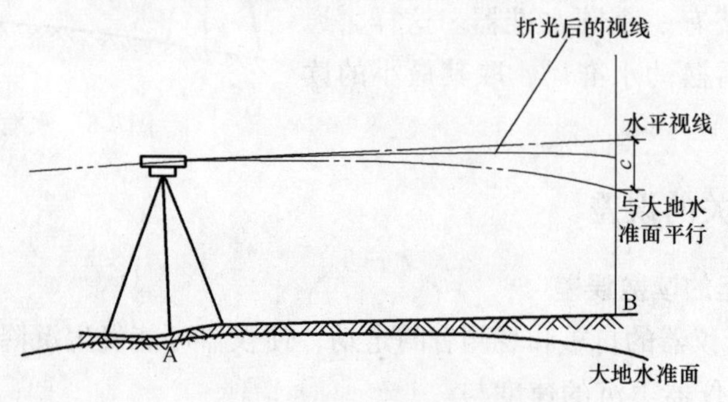

图 7-11　大气折光引起的读数误差

第8讲　经纬仪和全站仪的导线测量

8.1　导线测量前的准备工作

8.1.1　导线的布设

导线是由若干条直线连成的折线，每条直线称为导线边，相邻两直线之间的水平角叫做转折角，位于路线前进方向左边的称为左角，位于线路前进方向右边的称为右角，按照测区的条件和需要，导线的布设一般有两种方式：

1. 闭合导线

如图8-1所示，A、B为已知坐标点，假设通过野外踏勘在测区内选取了若干个待定的平面控制点1、2、3、……等。测量时，先将仪器安置于B点，后视A点进行坐标定向，然后观测1点，测出BA和B1方向的水平角（右角）及导线B1的平距，再将仪器置于1点后视B点，观测2点，测出1B和12方向的水平角（右角）及导线12的平距，这样，依次沿各个导线边对各待定的平面控制点进行水平角（右角）和平距的观测，直至最后，仍然测回到原坐标点B和坐标方向BA上。理论上，闭合导线全程测量的坐标增量总和（$\sum\Delta x$，$\sum\Delta y$）应为0，并且，闭合导线所组成的n边形的内角和$\sum\beta$应等于（$n-2$）·180°，但实际上，整个测量过程会产生一个角度闭合差f_β和两个坐标闭合差（f_x，f_y），即

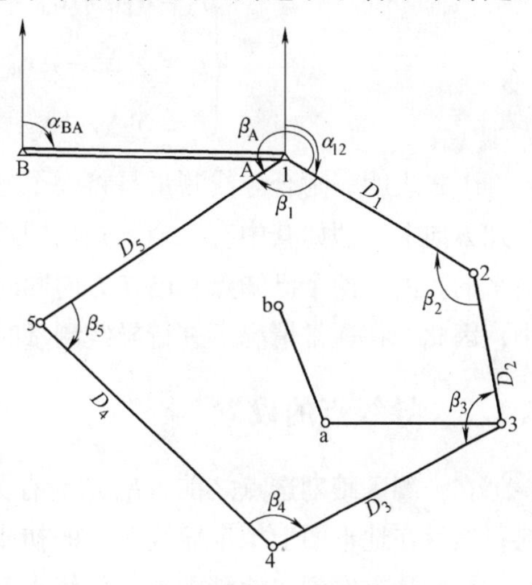

图8-1　闭合导线测量路线

$$
\begin{cases}
f_\beta = \sum\beta - \sum\beta_0 = \sum\beta' - (n-2)\cdot 180° \\
f_x = \sum\Delta x - \Delta x_0 = \sum D_i \cos\alpha_{ij} \\
f_y = \sum\Delta y - \Delta y_0 = \sum D_i \sin\alpha_{ij}
\end{cases}
\tag{8-1}
$$

上式表明，闭合导线测量仅仅是根据一个已知点的坐标和一个已知方向来进行推算的，一旦这个已知点的数据是错误的，那么在闭合差的计算中是不能被发现的。

2. 附合导线

如图8-2所示，A、B、C、D为已知坐标点，假设通过野外踏勘在测区内选取了若干个待定的平面控制点1、2、3、……等。测量时，先将仪器安置于B点，后视A点进行坐标定向，然后观测1点，测出BA和B1方向的水平角（左角）及导线B1的平距，再将仪器置于

1 点后视 B 点，观测 2 点，测出 1B 和 12 方向的水平角（左角）及导线 12 的平距，这样，依次沿各个导线边对各待定的平面控制点进行水平角（左角）和平距的观测，直至最后，测量到另一个已知坐标点 C 和坐标方向 CD 上。理论上，附合导线全程测量的坐标增量总和（$\sum\Delta x$，$\sum\Delta y$）应等于 B、C 两点的坐标增量（Δx_{BC}，Δy_{BC}），并且，由起始边 BA 推算的终边 CD 的方位角 α'_{CD} 应等于已知终边的方位角 α_{CD}，而实际上，整个测量过程会产生一个角度闭合差 f_β 和两个坐标闭合差（f_x，f_y），即

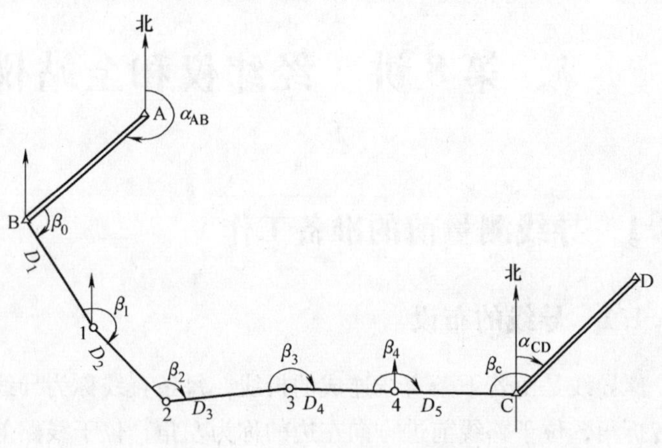

图 8-2　附合导线测量路线

$$\begin{cases} f_\beta = \alpha'_{CD} - \alpha_{CD} = (\alpha_{AB} + \sum\beta - n\cdot180°) - \alpha_{CD} \\ f_x = \sum\Delta x - \Delta x_{BC} = \sum D_i\cos\alpha_{ij} - (x_C - x_B) \\ f_y = \sum\Delta y - \Delta y_{BC} = \sum D_i\sin\alpha_{ij} - (y_C - y_B) \end{cases} \tag{8-2}$$

上式表明，附合导线测量是将一个已知点的坐标数据和已知方向闭合到另一个已知点和已知方向上，假如其中有一个已知点的数据是错误的，那么在闭合差的计算中是可以被发现出来的。由于两个已知点和已知方向同时出错的概率比一个已知点和已知方向出错的概率要小，因此，在通常情况下进行导线测量时应尽量采用附合导线形式。

8.1.2　导线点的设置

在去测区踏勘选点之前，应先到有关部门收集原有地形图、高一等级控制点的成果资料；然后在地形图上拟定导线布设的初步方案，按设计方案到实地踏勘确定导线点，如图 8-3 所示。选点时，应注意以下事项：

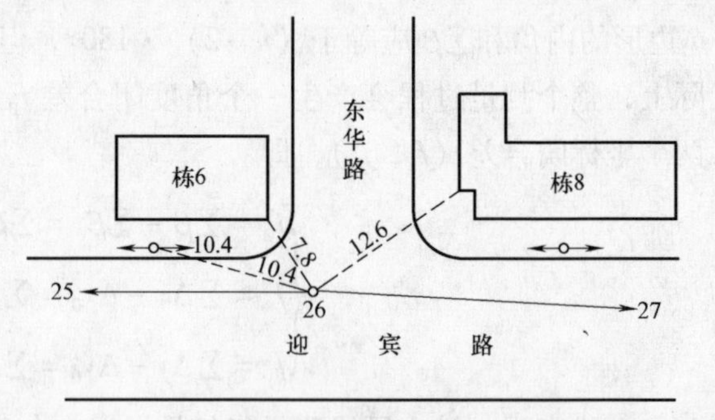

图 8-3　导线点的布设

1）相邻导线点之间应保持通视良好，便于测角和测距。

2）导线点位应选在土质坚硬之处，便于保存标志和安置仪器。

3）导线点应选在地势较高，视野开阔的地方，便于加密或增设控制点和进行碎部测量。

4）导线点应有足够的密度，分布要均匀，便于控制整个测区。

5）导线点间距应大致相等，最长不超过平均间距的 2 倍，尽量避免相邻边长相差悬殊，以确保测量的精度。

6）各等级导线点的密度和布设应满足表8-1中（GB 50026—2007工程测量新规范）的技术要求。

表8-1 各等级导线测量的主要技术指标

等级	导线长度/km	平均边长/km	测角中误差/(″)	测距中误差/mm	测距相对中误差	测回数			方位角闭合差(″)	导线全长相对闭合差
						1″级仪器	2″级仪器	6″级仪器		
三等	14	3	1.8	20	1/150000	6	10	—	$3.6\sqrt{n}$	1/55000
四等	9	1.5	2.5	18	1/80000	4	6	—	$5\sqrt{n}$	1/35000
一级	4	0.5	5	15	1/30000	—	2	4	$10\sqrt{n}$	1/15000
二级	2.4	0.25	8	15	1/14000	—	1	3	$16\sqrt{n}$	1/10000
三级	1.2	0.1	12	15	1/7000	—	1	2	$24\sqrt{n}$	1/5000

8.2 导线测量的具体内容

8.2.1 导线测量的外业施测

1. 测站上的观测

为了有效地消除仪器的视准轴与横轴不垂直、仪器的竖轴与横轴不垂直等校正后的残余误差，以及水平度盘偏心差、竖直度盘指标差等，每一站的观测要求采用“盘左、盘右两次观测取平均值”的方法，依照角度测回法的次序进行。如图8-4所示，假设在某一测站O点上进行观测，即将仪器置于O点，先以盘左位置照准后视点A，得水平角的读数为a_L，然后将照准部顺时针方向转至前视点B，得水平角的读数为b_L；同理，以盘右位置照准目标B，得水平角的读数为b_R，再将照准部逆时针方向转回到目标点A，得水平角的读数为a_R，如果盘左和盘右的照准差C（$C=[L-(R\pm180°)]/2$），以及方向值差$\Delta\beta$（$\Delta\beta=\beta_L-\beta_R$）均在允许值范围，则取两次观测值的平均值作为最终结果，观测记录见表8-2。

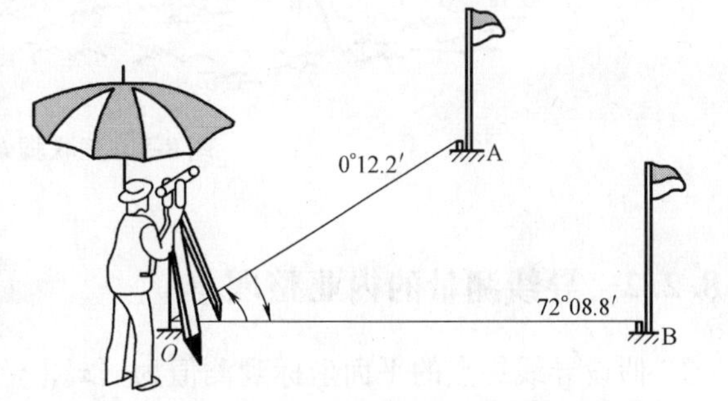

图8-4 一测站测回法水平角观测

2. 路线上的观测

为了有效地减小仪器的对中误差和目标偏心差对导线转折角的影响，在路线上的观测则采用三联脚架法。如图8-5所示，欲在导线路线上2、3、4、……等点上依次进行观测，则首先在2点安置仪器，分别在1、3两点上安置带有基座的棱镜。2点的观测结束后，将1点的棱镜连同三脚架移动至4点。将2点上仪器的照准部和3点上的棱镜自基座上取下，并相互对调，注意2、3两点的三脚架连同基座不能动。在3点进行观测后，按同样的方法依次向前继续作业。由此取得的水平角将是以基座中心为顶点的水平角，因棱镜与仪器照准部共用一个旋转轴，所以，其对中误差和目标偏心差将很小。这些空中的基座中心偏离地面上点的误差既与边长无关，也与角度无关，而且各点之间互相独立，因此能大大提高导线点的精度。

表 8-2　测回法角度测量的观测记录

地点：幸福村糖厂工地　　天气：晴间多云　　观测：吴大维

日期：1985. 6. 30　　仪器：DJ_6　　记录：陈宝琴

测站	竖盘位置	目标	度盘读数	半测回角值	一测回角值	各测回平均角值
第一测回 O	左	A	0°12. 2′	71°56. 8′	71°56. 6′	71°56. 6′
		B	72°08. 8′			
	右	A	180°12. 0′	71°56. 5′		
		B	252°08. 5′			
第二测回 O	左	A	90°08. 7′	71°56. 7′	71°56. 6′	
		B	162°05. 4′			
	右	A	270°08. 5′	71°56. 6′		
		B	342°05. 1′			

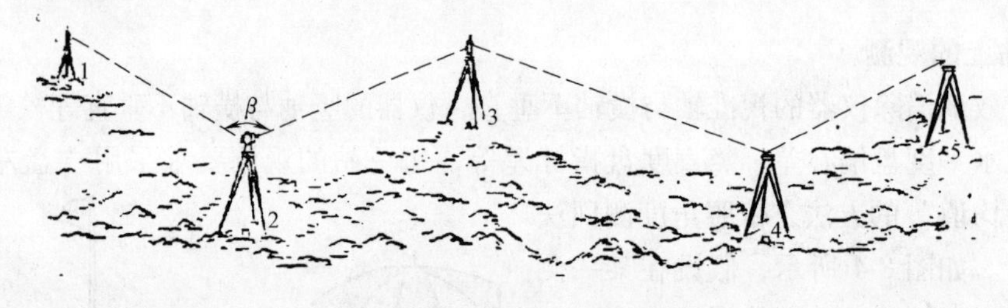

图 8-5　三联脚架法导线测量

8. 2. 2　导线测量的内业整理

假设导线终点的平面坐标观测值为（x'，y'），其已知的平面坐标值为（x，y），则该导线的平面坐标闭合差（f_x，f_y）为

$$\begin{cases} f_x = x' - x \\ f_y = y' - y \end{cases} \tag{8-3}$$

进而可以算出该导线的全长闭合差 f 为

$$f = \sqrt{f_x^2 + f_y^2} \tag{8-4}$$

导线的全长相对闭合差 K 为

$$K = \frac{f_D}{\sum D} = \frac{\sqrt{f_x{}^2 + f_y{}^2}}{\sum D} \tag{8-5}$$

各等级导线测量的闭合差限差应满足 GB 50026—2007 工程测量的规范要求。当导线的全长相对闭合差小于或等于表 8-1 中所规定的闭合差允许限差时，说明导线测量的成果符合

限差要求，即导线测量的外业工作基本合格，可以进行相应闭合差的调整和坐标改正。此项工作目前可以通过相应的计算机软件（如平差易软件）来完成，具体计算程序如下：

1）计算角度改正数（δ），即

$$\delta = -\frac{f_{\beta}}{n}(n\text{ 为所测量水平角的个数}) \tag{8-6}$$

2）计算改正后的角值（β_i），并推算各边的坐标方位角（α_{ij}），即

$$\begin{cases}\beta_i = \beta_i' + \delta \\ \alpha_{ij} = \alpha_{hi} + \beta_i(\text{左角时}) - 180° = \alpha_{hi} - \beta_i(\text{右角时}) + 180°\end{cases} \tag{8-7}$$

3）计算各导线边的平面坐标改正数（v_{xi}，v_{yi}），即

$$\begin{cases} v_{xi} = \dfrac{-f_x}{\sum D} \cdot D_i \\ v_{yi} = \dfrac{-f_y}{\sum D} \cdot D_i \end{cases} \tag{8-8}$$

4）计算改正后各待测点的平面坐标（x_i，y_i），即

$$\begin{cases} x_i = x_i' + v_{xi} \\ y_i = y_i' + v_{yi} \end{cases} \tag{8-9}$$

5）计算的结果可以整理成表输出，例如表8-3为闭合导线测量计算成果，表8-4为符合导线测量计算成果。

表8-3　闭合导线测量计算成果

点号	观测角（左角）°′″	改正数 ″	改正角 °′″	坐标方位角 °′″	距离 /m	坐标增量		改正后的坐标增量		坐标值	
						Δx/m	Δy/m	$\Delta\hat{x}$/m	$\Delta\hat{y}$/m	$\hat{x}$/m	$\hat{y}$/m
1	2	3	4	5	6	7	8	9	10	11	12
1										**506.321**	**215.652**
				125 30 00	105.22	−2 −61.10	+2 +85.66	−61.12	+85.68		
2	107 48 30	+13	107 48 43							445.20	301.33
				53 18 43	80.18	−2 +47.90	+2 +64.30	−47.88	+64.32		
3	73 00 20	+12	73 00 32							493.08	365.64
				306 19 15	129.34	−3 +76.61	+2 −104.21	+76.58	−104.19		
4	89 33 50	+12	89 34 02							569.66	261.46
				215 53 17	78.16	−2 −63.32	+1 −45.82	−63.34	−45.81		
1	89 36 30	+13	89 36 43							**506.321**	**215.652**
				125 30 00							
2											
总和	359 59 10	+50			392.90	+0.09	−0.07	0.00	0.00		

（续）

辅助计算	$\sum\beta_{总}=359°59'10''$ $\sum\beta_{理}=360°$ $f_\beta=\sum\beta_{理}-\sum\beta_{总}=-50''$ $f_{\beta允}=\pm60''\sqrt{n}=\pm120''$	$f_x=\sum\Delta x_{差}=0.09\text{m}$，$f_y=\sum\Delta y_{差}=-0.07\text{m}$ 导线全长闭合差 $f=\sqrt{f_x^2+f_y^2}=0.11\text{m}$ 导线相对闭合差 $K=\dfrac{1}{\sum D/f}\approx\dfrac{1}{3500}$ 允许相对闭合差 $K_{允}=1/2000$	4 89°33′50″ 129.34m 78.16m α_{12}=125°30′00″ 89°36′30″ x_1=506.321m 1 y_1=215.652m 73°00′20″ 3 105.22m 80.18m 107°48′30″ 2 成果图

表8-4　附合导线测量计算成果

点号	观测角（左角）°′″	改正数 ″	改正角 °′″	坐标方位角 °′″	距离 /m	坐标增量 Δx/m	坐标增量 Δy/m	改正后的坐标增量 $\hat{\Delta x}$/m	改正后的坐标增量 $\hat{\Delta y}$/m	坐标值 $\hat{x}$/m	坐标值 $\hat{y}$/m
1	2	3	4	5	6	7	8	9	10	11	12
B											
				237 59 30							
A	99 01 00	+6	99 01 06							**2507.69**	**1215.63**
				157 00 36	225.85	+5 −207.91	+4 +88.21	−207.86	+88.17		
1	167 45 36	+6	167 45 42							2299.83	1303.80
				144 46 18	139.03	+3 −113.57	−3 +80.20	−113.54	+80.17		
2	123 11 24	+6	123 11 30							2186.29	1383.97
				87 57 48	172.57	+3 +6.13	−3 +172.46	+6.16	+172.43		
3	189 20 36	+6	189 20 42							2192.45	1556.40
				97 18 30	100.07	+2 −12.73	−2 +99.26	−12.71	+99.24		
4	179 59 18	+6	179 59 24							2179.74	1655.64
				97 17 54	102.48	+2 −13.02	−2 +101.65	−13.00	+101.63		
C	129 27 24	+6	129 27 30							**2166.74**	**1757.27**
				46 45 24							
D											
总和	888 45 18	+36	888 45 54		740.00	−341.10	+541.78	−340.95	+541.64		

辅助计算	$\alpha'_{CD}=46°44'48''$ $\alpha_{CD}=46°45'24''$ $f_\beta=\alpha'_{CD}-\alpha_{CD}=+24''$ $f_{\beta允}=\pm60''\sqrt{n}=\pm147''$	$f_x=\sum\Delta x_{差}-(x_C-x_A)=-0.15\text{m}$ $f_y=\sum\Delta y_{差}-(y_C-y_A)=+0.14\text{m}$ 导线全长闭合差 $f=\sqrt{f_x^2+f_y^2}=0.20\text{m}$ 导线相对闭合差 $K=\dfrac{1}{\sum D/f}\approx\dfrac{1}{3700}$ 允许相对闭合差 $K_{允}=1/2000$	成果图 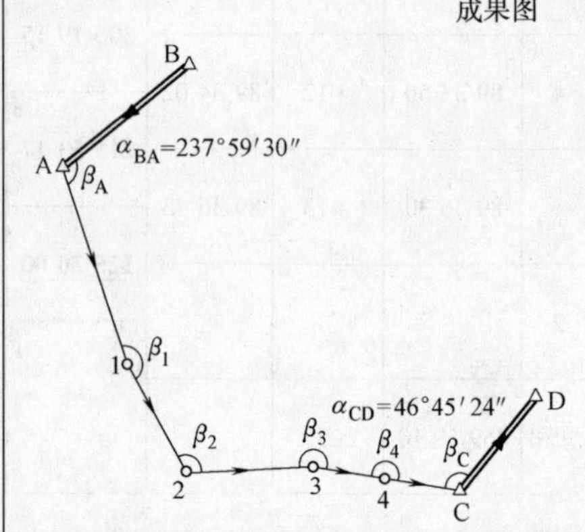

8.3　导线测量的闭合差超限检查

在导线测量的成果整理中，如果发现闭合差超限，即$f>f_{允}$，则应首先复查导线测量的外业观测记录和内业数据的计算。如果没有发现什么问题，则说明外业观测的角度和边长存在错误，应去现场返工重测。在去现场重测之前，如果事先通过分析能判断出差错可能发生的位置，则可以减小重测的时间。理论上，只有当一个转折角或一条边长测错时，才可以准确地找出错误发生的位置。

8.3.1　一个转折角测错的查找

（1）查找的原理　如图8-6所示，设附合导线第3点的转折角β_3发生错误，假设测小了一个$\Delta\beta$，使闭合差超限。当沿着B→A→1→2→3→4→C方向计算各点的坐标时，只有计算出的1、2、3点的坐标是正确的，它们不受错角β_3的影响，而4点和C点的坐标是错误的；当沿着D→C→4→3→2→1→A方向计算各点的坐标时，计算出的4、3点的坐标是正确的，它们不受错角β_3的影响，而2、1、A点的坐标是错误的。

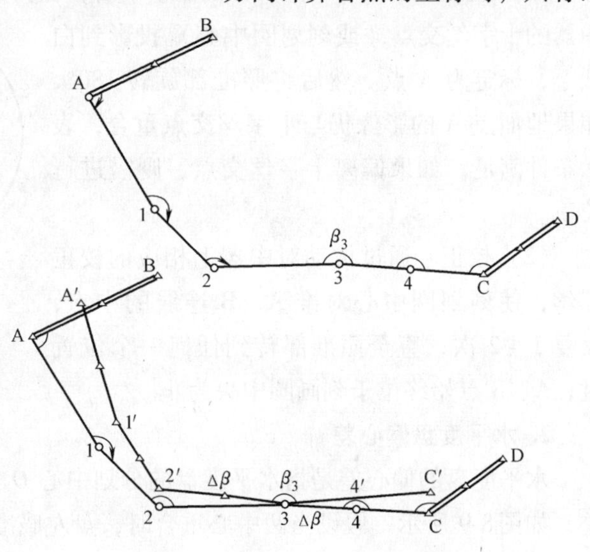

图8-6　一个转折角测错的查找原理

（2）查找的方法　对于附合导线，分别从导线两端的已知坐标点和已知坐标方位角出发，按支导线计算导线各点的坐标，得到两套坐标值。如果某一个导线点的两套坐标值非常接近，则该点的转折角最有可能测错；对于闭合导线，则从导线同一个已知点和已知坐标方位角出发，分别沿顺时针和逆时针方向按支导线计算出两套坐标值后，以与附合导线同样的方法进行比较即可。

8.3.2　一条边长测错的查找

如图8-7所示，设闭合导线边23测错，假设测大了ΔD，使闭合差超限。在其他各边和各角没有发生错误的前提下，从第3点开始及以后各点均会产生一个平行于23边的位移量ΔD。如果不计其他边长和角度的偶然误差，则计算出的

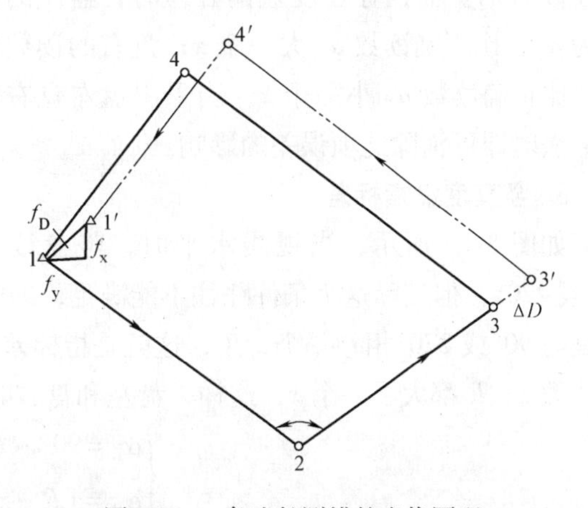

图8-7　一条边长测错的查找原理

导线全长闭合差f_D应等于ΔD，且f_D的方向也与错边23的方向平行，即边长的测错值为

$$f_D = \sqrt{f_x^2 + f_y^2} = \Delta D \tag{8-10}$$

测错边23的方位角α'_{23}为

$$\alpha'_{23} = \arctan \frac{f_y}{f_x} \tag{8-11}$$

根据以上原理可知，凡是与f_D方向平行的边长最有可能测错。

8.4 导线测量的误差与处理

8.4.1 与仪器有关的误差

1. 光学对中器的光学垂线与仪器的竖轴不重合的误差

（1）检验 如图8-8所示，仪器整平后，在脚架中心的地面上固定一张白纸，将光学对中器的十字丝交点（或刻划圈中心）投影到白纸上，标定为A点。然后将照准部旋转180°，如果地面点A的影像仍与十字丝交点重合，表示条件满足。如果偏离十字丝交点，则需进行校正。

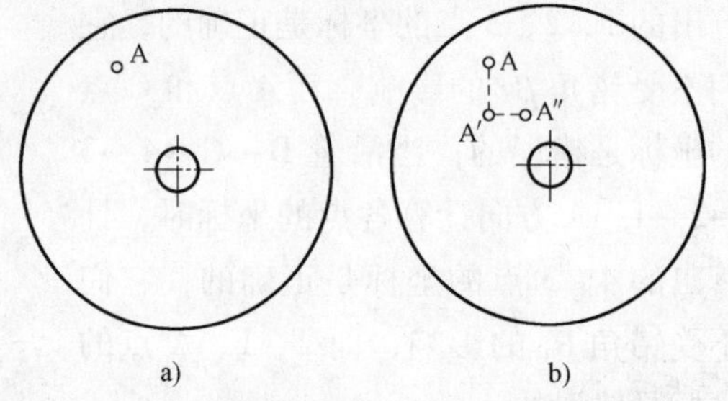

图8-8 光学对中器的光学垂线检校

（2）校正 通过拨动对中器上相应的校正螺丝，使刻划圈中心对准A、B连线的中点，反复1~2次，直至照准部转到任何一个位置时，A、B点始终位于刻画圈中央为止。

2. 水平度盘偏心差

水平度盘的偏心差是指水平度盘的分划中心O与照准部旋转中心O'不重合而产生的误差，如图8-9所示，假设当两中心重合时，盘左瞄准某一方向的正确读数为a_1，盘右瞄准同一方向的正确读数为a_2。而当存在度盘偏心差时，盘左的读数则为a_1'，比正确读数a_1大一个x；盘右的读数则为a_2'，比正确读数a_2小一个x，当采用盘左盘右取平均值法时即可消除此项误差的影响。

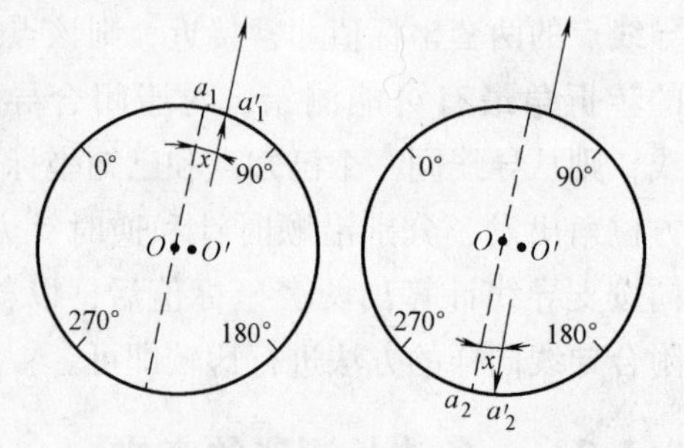

图8-9 水平度盘偏心差的检校

3. 竖直度盘指标差

如图8-10所示，当视线水平时，竖盘读数为90°或270°，但实际这个条件往往不能满足，即竖盘指标不是恰好指在90°或270°的整数上，而是与90°或270°相差一个x角，这就是指标差。由于指标差的存在，使得盘左和盘右时竖盘读数L、R都大了一个x，这样，盘左和盘右时所测得的竖直角α_L、α_R为

$$\begin{cases}\alpha_L = 90° - (L - x) \\ \alpha_R = (R - x) - 270°\end{cases}$$

如果将盘左和盘右测得的竖直角相减则可求出指标差 x，即

$$x=\frac{1}{2}(\alpha_L-\alpha_R)=\frac{1}{2}(R+L-360^\circ) \tag{8-12}$$

当将盘左和盘右测得的竖直角相加时即可消除指标差 x，从而得到一个真实的竖直角 α，即

$$\alpha=\frac{1}{2}(\alpha_L+\alpha_R)=\frac{1}{2}(R-L-180^\circ) \tag{8-13}$$

因此，盘左和盘右取平均值法也可以消除竖直度盘的指标差。

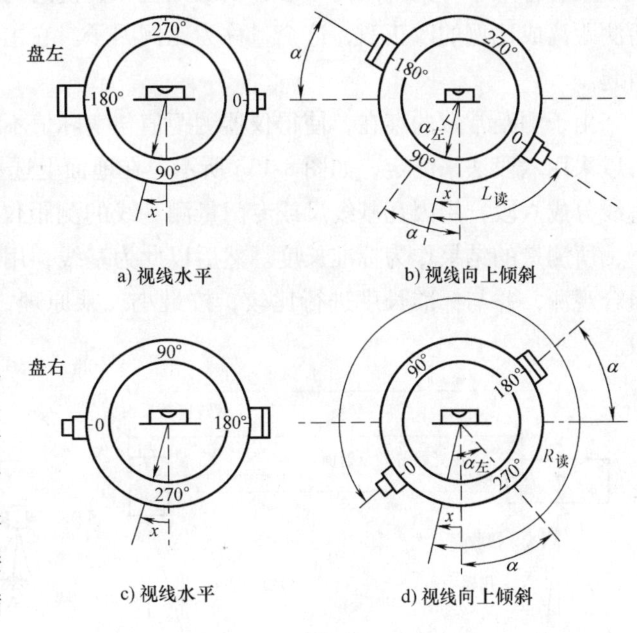

图 8-10　竖直度盘指标差的检校

4. 测距光轴与望远镜视准轴不平行的误差

光电测距系统有两条轴线：即发射光轴和接收光轴。由于测距时是通过望远镜的视准轴瞄准来使这两条轴线对准反射棱镜的，因此要求望远镜的视准轴与这两条轴线保持平行或重合，即“发射光轴∥接收光轴∥望远镜的视准轴”。如果满足这个条件，则用望远镜照准棱镜时，接收信号最强。

其检验方法是：如图 8-11 所示，在距离全站仪 200～300m 处安置反射棱镜，用望远镜精确瞄准棱镜中心，分别读取水平盘和竖盘读数 H 和 V，然后用水平微动螺旋先使望远镜向左移动，直至接收信号消失为止，读取水平盘读数 H_1；再向右移动，直至接收信号消失为止，同样读取水平盘读数 H_2。接着，按上述方法重新精确瞄准棱镜中心，用望远镜微动螺旋使望远镜向上移动，直至接收信号消失为止，读取竖盘读数 V_1；再向下移动，直至接收信号消失为止，同样读取竖盘读数 V_2。

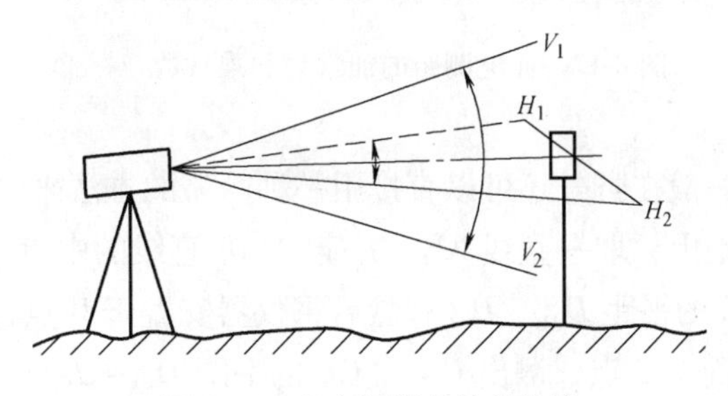

图 8-11　光电测距光轴的检校

若

$$\begin{cases}\left(\dfrac{H_1+H_2}{2}\right)-H\leqslant 30'' \\ \left(\dfrac{V_1+V_2}{2}\right)-V\leqslant 30''\end{cases}$$

成立，则此条件满足。

5. 光电测距常数所引起的误差

测距常数包括加常数和乘常数。加常数K是仪器常数K_1与棱镜常数K_2之和。如图8-12所示，K_1是仪器竖轴中心线至机内距离起算参考面的距离，K_2是棱镜基座中心轴线至等效反射面的距离。它与所测距离的远近是无关的，一般由仪器发射、接收等效中心和棱镜的接收、反射等效中心偏离几何中心，以及主机和棱镜的内、外光路延迟等所引起。乘常数是与所测距离成比例的改正数，这个量称为比例因子。它主要是由仪器的频率漂移和大气折射所引起。

由于测距常数的存在，使得仪器测距值与实际值不符，因此必须加以改正。通常加常数可以采用六段法来测定，如图8-13a所示，在地面上选一条长约200m左右的线段AB，将该直线分成六段，用因瓦基线尺或专门量测基线的测距仪对它们进行21个组合的精密距离测量，所测量的结果作为标准长度。然后以此为基线，用被检定的仪器按上述方法对其进行全组合观测，并与标准长度进行比较，按最小二乘原理，采用一元线性回归法即可解出加常数。

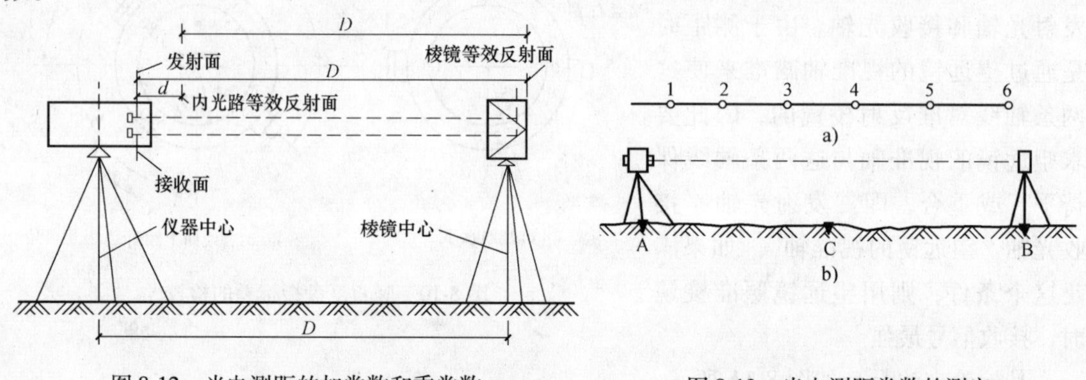

图8-12 光电测距的加常数和乘常数

图8-13 光电测距常数的测定

一般在野外还可以直接用一种简易的方法来测定加常数，如图8-13b所示，在一个平坦的场地上，取一直线AB，并定出AB直线的中点C，将被检定的仪器安置于A点，测出AB和AC的平距D_{AB}、D_{AC}；然后将仪器安置于B点，测出BA和BC的平距D_{BA}、D_{BC}；再将仪器安置于C点，测出CA和CB的平距D_{CA}、D_{CB}；分别计算AB、BC和CA的平均值，则仪器的加常数K为

$$K=\overline{D_{CA}}+\overline{D_{BC}}-\overline{D_{AB}}=\frac{D_{AC}+D_{CA}}{2}+\frac{D_{BC}+D_{CB}}{2}-\frac{D_{AB}+D_{BA}}{2} \tag{8-14}$$

8.4.2 与观测有关的误差

1. 对中误差

当仪器中心与测站点中心没有完全处于同一铅垂线上时会产生对中误差。如图8-14所示，设O点为测站中心，O'点为仪器中心，它与测站点的偏心距为e，应测的水平角度为β，实测的水平角度为β'，则对中误差$\Delta\beta$为

$$\Delta\beta=\beta-\beta'=\delta_1+\delta_2\approx e\rho\left[\frac{\sin\theta}{D_1}+\frac{\sin(\beta'-\theta)}{D_2}\right] \tag{8-15}$$

上式表明，对中误差对侧角的影响与偏心距成正比，与方向线长成反比，并与所测角度的大小也有关系。

2. 目标偏心引起的读数误差

如图 8-15 所示，设 A 点为测站的标志中心，B 点为观测目标的标志中心，若棱镜支杆倾斜角为 α，支杆长为 l，则目标偏心差 $\Delta\beta$ 为

$$\Delta\beta=\beta-\beta'=\frac{l\cdot\sin\alpha}{D}\rho \tag{8-16}$$

上式表明，目标偏心对测角的影响与支杆的倾斜角成正比，与支杆的长度成正比，与目标方向线长成反比。

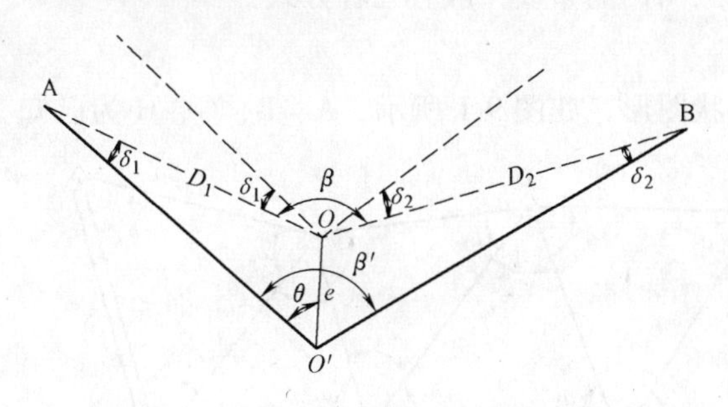

图 8-14　角度测量的对中误差

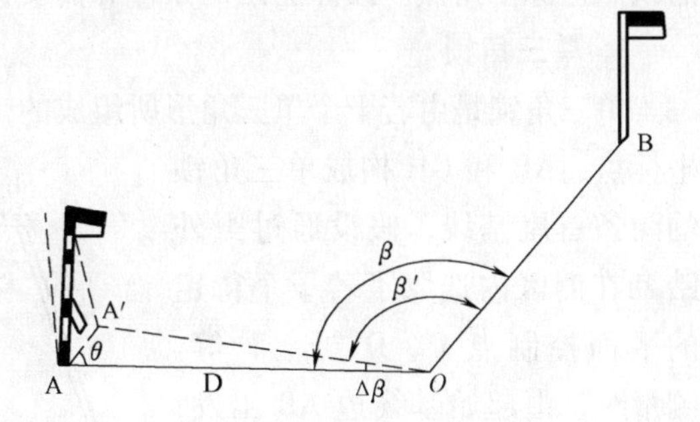

图 8-15　角度测量的目标偏心误差

第9讲　经纬仪的三角测量

9.1　三角测量前的准备工作

9.1.1　三角网的拟定

三角网是由测区内各个控制点组成若干个相互连接的三角形而构成的网形，这些三角形的顶点也称三角点。按照测区的条件和需要，三角网的布设一般有三种方式：

1. 单三角锁

单三角锁是由若干个单三角形所组成的带状图形，如图9-1所示，A、B、G、H为已知坐标点，AB和GH构成单三角锁的两条首尾基线，假设通过野外踏勘在测区内选取了若干个待定的平面控制点C、D、E、F等。测量时，由起始基线边AB出发，将仪器依次安置于各三角形的顶点上，对这些三角形的各个内角（a_i，b_i，c_i）进行观测，直至最后，闭合到基线边GH上。这种布网形式通常在隧道勘测时使用，还在独立地区建立首级控制网中使用。其测量成果的检核条件为

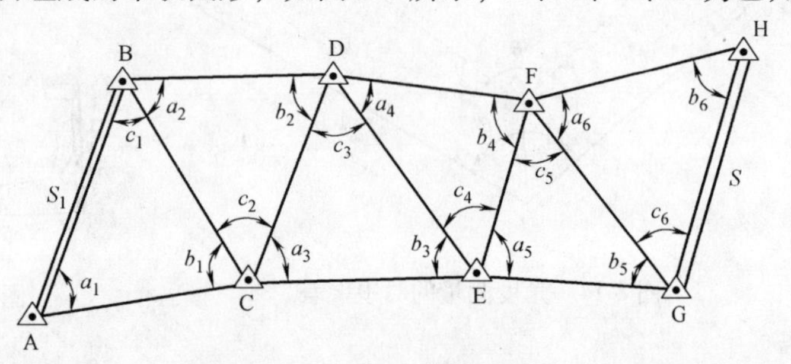

图9-1　单三角锁的测量路线

$$\begin{cases} a_i + b_i + c_i = 180° \\ \dfrac{\sin a_1 \sin a_2 \cdots \sin a_n}{\sin b_1 \sin b_2 \cdots \sin b_n} = \dfrac{D_{GH}}{D_{AB}} \end{cases} \tag{9-1}$$

2. 线三角锁

如图9-2所示，线三角锁是在两个已知坐标点A和E之间布设若干个相互连接的三角形所构成的带状图形，因此，它无须设置基线，只要观测两个定向角φ、ϕ，以及观测在测区内所选取的若干个待定平面控制点1、2、3、4等构成的三角形的各个内角。这种布网形式灵活，控制的面积较大，在工程上应用比较广泛。其测量成果的检核条件为

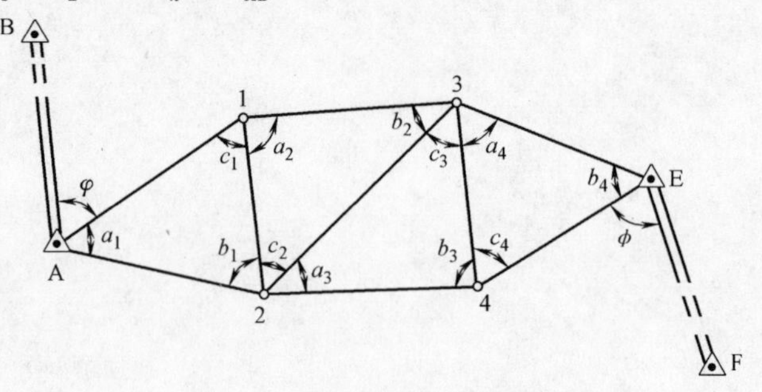

图9-2　线三角锁的测量路线

$$\begin{cases}a_i + b_i + c_i = 180° \\ \alpha_{EF} = \alpha_{AB} + (\varphi - \phi) - c_1 + c_2 - \cdots \pm c_n + 180°\end{cases} \tag{9-2}$$

3. 中心多边形

如图9-3所示，中心多边形是由几个三角形共一个顶点O所组成的图形，A、B为已知坐标点，OA为基线，假设通过野外踏勘在测区内选取了若干个待定的平面控制点D、E、F等。测量时，由基线边OA出发，将仪器依次安置于各三角形的顶点上，对这些三角形的各个内角（a_i，b_i，c_i）进行观测，直至最后，回到基线边OA上。这种布网形式是小区域的方圆测区建立控制网时常用的形式。其测量成果的检核条件为

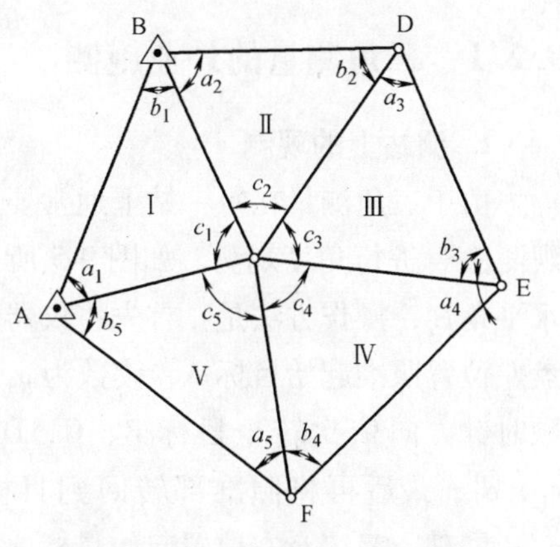

图9-3 中心多边形的测量路线

$$\begin{cases}a_i + b_i + c_i = 180° \\ \dfrac{\sin a_1 \sin a_2 \cdots \sin a_n}{\sin b_1 \sin b_2 \cdots \sin b_n} = 1 \\ c_1 + c_2 + \cdots + c_n = 360°\end{cases} \tag{9-3}$$

9.1.2 三角网点的设置

根据所拟定的三角网布设方案，到实地踏勘确定三角点，如图9-4所示。三角测量的选点工作应注意以下几点：

1）三角点一般应选在地势较高和土质坚实的地方，除要保证与联测点相互通视外，还应注意视线开阔、控制范围较大和便于保存标志。

2）三角点所构成的三角形图形结构应以接近等边三角形为宜。若受地形条件限制难以布设成等边三角形时，其内角均不应大于120°或小于30°。

3）不同等级三角点的密度和布设应符合表9-1中（GB 50026—2007工程测量新规范）的技术规定。

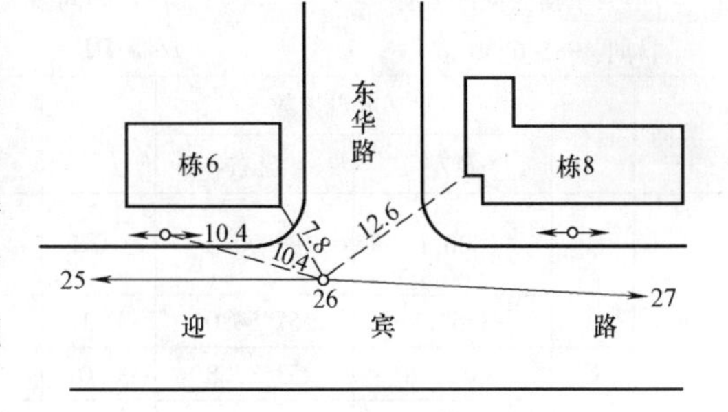

图9-4 三角网点的布设

表9-1 各等级三角测量的主要技术指标

等级	平均边长/m	测角中误差(″)	测边相对中误差	最弱边边长相对中误差	测回数			三角形最大闭合差(″)
					1″级仪器	2″级仪器	6″级仪器	
二等	9	1	≤1/250000	≤1/120000	12	—	—	3.5
三等	4.5	1.8	≤1/150000	≤1/70000	6	9	—	7
四等	2	2.5	≤1/100000	≤1/40000	4	6	—	9
一级	1	5	≤1/40000	≤1/20000	—	2	4	15
二级	0.5	10	≤1/20000	≤1/10000	—	1	2	30

9.2 三角测量的具体内容

9.2.1 三角测量的外业施测

1. 测站上的观测

由于三角测量在每一站上通常要对三个以上的方向进行观测，因此，要求采用“方向观测法”进行角度观测。如图9-5所示，欲在测站点O上观测A、B、C、D四个目标间的水平角β_i，操作方法是：首先将仪器置于O点，先以盘左位置照准起始目标A，读数为a_L；然后将照准部顺时针方向依次转至目标B、C、D，得读数为b_L、c_L、d_L；最后再将照准部转回到目标A，得读数为a_L'；同理，又以盘右位置起始目标A，读数为a_R；接着将照准部逆时针方向依次转至目标D、C、B，得读数为d_R、c_R、b_R；再将照准部转回到目标A，得读数为a_R'。如果盘左和盘右的一个方向上归零差$\Delta a_{L,R}$（$\Delta a_{L,R}=a_{L,R}-a'_{L,R}$）、照准差$c$（$c=[L-(R\pm 180°)]/2$），以及各方向值差$\Delta\beta$（$\Delta\beta=\beta_L-\beta_R$）均在允许值范围，则取各方向盘左读数和盘右读数的平均值对各方向值进行计算，观测记录见表9-2。

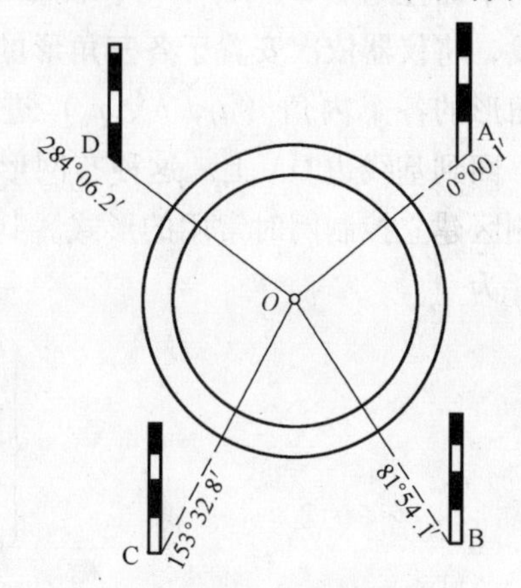

图9-5 一测站方向观测法水平角观测

表9-2 方向观测法角度测量的观测记录

地点：幸福村糖厂工地　　天气：晴间多云　　观测：吴大维

日期：1985.6.30　　仪器：DJ_6　　记录：陈宝琴

测回	目标	水平度盘读数		2c	各方向平均读数	一测回归零方向值	各测回归零方向平均值	角值
		盘左	盘右					
1	A	0°00.1′	180°00.3′	−0.2	(0°00′16″) 0°00′12″	0°00′00″	0°00′00″	
	B	81°54.1′	261°54.0′	0.1	81°54′03″	81°53′47″	81°53′52″	81°53′52″
	C	153°32.8′	233°32.8′	0.0	153°32′48″	153°32′32″	153°32′32″	71°38′40″
	D	284°06.2′	104°06.1′	0.1	284°06′09″	284°06′53″	284°06′00″	130°33′28″
	A	0°00.4′	180°00.3′	0.1	0°00′21″			
2	A	90°00.2′	270°00.4′	−0.2	(90°00′21″) 90°00′18″	0°00′00″		
	B	171°54.3′	351°54.3′	0.0	171°54′18″	81°53′57″		
	C	243°32.8′	63°33.0′	−0.2	243°32′54″	153°32′33″		
	D	14°06.4′	194°06.5′	−0.1	14°06′27″	284°06′06″		
	A	90°00.3′	270°00.5′	−0.2	90°00′24″			

2. 路线上的观测

与导线测量一样，三角测量在路线上的观测也可以采用三联脚架法。

9.2.2 三角测量的内业整理

各等级三角测量的闭合差限差应满足 GB 50026—2007 工程测量的规范要求。当三角测量的成果符合表9-1 中的测量规范技术要求时,说明三角测量的外业工作基本合格,可以进行相应闭合差的调整和坐标改正,目前也是通过相应的计算机软件来完成,具体计算程序如下:

1. 第一次角度改正

由于角度观测值带有误差,以致不能满足图形条件,产生角度闭合差(f_i),即

$$f_i=(a_i+b_i+c_i)-180^\circ \tag{9-4}$$

当$f_i<f_{允}$时,即可计算第一次角度改正数(v_{ai},v_{bi},v_{ci})为

$$v_{ai}=v_{bi}=v_{ci}=-\frac{f_i}{3} \tag{9-5}$$

将f_i反符号平均分配到三个内角的观测值上,即可得到第一次改正后的角值(a_i',b_i',c_i')为

$$\begin{cases}a_i'=a_i+v_{ai}\\ b_i'=b_i+v_{bi}\\ c_i'=c_i+v_{ci}\end{cases} \tag{9-6}$$

2. 第二次角度改正

1)对于单三角锁,在第一次角度改正之后,若设其始边和终边的边长分别为D_0和D_n,则在起始边之间还存在基线闭合差(f_D),即

$$f_D=\frac{D_0\sin a_1'\sin a_2'\cdots\sin a_n'}{D_n\sin b_1'\sin b_2'\cdots\sin b_n'}-1 \tag{9-7}$$

由于基线闭合差主要从角a_i和b_i的正弦函数中产生,因此,当f_D满足三角测量规范的技术要求时,必须对角a_i和b_i进行第二次改正。设a_i、b_i的第二次改正数为(δ_{ai},δ_{bi}),则有

$$\frac{D_0\sin(a_1'+\delta_{a1})\sin(a_2'+\delta_{a2})\cdots\sin(a_n'+\delta_{an})}{D_n\sin(b_1'+\delta_{b1})\sin(b_2'+\delta_{b2})\cdots\sin(b_n'+\delta_{bn})}=1$$

令

$$F_0=\frac{D_0\sin a_1'\sin a_2'\cdots\sin a_n'}{D_n\sin b_1'\sin b_2'\cdots\sin b_n'}$$

$$F=\frac{D_0\sin(a_1'+\delta_{a1})\sin(a_2'+\delta_{a2})\cdots\sin(a_n'+\delta_{an})}{D_n\sin(b_1'+\delta_{b1})\sin(b_2'+\delta_{b2})\cdots\sin(b_n'+\delta_{bn})}$$

则式(9-7)可以简化为

$$f_D=F_0-F \tag{9-8}$$

由于δ_{ai}、δ_{bi}一般只有几秒,若以弧度ρ为单位,则是很小的增量,因此,可以将式(9-8)按泰勒级数展开,取至一次项为

$$F=F_0+\frac{\partial F}{\partial a_1'}\cdot\frac{\delta_{a1}}{\rho}+\frac{\partial F}{\partial a_2'}\cdot\frac{\delta_{a2}}{\rho}+\cdots+\frac{\partial F}{\partial a_n'}\cdot\frac{\delta_{an}}{\rho}+\frac{\partial F}{\partial b_1'}\cdot\frac{\delta_{b1}}{\rho}+\frac{\partial F}{\partial b_2'}\cdot\frac{\delta_{b2}}{\rho}+\cdots+\frac{\partial F}{\partial b_n'}\cdot\frac{\delta_{bn}}{\rho} \tag{9-9}$$

其中

$$\frac{\partial F}{\partial a_1}=\frac{D_0\sin a_1'\sin a_2'\cdots\sin a_n'}{D_n\sin b_1'\sin b_2'\cdots\sin b_n'}\cdot\frac{\cos a_1'}{\sin a_1'}=F_0\mathrm{ctan}a_1'$$

$$\frac{\partial F}{\partial b_1}=-\frac{D_0\sin a_1'\sin a_2'\cdots\sin a_n'}{D_n\sin b_1'\sin b_2'\cdots\sin b_n'}\cdot\frac{\cos b_1'}{\sin b_1'}=-F_0\mathrm{ctan}b_1'$$

因 $F_0\approx1$，所以，$\frac{\partial F}{\partial a_1'}\approx\mathrm{ctan}a_1'$，$\frac{\partial F}{\partial b_1'}\approx-\mathrm{ctan}b_1'$，同理，得

$$\begin{cases}\dfrac{\partial F}{\partial a_i'}\approx\mathrm{ctan}a_i'\\[2ex]\dfrac{\partial F}{\partial b_i'}\approx-\mathrm{ctan}b_i'\end{cases}\tag{9-10}$$

将各偏导数代入式（9-10），得

$$\sum\mathrm{ctan}a_i'\cdot\frac{\delta_{ai}}{\rho}-\sum\mathrm{ctan}b_i'\cdot\frac{\delta_{bi}}{\rho}+f_D=0\tag{9-11}$$

为了保持三角形的图形条件，必须使改正数 δ_{ai} 和 δ_{bi} 的大小相等，符号相反，即

$$v=\delta_{ai}=-\delta_{bi}=-\frac{f_D\rho}{\sum\mathrm{ctan}a_i'+\sum\mathrm{ctan}b_i'}\tag{9-12}$$

于是，单三角锁第二次改正后的角值（a_i''，b_i''，c_i''）为

$$\begin{cases}a_i''=a_i'+v\\b_i''=b_i'-v\\c_i''=c_i'\end{cases}\tag{9-13}$$

2）对于线三角锁，在第一次角度改正之后，若设其始边和终边的方位角分别为 α_0 和 α_n，则在起始边之间还存在方位角闭合差（f_α），即

$$f_\alpha=[\alpha_0+(\varphi-\phi)-c_1+c_2-\cdots\pm c_n+180]-\alpha_n\tag{9-14}$$

当 f_α 符合三角测量规范的技术要求时，将其平均分配到各 c_i 角中，与导线布设形式一样，应注意左角和右角的符号区别；同时，为了保持三角形的图形条件，还要把角 a_i 和 b_i 也加上相应的改正。设 a_i、b_i、c_i 的第二次改正数为（δ_{ai}，δ_{bi}，δ_{ci}），则有

$$\begin{cases}\delta_{ai}=\delta_{bi}=-\dfrac{\delta_{ci}}{2}\\[2ex]\delta_{ci}=\delta_\varphi=\delta_\phi=-\dfrac{f_\alpha}{3}(\text{左角时})=\dfrac{f_\alpha}{3}(\text{右角时})\end{cases}\tag{9-15}$$

于是，线三角锁第二次改正后的角值（a_i''，b_i''，c_i''）为

$$\begin{cases}a_i''=a_i'+\delta_{ai}\\b_i''=b_i'+\delta_{bi}\\c_i''=c_i'+\delta_{ci}\end{cases}\tag{9-16}$$

3）对于中心多边形，事实上需要进行三次角度改正，即在第一次角度改正之后，在进行起始边之间的基线闭合差计算和调整之前，需要先进行圆周闭合差的计算和调整，假设圆周闭合差为（f_c），则

$$f_c = \sum c_i - 360° \tag{9-17}$$

按平均分配闭合差的原则，将 f_c 反符号平均分配到各 c_i 角中，同时，为了不破坏三角形的图形条件，也要把角 a_i 和 b_i 加上相应的改正。若设 a_i、b_i、c_i 的第二次改正数为（δ_{ai}，δ_{bi}，δ_{ci}），则有

$$\begin{cases} \delta_{ai} = \delta_{bi} = -\dfrac{\delta_{ci}}{2} \\ \delta_{ci} = -\dfrac{f_c}{n} \end{cases} \tag{9-18}$$

这样一来，就可以得到中心多边形第二次改正后的角值（a_i''，b_i''，c_i''），中心多边形第三次改正后的角值（a_i'''，b_i'''，c_i'''）计算则与单三角锁第二次改正后的角值计算基本相同。

3. 计算各边的边长和三角点的坐标

1）对于单三角锁和中心多边形，则直接根据改正后的角值和起始边，按正弦定理计算出各边的边长，各三角点的坐标则可按闭合导线来计算，例如，表9-3为单三角锁的测量计算成果表。

2）对于线三角锁，由于没有已知边长，则可以先假定一个起始边长，按正弦定理计算出各边的假定边长。同时，用首尾两个已知点之间的实际距离 D 去比其通过假定坐标增量所反算出的假定距离 D'，得各边长的比例系数 K 为

$$K = \frac{D}{D'} = \frac{\sqrt{(x_{末} - x_{始})^2 + (y_{末} - y_{始})^2}}{\sqrt{(\sum \Delta x')^2 + (\sum \Delta y')^2}} \tag{9-19}$$

然后，将各假定边长和假定坐标增量乘以该比例系数，即可求得真边长和真坐标增量为

$$\begin{cases} D_i = K \times D_i' \\ \Delta x_i = K \times \Delta x_i' \\ \Delta y_i = K \times \Delta y_i' \end{cases} \tag{9-20}$$

线三角锁各三角点的坐标则可按附合导线来计算，例如，表9-4为线三角锁的测量计算成果表。

表9-3 单三角锁的测量计算成果表

三角	角号	角度观测值	一次改正	第一次改正角值	ctan$a$ ctan$b$	二次改正	第二次改正角值	边长/m
1	a_1	63°41′18″	+3″	63°41′21″		+2″	63°41′23″	415.607
	b_1	51°13′44″	+3″	51°13′47″	+0.49	−2″	51°13′45″	361.478
	c_1	65°04′48″	+4″	65°04′52″	+0.80		65°04′52″	420.475
	Σ	179°59′50″	10″	180°00′00″		0	180°00′00″	

（续）

三角	角号	角度观测值	一次改正	第一次改正角值	ctan*a* ctan*b*	二次改正	第二次改正角值	边长/m
2	a_2	41°05′39″	−2″	41°05′37″		+2″	41°05′39″	321.188
	b_2	58°16′12″	−2″	58°16′10″	+1.15	−2″	58°16′08″	415.607
	c_2	80°38′15″	−2″	80°38′13″	+0.62		80°38′13″	482.138
	Σ	180°00′06″	−6″	180°00′00″		0	180°00′00″	
3	a_3	60°08′24″	+4″	60°08′28″		+2″	60°08′30″	312.276
	b_3	63°07′34″	+4″	63°07′38″	+0.57	−2″	63°07′36″	321.188
	c_3	56°43′50″	+4″	56°43′54″	+0.51		56°43′54″	301.061
	Σ	179°59′48″	12″	180°00′00″		0	180°00′00″	
4	a_4	53°59′25″	−3″	53°59′22″		+2″	53°59′24″	260.732
	b_4	75°39′28″	−3″	75°39′25″	+0.73	−2″	75°39′23″	312.276
	c_4	50°21′16″	−3″	50°21′13″	+0.26		50°21′13″	248.188
	Σ	180°00′09″	−9″	180°00′00″		0	180°00′00″	

角点	左转折角	方向角	边长/m	坐标增量/m		坐标/m	
				Δ*x*	Δ*y*	*x*	*y*
A	63°41′23″					500.000	500.000
C	192°00′28″	86°37′23″	420.475	24.768	419.745	524.768	916.745
E	113°28′49″	98°37′51″	301.061	−45.180	297.652	479.588	1217.397
F	75°39′23″	32°06′40″	260.732	220.845	138.595	700.433	1355.992
D	168°59′26″	287°46′03″	248.189	75.736	−236.351	776.169	1119.641
B	106°10′31″	276°45′29″	482.138	56.737	−478.788	832.906	640.853
A	63°41′23″	202°56′00″	361.478	−332.906	−140.853	500.000	500.000

辅助计算与示意图

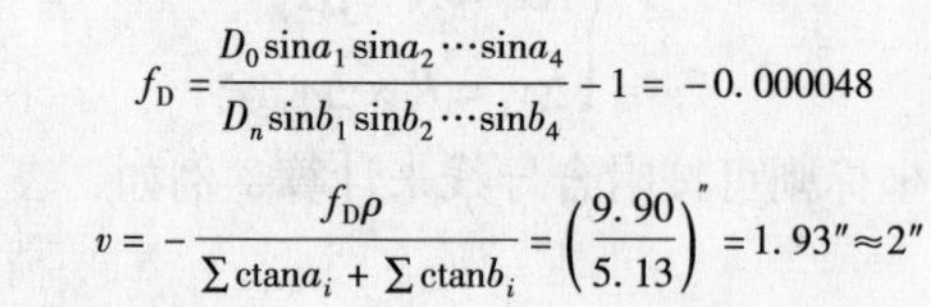

$$f_D = \frac{D_0 \sin a_1 \sin a_2 \cdots \sin a_4}{D_n \sin b_1 \sin b_2 \cdots \sin b_4} - 1 = -0.000048$$

$$v = -\frac{f_D \rho}{\sum \operatorname{ctan} a_i + \sum \operatorname{ctan} b_i} = \left(\frac{9.90}{5.13}\right)'' = 1.93'' \approx 2''$$

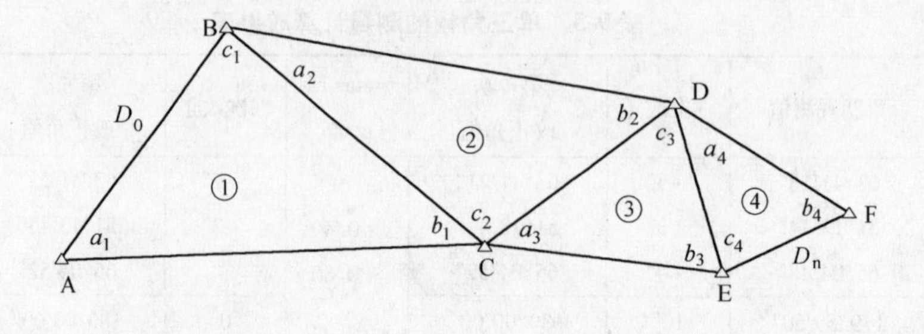

表 9-4 线三角锁的测量计算成果表

三角	角号	角度观测值	一次改正	第一次改正角值	f_c	二次改正	第二次改正角值	假定边长/m
Ⅰ	a_1	41°57′56″	−6″	41°57′50″	−44″	+4″	41°57′54″	341.999
	b_1	77°51′02″	−6″	77°50′56″		+5″	77°51′01″	500.000
	c_1	60°11′20″	−6″	60°11′14″		−9″	60°11′05″	433.756
	Σ	180°00′18″	−18″	180°00′00″		0	180°00′00″	
Ⅱ	a_2	64°49′18″	+4″	64°49′22″		−4″	64°49′18″	363.772
	b_2	58°18′05″	+4″	58°18′09″		−5″	58°18′04″	341.999
	c_2	56°52′24″	+5″	56°52′29″		+9″	56°52′38″	336.645
	Σ	179°59′47″	13″	180°00′00″		0	180°00′00″	
Ⅲ	a_3	64°01′57″	−5″	64°01′52″		+4″	64°01′56″	555.758
	b_3	36°02′54″	−5″	36°02′49″		+5″	36°02′54″	363.772
	c_3	79°55′24″	−5″	79°55′19″		−9″	79°55′10″	608.625
	Σ	180°00′15″	−15″	180°00′00″		0	180°00′00″	
定向角	φ	54°46′07″				+9″	54°46′16″	
	ϕ	84°56′48″				+8″	84°56′48″	

角点	左转折角	方向角	假定边长 / 真边长/m	假/真坐标增量/m $\Delta x'/\Delta x$	假/真坐标增量/m $\Delta y'/\Delta y$	坐标/m x	坐标/m y
B							
A	54°46′16″	135°36′25″				2627.816	5638.269
			500.000 / 526.743	491.820 / 518.126	90.071 / 94.889		
1	60°11′05″	10°22′41″				3145.927	5733.164
			341.999 / 360.291	−220.715 / −232.520	261.243 / 275.216		
2	56°52′38″	130°11′36″				2913.397	6008.384
			363.772 / 383.229	361.006 / 380.315	44.777 / 47.172		
3	79°55′10″	7°04′14″				3293.701	6055.560
			555.758 / 585.483	−163.889 / −172.655	531.044 / 559.448		
E	84°56′48″	107°09′04″				3121.029	6615.014
F		12°06′00″					

辅助计算与示意图

$$\begin{array}{r} \alpha_{BA}=135°36'25'' \\ -)\quad \alpha_{EF}=12°06'00'' \\ \hline +123°30'25'' \end{array} \qquad \begin{array}{r} \sum c_L=50°52'29'' \\ -)\quad \sum c_R=140°06'33'' \\ \hline -83°14'04'' \end{array} \qquad \begin{array}{r} \varphi=54°46'07'' \\ -)\quad \phi=84°56'48'' \\ \hline +139°42'55'' \end{array}$$

$$D'=\sqrt{(\sum\Delta x')^2+(\sum\Delta y')^2}=\sqrt{468.222^2+927.135^2}=1038.658\text{m}$$

$$D=\sqrt{\Delta x_{EA}^2+\Delta y_{EA}^2}=\sqrt{493.213^2+976.745^2}=1094.212\text{m}$$

$$f_x=0.053\text{m}, f_y=-0.020\text{m}, K=\frac{D}{D'}=1.0534863$$

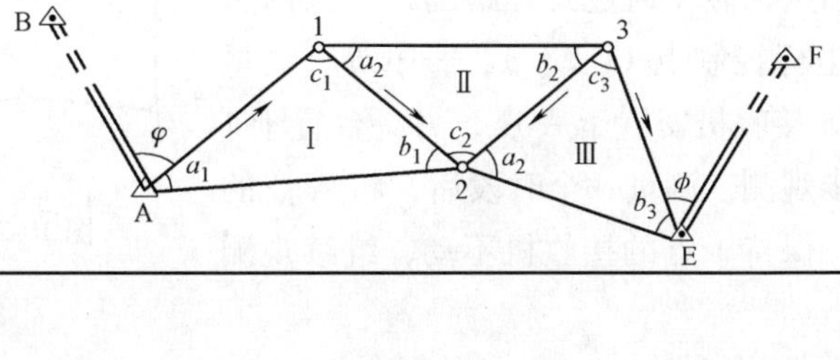

第10讲 GPS控制测量

10.1 GPS测量前的准备工作

10.1.1 GPS控制网的设计

GPS控制网布设的形式可以分为由两台接收机同步观测所形成的多边形闭合网和由三台或三台以上接收机同步观测所形成的多边形闭合网。

1. 三角形网

一般由三台GPS接收机同步进行观测，如图10-1所示，A为已知坐标点，假设通过野外踏勘在测区内选取了若干个待定的坐标控制点1、2、3、……等。测量时，将其中一台GPS接收机安置于A点，另两台分别置于1、2点上，然后进行同步观测。测量一个时段后，将1点的接收机移动至3点，保持其他两点的接收机不动，继续观测一个时段。接着再将2点的接收机移动至4点，仍然保持其他两点的接收机不动。这样，通过每次只移动一台接收机而保持另两台接收机不动，依次沿各待定的坐标控制点进行观测，直至最后，构成由若干条独立的和非独立的GPS边组成的同步观测n边形闭合环（例如图中的三角形A12）和非同步观测n边形闭合环网（例如图中的七边形1234567）。理论上，该网形的同步环坐标增量总和与非同步环坐标增量总和均应等于0，即

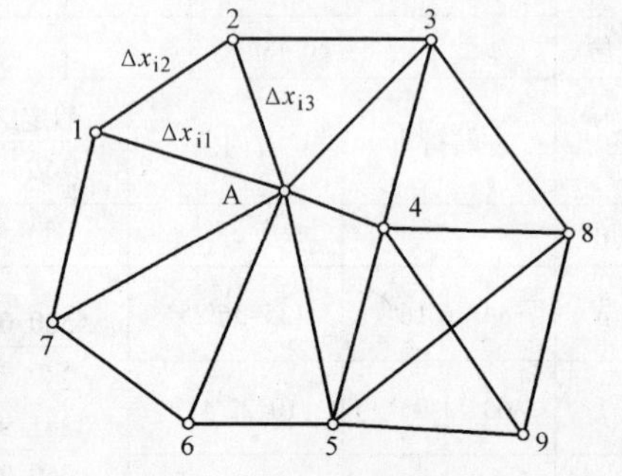

图10-1 GPS三角形控制网

$$\begin{cases}\sum\Delta X_i,\ \sum\Delta Y_i,\ \sum\Delta Z_i=0\\ \sum\Delta X,\ \sum\Delta Y,\ \sum\Delta Z=0\end{cases} \tag{10-1}$$

该网形的优点是附和条件多，图形强度好，具有良好的自检性和可靠性，能有效地发现粗差，经平差后基线向量的精度分布均匀，观测精度高；缺点是工作量大。

2. 环形网

一般由两台GPS接收机同步进行观测，如图10-2所示，A为已知坐标点，假设通过野外踏勘在测区内选取了若干个待定的坐标控制点1、2、3、……等。测量时，将其中一台GPS接收机安置于A点，另一台置于1点上，然后进行同步观测。测量一个时段后，将A点的接收机移动至2点，保持1点的接收机不动，继续观测

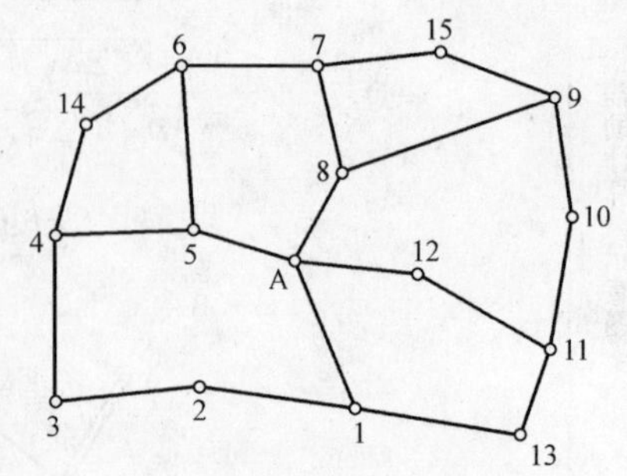

图10-2 GPS环形控制网

一个时段。接着再将1点的接收机移动至3点，保持A点的接收机不动。这样，通过每次只移动一台接收机而保持另一台接收机不动，依次沿各待定的坐标控制点进行观测，直至最后，构成一个非同步闭合多边形网。理论上，该网形的非同步环坐标增量闭合差（$\sum\Delta X$，$\sum\Delta Y$，$\sum\Delta Z$）也应等于0。

该网形的优点是作业简单、快速，观测工作量较小，缺点是附和条件少，检验和发现粗差的能力很差，观测精度较低。

10.1.2 GPS控制网点的布设

GPS测量精度指标的确定主要取决于GPS网的用途，通常以网中相邻点之间的距离中误差来表示，即

$$\sigma = \pm\sqrt{a^2 + (b \times d)^2} \tag{10-2}$$

式中，a 为固定误差（mm），b 为比例误差系数（mm/km），d 为相邻点间的距离（km）。

由于GPS测量不要求测站点之间互相通视，因此其网形结构非常灵活，选点工作远比常规测量要简便很多，尽管如此，但选点时必须满足表10-1中对各等级GPS测量的精度指标所做出的规定。同时，还应符合观测的要求和环境的要求。

表10-1 GPS控制网的主要技术要求

等级	平均边长 d/km	固定误差 a/mm	比例误差系数 b/（mm / km）	约束点间的边长相对中误差	约束平差后最弱边相对中误差
二等	9	≤10	≤2	≤1/250000	≤1/120000
三等	4.5	≤10	≤5	≤1/150000	≤1/70000
四等	2	≤10	≤10	≤1/100000	≤1/40000
一级	1	≤10	≤20	≤1/40000	≤1/20000
二级	0.5	≤10	≤40	≤1/20000	≤1/10000

1. 观测的要求

1）GPS网点的点位应尽量与原有地面控制网相重合，重合点不少于3个，且分布均匀。

2）网点的附近应布设一个通视良好的方位点，以建立连测方向。

3）相邻网点的基线向量的精度应分布均匀，即在每个点上至少能设站2次。

2. 环境要求

1）GPS网点的点位应选在交通方便、地面基础坚固、视野开阔且视场内周围障碍物的高度角小于15°的地方，如图10-3所示。

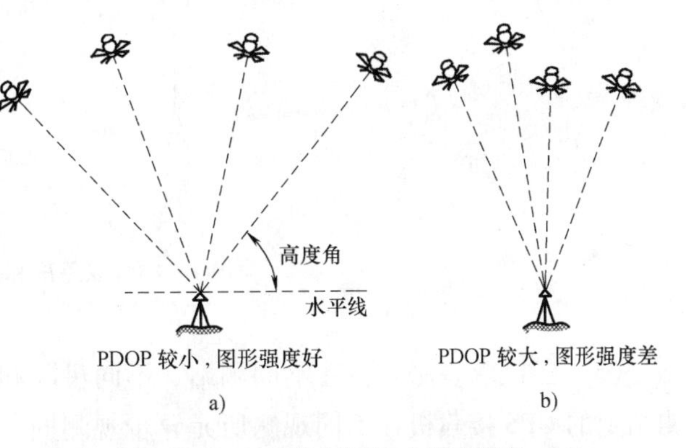

图10-3 GPS控制网网点的高度角

2）网点的点位应避免选在山谷和盆地中，并且尽量远离电视台等大功率无线电发射源、高压电线、大面积平静的水面等周围有对电磁波反射和吸收强烈的物体。

3）网点的点位宜选在地面有草丛、农作物等植被的地方。

10.2 GPS控制测量的具体内容

10.2.1 GPS控制测量的外业施测

1. 测站上的观测

为了能更好地求解整周模糊度，最大限度地发挥GPS在控制测量时的观测精度，接收机在测站上的观测主要采用静态定位的方式，即相对于周围地面点而言GPS接收机天线的位置是处于静止状态。具体在定位过程中，指的是将GPS接收机静置于测站上数分钟至1小时或更长的时间进行观测，以确定测站点（或待测点）的三维位置。同时，GPS在基线上的观测一般均采用相对定位的方法，即至少利用两台或两台以上GPS接收机同步观测相同的GPS卫星，来确定观测站与地面某一参考点之间或两观测站之间相对位置（坐标差）的方法。它是目前GPS定位中精度最高的一种定位方法，其求差的方式包括3种：

（1）一次求差法　指同一历元、同一颗卫星在不同测站之间，或同一个测站、同一个历元在不同星际之间，或同一个测站、同一颗卫星在不同历元之间所进行的一次差分处理。其中，对不同观测站上的GPS接收机，在同一个历元同步观测同一个卫星时所得到的观测值进行求差的方法，通常也称为单差法。

（2）二次求差法　指同一个历元在不同测站和不同星际之间，或同一颗卫星在不同测站和不同历元之间，或同一个测站在不同历元和不同卫星之间所进行的二次差分处理。其中，对不同观测站上的GPS接收机，在同一个历元同步观测同一组卫星时得到的星际之间的一次差分观测值所进行二次求差的方法，通常也称为双差法，如图10-4a所示。

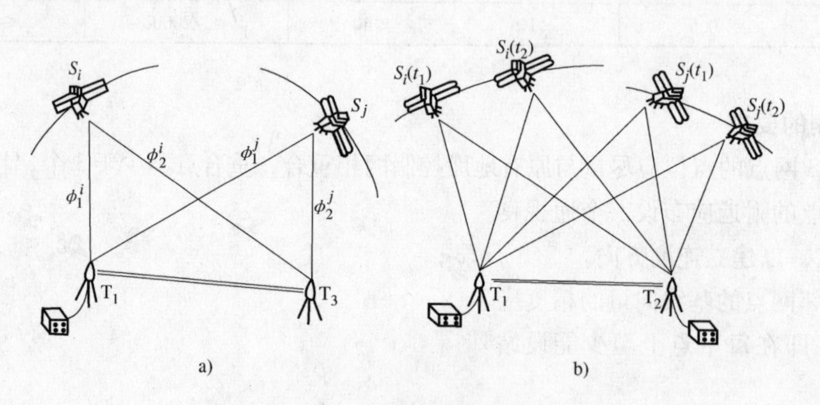

图10-4　GPS双差法和三差法定位

（3）三次求差法　指在不同测站、不同星际和不同历元之间求三次差分，即对不同观测站上的GPS接收机在不同观测历元异步观测同一组卫星时所得到的二次差分观测值进行求差，如图10-4b所示。

2. 路线上的观测

GPS在路线上的观测通常有三种方法，如图10-5所示：

（1）点连式 即在GPS测量过程中，当同步环中的接收机进行移站时，每次都保持其中的一台接收机不动，而移动其他接收机到下一站上。

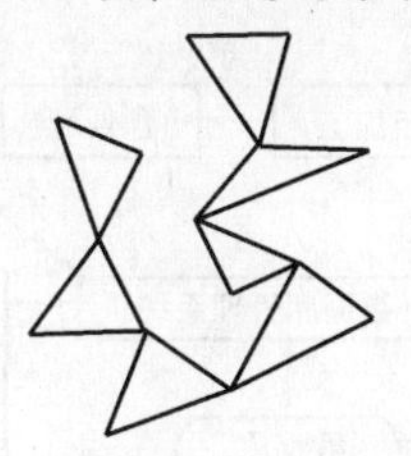
a) 点连式(7个三角形)

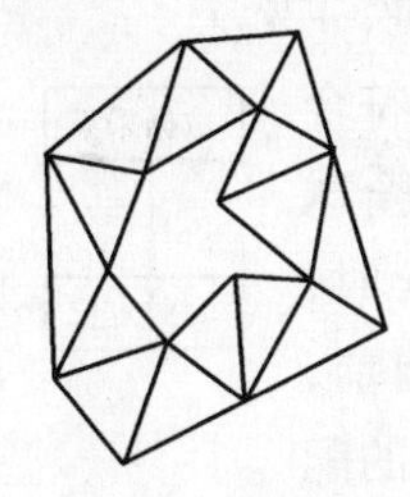
b) 边连式(15个三角形)

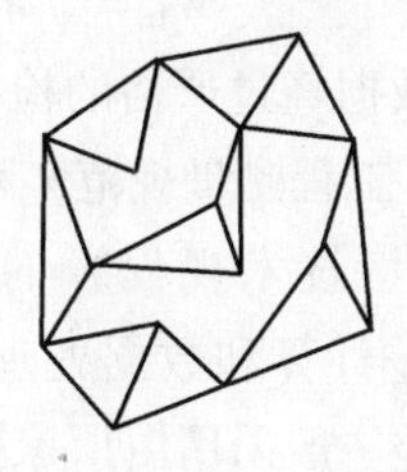
c) 边点混合连接(10个三角形)

图10-5 GPS布网方案

（2）边连式 即在GPS测量过程中，当同步环中的接收机进行移站时，每次都保持其中的两台接收机不动，而移动其他接收机到下一站上。

（3）边点混合式 即在GPS测量过程中，当同步环中的接收机进行移站时，每次至少有一台接收机保持不动，而移动其他接收机到下一站上。

10.2.2 GPS控制测量的内业整理

1. GPS单点定位的精度表征

GPS单点定位的精度表征主要有以下几种：

（1）空间位置精度因子（PDOP）

$$PDOP=\frac{m_{\mathrm{P}}}{m_0} \tag{10-3}$$

式中，m_{P}为测站三维位置的定位误差，m_0为伪距测量中的误差，包括卫星星历误差、卫星钟误差、大气传播误差和本身量测误差。

（2）时钟精度因子（TDOP）

$$TDOP=\frac{m_{\mathrm{T}}}{m_0} \tag{10-4}$$

式中，m_{T}为接收机钟误差。

（3）几何精度因子（GDOP）

$$GDOP=\sqrt{PDOP^2+TDOP^2} \tag{10-5}$$

2. GPS控制测量的成果检查

GPS外业观测成果的检核主要包括同步环闭合差（即闭合环中各独立的和非独立的GPS边的坐标差之和）的检查和异步环闭合差（即闭合环中各独立的GPS边的坐标差之和）的检查，即

$$\left.\begin{aligned}W_X &= \sum \Delta X\\W_Y &= \sum \Delta Y\\W_Z &= \sum \Delta Z\\W_D &= \sqrt{W_X^2+W_Y^2+W_Z^2}\end{aligned}\right\}\leqslant \text{闭合差允许限差} \tag{10-6}$$

当外业观测数据经过严格的检核后符合《GB 50026—2007 工程测量规范》和《全球定位系统城市测量技术规程》的要求时，可进行后续的平差计算和数据处理。目前，GPS 控制网的平差一般采用由厂家提供的配套软件系统，该系统是一个 GPS 静态定位后处理软件系统，其主要功能是对含有地面起算数据和观测数据的 GPS 网进行三维严密平差。为了方便用户的使用，该系统还具有 GPS 基线向量观测值的自动采集、坐标变换、环闭合差和附合路线闭合差的计算、高程拟和计算、网图和误差椭圆的绘制等功能，其基本结构如图 10-6 所示。

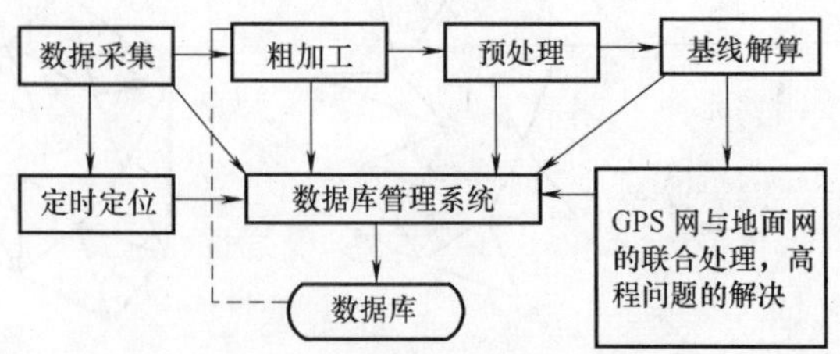

图 10-6 GPS 网平差数据处理程序

3. GPS 控制网的平差

设地面任意两点 i，j 的 GPS 基线向量观测值为（ΔX_{ij}，ΔY_{ij}，ΔZ_{ij}），即它们表示 WGS-84 坐标系的空间坐标差。又设任意待定点的 WGS-84 坐标为未知参数，记为

$$\begin{bmatrix}X_i\\Y_i\\Z_i\end{bmatrix}=\begin{bmatrix}X_i'\\Y_i'\\Z_i'\end{bmatrix}+\begin{bmatrix}\delta X_i\\\delta Y_i\\\delta Z_i\end{bmatrix} \tag{10-7}$$

其中，（X_i，Y_i，Z_i）为平差值，（X_i'，Y_i'，Z_i'）为观测值。显然，未知参数与 GPS 基线向量观测值（ΔX_{ij}，ΔY_{ij}，ΔZ_{ij}）之间有如下关系：

$$\begin{bmatrix}\Delta X_{ij}\\\Delta Y_{ij}\\\Delta Z_{ij}\end{bmatrix}=\begin{bmatrix}\Delta X_{ij}'+V_{xi}\\\Delta Y_{ij}'+V_{yi}\\\Delta Z_{ij}'+V_{zi}\end{bmatrix}=\begin{bmatrix}X_j\\Y_j\\Z_j\end{bmatrix}+\begin{bmatrix}X_i\\Y_i\\Z_i\end{bmatrix} \tag{10-8}$$

式（10-8）中，（V_{xi}，V_{yi}，V_{zi}）为（ΔX_{ij}，ΔY_{ij}，ΔZ_{ij}）的改正数，由此可写出误差方程为

$$\begin{bmatrix}V_{xi}\\V_{yi}\\V_{zi}\end{bmatrix}=\begin{bmatrix}\delta X_j\\\delta Y_j\\\delta Z_j\end{bmatrix}-\begin{bmatrix}\delta X_i\\\delta Y_i\\\delta Z_i\end{bmatrix}-\begin{bmatrix}\Delta X_{ij}-(X_j'-X_i')\\\Delta Y_{ij}-(Y_j'-Y_i')\\\Delta Z_{ij}-(Z'_j-Z'_i)\end{bmatrix} \tag{10-9}$$

由于在对 GPS 网进行平差时，有 3 个位置基准、3 个方位基准和一个尺度基准，因此，GPS 基线向量包含有尺度和方位信息。当 GPS 网中没有精度较高的起算点时，一般可取单点定位的某一个点（假设为 K）的 3 维坐标作为位置基准，实用上可令该点的坐标未知参数改正值为 0，即基准方程为

$$\begin{cases}\delta X_K=0\\\delta Y_K=0\\\delta Z_K=0\end{cases} \tag{10-10}$$

则由式（10-9）组成的全网误差方程为

$$V = A\delta X - L \tag{10-11}$$

其中，δX 包含所有 GPS 点的坐标未知参数，V 则表示全部 GPS 基线向量观测值的改正数，L 是由 GPS 基线向量观测值构成的常数项，式（10-11）进一步写为

$$G_{K}^{T}\delta X = 0 \tag{10-12}$$

式（10-12）中

$$G_{K}^{T} = \begin{bmatrix} 0 & \cdots & 1 & 0 & 0 & \cdots & 0 \\ 0 & \cdots & 0 & 1 & 0 & \cdots & 0 \\ 0 & \cdots & 0 & 0 & 1 & \cdots & 0 \end{bmatrix}$$

实际计算时，将式（10-10）代入式（10-11），即在误差方程中去掉 δx_{K}，δy_{K}，δz_{K} 各项，然后按最小二乘法间接平差法求解即可。

当然，也可以再设全网 GPS 基线向量观测值的方差阵和权阵为 D_{L} 和 $P = \sigma_0^2 D_{L}^{-1}$，则可得坐标未知参数的解为

$$\delta X = (A^{T}PA + G_{K}G_{K}^{T})^{-1}A^{T}PL = Q_{K}A^{T}PL \tag{10-13}$$

式（10-13）中

$$Q_{K} = (A^{T}PA + G_{K}G_{K}^{T})^{-1}$$

而 $X = X' + \delta X$ 的协因数阵为

$$Q_{X} = Q_{K} - Q_{K}G_{K}G_{K}^{T}Q_{K} = Q_{K} - G(G_{K}^{T}G)^{-1}(G^{T}G_{K})^{-1}G^{T} \tag{10-14}$$

其中，G 应满足

$$AG = 0 \tag{10-15}$$

例如，可取 G^{T} 为

$$G^{T} = \begin{bmatrix} 1 & 0 & 0 & 1 & 0 & 0 & \cdots & 1 & 0 & 0 \\ 0 & 1 & 0 & 0 & 1 & 0 & \cdots & 0 & 1 & 0 \\ 0 & 0 & 1 & 0 & 0 & 1 & \cdots & 0 & 0 & 1 \end{bmatrix}$$

10.3 GPS 测量的误差来源和处理

GPS 测量结果的误差主要来源于 GPS 卫星、卫星信号的传播过程和地面接收设备等。其中，信号的多路径效应属于偶然误差，而卫星的星历误差、卫星钟差、接收机钟差以及大气折射的误差等属于系统误差。GPS 的系统误差无论是误差的大小还是对定位精度的影响都比偶然误差要大得多，它是影响 GPS 测量定位精度的最主要因素。由于系统误差的影响有一定的规律性，因此，在测量中可采取一定的措施加以消除或将其减弱到最低程度。

10.3.1 与 GPS 卫星有关的误差

1. 卫星星历误差

由星历所给出的卫星在空间的位置与卫星实际位置之差称为卫星星历误差。它对单点定位时测站坐标的影响一般可达数米、数十米、甚至上百米。在相对定位中，因星历误差对两

测站的影响具有很强的相关性，所以在求坐标差时，相同的系统误差影响可以相互抵消，从而获得精度高的坐标差值。

解决卫星星历误差的方法是建立自己的卫星跟踪网独立定轨、采用轨道松驰法和同步观测值法。

2. 卫星钟误差

卫星钟的钟差包括由钟差、频偏、频漂等产生的误差，也包含卫星钟的随机误差。在GPS测量中，无论是码相位伪距测量还是载波相位测量，均要求卫星钟和接收机钟保持严格同步。

经过改正后，各卫星钟之间的同步差可保持在20ns以内，由此引起的等效距离偏差不会超过6m，卫星钟差和经改正后的残余误差，则需采用在接收机间求一次差等方法来进一步消除或减弱它。

3. 相对论效应

相对论效应是由于卫星钟和接收机钟所处的运动状态（运动速度和重力位）不同而引起卫星钟和接收机钟之间产生相对钟误差的现象。

10.3.2 与卫星信号传播有关的误差

1. 电离层折射影响

当GPS信号通过电离层时，如同其他电磁波一样，信号的路径会发生弯曲，传播速度也会发生变化。因此，用信号的传播时间乘上真空中光速而得到的距离就会不等于卫星至接收机相位中心间的实际几何距离，这种偏差叫电离层折射误差，如图10-7所示。

减小电离层折射影响的措施有采用双频接收机进行测量、利用电离层改正模型对观测结果进行改正和利用同步观测值求差等方法。

图10-7 GPS电离层折射误差

2. 对流层折射影响

对流层与地面接触并从地面得到辐射热能，其温度随高度的上升而降低，GPS信号通过对流层时，也使信号传播的路径发生弯曲，从而使测量距离产生偏差，这种现象叫做对流层折射误差。对流层中虽有少量带电离子，但对电磁波传播影响不大，不属于弥散性介质，也就是说，电磁波在其中的传播速度与频率无关，所以其群折射率与相折射率可认为相等。

减弱对流层折射影响的主要措施有采用对流层折射的改正模型如霍普菲尔德（Hopfield）公式、萨斯塔莫宁（Saastamoinen）公式和勃兰克（Black）公式等；引入描述对流层折射影响的附加待估参数在数据处理中一并求解或利用同步观测量求差等。

3. 多路径效应

在 GPS 测量中，接收机天线在收到来自卫星的信号同时，如果测站周围的反射物所反射的卫星信号（反射波）进入接收机天线，这就将和直接来自卫星的信号（直接波）产生干涉，从而使观测值偏离真值，产生所谓的“多路径效应”，如图 10-8 所示。

多路径效应不仅与反射系数有关，也和反射物离测站的距离及卫星信号方向有关，无法建立准确的误差改正模型，只能选择合适的站址，避开信号反射物。例如：选择测站点时应远离大面积平静的水面。地面有草丛、农作物等植被时能较好吸收微波信号的能量，反射较弱，是较好的站址；测站不宜选在山坡、山谷和盆地中；测站附近不应有高层建筑物，观测时也不要在测站附近停放汽车；对接收机天线的要求是在天线中设置仰径板，并且，接收机天线对于极化特性不同的反射信号应该有较强的抑制作用。

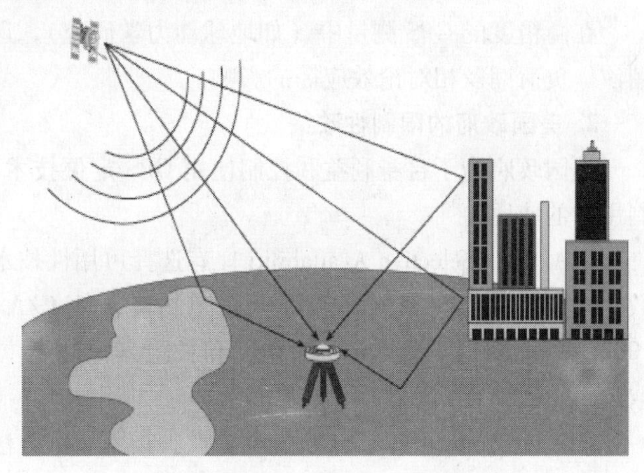

图 10-8 GPS 多路径效应

10.3.3 与接收设备有关的误差

1. 接收机钟误差

GPS 接收机一般采用高精度的石英钟，其稳定度约为 10^{-9}。若接收机钟与卫星钟间的同步差为 1us，则由此引起的等效距离误差约为 300m。

减弱接收机钟差的方法：一是把每个观测时刻的接收机钟差当做一个独立的未知数，在数据处理中与观测站的位置参数一并求解。二是认为各观测时刻的接收机钟差间是相关的，像卫星钟那样，将接收机钟差表示为时间多项式，并在观测量的平差计算中求解多项式的系数。这种方法可以大大减少未知数个数，该方法成功与否的关键在于钟误差模型的有效程度。三是通过在卫星间求一次差来消除接收机的钟差。这种方法和第一种方法是等价的。

2. 接收机的位置误差

接收机天线相位中心相对观测标石中心位置的误差，叫接收机位置误差。它包括天线的置平和对中误差、量取天线高程的误差等。

3. 接收机天线的相位中心位置偏差

在 GPS 测量中，观测值都是以接收机天线的相位中心位置为准的，而天线的相位中心与其几何中心，在理论上应保持一致。可是实际上天线的相位中心随着信号输入的强度和方向不同而有所变化，即观测时相位中心的瞬时位置（一般称相位中心）与理论上的相位中心将有所不同，这种差别叫天线相位中心的位置偏移。这种偏差的影响，可达数毫米至数厘米。而如何减少相位中心的偏移是天线设计中的一个重要问题。在实际工作中，如果使用同一类型的天线，在相距不远的两个或多个观测站上同步观测了一组卫星，那么，便可以通过对观测值求差来消弱相位中心偏移的影响。

10.3.4 其他的影响

1. 地球动力学因素

在高精度的GPS测量中（如地球动力学研究），还应注意到与地球整体运动有关的地球潮汐、负荷潮及相对论效应等的影响。

2. 美国政府的限制性政策

美国政府为了自身利益和控制使用GPS定位技术而对GPS采取了一些限制性政策以限制用户的使用。

（1）SA（Selective Availability）有选择可用性技术　即人为地将误差引入卫星钟和卫星数据中，故意使频率漂移和降低轨道精度，使C/A码定位的精度从原来的20m降低到100m，从而降低了单点定位的精度和长距离相对定位的精度，目前，这种限制性政策已经取消了。

（2）AS（Anti-Spoofing）反电子欺骗技术　其方法是将P码与保密的W码相加成Y码，Y码严格保密，其目的是防止敌方使用P码进行精密导航定位；当实施AS技术时，非特许用户将不能接收到P码，这样，会对高精度相对定位数据处理中整周未知数的确定带来不便。

第 11 讲　经纬仪、全站仪及 GPS 地形图测绘

11.1　地形测量前的准备工作

11.1.1　地形图图根控制测量

测图时，一般尽可能地利用各级控制点作为测站点，当测区范围较大，控制点不能满足工作需要时，应适当地增设和加密控制点，即进行图根控制测量。如图 11-1 所示，在测区内只有一个已知的国家等级控制点 A，为了完成该测区的地形图测绘工作，可增设 B、C、D、E 四个图根控制点，测量时，可以按闭合导线 A-B-C-D-E-A 进行图根控制测量。测出 B、C、D、E 四个图根控制点的坐标后，即可在这些控制点上设站对测区内的地物和地貌进行数据采集。

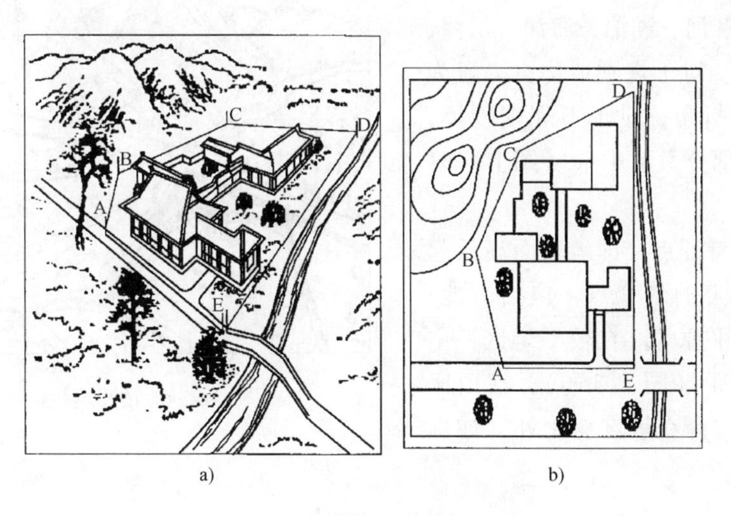

图 11-1　地形图图根控制测量

为了保证地形图的精度，测区内图根控制点的数目应不少于表 11-1 中的技术要求，图根导线测量和水准测量的主要技术要求分别见表 11-2、表 11-3。

表 11-1　测区内图根控制点的数目

测图比例尺	图幅尺寸/cm×cm	解析图根点数量/个		测图比例尺	图幅尺寸/cm×cm	解析图根点数量/个	
		全站仪测图	平板测图			全站仪测图	平板测图
1:500	50×50	2	8	1:2000	50×50	4	15
1:1000	50×50	3	12	1:5000	40×40	6	30

表 11-2 图根导线测量的主要技术要求

导线长度/m	相对闭合差	测角中误差(″)		方位角闭合差(″)	
		一般	首级控制	一般	首级控制
$\leqslant a\times M$	$\leqslant 1/(2000\times a)$	30	20	$60\sqrt{n}$	$40\sqrt{n}$

表 11-3 图根水准测量的主要技术要求

每千米高差全中误差/mm	附合路线长度/km	水准仪型号	视线长度/m	观测次数		往返较差、附合或环线闭合差/mm	
				附合或闭合路线	支水准路线	平地	山地
20	≤5	DS10	≤100	往一次	往返各一次	$40\sqrt{L}$	$12\sqrt{n}$

11.1.2 碎部点的选择

碎部点一般指地形特征点，如图 11-2 所示，它包括地物特征点和地貌特征点两类。

(1) 地物特征点　即地面上有一定几何形态的天然物体或人工建筑物上的特征点，包括江河、湖泊、海洋、房屋、道路和桥梁等。对于规则地物，一般为其轮廓线的转折角；对于不规则物体，一般在其凹凸部分大于 4mm（图上）时需测出。

(2) 地貌特征点　即地表面高低起伏的自然形态上的各个点，包括山地、丘陵、洼地和平原等。在较平坦区，主要采用一定间距（图上 3cm）；在山区及丘陵区，则选择在坡度变化处（如山顶、鞍部等）。

图 11-2 地物和地貌特征点

11.2 地形测量的方法

11.2.1 经纬仪或全站仪测图的原理和方法

由于经纬仪或全站仪不仅能测平面坐标，而且可以测量高程，因此，用其进行地形测量通常采用极坐标法即可得到地形特征点的三维坐标。如图 11-3 所示，B 点为测站点，其坐标假设为（X_B，Y_B，Z_B），A、C 点为已知坐标点，其坐标假设为（X_A，Y_A，Z_A）、（X_C，Y_C，Z_C）。当全站仪在 B 点进行坐标定向后，照准碎部点如 1 点，选择测量模式并按相关功能键进行角度、距离和高程的测量，则 1 点的坐标（X_1，Y_1，Z_1）即可由全站仪按式（4-4）和式（4-6）自动计算并显示出来。按此原理，经纬仪或全站仪的测图过程具体分为以下几个步骤：

1. 测站的设置和方法

其设置测站的方式通常有两种：

（1）直接设站法　即直接将测站设置在一个已知的坐标点上，根据另一个已知点来对碎部点进行测量。如图 11-4a 所示，在一个已知点 B 上安置仪器，并输入 B 点的坐标（N_B，E_B，Z_B）和仪器高 i。然后照准另一个已知点 A，输入 A 点的坐标（N_A，E_A，Z_A）和棱镜高 v，按相关的功能键进行坐标定向，仪器将自动显示出 BA 的坐标方位角 α_{BA}，然后就可以进行地形测量。

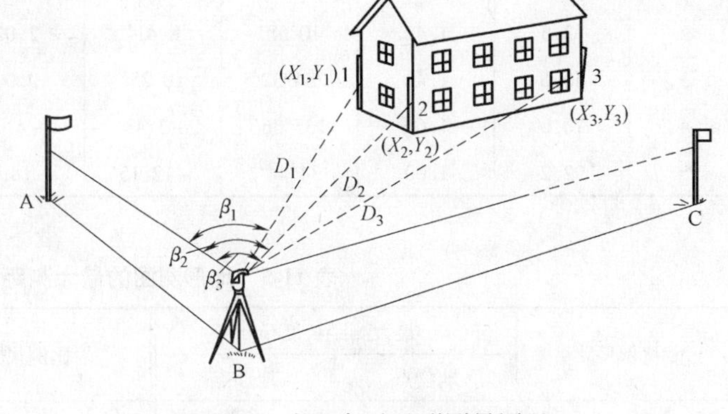

图 11-3　极坐标法地形测量原理

（2）自由设站法　即当两个已知点之间或测站点与碎部点之间不能通视时，则可以在测区内任意选一个非已知的新点作为临时控制点，然后将测站设置在该点上，根据已有的两个控制点来对碎部点进行测量。如图 11-4b 所示，在一个任意的新点 O 上安置仪器，输入仪器高 i。然后分别照准已知点 A 和已知点 B，并输入 A、B 两点的坐标（N_A，E_A，Z_A）、（N_B，E_B，Z_B）和棱镜高 v_A、v_B，按相关的功能键进行距离测量，仪器将自动按后方距离交会法计算并显示出 O 点的坐标（N_O，E_O，Z_O）以及 OA 或 OB 的坐标方位角 α_{OA}、α_{OB}，然后就可以进行碎部测量。

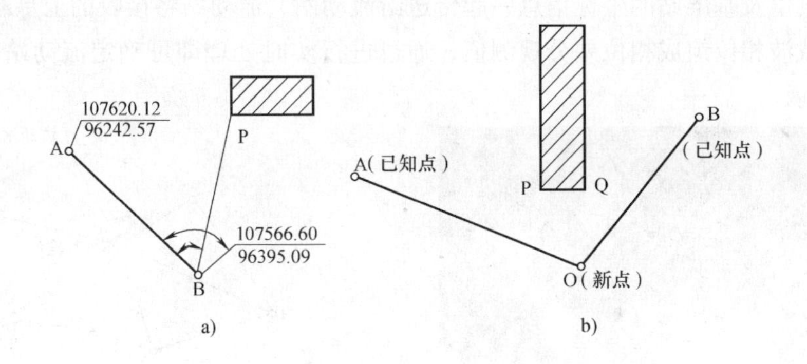

图 11-4　全站仪地形测量设置测站的方法

2. 碎部点的测量和要求

在一个测站上，将棱镜分别安放在各个碎部点上，依次由远及近、由左至右、先地物后地貌顺时针方向对该测站能及的范围内所有的碎部点进行角度、距离和高程的观测，仪器将自动对这些碎部点的坐标数据进行采集和计算，其观测的记录见表 11-4 所示，一般被记录在全站仪的内存中。测图时，每一站对地物和地貌点的最大观测范围应满足表 11-5 中的技术规定。当测区面积较大时，整个测区通常要划分为若干个图幅分别进行施测，因此要求测图时，每幅图应测出图廓外 0.5～1.0cm，以便供测图后接边时检查之用。

表 11-4 极坐标法碎部点观测记录

测站：A4		后视点：A3		仪器高 i：1.42m		指标差 x：-11.0	测站高程 H：207.40m	
点号	斜距 S/m	棱镜高 v	水平角 β	竖直角 α	高差 h/m	水平距离 D/m	高程/m	备注
1	85.0	1.42	160°18′	4°11′	6.18	84.55	213.58	水渠
2	13.5	1.42	10°58′	8°41′	2.02	13.19	209.42	
3	50.6	1.42	234°32′	10°25′	9.00	48.95	216.40	
4	70.0	1.60	135°36′	-3°43′	-4.71	69.71	202.69	电杆
5	92.2	1.00	34°44′	-12°15′	-18.94	87.94	188.46	

表 11-5 地形测图的最大测距长度

比例尺	最大测距长度/m		比例尺	最大测距长度/m	
	地物点	地形点		地物点	地形点
1:500	160	300	1:2000	450	700
1:1000	300	500	1:5000	700	1000

11.2.2 GPS（RTK）技术测图的原理与方法

1. GPS（RTK）技术的基本原理

GPS（RTK）技术是GPS载波相位实时差分技术的英文"Real Time Kinematic"的缩写，该技术是将一台接收机作为基准站，另一台接收机作为流动站，由基准站通过数据链实时将载波相位观测值及基准站的坐标信息一起传送给流动站，流动站将接收的卫星载波相位与来自基准站的载波相位组成相位差分观测值，通过进行实时处理即可确定流动站的三维坐标，如图11-5所示。

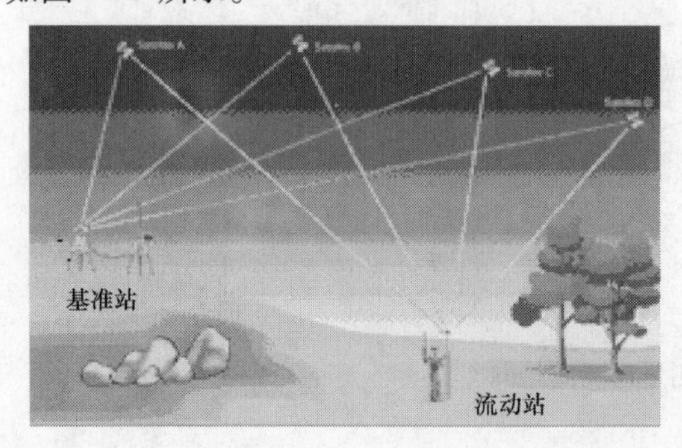

图 11-5 GPS（RTK）技术的定位原理

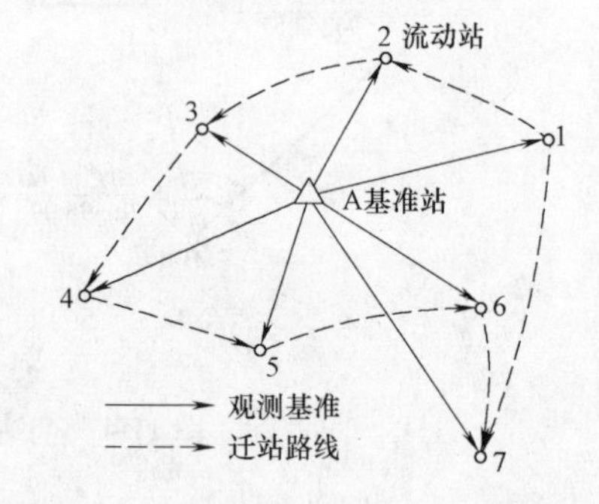

图 11-6 GPS（RTK）技术的数据采集

2. GPS碎部点数据的采集

如图11-6所示，进行地形测图时，将一台带有数据传输电台的接收机作为基准站安置在一个已知参考坐标点A上，除了输入参考点的当地已知坐标外，还要输入天线高和当地的坐标转换参数；然后将另一台接收机作为流动站依次安放在基准站周围的各个碎部点1、2、3、……等上。基准站GPS接收机则通过坐标转换参数将参考点的当地坐标转化为WGS-

84坐标，并连续接收所有可视的GPS卫星信号，通过数据发射电台将其测站的坐标、观测值、卫星跟踪状态和接收机的工作状态等一并发射出去。流动站GPS接收机则在跟踪GPS卫星信号的同时，接收来自基准站的数据信号，进行处理后获得流动站（即碎部点）的三维WGS-84坐标，再通过与基准站相同的坐标转换参数即可将其转换成当地的坐标，从而完成碎部点三维坐标数据的采集工作。

11.3　地形测量后的绘图工作

11.3.1　碎部点的展绘

全站仪和GPS接收机所采集的碎部点数据可以通过数据通信线连接在计算机上，然后传输到计算机中，利用CASS等相关成图软件计算机即可自动生成地形图，如图11-7a、b所示。其绘图的原理如下：

a)

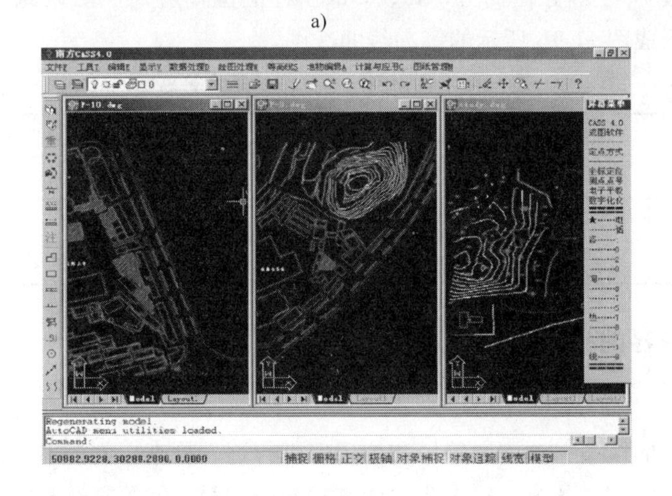

b)

图11-7　全站仪采集数据的传输和处理

1. 地物展绘原理

一般根据比例尺按其形状将地物各个点连接起来，如图11-8所示。对于房屋等比例的地物用直线将各角点连接起来；对于河流、道路等线形地物则用光滑的曲线将各点连接起来。

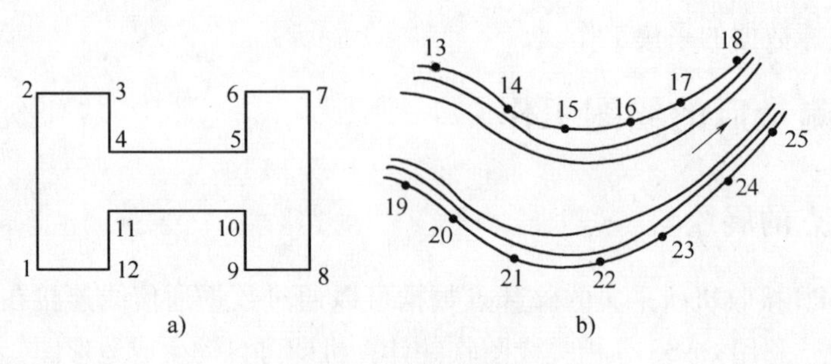

图11-8 地物展绘的原理

2. 地貌展绘的原理

通常按一定等高距（各比例尺等高距见表11-6所示）采用内插法将地貌各点绘制成等高线，要求在一个测区内只能采用一种等高距。如图11-9a所示，A点的高程为62.6m，B点的高程为66.2m，欲在A、B两点之间勾绘出63m、64m、65m、66m四条等高线，勾绘的办法是：先在A、B之间找出63m和66m这两条等高线所在的位置点1和4，找出的办法是通过内插法计算出线段A1和B4的长，即

$$\begin{cases} A1 = AB \cdot \dfrac{63-62.6}{66.2-62.6} \\ B4 = AB \cdot \dfrac{66.2-66}{66.2-62.6} \end{cases} \tag{11-1}$$

然后，将线段14三等分，找出64m、65m所在的位置点2、3。以此方法即可对所有地貌点进行展绘，形成图11-9b所示的等高线曲线图。

表11-6 各比例尺地形图的基本等高距 （m）

地形类别	比例尺				地形类别	比例尺			
	1:500	1:1000	1:2000	1:5000		1:500	1:1000	1:2000	1:5000
平坦地	0.5	0.5	1	2	山地	1	1	2	5
丘陵地	0.5	1	2	5	高山地	1	2	2	5

11.3.2 图纸内容的检查

1. 室内检查

包括要对地形的线条、注记、符号和位置等进行逐一检查，例如对于地貌等高线的线条应满足如下条件：①同一条等高线上各点的高程都应相等；②等高线是闭合曲线，如不在本图幅内闭合，则必在图外闭合；③除在悬崖或绝壁处外，等高线在图上不能相交或重合；④等高线平距的大小与坡度成反比，平距越小则表示坡度越陡，反之，则表示越缓，如图11-

10 所示；⑤等高线与山脊线、山谷线成正交。

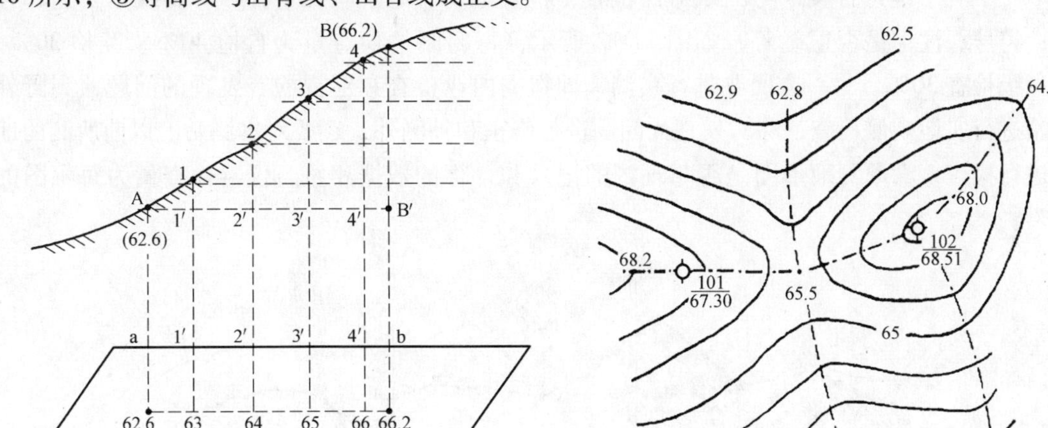

图 11-9　地貌等高线的绘制

同时，还要进行相邻图幅的拼接检查，即在相邻图幅的连接处，由于测量和绘图的误差的影响，无论地物轮廓还是地貌轮廓，往往不能完全吻合，如图 11-11 所示，两相邻图幅的同名坐标格网线重叠时，两边的房屋、河流、等高线和陡坎等不衔接，即存在接边差，若接边差符合表 11-7 中的规定要求时，则可以取偏差的中点对衔接线两边的地形线条进行修正，修正时应注意地物和地貌的相互位置以及走向的正确性。

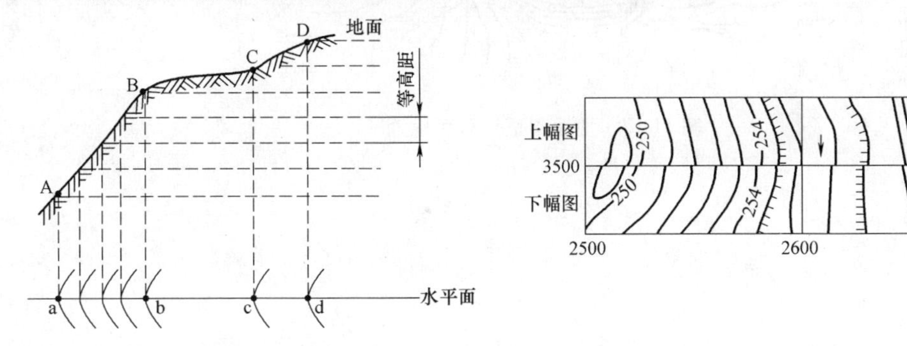

图 11-10　地形图等高线平距与坡度的关系

图 11-11　相邻地形图的拼接检查

表 11-7　地形图上各地物点位中误差

区域类型	点位中误差/mm	区域类型	点位中误差/mm
一般地区	0. 8	水域	1. 5
城镇建筑区、工矿区	0. 6		

2. 室外检查

一方面要进行对点检查，即根据内业检查的情况，有计划地确定几条巡视路线，“一个萝卜一个坑”地进行实地与图纸对照检查，检查地物、地貌有无遗漏；等高线是否逼真合理；符号、注记是否正确等，如图11-12所示，每幅图的检查量为自检40%、互检30%、上一级检查30%。另一方面要进行实测，即根据内业检查和巡视检查发现的问题，到野外设站进行实地观测检查，除对发现的问题进行修正和补测外，还要对本测站上以前所测的地形进行检查，看原测地形图是否与现测的记录和计算的数据相符，仪器检查量为每幅图的10%。

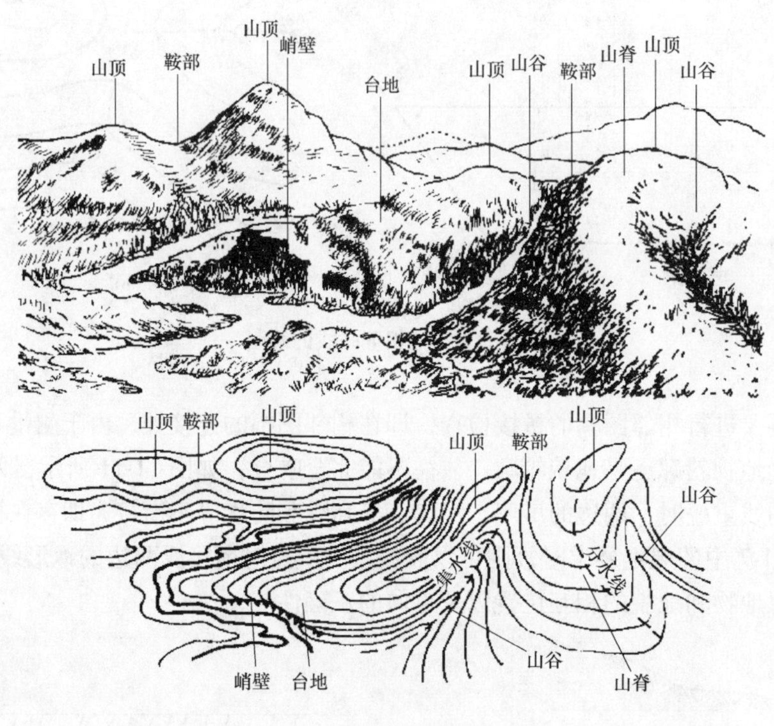

图11-12 地形图室外对点检查

第 12 讲　摄影遥感测图

12.1　遥感摄影测图的原理与方法

12.1.1　遥感摄影测图的原理

由于遥感摄影的相片是地面景物在投影平面上的中心投影，其投影光线会聚一点，如图 12-1a 所示；它是物体的自然影像，以相关的形状、大小、色调、阴影等表示地物和地貌的特征。而地形图是地面景物在投影平面上的正射投影，其投影光线相互平行且垂直于投影平面，如图 12-1b 所示；它是物体真正投影的图像，用确定的符号、文字、注记等表示地物和地貌的特征。

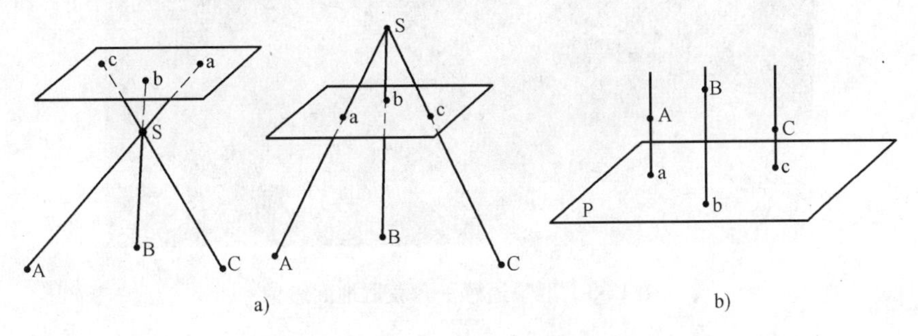

图 12-1　中心投影与正射投影的对比

因此，为了将相片上中心投影的地面信息转换成地形图上正射投影的信息，常采用立体测图的方法。其原理是基于人在用双眼观察物体时，由于同一个物体在左、右两眼的视网膜上所构成的影像不同，而使人能自然地分辨出物体的远近和高低。如图 12-2a 所示，假设在左眼的影像为 a_1b_1，在右眼的影像为 a_2b_2，则 $a_1b_1 \neq a_2b_2$，它们之间的差值称为左右视差，

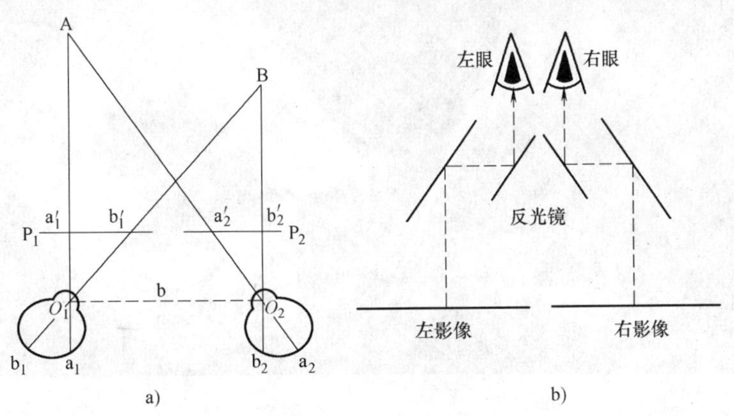

图 12-2　立体成像原理

它是人眼产生立体的关键。根据这个原理，假如将所拍摄的两张影像通过一个装置放置在人的双眼前，然后人的左、右双眼分别观察左、右影像，此时人们无需直接观测景物，同样能获得与天然立体视觉完全一样的感觉，如图12-2b所示。

12.1.2 遥感摄影技术的测图方法

按此原理，遥感测图的具体步骤为：

1）利用遥感平台上的探测器对地面进行摄影或扫描测量，获取立体像对，如图12-3所示。

图12-3 卫星遥感平台获取地面影像

2）以立体像对为单元，通过立体测图仪（见图12-4a）进行摄影过程的几何反转。通常是采用相对定向的方法建立一个比实际缩小若干倍的地面立体模型（见图12-4b），模型比例尺将取决于投影基线 b 和摄影基线 B 之比，即 $1: m = b: B$。

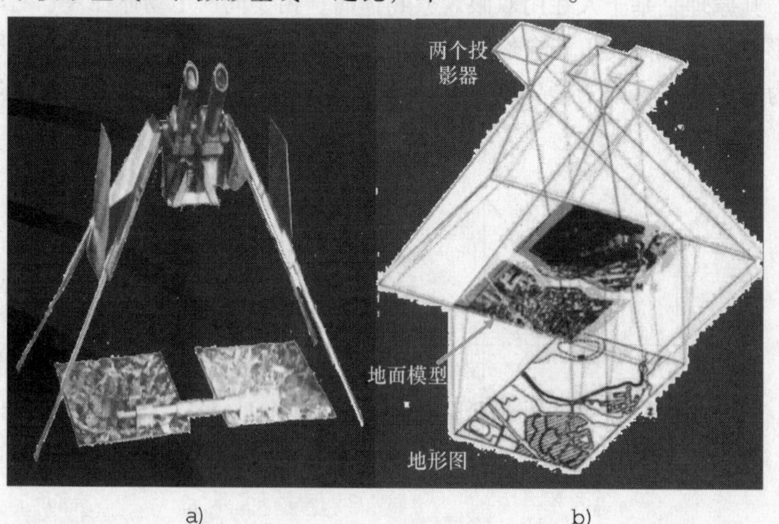

a) b)

图12-4 立体测图方法

3）以同名光线空间交会为基本原理，通过立体测图仪或数字摄影测量系统对相片进行立体影像处理，利用计算机辅助测绘软件在缩小的地面立体模型上进行等高线和地物的测绘工作，形成地形图，如图 12-5 所示。

a)

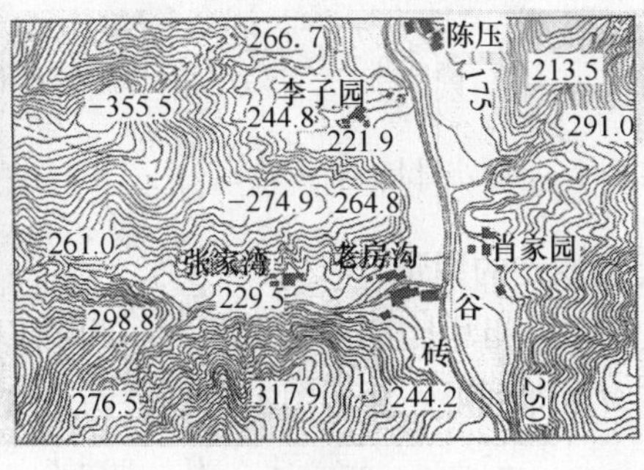

b)

图 12-5　遥感图与地形图的对比

12.1.3　遥感摄影技术测图与全站仪和 GPS 测图的区别

与全站仪和 GPS 所不同的是，全站仪和 GPS 测图仅仅是通过采集地面上若干个离散的点的空间位置数据，利用内差法来表示出连续的地形形态，其测图的精度与采集点的密度有关，采集点的密度越大，其精度也越高。而 RS 遥感摄影技术测图则可以逼真地获取地面上形态复杂的线和面的空间形态和位置信息，因此它具有良好的测图精度和判读性能，是目前地形测图测量的主要手段。

12.2　遥感摄影的投影误差与纠正

相片比例尺是相片上的构像长度与该线段在地面的实际长度之比。假设摄影机的焦距为 f，摄影机镜头到地面的距离（即像高）为 H，由于像片是中心投影，因此，只有当像片严格水平且地面也绝对平坦时，中心投影图的比例尺才会与地形图所要求的垂直投影保持一致，即

$$\frac{1}{m}=\frac{f}{H} \tag{12-1}$$

而实际上，地面是不水平的，摄影相片也不可能严格水平，因此，相片的比例尺不是一个常数，即地面上各处的像高不同，在相片上各处的比例尺也就不同，相片比例尺与像高成反比。这样，地面点通过中心投影后，在相片上的位置就会产生位移。

12.2.1　地面起伏引起的误差

1. 起伏误差产生的原因

当相片水平而地面起伏时，如图 12-6 所示，地面上的 A、B 两点不在同一个水平面上，这两点对过地面投影中心 O 的起始水平面 E 分别具有高程 $+h_a$、$-h_b$，假设它们在 E 平面

上的正射投影分别为 A_0、B_0，在水平像片 P 上的构像分别为 a、b。同时，A_0、B_0 在水平像片 P 上的构像分别为 a_0、b_0。则 aa_0 和 bb_0 即为因地面起伏所引起的像点位移，它们可根据相似三角形原理按比例关系得出，即

$$\begin{cases} aa_0 = h_a \cdot \dfrac{ao}{H} \\ bb_0 = -h_b \cdot \dfrac{bo}{H} \end{cases} \tag{12-2}$$

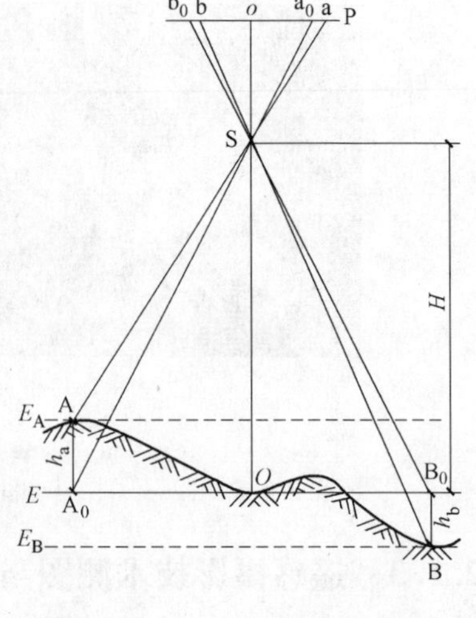

图 12-6　地面起伏引起的误差

2. 起伏误差的纠正

将上式乘以相片比例尺的分母 m，再除以测图比例尺的分母 M，即可得到地形图上的投影误差 δ_h

$$\begin{cases} \delta_{ha} = aa_0 \cdot \dfrac{m}{M} = h_a \cdot \dfrac{ao}{H} \cdot \dfrac{1}{M} \cdot \dfrac{H}{f} = \dfrac{ao \cdot h_a}{f \cdot M} \\ \delta_{hb} = -bb_0 \cdot \dfrac{m}{M} = -h_b \cdot \dfrac{bo}{H} \cdot \dfrac{1}{M} \cdot \dfrac{H}{f} = -\dfrac{bo \cdot h_b}{f \cdot M} \end{cases} \tag{12-3}$$

上式表明，投影误差的大小与地面点相对于选定的基准面 E 的高程 h 成正比，一般采用分带纠正的办法来减小它的影响。

12.2.2　相片倾斜引起的误差

1. 倾斜误差产生的原因

如图 12-7 所示，P 和 P' 分别为同一摄影站摄取的水平相片和倾斜相片，假设地面水平面上有两段等长的线段 AB、CD，在水平像片上的构像分别为 ab、cd，在倾斜像片上的构像分别为 a′b′、c′d′，由图可看出 ab < a′b′、cd > c′d′。假设 OO 为水平像片 P 和倾斜相片 P' 的相交线（即称等比线），o 点为等角点，当像片的倾斜角 $\alpha < 2°$ 时，则由像片倾斜引起像点位移所产生的最大投影误差 δ 近似为

$$\delta \approx -\frac{ao^2}{f}\sin\varphi\sin\alpha \tag{12-4}$$

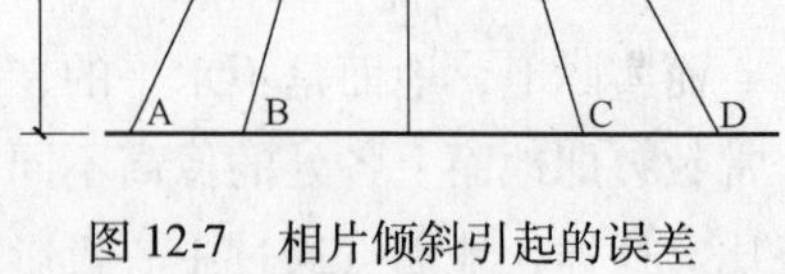

式中，φ 为等比线和像点 a 的方向线之间的夹角，按顺时针方向计算。

图 12-7　相片倾斜引起的误差

2. 倾斜误差的纠正

通常，利用地面已知控制点，采用相片纠正的方法来消除其影响。其纠正的原理是如果将倾斜相片 P' 上的影像投影到水平相片 P 上，则 P 面上就得到了消除倾斜误差的影像。同样，如果将 P' 面上的影像投影到任意一个水平面 E 上，则在 E 面上将得到一张消除了倾斜误差的水平相片。按此思路即可将倾斜相片转换成规定比例尺的水平相片。

第13讲　测 量 误 差

13.1　测量误差产生的因素

13.1.1　仪器和设备的影响

（1）仪器的精密度　每一种仪器只具有一定限度的精密度，因而使观测值的精确度受到了一定的限制，从而产生一些随机性误差。例如，在用只刻有毫米分划的钢尺进行测距时，就很难保证在每次估读毫米以下的尾数时完全相同和正确无误，如图13-1所示。

（2）仪器的品质　每一台仪器本身在设计制造、安装和校正等方面都会存在误差，从而使观测结果产生系统性误差。例如水准仪的视准轴不平行于管水准器轴、水准尺的尺长误差，见图13-2、经纬仪的度盘存在偏心差等，用这些仪器在进行测量时会始终产生一个基本相同的误差。

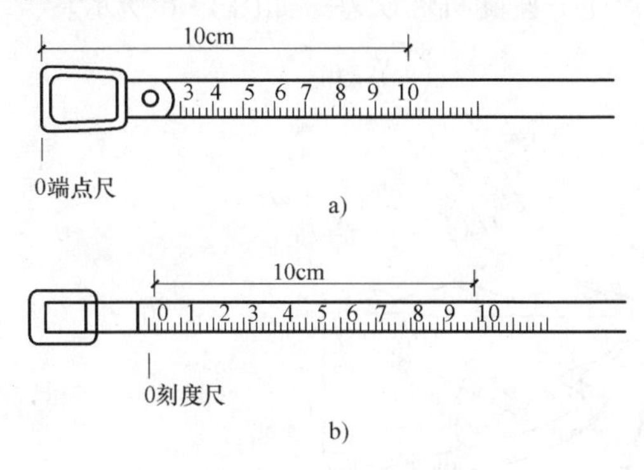

图13-1　钢尺的分划

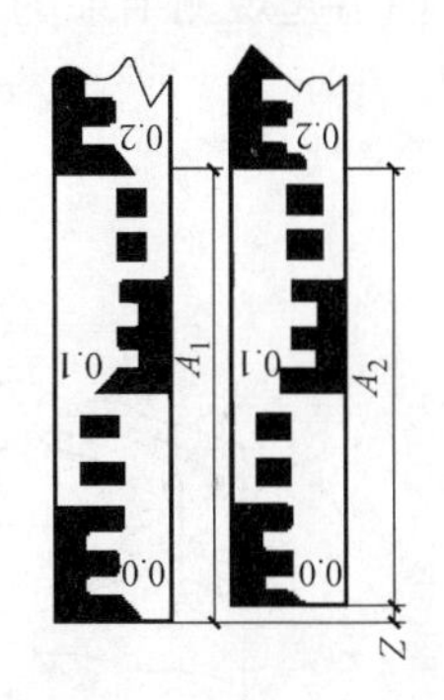

图13-2　水准尺的尺长误差

13.1.2　观测者的影响

（1）观测者的感官能力　由于观测者自身的感觉器官鉴别能力有一定的局限性，例如人肉眼的最小分辨率只有0.1mm，这样，在仪器的安置、整平、对中、照准和读数等方面就不可避免地会产生一些或大或小的随机性误差，如图13-3所示产生的水准仪读数误差。

图13-3　水准仪读数误差

（2）观测者的工作态度和技术水平　有些观测者由于其技术水平或工作态度的原因，在进行测量过程中，往往会使观测结果产生一些系统性误差，如钢尺丈量的定线偏差（图13-4）、水准尺倾斜、全站仪不严格对中等。

13.1.3 自然环境的影响

（1）稳定因素　测量时，会始终受到一些自然条件如地表面的地势（图 13-5）、温度、湿度、重力、地球曲率、大气折光等因素的影响，使观测结果出现一些系统性误差。

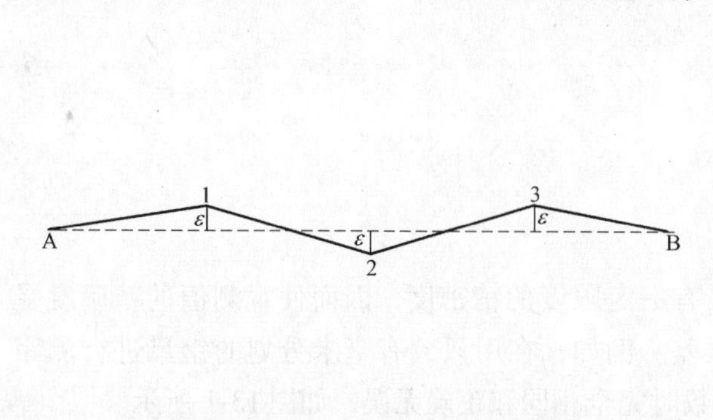

图 13-4　钢尺丈量的定线偏差

图 13-5　地表的地势对水准测量的影响

（2）不稳定因素　有些环境条件如温度、湿度、大气折光、风、光线、照明等因素会时刻变化，从而引起观测结果的不断变化，导致产生一些随机性误差，如图 13-6 所示。

图 13-6　地表的自然条件对角度测量的影响

13.2 测量误差的基本特点

13.2.1 系统误差的特点

在相同观测条件下，用设有推荐参数的导航型 GPS（试验机型为 GARMIN 公司生产的 12 通道 GPS eTrex），在某试验区内所选定的 11 个测点上与索佳 SET2110 全站仪同时进行观测。施测时，先从试验场地外引测一个已知点（控制点）做参照点。通常情况下，全站仪测量点位的误差相对于手持导航 GPS 的定位误差可以忽略不计，因此可将全站仪测得的坐标假定为观测点的已知值，而把用导航型 GPS 测得的坐标值作为测量值，以两者之差作为导航型 GPS 实测坐标的误差（Δx，Δy，Δh），其结果见表 13-1。根据测量结果求得 11 个点

在 x、y、h 三个方向上误差的平均值分别为：$\varepsilon_x = -7\text{m}$、$\varepsilon_y = 84.3\text{m}$、$\varepsilon_h = 9.6\text{m}$，误差明显较大。以各测点与参考点（已知坐标点）的距离为横轴，以误差值为纵轴，绘制实测误差分布图，如图13-7所示。

表 13-1 导航型 GPS 系统误差统计表

点号	实测坐标与已知坐标之差/m			点号	实测坐标与已知坐标之差/m		
	Δx	Δy	Δh		Δx	Δy	Δh
9378	-7.3	87.1	4.2	7973	-9.8	86.1	3
8979	-10.5	88.1	-3.2	8271	-5	92.0	14.4
8679	-3.5	86.5	5.6	8772	-7.2	88.5	5.9
8277	-0.6	94.4	9.1	9172	-3.8	82.3	24.7
7876	-9.9	86.1	-0.2	9376	-3.8	90.6	8.9
7576	-6	88.6	-2.7	Σ	-7	84.3	9.6

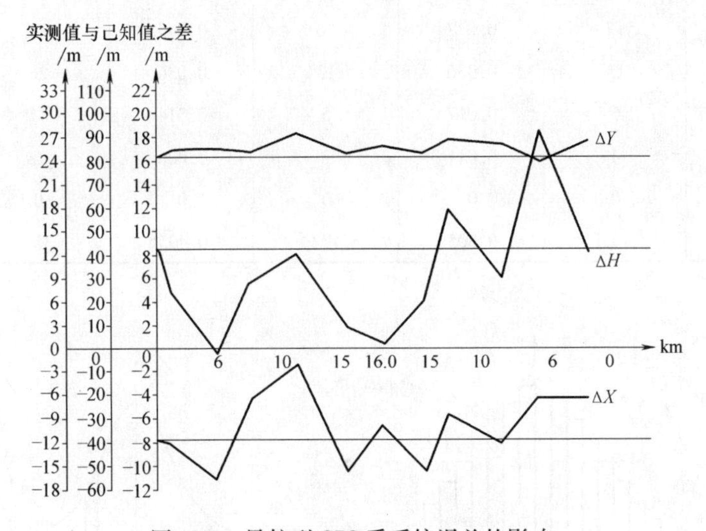

图 13-7 导航型 GPS 受系统误差的影响

从图上可以看出，各测点的观测误差都在参考点的误差横线附近上下振荡，且误差平均值与参考点的误差相近，而误差与距离的关系不是很大，说明导航型 GPS 测量定位时，在 X、Y、H 三个方向上明显存在着与坐标相关的系统误差，这些误差在数值和符号上通常表现出如下性质：

（1）同一性　即误差的大小始终相同或按一定规律变化。

（2）单向性　即误差的符号始终不变或按一定条件成比例变化。

（3）累积性　即误差随单一观测量的增加而逐渐递增，使前一个观测量的测量误差累积到下一个观测量的观测结果上。

13.2.2 偶然误差的特点

在相同观测条件下，用 DJ_2 型经纬仪对某区域内的358个三角形的内角进行观测，将所测得的各个三角形的三个内角之和与理论值180°进行比较，所求得的各个三角形内角和之真误差按间隔为 $d\Delta=0.20''$，分成若干区间，并按正负号和大小进行排列，统计出误差出现在各个区间内的个数 k，以及误差在某个区间内出现的频率 k/n，其结果列于表13-2中。对表中的所有误差进行概率统计分析，求得这358个三角形内角和之真误差的平均值 $v=-6.2''/358$，几乎为0。以误差的大小为横轴，以频数为纵轴绘制误差分布曲线图，如图13-8所示。

表13-2 偶然误差频数分布统计表

误差区间 dΔ	负误差		正误差		合计	
	个数/k	频率/(k/n)	个数/k	频率/(k/n)	个数/k	频率/(k/n)
0~3″	45	0.126	46	0.128	91	0.254
3~6	40	0.112	41	0.115	81	0.227
6~9	33	0.092	33	0.092	66	0.184
9~12	23	0.064	21	0.059	44	0.123
12~15	17	0.047	16	0.045	33	0.092
15~18	13	0.036	13	0.036	26	0.072
18~21	6	0.017	5	0.014	11	0.031
21~24	4	0.011	2	0.006	6	0.107
24″以上	0	0	0	0	0	0
Σ	181	0.505	177	0.495	358	1.000

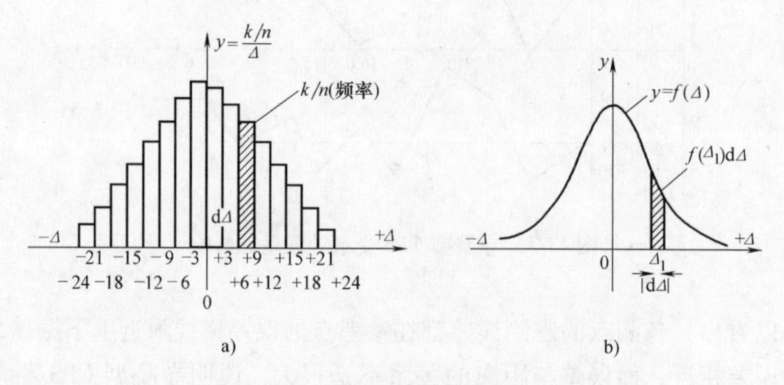

图13-8 偶然误差频数分布曲线

由图上可以看出，所有误差以零误差为中心向两边成正态分布，且分布比较离散，说明经纬仪测角时，主要是受偶然误差的影响，这些误差表现出如下性质：

（1）有界性 即在一定观测条件下的有限次观测中，误差的大小不超过一定的界限，或者说超出一定限值的误差出现的概率几乎为0。

（2）分布性 绝对值小的误差出现的机会或概率比绝对值较大的误差出现的机会或概率要多。

（3）对称性 绝对值相等的正、负误差出现的机会或概率大致相同。

（4）抵偿性 当重复观测次数无限增加时，误差的算术平均值趋向于零，即

$$\lim_{n\to\infty}\frac{\Delta_1+\Delta_2+\cdots+\Delta_n}{n}=\lim_{n\to\infty}\frac{\sum\Delta_i}{n}=0 \tag{13-1}$$

13.3 测量误差的衡量与评定

13.3.1 测量误差的表示

（1）真误差 通常把某观测量的实际值（或称真值）X 与观测值 L 之间的差异称为观测值的真误差，用 Δ 表示，即

$$\Delta=L_i-X(i=1,\ 2,\ \cdots,\ n) \tag{13-2}$$

（2）似真误差 客观上对于某一个单一量的真值是无法确切地得到。例如，对于某一条线段的长度、某一个多边形中任意一个角度、某一个圆的周长等，不论人们采用什么样的测量方法，也不管仪器的精度有多高，其真值都是不可能得到的。因此，人们往往从一组带有误差的观测值中，去求得最接近真值的值，这个值就是观测量的最可靠值，在测量上称为似真值或称最或然值，用 x 表示，将其与观测值之间的差异称为似真误差或称观测值的改正数，用 v 表示，即

$$v=x-L_i(i=1,\ 2,\ \cdots,\ n) \tag{13-3}$$

13.3.2 测量误差的衡量

观测值误差对测量成果的影响程度，通常用测量的精度来评定，它包括测量的正确度、精确度和准确度三个方面，现以打靶为例说明其意义。如图 13-9 所示，假设靶心的位置相当于真值，子弹弹孔的位置相当于观测值，弹孔离靶心的距离即为射击的误差。

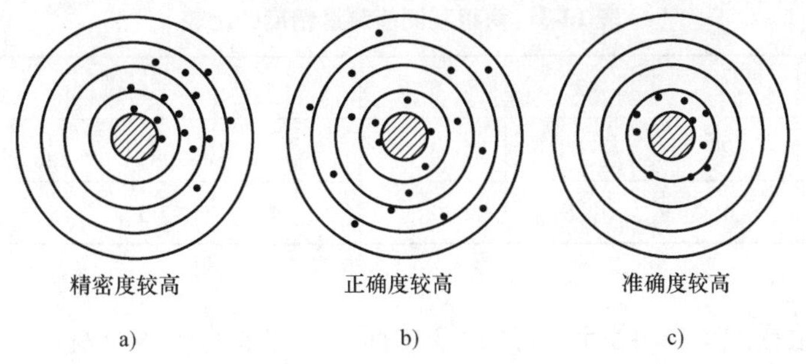

图 13-9 测量观测值精度的描述

（1）正确度 即表示测量结果中受系统误差的影响程度。如图 13-9a 所示，子弹的弹孔普遍离靶心较远，并且偏向于某一个区域，说明其命中率（即打靶的精度）受系统误差的影响较大，其射击的正确度较低；而在图 13-9b 中，子弹的弹孔虽然有一些远离靶心，但都均匀地分布于靶心的四周，说明其命中率受系统误差的影响较小，其射击的正确度较高。

（2）精确度 即表示测量结果中受偶然误差的影响程度。如图 13-9a 所示，靶上的弹孔与弹孔之间在某一个区域比较密集，说明其命中率受偶然误差的影响较小，其射击的精确度

较高；而在图13-9b中，子弹的弹孔在靶心周围分布比较离散，说明其命中率受偶然误差的影响较大，其射击的精确度较低。

（3）准确度　即表示测量结果中受系统误差和偶然误差的综合影响程度。如图13-9c所示，子弹命中的目标都集中于靶心的周围，并且基本都靠近靶心，说明此时射击的精度受系统误差和偶然误差的影响均很小，其射击的正确度和精确度都很高，因此其准确度很高。

13.3.3　测量精度的评定

在测量过程中，系统误差和偶然误差总是同时发生的。当系统误差对测量成果的影响处于主要地位而偶然误差的影响居于次要地位时，观测值的测量误差就表现出系统性；反之，则表现出偶然性。为了有效地评定测量成果的精度，需要用数学指标进行衡量。在测量上按性质分大体上可以分为两类指标：

（1）或然误差　即反映误差分布集中程度的指标，用于衡量测量正确度（系统误差的影响程度）的高低，用ρ表示，其表达式为

$$\rho = \frac{\Delta_1 + \Delta_2 + \cdots + \Delta_n}{n} = \frac{\sum \Delta_i}{n} \tag{13-4}$$

（2）中误差　即反映误差分布离散程度的指标，用于衡量测量精确度（偶然误差的影响程度）的高低，用σ表示，其表达式为

$$\sigma = \pm\sqrt{\frac{(\Delta_1 - \rho)^2 + (\Delta_2 - \rho)^2 + \cdots + (\Delta_n - \rho)^2}{n}} = \pm\sqrt{\frac{\sum(\Delta_i - \rho)^2}{n}} \tag{13-5}$$

【例】　分别用两台J_6型经纬仪对地面某一个平面三角形的内角进行了5次观测，每次测得该三角形内角和的闭合差见表13-3，现对这两组观测值的测量精度进行比较。

表13-3　两组观测值测量精度的比较

测回	1	2	3	4	5	ρ	σ
1组/（″）	2	4	3	2	−1	2.4	±1.02
2组/（″）	1	−5	2	−4	1	−1	±2.45

解：首先，根据式（13-4）计算表13-3中两组观测值的或然误差ρ_1和ρ_2，得

$$\rho_1 = \frac{3+2+4+2+1}{5} = 2.4''$$

$$\rho_2 = \frac{1+(-5)+2+(-4)+1}{5} = -1''$$

计算结果表明，$|\rho_1| > |\rho_2|$，第一组观测值的正确度比第二组的要低。

然后，根据式（13-5）计算表13-3中两组观测值的中误差σ_1和σ_2为

$$\sigma_1 = \pm\sqrt{\frac{(3-2.4)^2 + (2-2.4)^2 + (4-2.4)^2 + (2-2.4)^2 + (1-2.4)^2}{5}} = \pm 1.02''$$

$$\sigma_2 = \pm\sqrt{\frac{(1+1)^2+(-3+1)^2+(2+1)^2+(-4+1)^2+(1+1)^2}{5}} = \pm 2.45''$$

计算结果表明，$\sigma_1 < \sigma_2$，即第一组观测值的精确度比第二组的要高。

将两组的观测值按直方图形式绘制误差分布曲线图，如图13-10a、b所示。由图可以看出，第一组观测值的曲线偏离坐标纵轴轴线较远，表明其所包含的系统误差较大；但由于观测值曲线的顶峰高而陡峭，因此其偶然误差小的分布密度较大。而第二组观测值的曲线偏离坐标纵轴轴线较近，表明其受系统误差的影响较小，但由于观测值曲线的顶峰低而平缓，因此其偶然误差大的分布密度较大。

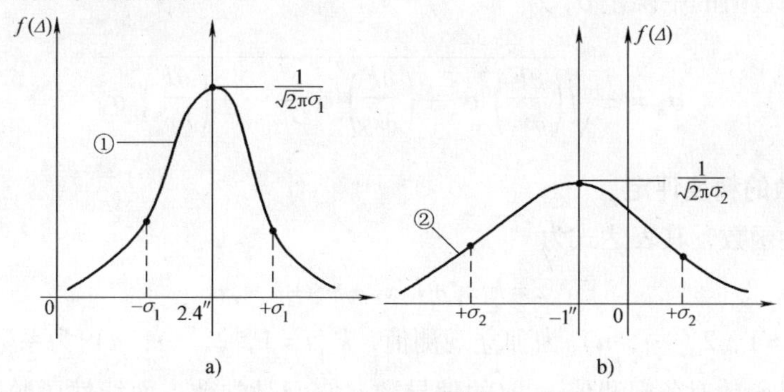

图13-10 两组观测值的误差对比

13.4 函数值测量精度的评定

在实际测量工作中，有一些量往往不是直接测定的，而是由其他观测量间接计算得到的，它与直接观测量构成一定的函数关系。例如，全站仪在进行高程测量时，两点间的高差是由仪器高、棱镜高、竖直角和斜距等四个观测量计算得来的。因此，其高程测量的精度是由这四个观测量的测量误差综合影响的结果，这就需要求函数值的或然误差和中误差。

1. 一般函数的精度评定

一般函数包括线性函数和非线性函数，其表达式为

$$z = F(x_1, x_2, \cdots, x_n)$$

式中，$x_i(i=1, 2, \cdots, n)$为独立观测值。假设各观测量的或然误差为$\rho_i(i=1, 2, \cdots, n)$，中误差为$\sigma_i(i=1, 2, \cdots, n)$，则由数学分析可知，函数值的误差可以近似地用函数的全微分来表达，即

$$\mathrm{d}z = \frac{\partial F}{\partial x_1}\mathrm{d}x_1 + \frac{\partial F}{\partial x_2}\mathrm{d}x_2 + \cdots + \frac{\partial F}{\partial x_n}\mathrm{d}x_n$$

由于或然误差均很小，可以用其代替微分$\mathrm{d}z$和$\mathrm{d}x_i$，这样就得到函数值的或然误差ρ_z为

$$\rho_z = \frac{\partial F}{\partial x_1}\rho_1 + \frac{\partial F}{\partial x_2}\rho_2 + \cdots + \frac{\partial F}{\partial x_n}\rho_n \tag{13-6}$$

将式（13-6）的等式两边取平方，得

$$\rho_z^2 = \left(\frac{\partial F}{\partial x_1}\right)^2\rho_1^2 + \left(\frac{\partial F}{\partial x_2}\right)^2\rho_2^2 + \cdots + \left(\frac{\partial F}{\partial x_n}\right)^2\rho_n^2 + \sum 2F_i \cdot F_j(\rho_i, \rho_j)$$

由于偶然误差有正负抵偿性，假设对 x_i 进行了 k 次观测，则有

$$\lim \frac{(\rho_i,\ \rho_j)}{k} = 0$$

因此

$$\lim \frac{\rho_z^2}{k} = \lim \left[\left(\frac{\partial F}{\partial x_1} \right)^2 \frac{\rho_1^2}{k} + \left(\frac{\partial F}{\partial x_2} \right)^2 \frac{\rho_2^2}{k} + \cdots + \left(\frac{\partial F}{\partial x_n} \right)^2 \frac{\rho_n^2}{k} \right]$$

于是得到函数值的中误差 σ_z 为

$$\sigma_z = \pm \sqrt{\left(\frac{\partial F}{\partial x_1} \right)^2 \sigma_1^2 + \left(\frac{\partial F}{\partial x_2} \right)^2 \sigma_2^2 + \cdots + \left(\frac{\partial F}{\partial x_n} \right)^2 \sigma_n^2} \tag{13-7}$$

2. 线性函数的精度评定

设有一线性函数，其表达式为

$$z = k_1 x_1 + k_2 x_2 + \cdots + k_n x_n$$

式中，$x_i(i=1,\ 2,\ \cdots,\ n)$ 为独立观测值，$k_i(i=1,\ 2,\ \cdots,\ n)$ 为系数。由上式可知，式中的$\partial F/\partial x_i$ 是函数对各观测值 x_i 取的偏导数，它们是常数；而线性函数对各变量的偏导数就是其本身各项的系数 k_i，因此，若将一般函数的$\partial F/\partial x_i$ 以相应的系数 k_i 来取代，即可得到线性函数的测量精度指标ρ_z 和 σ_z。

$$\begin{cases} \rho_z = k_1\rho_1 + k_2\rho_2 + \cdots + k_2\rho_n \\ \sigma_z = \pm \sqrt{{k_1}^2{\sigma_1}^2 + {k_2}^2{\sigma_2}^2 + \cdots + {k_n}^2{\sigma_n}^2} \end{cases} \tag{13-8}$$

【例】 设有一函数，其表达式为

$$\begin{cases} x = L_1 + L_2 \\ y = L_2 + 3L_3 \\ z = x \cdot y \end{cases}$$

式中 L_1、L_2、L_3 的或然误差均为ρ，中误差均为σ，求ρ_x、ρ_y、ρ_z 和σ_x、σ_y、σ_z。

解：由式（13-6）、式（13-7）和式（13-8）得

$$\begin{cases} \rho_x = \rho + \rho = 2\rho \\ \sigma_x = \pm \sqrt{\sigma^2 + \sigma^2} = \pm\sqrt{2}\sigma \end{cases}$$

$$\begin{cases} \rho_y = \rho + 3\rho = 4\rho \\ \sigma_y = \pm \sqrt{\sigma^2 + 3^2\sigma^2} = \pm\sqrt{10}\sigma \end{cases}$$

由于

$$z = x \cdot y = L_1L_2 + {L_2}^2 + 3L_1L_3 + 3L_2L_3$$

因此

$$\begin{cases}\dfrac{\partial z}{\partial L_1}=L_2+3L_3\\ \dfrac{\partial z}{\partial L_2}=L_1+2L_2+3L_3\\ \dfrac{\partial z}{\partial L_3}=3L_1+3L_2\end{cases}$$

于是

$$\begin{aligned}\rho_z&=\frac{\partial z}{\partial L_1}\rho_1+\frac{\partial z}{\partial L_2}\rho_2+\frac{\partial z}{\partial L_3}\rho_3\\&=[(L_2+3L_3)+(L_1+2L_2+3L_3)+(3L_1+3L_2)]\rho\\&=2(2L_1+3L_2+3L_3)\rho\\ \sigma_z&=\pm\sqrt{\left(\frac{\partial z}{\partial L_1}\right)^2{\sigma_1}^2+\left(\frac{\partial z}{\partial L_2}\right)^2{\sigma_2}^2+\left(\frac{\partial z}{\partial L_3}\right)^2{\sigma_3}^2}\\&=\pm\sigma\sqrt{(L_2+3L_3)^2+(L_1+2L_2+3L_3)^2+9(L_1+L_2)^2}\end{aligned}$$

13.5 处理测量误差的主要措施

13.5.1 消除系统误差影响的主要措施

系统误差对测量成果的影响具有一定的累积作用。因而，其对测量成果的质量有着特别显著的影响。在实际工作中，应该采取必要的措施来消除系统误差的影响，以达到实际上可以忽略不计的程度。通常，处理系统误差的方法有以下三种：

1. 检校仪器

即通过检校仪器把仪器的系统误差降低到最低程度。如对水准仪和全站仪各轴线的几何关系进行检验和校正，对仪器望远镜的十字丝分划板的检校等。

2. 求改正数

即通过在观测结果中加入误差改正数来有效地消除系统误差。如测定光电测距的加常数和乘常数、计算钢尺的尺长改正数等，现以计算钢尺的尺长改正数为例说明其具体的方法。如图13-11a所示，已知某钢尺的名义长为 l_0，实际鉴定的长度为 l'。用该尺去丈量某段距离AB，共丈量了三个尺段。由于钢尺在丈量时通常会受到拉力、温度、重力和倾斜等四个因素的影响，因此，就需要对其进行四差改正（表13-4为该钢尺丈量除重力外的三差改正记录手簿）。

（1）拉力的改正　根据胡克定律，钢尺尺长的变化量与拉力的变化量成正比。即当拉力的变化量为 ΔF 时，钢尺的尺长变化量（即拉力改正数）Δl_f 为

$$\Delta l_f=\frac{\Delta F l_0}{EA}=\frac{(F-F_0)l_0}{EA}\tag{13-9}$$

式中，A 为钢尺的断面积，E 为钢尺的弹性系数，F 为丈量时的拉力，F_0 为钢尺的标准拉力，通常规定为5kg（49N），即在此拉力下，钢尺的尺长为实长。

表 13-4 钢尺丈量三差改正记录手簿

距离测量手簿

工程名称　　　　　　　　　　　　日期　　年　　月　　日　　　　记录

钢尺号3*(50m)　　　　　　　　　　　　　　　　　　　　　　钢尺实长50,008m

钢尺检定拉力100N(10kg)　　　　　　　　　　　　　　　　　钢尺检定温度20℃

尺段编号	实测次数	前尺读数 /m	后尺读数 /m	尺段长度 /m	丈量温度 /℃	高差 /m	温差改正 /mm	尺长改正 /mm	高差改正 /mm	实际距离 /m
A-B	1	45.400	0.029	45.371	25	6.500	+3	+7	-468	
	2	45.400	0.025	45.375						
	3	45.400	0.030	45.370						
	平均			45.372						44.912
B-C	1	48.000	0.043	45.957	25	1.600	+3	+2	-27	
	2	48.000	0.048	45.952						
	3	48.000	0.041	45.959						
	平均			45.956						47.940
—	—	—	—	—	—	—	—	—	—	
总和										92.852

(2) 温度的改正　钢尺的线膨胀系数为 $\alpha = 0.0000125$ (m/m, °C)，它说明当环境温度每变化1°C时，钢尺的尺长每1m将变化0.0000125m。假设温度的变化量为 Δt，则钢尺的温度改正数 Δl_t 为

$$\Delta l_t = \alpha \cdot \Delta t \cdot l_0 = \alpha \cdot (t - t_0) l_0 \tag{13-10}$$

式中，t 为测量时的环境温度，t_0 为钢尺的标准温度，通常规定为20℃，即在此温度下，钢尺的尺长为实长。

(3) 倾斜的改正　当钢尺在丈量过程中发生倾斜时，会使测量的距离变大。假设钢尺两端点的高差为 h，则钢尺的斜长改正数 Δl_h 为

$$\Delta l_h = \sqrt{{l_0}^2 - h^2} - l_0 = -\frac{h^2}{2l_0} \tag{13-11}$$

(4) 重力的改正　当钢尺在悬空丈量时，由于自重会使钢尺的水平尺长向下产生垂曲，会使测量的距离变大。如图13-11b所示，假设钢尺的重量为 G，钢尺的中心点到水平线的垂距为 d ($d = Gl_0/8F_0$)，则钢尺的重力改正数 Δl_g 为

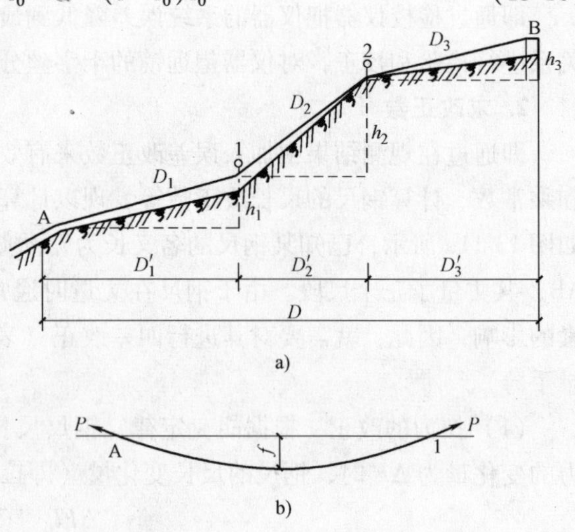

图 13-11　钢尺丈量的误差改正

$$\Delta l_g = -\frac{8d^2}{3l_0} = -\frac{G^2 l_0}{24F_0^2} \tag{13-12}$$

这样，通过以上四差改正后，钢尺在丈量时的实际长度 l 为

$$l = l' + \Delta l_f + \Delta l_t + \Delta l_h + \Delta l_g \tag{13-13}$$

3. 对称观测

即通过一定的观测方法使系统误差对观测成果的影响互为反数，以便相互抵消或减弱。如水准测量时采用前、后视距等长的方法可以有效地消除大气折光、地球曲率等引起的读数误差，以及望远镜的视准轴与管水准器轴不平行的校正后残余误差；角度测量时采用盘左盘右取平均法可以有效地消除水平度盘偏心差、竖直度盘指标差，以及仪器的竖轴与横轴不垂直、仪器的横轴与望远镜视准轴不垂直等校正后的残余误差。

13.5.2 降低偶然误差影响的主要措施

偶然误差是一切测量工作中不可避免的误差，因此总是难以被彻底消除。在实际测量过程中，应采取一些手段尽可能地减小偶然误差，或者将其限制在最低程度。具体有以下三种处理方法：

1. 提高仪器的精度等级

即采取一些技术上的措施来提高仪器的精度等级，使观测的精度得到提高。例如，在水准测量中使用精密水准尺（0.1～1mm）比使用普通水准尺（0.5～1cm）可使观测精度提高10%；在角度测量中，用 J_6 型测微尺装置的经纬仪，其观测精度只有1′，测微器装置的观测精度提高到20″，而用 J_2 型符合装置的经纬仪，其观测精度可达1″。

2. 增加多余观测

多余观测是指观测的次数多于未知数的数量。例如，对某未知角度进行 n 次观测，除一次观测必须外，其余 $n-1$ 次均为多余观测；测一个平面三角形的三个内角，理论上只需测两个角就可以了，第三个角是多余观测；交会测量中一般有两个已知点就可以测出未知点的坐标，利用第三个已知点再次进行交会测量就是多余观测，如图13-12所示。通过多余观测求观测值的平均值可以使正、负误差相互抵偿，进而达到消弱偶然误差的目的。下面探讨多余观测的最佳次数。

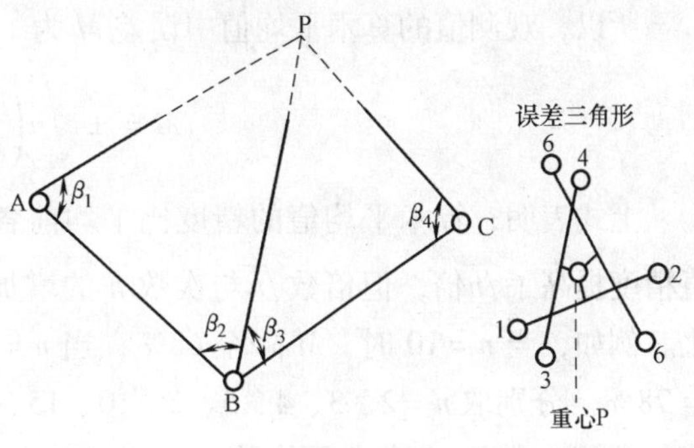

图13-12 经纬仪角度交会测量多余观测

设某待测量的真值为 X，观测值为 L，观测次数为 n，则各次观测的真误差为

$$\begin{cases} \Delta_1 = L_1 - X \\ \Delta_2 = L_2 - X \\ \vdots \quad \vdots \quad \vdots \\ \Delta_n = L_n - X \end{cases}$$

将等式两端分别求和，得

$$[\Delta]=[L]-nX$$

将上式两端同时除以 n，得

$$\frac{[\Delta]}{n}=\frac{[L]}{n}-X$$

由于偶然误差具有抵偿性，即

$$\lim_{n\to\infty}\frac{[\Delta]}{n}=\lim_{n\to\infty}\left\{\frac{[L]}{n}-X\right\}=\lim_{n\to\infty}(x-X)=0 \tag{13-14}$$

上式表明，当观测的次数趋于无穷大时，观测值的算术平均值趋近于真值。然而，实际工作中不可能对每一个观测量都进行无数次观测，这就需要确定最佳的观测次数。因为偶然误差对观测值的精度影响是以中误差来衡量的，所以就需要知道不同观测次数的算术平均值中误差是多少。假设对某量进行 n 次等精度观测时，观测值的中误差为 σ。由于观测值的算术平均值为线性函数，即

$$x=\frac{[L]}{n}=\frac{1}{n}L_1+\frac{1}{n}L_2+\cdots+\frac{1}{n}L_n \tag{13-15}$$

因此，根据线性函数的中误差计算公式，观测值的算术平均值中误差 M 为

$$M=\pm\sqrt{\left(\frac{\sigma_1}{n}\right)^2+\left(\frac{\sigma_2}{n}\right)^2+\cdots+\left(\frac{\sigma_n}{n}\right)^2}$$

因为是等精度观测，即有

$$\sigma_1=\sigma_2=\cdots=\sigma_n=\sigma$$

所以，观测值的算术平均值中误差 M 为

$$M=\pm\sqrt{n\left(\frac{\sigma}{n}\right)^2}=\pm\frac{\sigma}{\sqrt{n}} \tag{13-16}$$

上式表明，算术平均值的精度比平均前各单一的观测值精度提高了$\sqrt{n}$倍，但倍数$\sqrt{n}$与次数 n 的增加速度不成正比。例如，当 $n=10$ 时，M 降至68%；当 $n=20$ 时，M 降至78%。分别取 $n=2$、3、4、5、6、10、15、20 等值，计算各观测次数下的算术平均值中误差 M_2、M_3、M_4、M_5、M_6、M_{10}、M_{15}、M_{20}等，然后以 n 为横轴，M 为纵轴，绘制坐标图，如图 13-13 所示。由图可知，观测次数在前 10 次时，精度提高较快；当 $n>10$ 时，M 变化很小。因此，一般观测次数不宜超过 12 次。

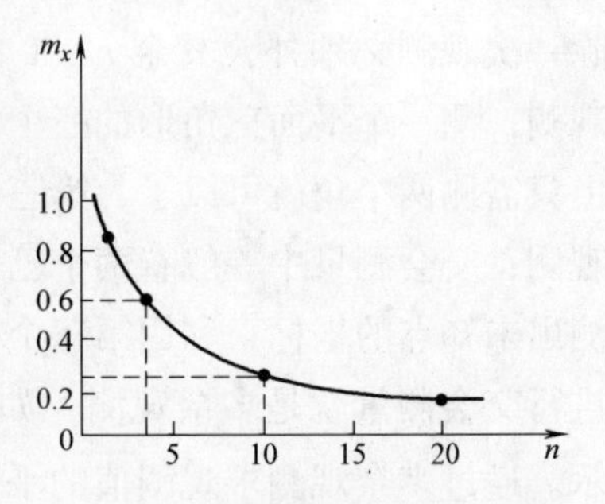

图 13-13 不同观测次数算术平均值中误差曲线

3. 降低外界影响

偶然误差的第一个特性指出，在相同观测条件下，误差的绝对值有一定的界限。根据误差理论可知，在大量等精度观测的一组偶然误差中，误差落在区间（$-\sigma$，$+\sigma$）、（-2σ，$+2\sigma$）和（-3σ，$+3\sigma$）的概率 P 分别为

$$\begin{cases} P(-\sigma<\Delta<+\sigma)\approx 68.3\% \\ P(-2\sigma<\Delta<+2\sigma)\approx 95.4\% \\ P(-3\sigma<\Delta<+3\sigma)\approx 99.7\% \end{cases}$$

反过来说，超出$|\sigma|$的误差发生的概率为31.7%，超出$2|\sigma|$的误差发生的概率为4.6%，超出$3|\sigma|$的误差发生的概率为0.3%，如图13-14所示。因此，测量上通常用$2|\sigma|$或$3|\sigma|$作为偶然误差离散的界限，称为限差，用$m_{允}$来表示，即

$$m_{允}=2|\sigma|或3|\sigma| \tag{13-17}$$

在实际测量过程中，为了缩小偶然误差的波动范围，必须提高观测人员的职业素养和技术操作水平。在进行测量时，要正确处理测量工作与影响因子间的协调关系，并严格按照测量的技术标准和操作程序进行观测，以降低外部因素的影响。同时，为了避免外界的不稳定因素所引起的观测值的波动，通常需要选择有利的观测环境和观测时机。例如，一般选在早晨太阳未出来之前进行测量，因为此时不会受到强烈光线所引起的眩光的影响。

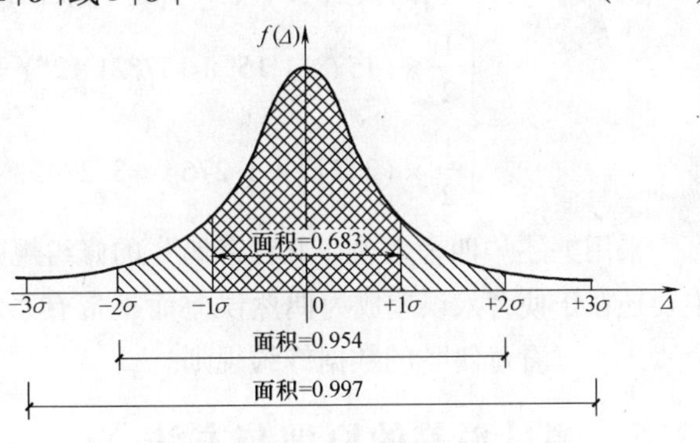

图13-14 偶然误差发生的概率分布

13.5.3 测量数据的修约规则

“四舍五入”是习惯的数据修约规则，然而在测量计算中却不能按“四舍五入”，因为在取用测量数据和其他实验数据凑整取舍中，按“四舍五入”的修约规则，会使取用的数据偏大，并使舍入的偶然性误差带有系统性。

在决定舍入时，数据尾数可能是：

$$\underbrace{1、2、3、4}_{舍}\ \underbrace{5、6、7、8、9}_{入}$$

按“四舍五入”的规则，舍去的只有四种情况，而收入有五种情况，这显然是不合理的。况且，测量数据在取用中，尾数恰好是5的情况又很普遍，例如测角中同一方向两次读数取中数、正倒镜观测取中数，水准测量中红黑面高差取中数等，都会遇到尾数恰好是5要决定取舍。如果按“四舍五入”，明显会使测量结果偏大。

为了消除“四舍五入”的不合理性，并使取舍误差不带有系统性，必须采取“四舍六入，五看奇偶”的数据修约规则，即：

1）若舍去部分的数值，大于所保留末位的0.5，则末位加1；

2）若舍去部分的数值，小于所保留末位的0.5，则末位不变；

3）若舍去部分的数值，等于所保留末位的0.5，则当末位为奇数时加1，末位为偶数时不变。

【例1】 将下面左边的数修约成右面的数，修约到小数后第三位：

$$\begin{cases} 2.71729 \rightarrow 2.717 \\ 6.378501 \rightarrow 6.379 \\ 7.691499 \rightarrow 7.691 \\ 5.6235 \rightarrow 5.624 \\ 3.21650 \rightarrow 3.216 \\ 4.51050 \rightarrow 4.510 \end{cases}$$

【例2】 将下列的读数取中数，并进行数据修约：

$$\begin{cases} \frac{1}{2} \times (157°21'15'' + 157°21'12'') = 157°21'13.5'' \approx 157°21'14'' \\ \frac{1}{2} \times (3.273 + 3.276) = 3.2745 \approx 3.274 \end{cases}$$

采用上述“四舍六入，五看奇偶”的修约规则，不但可以使末位成为偶数以便于计算，主要还在于使舍入误差成为偶然误差而不带有系统性，因此在测量数据取舍中应遵守“四舍六入，五看奇偶”的数据修约规则。

13.6 测量平差的原理与方法

13.6.1 测量平差的原理

1. 测量平差的含义

当观测列中已经排除了系统误差的影响，或者与偶然误差相比已处于次要地位，则该观测列中主要是存在着偶然误差。为了提高该成果的质量，同时也为了检查和及时发现观测值中有无错误存在，通常进行多余观测，通过多余观测必然会发现观测结果之间不相一致，或不符合应有关系而产生不符值。测量平差就是对这些带有偶然误差的观测值进行处理，运用概率统计的方法来消除它们之间的不符值，使得消除不符值后的结果，可以认为是观测量的最可靠的结果。同时还要评定该观测值及其可靠结果的精度。

2. 最小二乘法原理

假设在相同观测条件下，对某段距离进行了6次丈量，六个观测值L分别为125.544m、125.550m、125.549m、125.557m、125.543m、125.551m。由于该段距离的真值X无法知道，因此，只能在这组观测值中去找一个似真值x，假如其中一个观测值就是最或然值，比如为$x = 125.549$m，将其与其他五个观测值进行比较，就得到了6个似真误差值v_i，即+5mm、-1mm、0、-8mm、+6mm、-2mm。由于对该量进行的n次重复观测中，只有一次是必要观测，因此，用似真误差值求解观测值的中误差公式，实际上变为

$$\sigma = \pm\sqrt{\frac{v_1^{\ 2} + v_2^{\ 2} + \cdots + v_n^{\ 2}}{n-1}} = \pm\sqrt{\frac{[vv]}{n-1}} \tag{13-18}$$

这样，按上式所计算的该观测值的中误差为

$$\sigma = \pm\sqrt{\frac{5^2 + (-1)^2 + 0 + (-8)^2 + 6^2 + (-2)^2}{6-1}}\text{mm} = \pm\sqrt{26}\text{mm}$$

若取 x 为另外的观测值，比如取 $x=125.550$m，则又可以得到6个相应的似真误差值，分别为+6mm、0、+1mm、-7mm、+7mm、+1mm。相应的观测值的中误差为 $\sigma=\pm\sqrt{27.2}$mm。毫无疑问，如果观测次数为无数次，则 x 可以取无限多个值，也就会得到无限多组 v_i 和无限多个 σ。那么，究竟选用 x 为哪一个观测值时，才是最可靠、最接近真值的值呢？理论证明，当［vv］最小，即 σ 最小时，选取的 x 值为最或然值。换句话说，如果选取的 x 值为最或然值，那么，根据其得到一组 v_i 所计算出的相应的 σ 一定是最小的，这就是最小二乘法原理。

13.6.2 观测值的测量平差

观测值的测量平差就是通过直接观测平差法进行的，即根据最小二乘原理，从一个量的多次直接观测值推求其最或然值，分为等精度直接观测和不等精度直接观测两类：

1. 等精度观测值最或然值的计算

设各次观测值的似真误差为

$$\begin{cases} v_1 = x - L_1 \\ v_2 = x - L_2 \\ \cdots\ \cdots\ \cdots \\ v_n = x - L_n \end{cases}$$

将等式两端平方后分别求和，得

$$[vv]=(x-L_1)^2+(x-L_2)^2+\cdots+(x-L_n)^2$$

由函数极值可知，当[vv]的一阶导数为0时，[vv]为最小。即

$$[vv]'=2(x-L_1)+2(x-L_2)+\cdots+2(x-L_n)$$

上式整理后，得

$$nx-[L]=0$$

即

$$x=\frac{[L]}{n} \tag{13-19}$$

可见，在对某个未知量进行的一系列等精度观测中，满足最小二乘法条件下计算出的最或然值 x 就是观测值的算术平均值。

若将等精度观测值 L 由大到小进行排列，以最或然值 x 取不同的 L 值为横轴，以相应得到的不同［vv］值为纵轴，绘制函数关系曲线图，如图13-15所示。则由图可知，当 x 取观测值 L 的平均值时，［vv］为最小。

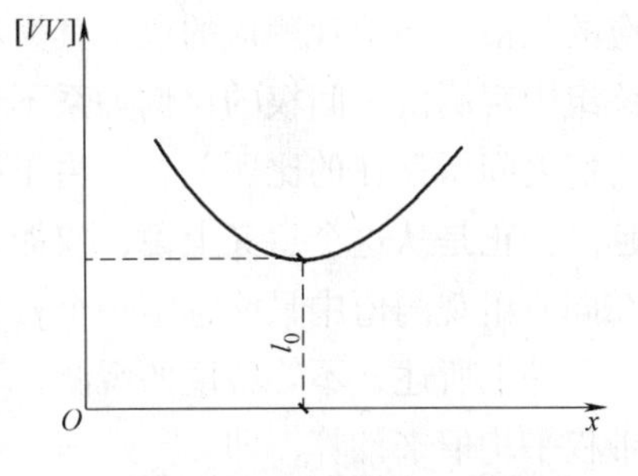

图13-15 不同 x 取值与不同[vv]值的函数关系曲线

2. 不等精度观测值最或然值的计算

如图13-16所示为某水准测量观测路线图，由于测AP、BP、CP的高差时，各路线的长度 S_1、S_2、S_3 和测站数 N_1、N_2、N_3 都不同，所以欲求P点的高程时，不能简单地用算术平均值去求其最或然值及其中误差，而

要用加权平均值进行求解。

对于这个问题，先看一个有助于理解问题的例子。某单位购买了100件工作服，其中，大号30件，单价为15元；中号50件，单价为14元；小号20件，单价为13元。问这批工作服的平均单价是多少？

能不能按$\frac{1}{3}\times(15+14+13)=14$来计算这批工作服的单价呢？显然不行。因为这样计算，没有考虑大、中、小三种规格的工作服件数不同这个因素。应该按下列方法来计算平均单价：

$$\frac{15\times30+14\times50+13\times20}{30+50+20}=14.1$$

上列算式中大、中、小三种规格的工作服件数30、50、20就叫做权数，可见“权”并不深奥。

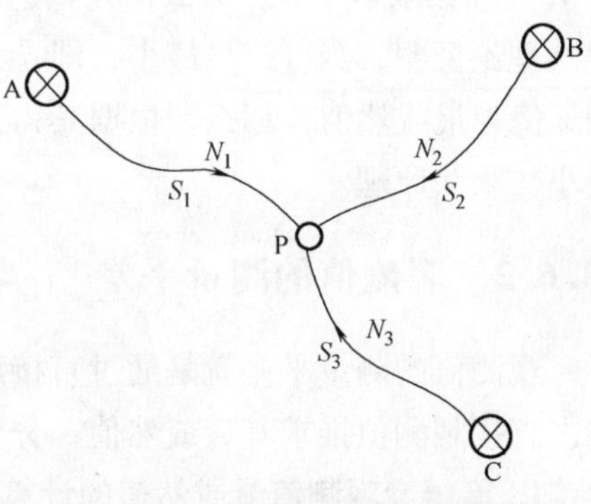

图13-16　某水准测量观测路线

在进行不等精度观测计算最或然值时，也必须考虑观测精度不同这个因素。例如某甲对一个角度观测了两个测回，得出的结果为154°21′15″，某乙用同样的经纬仪对该角观测了五个测回，得154°21′25″。能不能用

$$x=\frac{1}{2}\times(154°21'15''+154°21'25'')=154°21'20''$$

作为最或然值呢？显然也不能。或者因为某乙的测回数多，观测值的可靠性较高而将某甲的观测成果舍去，只取$x=154°21'25''$作为最或然值呢？当然也不能。应该按下列方法计算最或然值：

$$x=\frac{154°21'15''\times2+154°21'25''\times3}{2+3}=154°21'22''$$

这里的测回数2、3即为权，它既表示两个观测值的可靠程度，也代表各自观测值在计算最或然值中所占的比重，即它起权衡轻重的作用。

假设用P来代表权，观测值L的中误差为σ，则观测值的权定义为

$$P=\frac{\mu^2}{\sigma^2} \tag{13-20}$$

式中μ是可以任意选定的常数。对同一组中误差而言，选定了一个μ值，即有一组相对应的权值。一组观测值的权，其大小随μ值的不同而不同，但可以看出，无论μ值取何值，该组中观测值之间权的比例关系不变。所以权的意义不在于它们本身数值的大小，重要的是它们之间所存在的比例关系。由于权与中误差的平方成反比，即观测值的精度越高，其权数越高。正是从这个意义上说，权能表示观测值的可靠程度。为了起到比较精度高低的作用，在同一组观测值中只能选定一个μ值，否则将破坏一组权之间的比例关系。

综上所述，不等精度的观测，不能用简单的求算术平均的方法去计算最或然值，而要用带权平均值来计算，即

$$x=\frac{P_1L_1+P_2L_2+\cdots+P_nL_n}{P_1+P_2+\cdots+P_n}=\frac{[PL]}{P} \tag{13-21}$$

【例】 用J_6经纬仪与J_2经纬仪分别对同一个角度各自观测了一个测回，一个测回观测值的平均值分别为$L_1=87°15'24''$、$L_2=87°15'14''$；观测值的中误差分别为$\sigma_1=\pm6''$、$\sigma_2=\pm2''$。若取$\mu=6$，则观测值的权数为

$$\begin{cases} P_1=\dfrac{6^2}{6^2}=1 \\ P_2=\dfrac{6^2}{2^2}=9 \end{cases}$$

于是观测值的最可靠值为

$$x=\frac{87°15'24''\times1+87°15'14''\times9}{1+9}=87°15'19''$$

若取$\mu=12$，则观测值的权数为

$$\begin{cases} P_1=\dfrac{12^2}{6^2}=4 \\ P_2=\dfrac{12^2}{2^2}=36 \end{cases}$$

于是观测值的最可靠值为

$$x=\frac{87°15'24''\times4+87°15'14''\times36}{4+36}=87°15'19''$$

可见，尽管取不同的μ值，会有不同的P值，但$1:9=4:36$，比值是一样的，因此，两次计算出的最或然值也是一样的。

13.6.3 函数值的测量平差

通常情况下，对于一个实际的平差问题，涉及的总是通过几个观测量来确定某些几何量或物理量的大小等有关的函数值问题，因而考虑的是建立函数模型，测量平差的方法一般有条件平差法和间接平差法两种。

1. 条件平差法

我们知道，在n个观测值向量L_i中，最多只能选出t个独立量为必要观测量，其余r个观测量为多余观测量。那么，当有r个多余观测值时，平差值$\tilde{L}_i$必然要满足r个平差值条件方程，同时就有r个改正数条件方程。条件平差法就是以条件方程为函数模型，根据最小二乘原理来推求改正数的最或然值。

例如图13-17所示的ΔABC中，观测量为其中的3个内角，分别为$\tilde{L}_1$、$\tilde{L}_2$、$\tilde{L}_3$，因此，其观测值的个数为$n=3$。为了确定其形状，只要观测其中任意2个内角的大小就行了，如$\tilde{L}_1$、$\tilde{L}_2$或$\tilde{L}_1$、$\tilde{L}_3$或$\tilde{L}_2$、$\tilde{L}_3$等，换句话说，其必要观测数为$t=2$。那么，其多余观测数显然为$r=n-t=1$。由此，则可以列出1个条件方程，即

$$\tilde{L}_1+\tilde{L}_2+\tilde{L}_3-180°=0 \tag{13-22}$$

由于观测值存在随机误差，即$\tilde{L}_{1,2,3}=L_{1,2,3}+v_{1,2,3}$，因此，其3个内角观测值$L_1$、$L_2$、$L_3$之和不等于180°，也就是产生了三角形闭合差，即$\omega=(L_1+L_2+L_3)-180°$。这样，式

(13-22) 变换为

$$\omega+(v_1+v_2+v_3)=0 \tag{13-23}$$

在这个方程中有3个未知数V，因此其解不是唯一的，即有无限多组V的解。由平差的原则可知，要寻求其中能使“V^TPV的值为最小”的一组V值，经过这一组V值改正后的3个内角观测值$\tilde{L}_1$、$\tilde{L}_2$、$\tilde{L}_3$，在满足“V^TPV的值为最小”的前提下，要同时满足方程式（13-23)，这就是一个求条件极值的问题。若设3个内角观测值为同精度独立观测值，则根据最小二乘原理，有

$$\Phi=[vv]-2k(\omega+v_1+v_2+v_3) \tag{13-24}$$

式（13-24）中“$2k$”为拉格朗日乘数。分别对式（13-24）中各个v求偏导，并令其等于0，得：

$$\begin{cases}\dfrac{\partial\Phi}{\partial v_1}=2v_1-2k=0\\ \dfrac{\partial\Phi}{\partial v_2}=2v_2-2k=0\\ \dfrac{\partial\Phi}{\partial v_2}=2v_2-2k=0\end{cases} \tag{13-25}$$

解得$v_1=v_2=v_3=k$后，代入式（13-23)，即得各改正数为：$v_1=v_2=v_3=-\dfrac{\omega}{3}$。

2. 间接平差法

对于n个观测量，若选定必要观测的t个独立量为平差参数，将每一个观测量都表达成所选参数的函数，列出n个这种函数关系式方程，以此为平差的函数模型，按最小二乘原理解出参数的最或然值的方法称为间接平差法。

例如图13-17所示的ΔABC中，选定$\angle A$和$\angle B$为平差参数，设为$\tilde{X}_1$和$\tilde{X}_2$，因为通过$t=2$这两个参数就可以唯一地确定该三角形的形状，所以，每个观测量均可表达为这两个平差参数的函数，这样可以列出3个方程，即

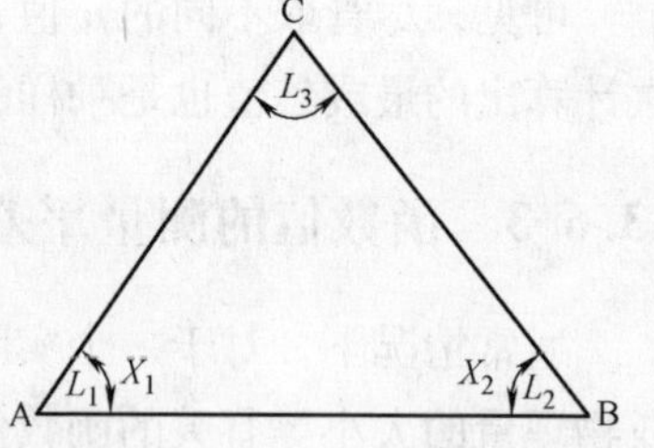

图13-17 某三角形角度测量

$$\begin{cases}\tilde{L}_1=L_1+v_1=\tilde{X}_1\\ \tilde{L}_2=L_2+v_2=\tilde{X}_2\\ \tilde{L}_3=L_3+v_3=-\tilde{X}_1-\tilde{X}_2+180°\end{cases} \tag{13-26}$$

由式（13-26）可得

$$\begin{cases}v_1=\tilde{X}_1-L_1\\ v_2=\tilde{X}_2-L_2\\ v_3=-\tilde{X}_1-\tilde{X}_2+180°-L_3\end{cases} \tag{13-27}$$

同样，v_1、v_2、v_3可有多组解，若设3个内角观测值为等精度独立观测值，则根据最小二乘原理，要求V^TPV为最小，即

$$\sum v_i^2 = (\tilde{X}_1 - L_1)^2 + (\tilde{X}_2 - L_2)^2 + (-\tilde{X}_1 - \tilde{X}_2 + 180° - L_3)^2 = \min$$

于是，有

$$\begin{cases} \dfrac{\partial[vv]}{\partial \tilde{X}_1} = 2(\tilde{X}_1 - L_1) - 2(-\tilde{X}_1 - \tilde{X}_2 + 180° - L_3) = 0 \\ \dfrac{\partial[vv]}{\partial \tilde{X}_2} = 2(\tilde{X}_2 - L_2) - 2(-\tilde{X}_1 - \tilde{X}_2 + 180° - L_3) = 0 \end{cases} \tag{13-28}$$

由式（13-28）解得

$$\begin{cases} \tilde{X}_1 = \dfrac{2}{3}L_1 - \dfrac{1}{3}L_2 - \dfrac{1}{3}L_3 + 60° \\ \tilde{X}_2 = -\dfrac{1}{3}L_1 + \dfrac{2}{3}L_2 - \dfrac{1}{3}L_3 + 60° \end{cases} \tag{13-29}$$

将式（13-29）代入式（13-27），也可得到各改正数为：$v_1 = v_2 = v_3 = -\dfrac{\omega}{3}$。

第 14 讲　建筑施工放样

14.1　地形图的识读

地形图是按一定的程序和专门的投影方法，运用测绘成果编制的，用符号、注记、等高线等表示地物、地貌及其他地理要素的平面位置和高程的正射投影图，如图 14-1 所示。

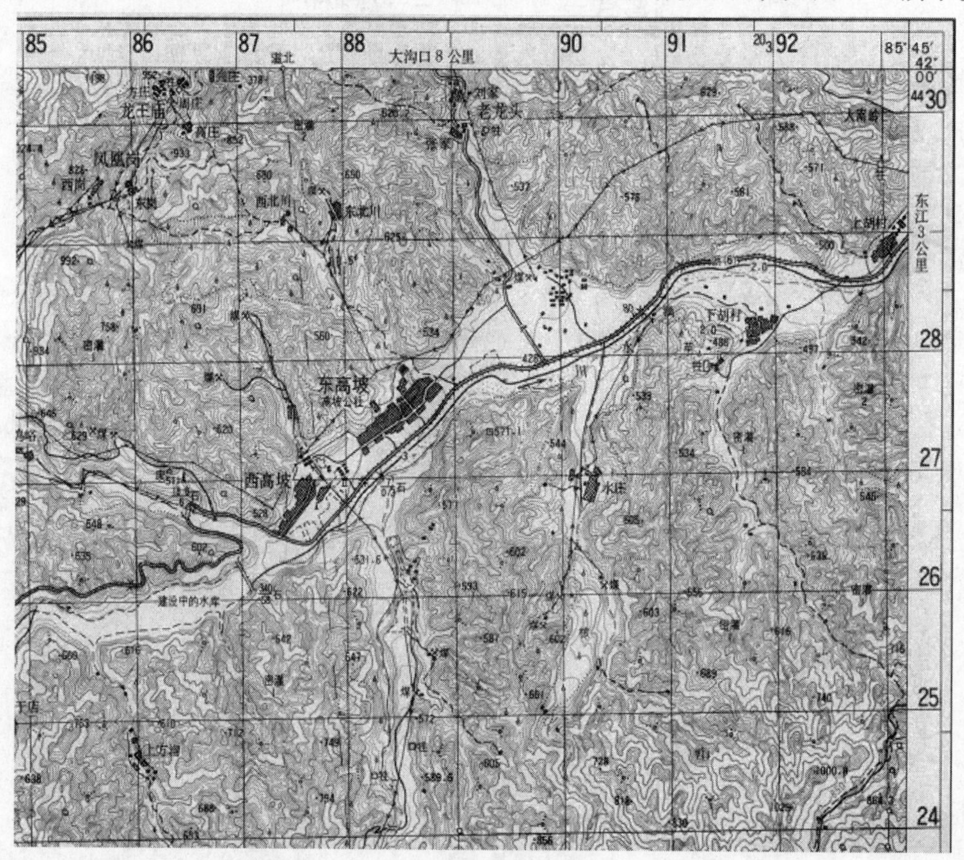

图 14-1　某地形图的图片

14.1.1　地形图的图名、图廓与图外注记

1. 图廓

地形图的图廓是地形图的边界线，由内、外图廓线组成，如图 14-2 所示。

（1）内图廓线　它是测量的边界线，是图幅的实际范围，用细直线表示。它由上、下两条纬线和左、右两条经线所构成，其内绘制有 10cm 间隔相互垂直交叉的 5mm 短线，称为坐标格网线。该方格网线是平面直角坐标格网，即网线是平行于以投影带的中央子午线为 x

轴和以赤道为 y 轴的直线。由经纬线可以确定图内各点的地理坐标和任意一直线的真子午线方位角，由坐标格网线则可以确定图内各点的高斯平面直角坐标和任意一条直线的坐标方位角。

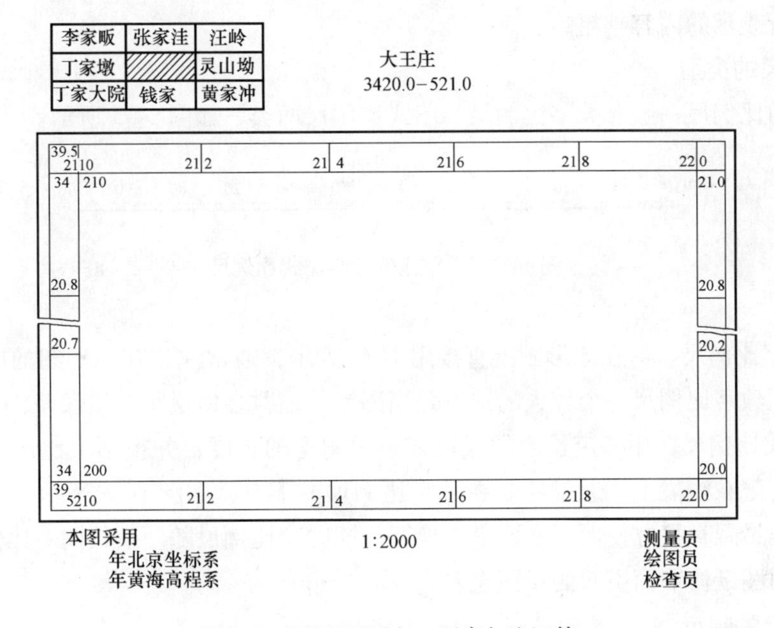

图 14-2　地形图图名、图廓与注记等

（2）外图廓线　它是一幅图的最外边界线，以粗实线表示，它与内图廓线间隔 12mm，其间注有地理坐标值和高斯平面坐标值，且在四角注有高斯投影带的带号。

2. 图名

地形图的图名通常以图幅内最著名的地名如主要厂矿企业，或最大的村庄、最突出的地物或地貌等的名称来命名，一般标注在图廓外正上方的中央部位。

3. 接图表

接图表是本幅图与相邻图幅之间位置关系的示意简表，表上注有四周相邻各图幅的图名或图号，中间一格画有斜线的代表本图幅。读图或用图时可根据接图表迅速地找到与本图幅接壤的有关地形图，并用它来拼接相邻图幅。接图表一般绘制于图廓外的左上方（见图 14-2）。

4. 其他注记

在外图廓线之外，通常注记有测量所使用的平面坐标系统和高程系统，以及测绘单位、测绘者和测绘日期等。一般注明在图廓外下方的左、右两边。

14.1.2　地形图的比例尺

1. 比例尺的概念

地形图的比例尺是指地形图上任意一条线段的长度 d 与它所代表的地面实际水平距离 D 之比，通常用分子为 1 的分数式 $1/M$ 或 $1\colon M$ 来表示，其中

$$M=\frac{D}{d} \tag{14-1}$$

可以看出，M越小，比例尺越大，图上所表示的内容越详尽；相反，M越大，比例尺越小，图上所表示的内容越粗略。

2. 比例尺的类型

地形图的比例尺一般有数字比例尺和图式比例尺两类，如图14-3所示。

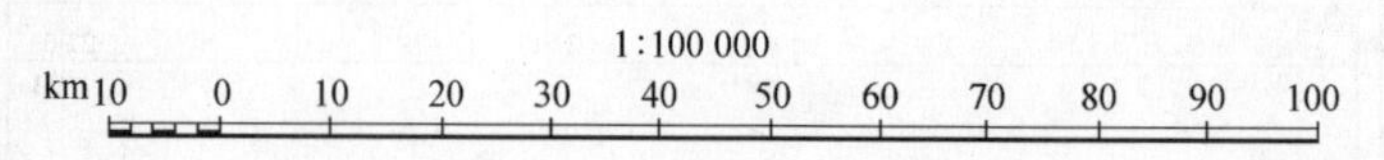

图14-3 数字比例尺与图式比例尺

（1）数字比例尺 即在地形图上直接用1:M表示，通常注记在地形图的图廓外正下方的中间位置。数字比例尺一个较大的缺点是当图纸伸缩时会使量距产生误差。

（2）图式比例尺 用一定长度的线段来表示图上的长度，并按图上比例尺所对应的实地水平距离注记在线段上，通常绘制在数字比例尺的下方，如图14-3所示。采用图式比例尺的优点是：量距直接方便而不必再进行换算，同时，比例尺随图纸按同一比例伸缩，从而明显减小了因图纸伸缩而引起的量距误差。

3. 比例尺的精度

由于人用肉眼能分辨出的图上最小距离是0.1mm，因此，地形图上0.1mm所代表的实地水平距离就是该图的比例尺精度，即

$$\text{比例尺的精度}=0.1\text{mm}\times M \tag{14-2}$$

该式表明，比例尺越大，其比例尺精度越小，地形图的精度就越高；反之，比例尺越小，其比例尺精度越大，地形图的精度就越低。表14-1中所列的就是几种常用大比例尺地形图的比例尺精度。

表14-1 几种常用大比例尺地形图的比例尺精度

比例尺	1:5000	1:2000	1:1000	1:500
比例尺精度/m	0.50	0.20	0.10	0.05

14.1.3 地形图的图号

由于每一张图纸的尺寸有限，不可能将某一测区内的所有地形都绘制在一幅图内，因此，地形图的测绘是按比例尺分幅进行的。为了在保管和使用地形图时能使这些图纸有序地存放、检索和使用，需要将这些地形图按统一规定进行分幅编号，所编制的图号一般注记在此图廓上方的正中央。分幅编号的方法通常有梯形分幅和矩形分幅两种。

1. 梯形分幅

梯形分幅是按经纬线进行分幅的。具体的做法是：首先，将地球高斯投影带（一般为6°带）以每隔纬差4°划分为1格，由赤道向北或向南依次按A、B、…、V进行编号，至88°时，所围北极或南极圈编号为Z。这样，其中任意取一幅图就是比例尺为百万分之一的

地形图编号，如图 14-4 所示。例如，北京某地的经度为东经 118°24′20″，纬度 39°56′30″，则它所在的 1∶100 万比例尺地形图的图号是 J－50。

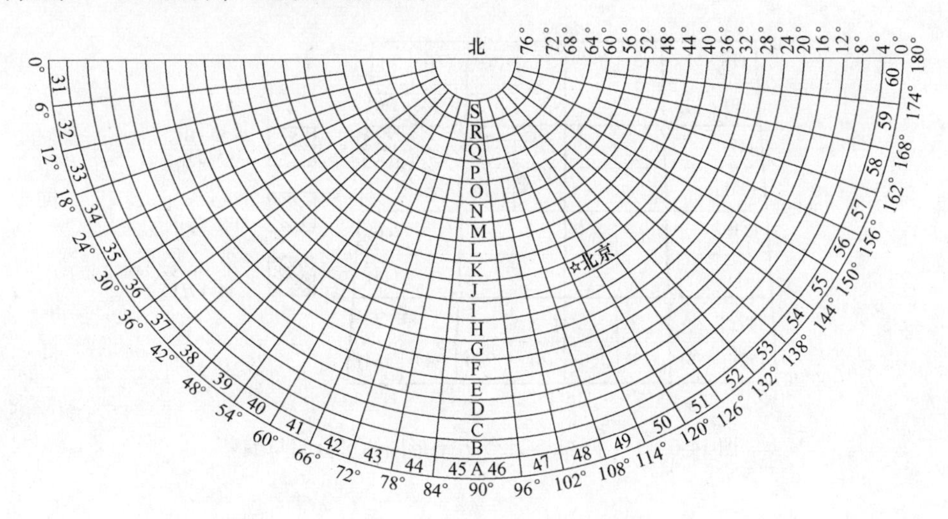

图 14-4　1∶100 万比例尺地形图梯形分幅与编号

（1）百万分之一地形图内的梯形分幅　每一幅 1∶100 万的地形图按经差 30′和纬差 20′又可以分成 144 幅比例尺为 1∶10 万的地形图，其图号是在 1∶100 万的地形图图号后面分别用 1、2、…、144 数字代码来加以区分，如图 14-5 所示。

如果将一幅 1∶100 万的地形图按经差 3°和纬差 2°分成 4 幅，则其中任取一幅即为 1∶50 万比例尺的地形图，其图号是在 1∶100 万的地形图图号后面分别用 A、B、C、D 代码来加以区分。

如果将一幅 1∶100 万的地形图按经差 1°30′和纬差 1°可分成 16 幅，则任取其中一幅即为 1∶25 万比例尺的地形图，其图号是分别在 1∶100 万的地形图图号后面用［1］、［2］、…、［16］来加以区分。

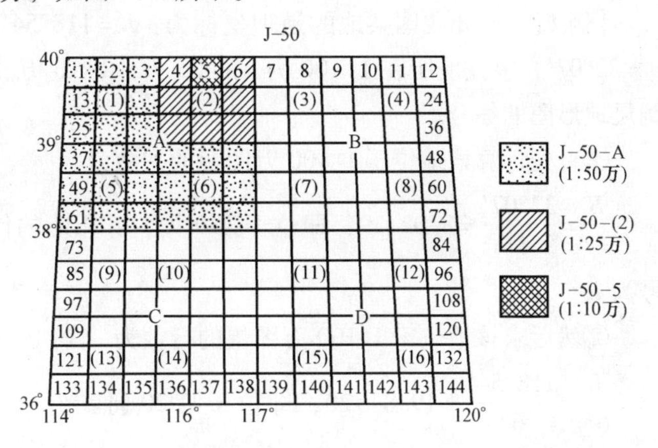

图 14-5　1∶10 万/25 万/50 万地形图梯形分幅与编号

（2）十万分之一地形图内的梯形分幅　每一幅 1∶10 万的地形图又可分成 4 幅 1∶5 万比例尺的地形图，其图号是分别在 1∶10 万地形图的图号后面写上代码 A、B、C、D 来加以区别，如图 14-6 所示。

而每一幅 1∶5 万的地形图又可分成 4 幅 1∶2.5 万比例尺的地形图，其图号是分别在 1∶5 万的地形图图号后面再加上代码 1、2、3、4 来加以区别；

每一幅 1∶10 万的地形图也可分成 64 幅 1∶1 万比例尺的地形图，其图号是在 1∶10 万地形图的图号后面分别用序号（1）、（2）、…、（64）来加以区别。

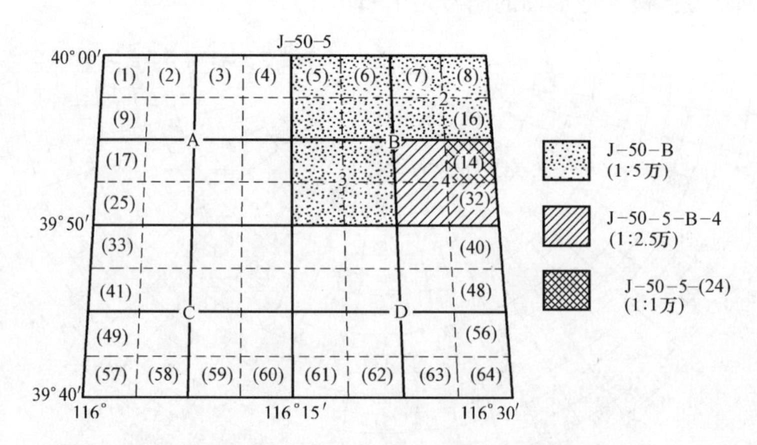

图14-6　1:1万/2.5万/5万地形图梯形分幅与编号

（3）一万分之一地形图内的梯形分幅

每一幅1:1万的地形图又可分成4幅1:5000比例尺的地形图、16幅1:2000比例尺的地形图和64幅1:1000比例尺的地形图，如图14-7所示。

以上各比例尺地形图梯形分幅编号以及图幅的大小、图幅间的数量关系归纳见表14-2。

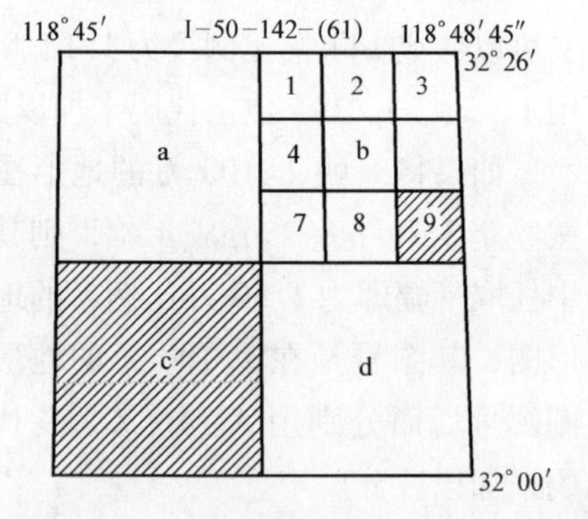

图14-7　1:1000/2000/5000地形图梯形分幅与编号

【例1】　已知我国某地的地理坐标为：$L=118°54'$，$B=32°07'$，求该地所在1:100万、1:25万、1:10万比例尺地形图的编号。

①首先计算该地位于1:100万图幅的列数为

$\frac{B}{4°}=\frac{32°07'}{4°}=8.02\rightarrow9$，即位于第9列，其相应的代号为$I$；

②然后求该地位于1:100万图幅的行数为

$\frac{L}{6°}=\frac{118°54'}{6°}=19.8\rightarrow20$，即位于第20行。由于行号是从经度180°起自西向东计算的，因此其相应的行号为$20+30=50$。这样，该地位于1:100万图幅的编号为$I-50$。

③同理可以计算出1:25万、1:10万比例尺地形图的编号。也可以应用图解法求解，即按其经纬度分别找出图13-5所示的位置，就可以知道该地位于1:25万比例尺地形图的编号为$I-50-$［15］，1:10万比例尺地形图的编号为$I-50-142$。

【例2】　已知某地形图图幅的编号为$I-50-142-D$，求该图幅的经纬度。

首先由图幅编号找出其所在的地形图比例尺为1:5万；然后根据编号$I-50$可求得该图幅所在1:100万比例尺图幅的经纬度，即经度为114°~120°，纬度为32°~36°；再参照图13-6便可求得该图幅的经纬度为：$L=118°54'\sim119°00'$，$B=32°00'\sim32°10'$。

表14-2 各比例尺地形图梯形分幅的图幅编号、大小及数量关系

比例尺		1∶100万	1∶50万	1∶25万	1∶10万	1∶5万	1∶2.5万	1∶1万	1∶5千
图幅大小	纬差	4°	2°	1°	20′	10′	5′	2′30″	1′15″
	经差	6°	3°	1°30′	30′	15′	7′30″	3′45″	1′52.5″
图幅数量关系		1	4	16	144	576	2304	9216	36864
			1	4	36	144	576	2304	9216
				1	9	36	144	576	2304
					1	4	16	64	256
						1	4	16	64
							1	4	6
								1	4
代号字母或数字			A. B C. D	(1)、(2)……(16)	1、2、3、… …144	A. B. C. D	1、2、3、4	(1)、(2)……(64)	a. b. c. d
图幅编号		1－50	1－50－D	1－50－(15)	1－50－142	1－50－142－D	1－50－142－D－3	1－50－142－(61)	1－50－142－(61)－c

2. 矩形分幅

矩形分幅是按坐标格网进行分幅编号的，一般采用图廓西南角的纵横坐标公里数编号，也可采用数字流水顺序编号或行列编号，有50cm×50cm的正方形分幅和40cm×50cm的矩形分幅。五千分之一各比例尺矩形分幅编号以及图幅的大小、图幅间的数量关系见表14-3。

表14-3 各比例尺地形图矩形分幅的图幅编号、大小及数量关系

地形图比例尺	图幅大小/cm	实际面积/km^2	1∶5000图幅包含数
1∶5000	40×40	4	1
1∶2000	50×50	1	4
1∶1000	50×50	0.25	16
1∶500	50×50	0.0625	64

1）采用图廓西南角的纵横坐标公里数编号时，纵坐标（x）在前，横坐标（y）在后。如图14-8所示，每一幅1∶5000的地形图可以分成4幅1∶2000比例尺的地形图，每一幅1∶2000的地形图又可以分成4幅1∶1000比例尺的地形图，而每一幅1∶1000的地形图又可以分成4幅1∶500比例尺的地形图。它们分别在每一级的地形图后面用罗马数字Ⅰ、Ⅱ、Ⅲ、Ⅳ来表示。对于1∶500比例尺的地形图取至0.01km（如10.40～21.75），对于1∶1000和1∶2000比例尺的地形图取至0.1km（如10.0～21.0）。

2）带状测区或小面积测区，可按测区统一顺序进行编号，一般从左到右，从上到下用1、2、3、4、……等数字编定，如图14-9所示。

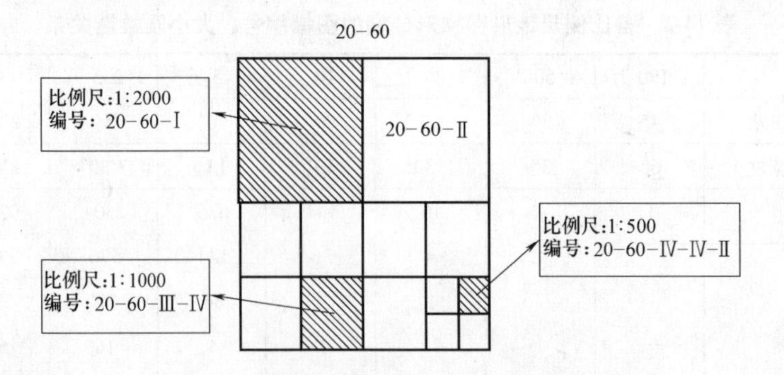

图 14-8 1:500/1000/2000 地形图矩形分幅与编号

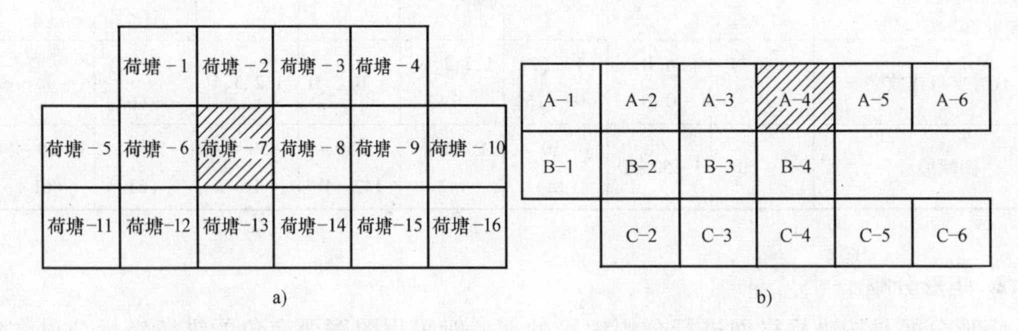

图 14-9 矩形分幅数字流水顺序编号

14.1.4 地形图内的地物

地形图内的地物是用符号和注记来表示的，分别有以下四种：

1. 比例符号

将地物按地形图的比例尺缩小，然后绘制在图上的符号，例如房屋、森林、湖泊、农田和草地等，另外还有较宽的道路和河流等。比例符号不仅能反映出地物的平面位置，而且能反映出地物的形状和大小，常见的比例地物符号见表 14-4 所示。

表 14-4 常用的比例地物符号

名称	符号	名称	符号
一般房屋 混—房屋结构 3—房屋层数	混3 1.6	架空房屋	混4 1.0 混 混4 1.0
简单房屋		廊房	混3 1.0 1.0
建筑中的房屋	建	台阶	0.6 1.0 1.0
破坏房屋	破		
厨房	45° 1.6	无看台的露天体育场	体育场

（续）

游泳池	泳	花圃	1.6 1.6 10.0 10.0
常年河 a. 水准线 b. 高水界 c. 流向 d. 湖流向 涨潮 落潮	a b 3.0 0.15 1.0 c 0.5 d 7.0	育林地	1.6 松 6
打谷场	打谷场	人工草地	2.0 3.0 10.0 10.0
旱地	1.0 2.0 10.0 10.0	稻田	0.2 3.0 1.0 10.0 10.0
		池塘	塘 塘

2. 半比例符号

对于一些带状延伸地物，如小路、通信线、管道、围墙、小河等，其长度可以按测图比例尺缩绘，而宽度则无法按比例尺绘制，因此只能用线性符号来表示，常见的半比例地物符号见表 14-5 所示。半比例符号反映的是实际地物中心线的位置，只能反映出地物的长度而不能反映地物的宽度。

表 14-5　常用的半比例地物符号

过街天桥		小路	1.0 4.0 0.3
高速公路 a—收费站 0—技术等级代码	a 0 0.4	内部道路	1.0 1.0
等级公路 2—技术等级代码 （G325）—国道路线编码	0.2 0.4 2(G325)	阶梯路	1.0
乡村路 a. 依比例尺的 b. 不依比例尺的	4.0 1.0 a 0.2 8.0 2.0 b 3.0	地面下的管道	污 4.0 1.0

（续）

围墙 a. 依比例尺的 b. 不依比例尺的	a 10.0 b 10.0 0.3 0.6	铁丝网	10.0 1.0
挡土墙	1.0 0.3 6.0	通信线 地面上的	4.0
栅栏、栏杆	10.0 1.0	配电线 地面上的	4.0
篱笆	10.0 1.0	陡坎 a. 加固的 b. 未加固的	2.0 a b
活树篱笆	6.0 1.0 0.6		

3. 非比例符号

有些重要地物如三角点、独立树、路灯、电杆、水塔、水井、里程碑等，因为其尺寸较小，无法将其形状和大小按照地形图的比例尺缩绘到图上，只能用规定的符号来表示，常见的非比例地物符号见表14-6所示。非比例符号只能表示地物中心的实地位置，而不能反映出地物的形状和大小。

表14-6 常用的非比例地物符号

喷水池	1.0 3.6	路灯	2.0 1.6 4.0 1.0
GPS控制点	B 14 / 495.267 3.0	独立树、槟榔 棕树、椰子	2.0 3.0 1.0
三角点 凤凰山—点名 394.468—高程	凤凰山 / 394.468 3.0	上水检修井	2.0
		下水（污水）、雨水检修井	2.0
导线点 116—等级、点号 84.46—高程	2.0 116 / 84.46	下水暗井	2.0
		煤气、天然气检修井	2.0
		热力检修井	2.0
埋石图根点 16—点号 84.46—高程	1.6 16 / 84.46 2.6	电信检修井 a. 电信人孔 b. 电信手孔	a 2.0 2.0 b 2.0
不埋石图根点 25—点号 62.74—高程	1.6 25 / 62.74	电力检修井	2.0
水准点 Ⅱ京石5—等级、点名、点号 32.804—高程	2.0 Ⅱ京石5 / 32.804	独立树 a. 阔叶 b. 针叶 c. 果树	a 1.6 2.0 3.0 1.0 1.6 b 3.0 1.0 c 1.6 3.0 1.0
加油站	1.6 3.6 1.0		

4. 注记符号

地物注记就是用文字、数字或特定的符号对地形图上的地物作补充和说明，包括名称注记、说明注记和数字注记等，如图上注明的地名、控制点名称、高程、房屋层数以及河流的名称、深度和流向等。

14.1.5　地形图内的地貌

地形图内的地貌通常是用等高线来表示的。所谓等高线即地面上高程相等的相邻各点所连的闭合曲线，如图 14-10 所示，相邻等高线在水平面上的垂直距离称为等高距，分别可以表示以下三种地貌：

1. 山头和洼地

如图 14-11 所示，分别表示山头和洼地的等高线，它们都是一组闭合曲线。其区别在于，山头的等高线由外圈向内圈高程逐渐增加，而洼地的等高线由外圈向内圈高程逐渐减小。因此，可以根据高程注记来区分山头和洼地；也可以用示坡线来指示斜坡向下的方向，山头的示坡线在等高线圈外，洼地的示坡线在等高线圈内。

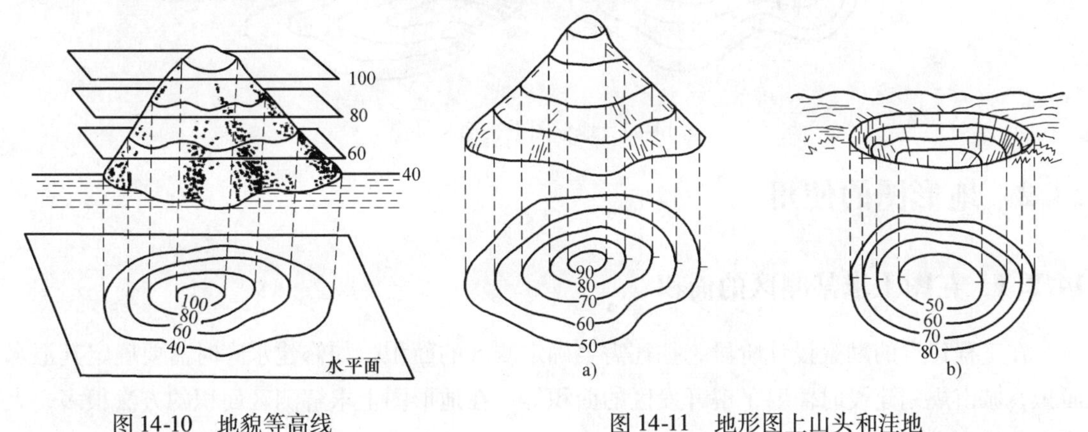

图 14-10　地貌等高线　　图 14-11　地形图上山头和洼地

2. 山脊和山谷

山坡的坡度和走向发生改变时，在转折处就会出现山脊或山谷地貌。如图 14-12 所示，

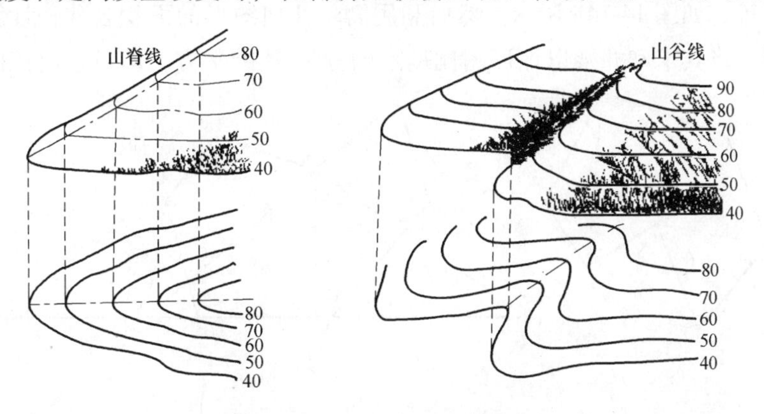

图 14-12　地形图上山脊和山谷

它们都是一组凸形曲线。山脊的等高线均向下坡的方向凸出，两侧基本对称，它是山体延伸的最高棱线，所以也称分水线；山谷的等高线均向上坡的方向凸出，两侧也基本对称，它是山谷最低点的连线，所以也称积水线。

3. 鞍部和悬崖

相邻两个山头之间呈马鞍形的低凹部分称为鞍部，其左右两侧的等高线是由近似对称的两组相对的山脊线和山谷线组成；悬崖是坡度在70°以上的陡峭崖壁，它是由几条等高线非常密集或重合成为一条线，如图14-13所示。

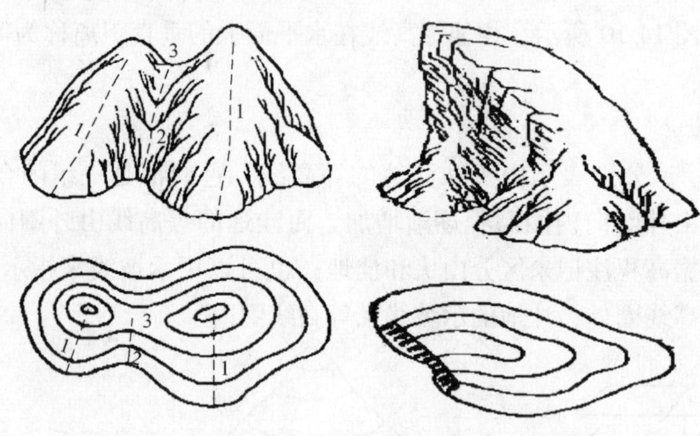

图14-13 地形图上鞍部和悬崖

14.2 地形图的使用

14.2.1 在图上求某测区的面积

在工程建设的勘察设计阶段，往往需要确定测区的面积，如修建水库时需要确定其汇水面积，城市规划建设时需要了解开发区的面积等。在地形图上求解测区面积的方法很多，大体上分为两类：

1. 图解法

1）对于比较规则的图形，可先把图形划分成若干个简单的几何图形，如三角形、梯形或平行四边形等，如图14-14a所示。然后利用简单几何图形的面积公式，计算出每一个简单图形的面积，将其求和并乘以地形图比例尺的分母 M 的平方，即可求出该图形区域的面

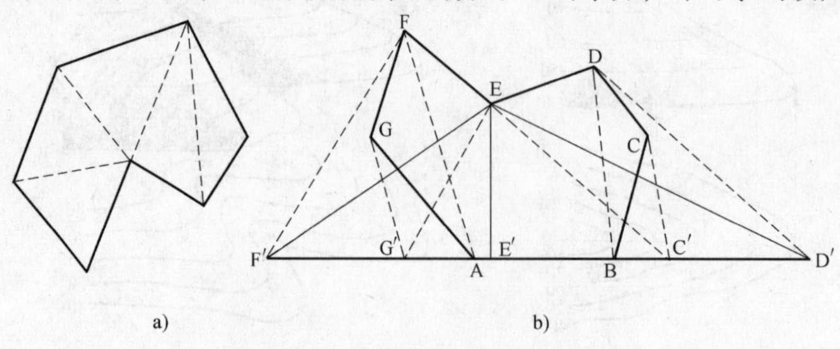

图14-14 地形图上规则图形的面积计算

积。或者也可以采用“等面积替换”的方法将比较复杂的几何图形改化为一个简单的几何图形，例如，可以将一个多边形 ABCDEFG 改化成一个与其面积相等的三角形 F′ED′，如图 14-14b 所示。

2）对于不规则图形，则通常将绘有单元图形的透明纸蒙在待测图形上，统计落在待测图形轮廓线以内的单元图形个数来量测面积。而单元图形有方格网形和平行线形两种。

①方格网法就是先在图形内数出完整的小方格数 n_1，再数出图形边缘不完整的小方格数 n_2，然后按下式计算整个图形的面积 A（假设每一个小方格的边长为 1mm），如图 14-15a 所示。

$$A = \left(n_1 + \frac{1}{2}n_2\right)\frac{M^2}{10^6} \tag{14-3}$$

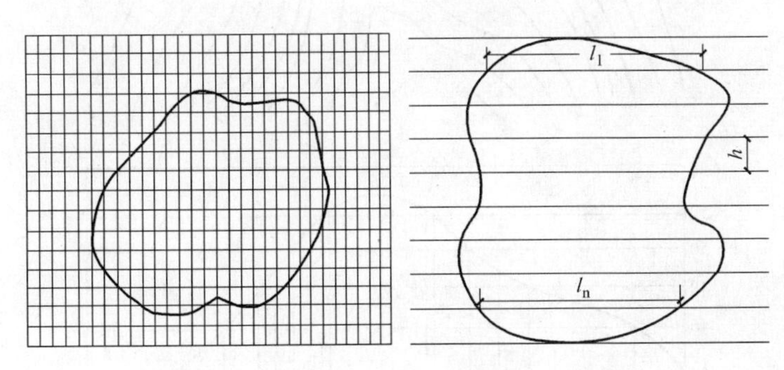

图 14-15　不规则图形图解法的面积计算

②平行线法就是将图形分割成若干个等高的长条，每个长条的面积可以近似地按梯形公式计算，如图 14-15b 所示。假设量算出的每个梯形上底加下底的平均值为$\overline{l_i}$，每个梯形的高均为 h，则该图形的面积为

$$A = \sum \overline{l_i} h \tag{14-4}$$

2. 解析法

解析法就是利用图形上各转折点或弯曲点的坐标来精确计算其面积，如图 14-16 所示。若将各转折点按顺时针方向进行编号，则该图形的面积为

$$\begin{aligned} A &= \frac{1}{2}\sum x_i(y_{i+1} - y_{i-1}) \\ &= \frac{1}{2}\left[x_1(y_2 - y_4) + x_2(y_3 - y_1) + x_3(y_4 - y_2)\right. \\ &\quad \left. + x_4(y_1 - y_3)\right] \end{aligned} \tag{14-5}$$

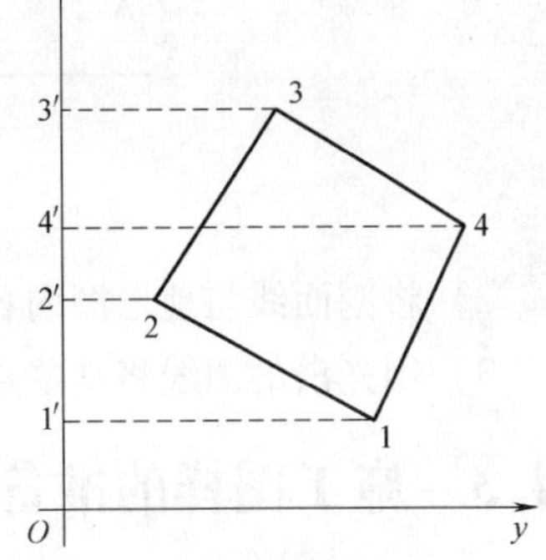

图 14-16　解析法求地形图上图形的面积

14.2.2　在图上绘制某测段的地形剖面图

地形剖面图是指沿某一方向线描绘地面起伏状态的竖直剖面图。在道路、渠道等工程勘察中，道路的选线需要根据地形剖面图来了解地面的起伏状态，以便量取有关数据进行道路

设计，如图 14-17 所示。地形剖面图的绘制可按以下几个步骤进行：

1）以剖面线水平距离为横轴，其比例尺与地形图的比例尺一致；以地面高程为纵轴，其比例尺一般为地形图比例尺的 10 ~20 倍；建立直角坐标系。

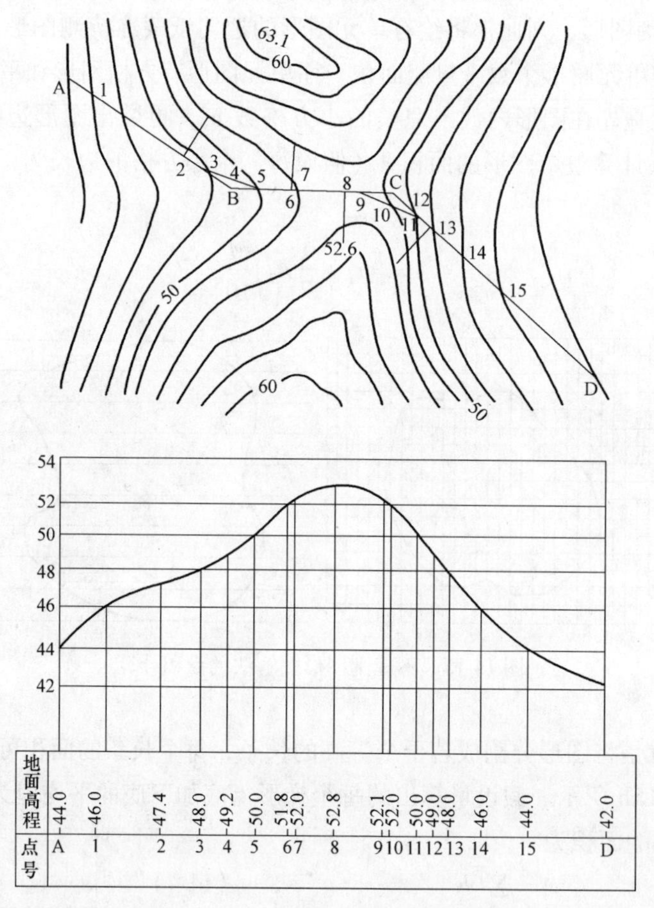

图 14-17　在地形图上绘制剖面图

2）将剖面线与地形图内各等高线的交点，以及起始点标注在坐标上。

3）用光滑的曲线将这些点连接起来即为剖面线 AD 的地形断面图。

14.3　施工图样的准备

14.3.1　建筑施工图图样

建筑施工图主要包括建筑总平面图、平面图、立面图和剖面图等，它的建筑详图包括墙身剖面图、楼梯详图、浴厕详图、门窗详图及门窗表、各种装修、构造做法和说明等。在建筑施工图的标题栏内均注写有建施××号，可供查阅。

1. 建筑总平面图

将拟建工程四周一定范围内的新建、拟建、原有和拆除的建筑物、构筑物连同其周围的地形地物状况，用水平投影的方法和相应的图例所画出的图样，称为总平面图，通常画在具有等高线的地形图上。如图 14-18 所示是某学校拟建教师住宅楼的总平面图，图中用粗实线画出的图形表示新建住宅楼，用细实线画出的图形表示原有建筑物。除建筑物之外，道路、围墙、池塘、绿化等均用图例表示。

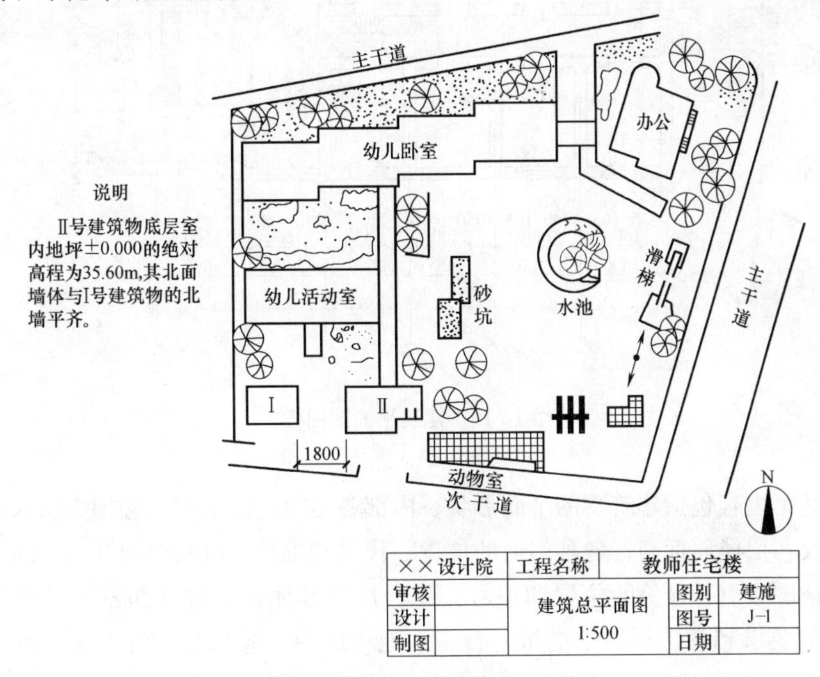

图 14-18　建筑总平面图图样

建筑总平面图的内容包括新建区域的地形、地貌、平面布置、红线位置等，各建（构）筑物、道路、河流、绿化等的位置及其相互间的位置关系；新建房屋的平面位置，建筑物首层的绝对标高和室外地坪、道路的绝对标高，土方填挖情况、地面坡度及雨水排除方向的说明；用指北针和风向频率玫瑰图来表示建筑物的朝向，以及根据工程的需要所做的水、暖、电等管线总平面和各种管线综合布置图、竖向设计图、道路纵横剖面图以及绿化布置图等。

该图的主要用途是一个建设项目的总体布局，表示新建房屋所在基地范围内的平面布置、具体位置以及周围情况。它是施工测设的总体依据，建筑物的施工定位、室外管线的布置和土方工程等就是根据总平面图上所给的尺寸关系进行的。

2. 建筑平面图

建筑平面图实际上是一幢房屋的水平剖面图。它是假想用一水平剖面将房屋沿门窗洞口剖开，移去上部分，剖面以下部分的水平投影图就是平面图，如图 14-19 所示。一般来说，沿底层门窗洞口切开后得到的平面图，称为底层平面图；沿二层门窗洞口切开后得到的平面图，称为二层平面图；依次可得到三层、四层平面图。当某些楼层平面相同时，可以只有其中一个平面图，称其为标准层平面图（或中间层平面图）。为了表明屋面构造，一般还要有屋顶平面图。它不是剖面图，是俯视屋顶时的水平投影图，主要表示屋面的形状及排水情况和突出屋面的构造位置。

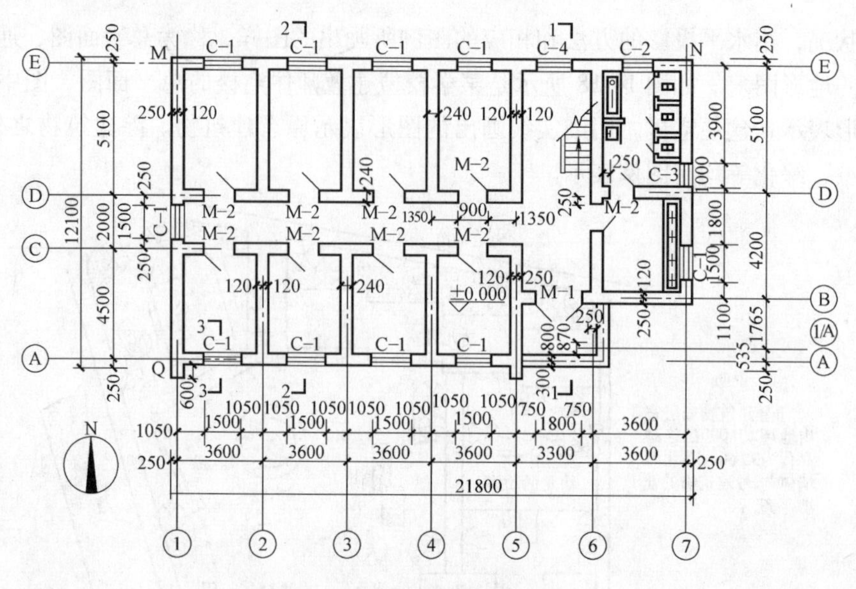

图 14-19 建筑平面图图样

该图的基本内容包括建筑物的平面形状，内部各房间包括走廊、楼梯、出入口的布置及朝向；地面及各层楼面标高，各种门窗的位置、代号和编号，以及门的开启方向；剖面图的剖切符号、详图索引符号等的位置和编号；综合反映其他各工种（包括工艺、水、暖、电等）对土建的要求和各工程要求的坑、台、水池、地沟、电闸箱、消火栓、雨水管等，及其在墙或楼板上的预留洞等的位置和尺寸；室内地面、墙面及顶棚等处的材料和装修做法的说明，以及平面图中不易表明的内容如施工要求、砖及灰浆的标号等的文字说明。另外，还有建筑物及其各部分的平面尺寸，分为外部尺寸和内部尺寸。外部尺寸有三道，一般沿横向、竖向分别标注在图形的下方和左方。第一道尺寸表示建筑物外轮廓的总体尺寸，也称为外包尺寸，它是从建筑物一端外墙边到另一端外墙边的总长和总宽尺寸；第二道尺寸表示建筑物内、外墙各轴线之间的距离，也称轴线尺寸，它标注在各轴线之间，说明房间的开间及进深的尺寸；第三道尺寸表示建筑物各细部的位置和大小的尺寸，也称细部尺寸，它以轴线为基准，标注出门、窗的大小和位置，以及墙、柱的大小和位置，同时，台阶（或坡道）、散水等细部结构的尺寸可分别单独标出。内部尺寸则标注在图形内部，用以说明房间的净空大小，内门、窗的宽度，内墙厚度以及固定设备的大小和位置。

该图的主要用途是表示建筑物的平面形状、水平方向各部分（出入口、走廊、楼梯、房间、阳台等）的布置和组合关系，墙、柱及其他建筑物的位置和大小，并给出建筑物各定位轴线间的尺寸关系及室内地坪的标高。它是施工放线、砌墙柱、安装门窗框及设备的依据，也是编制和审查工程预算的主要依据。

3. 建筑立面图

建筑立面图就是对房屋的前后左右各个方向所作的正形投影图，如图 14-20 所示。通常，按房屋的朝向可分为东、西、南、北四种；或按房屋的外貌特征可分为正、背两种；也可按房屋轴线的编号分成若干种，如①—⑩立面图等。

其基本内容包括图名、比例，标注建筑物两端的定位轴线及其编号，室内外地面线、房屋的勒角、外部装饰及墙面分格线等，表示屋顶、雨篷、阳台、台阶、雨水管、水斗等细部结构的形状和做法，门窗在外墙面的分布、外形和开启方向等，各部位标高和局部尺寸、详图索引符号、外墙装修的文字说明等。

其主要用途是表示建筑物的体型、外貌和室外装修要求，它主要用于外墙的装修施工和编制工程预算等。

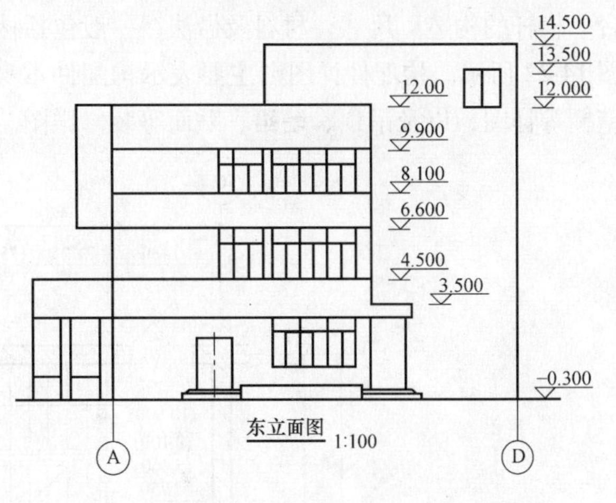

图14-20 建筑立面图图样

4. 建筑剖面图

建筑剖面图一般指建筑物的垂直剖面图，多为横向剖切形式，如图14-21所示。其基本内容包括图名、比例及定位轴线，室内底层地面到屋顶的结构形式、分层情况等。各部分结构的标高和高度方向尺寸，分为三道：第一道是总高尺寸，标注在最外边；第二道是层高尺寸，主要表示各层的高度；第三道是细部尺寸，表示门窗洞、阳台、房屋勒脚等的高度。详图索引符号及其位置，某些用料及楼、地面的做法等文字说明。其主要用途是表示建筑物内部垂直方向的结构形式、分层情况、内部构造及各部位的高度等，主要用于指导施工，并与平面图和立面图配合计算墙体、内部装修等的工程量。

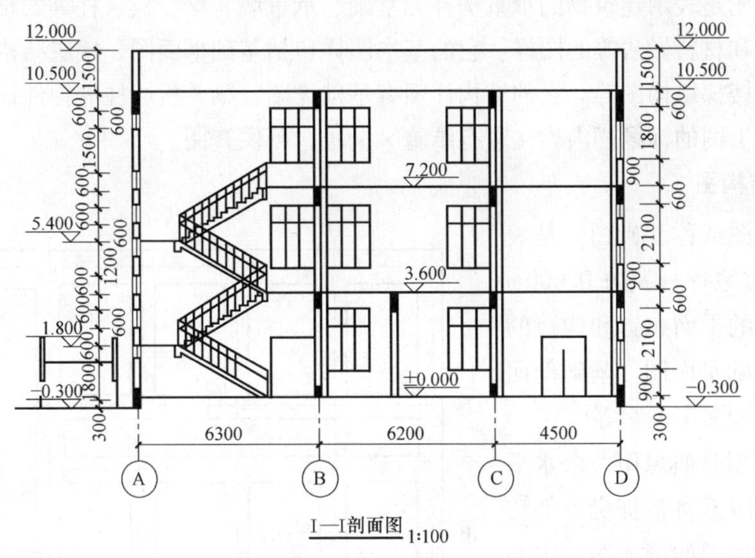

图14-21 建筑剖面图图样

5. 建筑详图

建筑详图是把房屋的某些细部构造及构配件用较大的比例如1:20、1:10、1:5等，将其形状、大小、材料和做法详细表达出来，简称大样图或节点图。它分为局部构造详图和构配件详图两种。局部构造详图主要表示房屋某一局部构造的做法和材料的组成，如墙身详图、楼梯详图等。其中，墙身详图表示出房屋的屋顶、屋檐口、楼层、地面、窗台、门窗顶、勒脚、散水等处的构造，以及楼板与墙的连接关系等；楼梯详图表示出楼梯的形式，踏步、平台、栏杆的构造、尺寸、材料及做法，一般包括楼梯平面图、剖面图和踏步栏杆详图等，如图14-22所示。构配件详图则主要表示构配件本身的构造，如门窗、厨房、卫生间、浴室、壁橱等详图，以及吊顶、墙裙、贴面等装修详图。

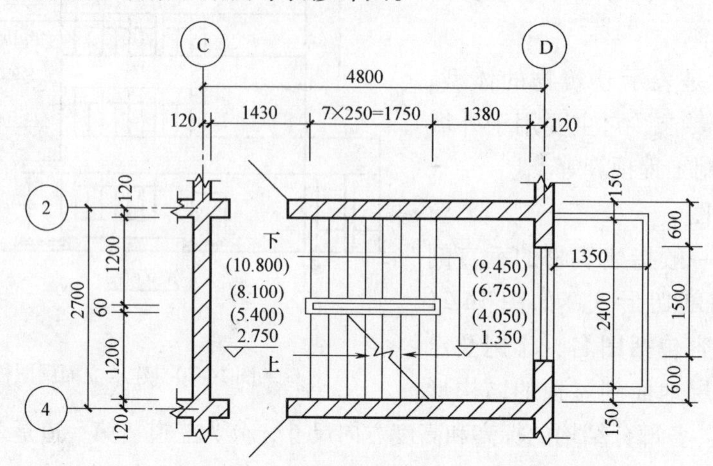

图14-22 建筑标准层楼梯平面图图样

14.3.2 结构施工图图样

结构施工图是表示建筑物的承重构件如基础、承重墙、梁、板、柱等的布置、形状、大小、内部构造和材料做法等的图样。它的基本图样包括基础平面图、楼层结构平面图、屋顶结构平面图、楼梯结构图等。它的结构详图有基础详图，梁、板、柱等构件详图及节点详图等。在结构施工图的标题栏内均注写有结施××号，可供查阅。

1. 基础结构图

基础结构图或称基础图，是表示建筑物室内地坪标高±0.000m以下基础部分的平面布置和构造的图样，包括基础平面图、基础剖面图、基础详图和文字说明等。

基础平面图是假想用一个水平剖切面在地面附近将整栋房屋剖切后，向下投影所得的剖面图，主要表示基础的平面位置，以及基础与墙、柱轴线的相对位置关系。它给出了基础轴线间的尺寸关系、编号和施工说明等，如图14-23所示。

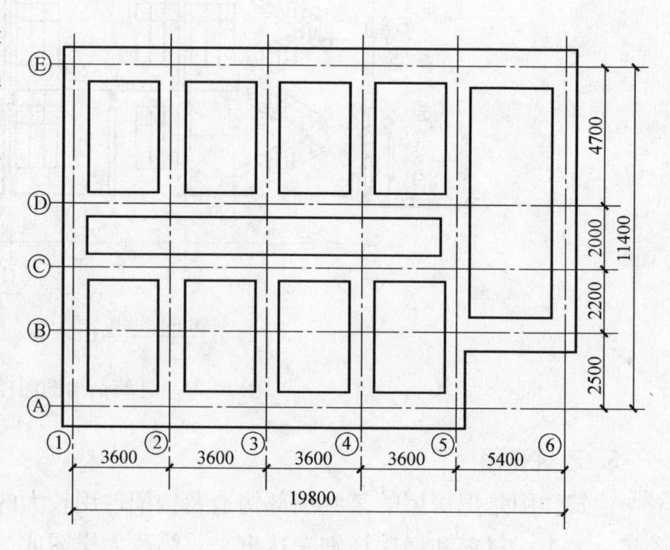

图14-23 基础平面图图样

基础立面图和剖面图给出基础

的设计高程，是高程测设的主要依据；基础详图（即基础大样图）是用放大的比例画出的基础局部构造图，它表示基础不同断面处的构造做法，并给出了基础的设计宽度、形式及基础边线与轴线的尺寸关系和材料及配筋情况，如图 14-24 所示。

2. 楼层结构平面图

楼层结构平面图是假想沿着楼板面（结构层）把房屋剖开所作的水平投影图。主要表示楼板、梁、柱、墙等结构的平面布置，现浇楼板、梁等的构造和配筋情况，以及各构件之间的联结关系，如图 14-25 所示。一般由平面图和详图组成。

3. 屋顶结构平面图

屋顶结构平面图是表示屋顶承重构件布置的平面图，其图示内容与楼层结构平面图的基本相同。

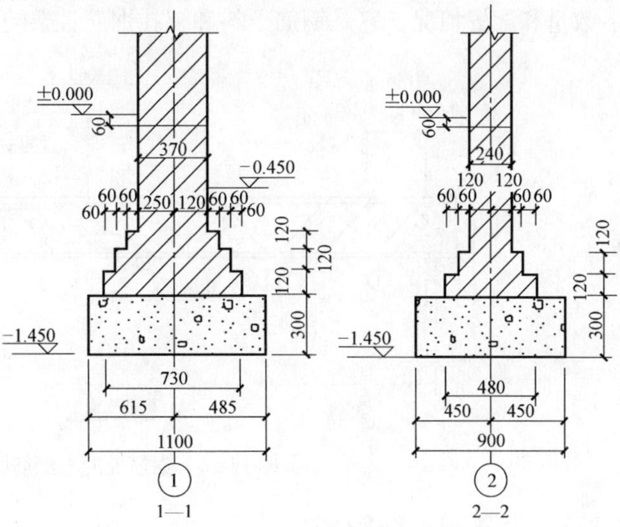

图 14-24　基础剖面图图样

4. 钢筋混凝土构件结构详图

结构详图主要用来表示各构件的真实形状、大小和构件内部的结构、构造等。钢筋混凝土构件结构详图一般包括模板图、配筋图、预埋件详图及配筋表。

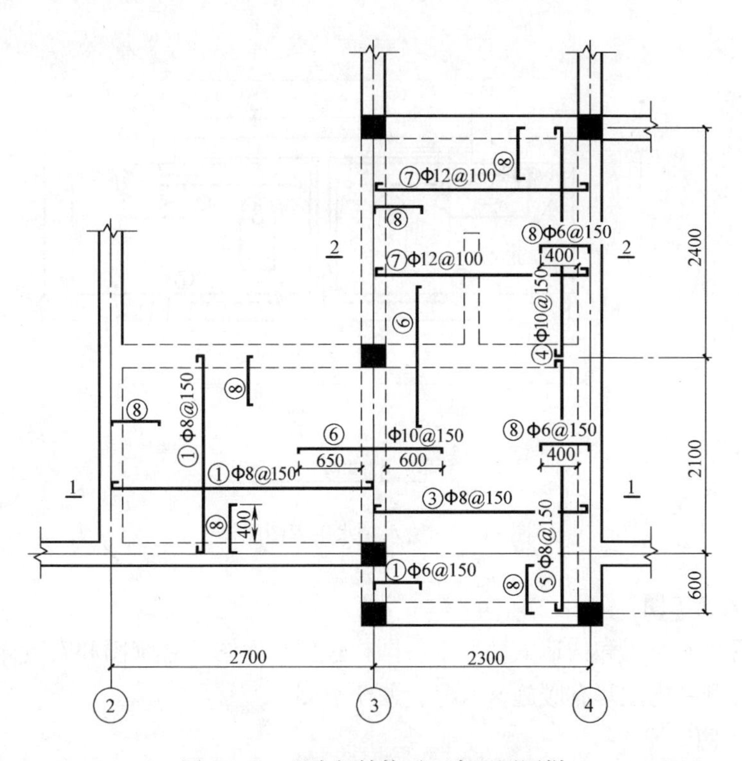

图 14-25　现浇板结构平面布置图图样

模板图主要用来表示构件的外形尺寸和预埋件、预留孔的大小及位置，它是模板制作和安装的依据。

配筋图又分为立面图、断面图和钢筋详图等，主要用来表示构件内部钢筋的级别、尺寸、数量和配置情况，它是钢筋下料和绑扎钢筋骨架的施工依据，如图 14-26 所示。

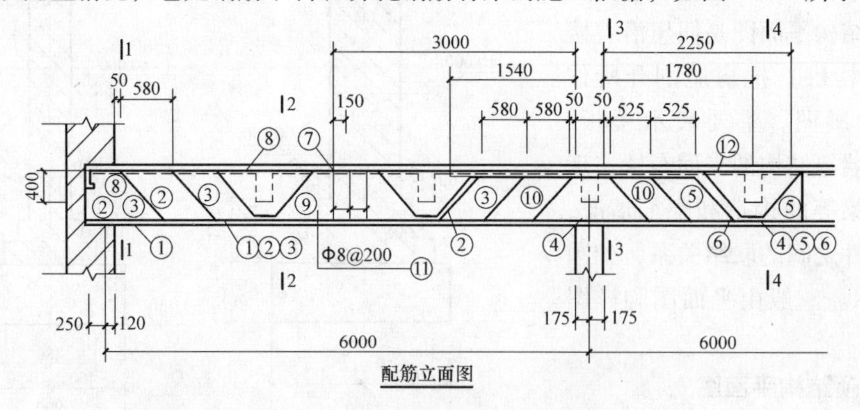

图 14-26　钢筋混凝土配筋图图样

14.3.3　设备施工图图样

1. 给水排水施工图

主要表示管道的布置和走向，构件的做法和加工安装要求。图样包括平面图、系统图和详图等，如图 14-27 所示。在给水排水施工图的标题栏内注写有水施 × ×号，以便于查阅。

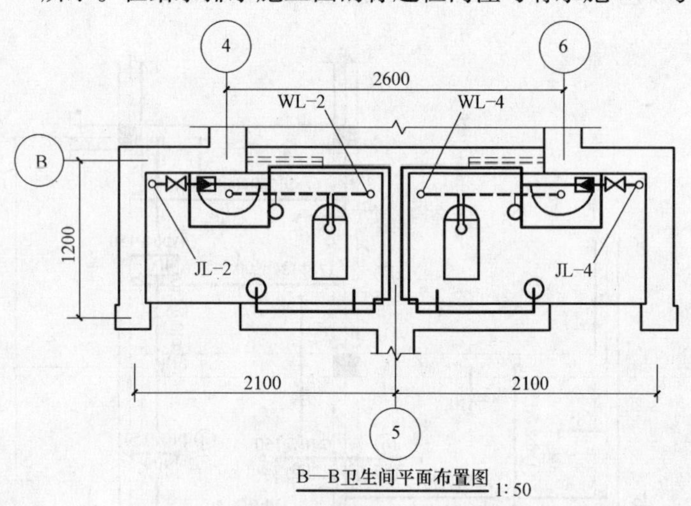

图 14-27　给水排水工程图图样

2. 采暖通风施工图

主要表示管道的布置和构造安装要求。图样包括平面图、系统图和安装详图等。在采暖通风施工图的标题栏内注写有暖施 × ×号，便于查阅。

3. 电气施工图

主要表示电气线路走向和安装要求。图样包括平面图、系统图、接线原理图和详图等。

在电气施工图的标题栏内注写有电施××号，便于查阅。

14.4 施工放样数据的获取

在施工放样前，通常需要在地形图上获取放样数据，包括水平数据和垂直数据等。

14.4.1 在地形图上获取水平数据

地形图内的水平数据元素一般包括图上某点的平面坐标、某直线的水平距离和坐标方位角等，求解这些水平数据的方法如图14-28所示。

1）图上某点A的平面坐标（x_A，y_A）为

$$\begin{cases} x_A = x_a + \dfrac{ab_{理}}{ab_{量}} \times ag_{量} \times M \\ y_A = y_a + \dfrac{ad_{理}}{ad_{量}} \times ae_{量} \times M \end{cases} \quad (14\text{-}6)$$

式中，$ab_{理}$、$ad_{理}$为图内方格网的边长，一般为10cm。M为地形图的比例尺分母。

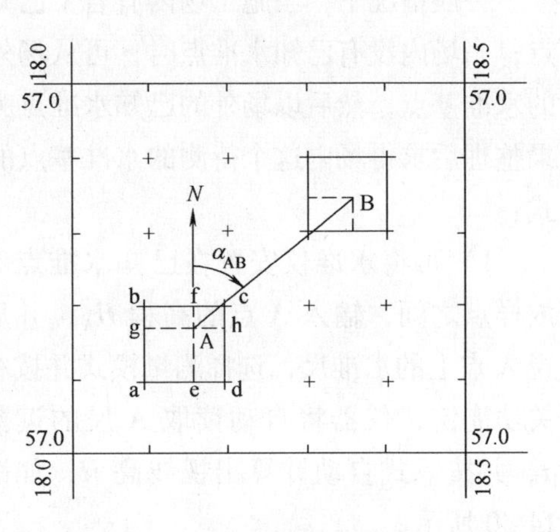

图14-28 地形图上求某点的平面数据

2）图上某直线AB的水平距离D_{AB}为

$$\begin{cases} D_{AB} = AB_{量} \times \dfrac{ac_{理}}{ac_{量}} \times M \quad (图解法) \\ D_{AB} = \sqrt{(x_B - x_A)^2 + (y_B - y_A)^2} \quad (解析法) \end{cases} \quad (14\text{-}7)$$

式中，$ac_{理}$为图内方格网的对角线长度，即为$10\sqrt{2}$cm。M为地形图的比例尺分母。

3）图上某直线AB的坐标方位角α_{AB}为

$$\begin{cases} \alpha_{AB} = \dfrac{1}{2}[\alpha_{AB量} + (\alpha_{BA量} \pm 180°)] \quad (图解法) \\ \alpha_{AB} = \arctan \dfrac{y_B - y_A}{x_B - x_A} \quad (解析法) \end{cases} \quad (14\text{-}8)$$

14.4.2 在地形图上获取垂直数据

地形图内的垂直数据元素一般包括图上某点的高程、某直线的坡度等，求解这些垂直数据的方法如图14-29所示。

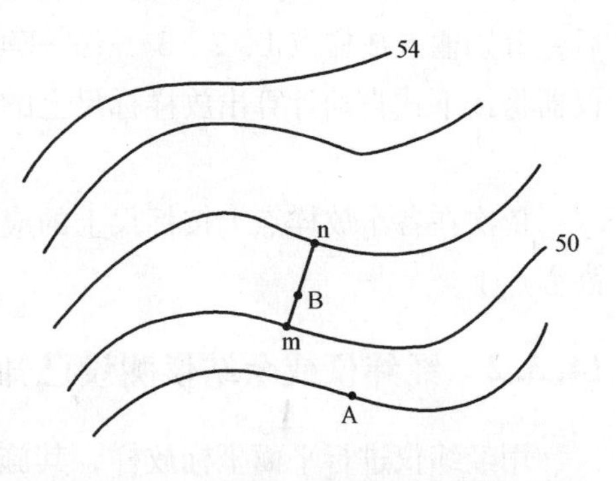

图14-29 地形图上求某点的垂直数据

1）图上某点A的高程H_A为

$$H_A = H_m + h_{mB} = H_m + \frac{mB_{量}}{mn_{量}} \times h_{mn} \quad (14\text{-}9)$$

2）图上某直线AB的坡度i为

$$i = \frac{h_{mn}}{D_{mn}} = \frac{H_n - H_m}{mn \times M} \tag{14-10}$$

式中，M 为地形图的比例尺分母。

14.5 施工放样技术

14.5.1 水准仪或电子水准仪测设已知高程

水准仪高程放样的具体步骤包括设置测站和进行高程测设两步。

1. 测站点的设置

一般情况下，当施工场内有若干已知水准点时，可以任意选取其中的一个点作为水准基点；当场内没有已知水准点时，可从场外进行引测，即在施工场内任意选取一个点作为待测的水准基点，然后以场外的已知水准点为起算点对其进行闭合或附合水准测量，将测量的成果整理后求得场内这个待测的水准基点的高程。根据水准基点测设已知高程时有两种设站方式：

1）可将水准仪安置在已知水准点和放样点之间，输入 A 点的高程 H_A，并后视 A 点上的水准尺，选择测量模式并按相关功能键，仪器将自动读取 A 尺的读数 a，并按下式自动计算出视线高 H，如图 14-30 所示。

$$H = H_A + a \tag{14-11}$$

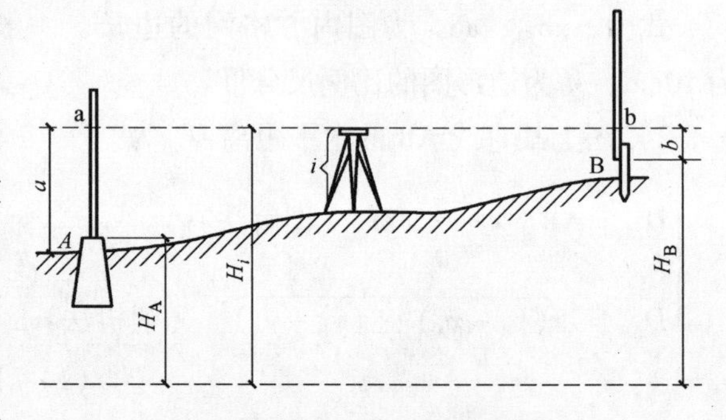

图 14-30 高程放样的原理

2）也可将水准仪直接安置在已知水准点，输入 A 点的高程 H_A 和仪器高 i，仪器将按下式自动计算出视线高。

$$H = H_A + i \tag{14-12}$$

2. 设计点的高程放样

用电子水准仪测设已知设计高程时，一般采用视高法。如图 14-31 所示，A 为已知水准点，1、2、3、……等为待测设的高程放样点。在测站上输入 A 点的高程并后视 A 点水准尺后，分别输入放样点 1、2、3、……等的设计高程 H_i（$i=1, 2, 3, \cdots$）后，按相关功能键，仪器将按下式自动计算出放样标尺上的应读读数 b_i，即

$$b_i = H - H_i \tag{14-13}$$

依次在各个放样点上按标尺上的应读读数 b_i，仪器将指示持尺员移动标尺直至欲放样的高程点上。

14.5.2 经纬仪或全站仪测设已知平面坐标

用经纬仪进行平面坐标放样，其施测的方案通常有交会法和坐标法两种，见表 14-7 所示，而全站仪则主要采用极坐标法。放样的具体步骤包括设置测站点和进行坐标放样两步。

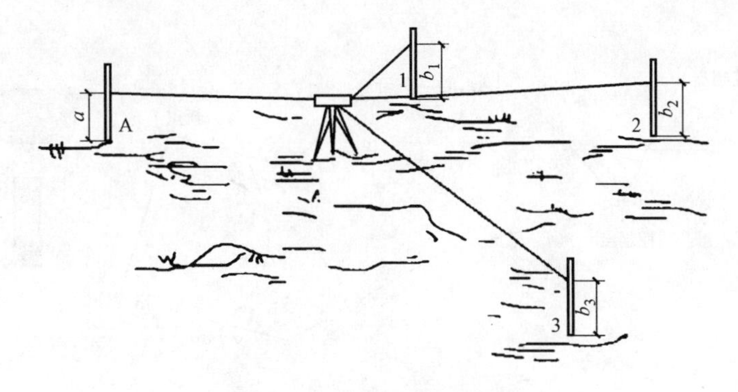

图 14-31　已知高程的放样

表 14-7　施工平面坐标的放样方案

交会法			坐标法	
距离交会（两个边长）	角度交会（两个角度）	边角交会（一角一边）	直角坐标（相互垂直的两个距离）	极坐标（一个距离和一个角度）
P, A, B, D_1, D_2	P, A, B, β_1, β_2	P, A, B, D, β	A, B, 90°, x, y	B, P, A, β, D

1. 测站的设置与坐标定向

用全站仪放样时通常有两种设站方式

（1）直接设站法　当测区内有控制点，并且控制点与放样点之间相互通视时常采用直接设站法。如图 14-32 所示，直接将仪器安置于 A 点（或 B 点），瞄准另一个已知点 B（或 A），输入 A、B 两点的坐标后，按相关功能键，仪器就会自动计算并显示出直线 AB 的坐标方位角，然后就可以进行已知坐标点 P、Q 等点的放样。

（2）自由设站法　多数情况下，在施工现场没有已知坐标点，或者即使有控制点，但已知点与放样点之间不能通视，这就需要在测区内任意选一个或两个新点作为临时控制点，通过远距离引测（即到测区以外将某一坐标控制点引测到场内，如图 14-33a 所示）或近距离设站（如图 14-33b 所示）获得该临时控制点的坐标，然后将仪器安置于该新点上，进行坐标定向后即可对放样点进行测设。

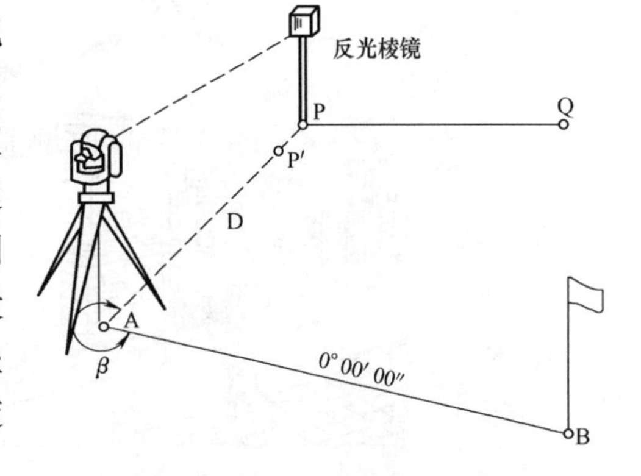

图 14-32　全站仪直接设站坐标放样

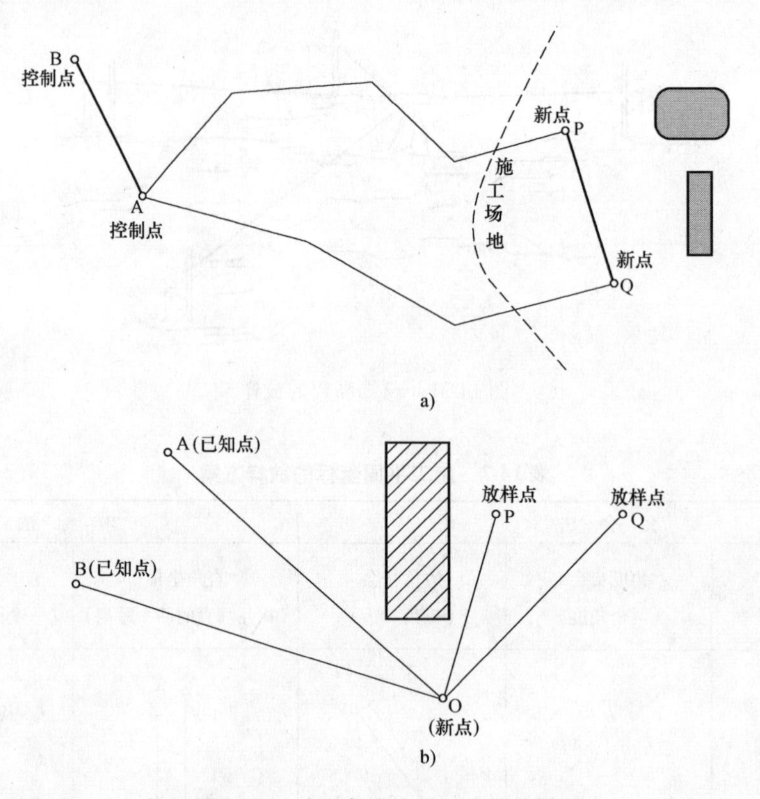

图 14-33　全站仪自由设站坐标放样

2. 细部点的坐标放样

在测站上进行坐标定向后，分别输入各细部放样点 1、2、3、……等的设计坐标（x_i，y_i），则仪器将自动按下式计算出欲测设的数据，即与已知方向的水平角 β_i 和水平距离 D_i，根据这些放样数据，仪器将指示持镜者移动棱镜直至欲放样的坐标点上，如图 14-34 所示。

$$\begin{cases}\beta_i = \alpha_{Ai} - \alpha_{AB} = \arctan \dfrac{y_i - y_A}{x_i - x_A} - \arctan \dfrac{y_B - y_A}{x_B - x_A} \\ D_i = \sqrt{(x_i - x_A)^2 + (y_i - y_A)^2}\end{cases} \tag{14-14}$$

图 14-34　经纬仪或全站仪坐标放样

14.5.3 GPS（RTK）技术测设已知三维坐标

如图14-35所示，施工放样前，首先要进行GPS的坐标转换，即将GPS测量的WGS-84坐标转换成当地坐标。具体操作时，一般是将一台GPS接收机作为基准站安置在一个已知坐标控制点上，输入该点的当地坐标，并连接数据发射电台，直接用基准站采集一个坐标，然后再将另一台GPS接收机作为流动站，采集另外两个以上的已知点坐标。但也可以将基准站安置在未知点上或任意点上，这时，则需要用移动站采集所有三个以上已知点的坐标。当把采集到的已知点的GPS坐标保存在接收机的手控器中，按相应的控制键之后，手控器将自动按七参数转换式（5-5）~（5-7）解算出所需要的七个坐标转换参数，此后就可以进行具体的放样工作。放样时，分别将各个放样点的三维设计坐标输入流动站手控器里，按相应的控制键之后，手控器导航视图上将自动显示出按七参数求解的流动站GPS接收机的实时位置（设为X_i'，Y_i'，Z_i'），以及按下式计算的与放样点的设计位置（设为X_i，Y_i，Z_i）相比较的偏差值（设为d_X，d_Y，d_Z），并随时导航指示流动站GPS接收机准确地移动到放样点的位置。

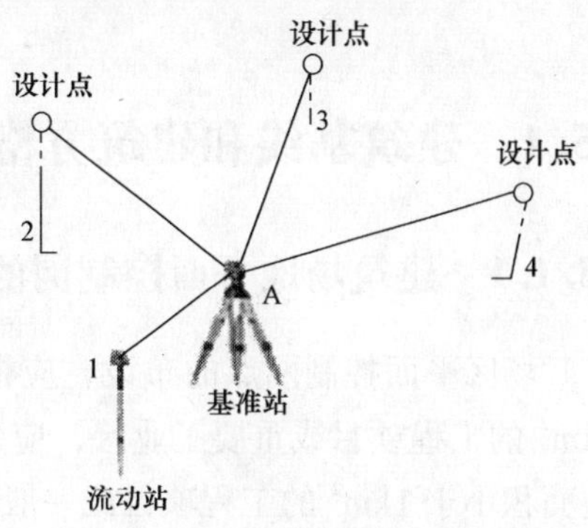

图14-35 GPS（RTK）技术在放样中的应用

$$\begin{cases} d_X = X_i - X_i' \\ d_Y = Y_i - Y_i' \\ d_Z = Z_i - Z_i' \end{cases} \tag{14-15}$$

第 15 讲　房屋建筑施工测量

15.1　建筑基线和建筑方格网的布设

15.1.1　建筑场地平面控制网的建立

场区平面控制网点的布设，应根据工程规模和工程需要分级布设。对于建筑场地大于 $1km^2$ 的工程项目或重要工业区，应建立一级或一级以上精度等级的平面控制网点；对于场地面积小于 $1km^2$ 的工程项目或一般性建筑区，可建立二级精度的平面控制网点；网点相对于勘察阶段控制点的定位精度，不应大于 5cm。布设时，可根据设计总平面图和施工总布置图进行布设，并要满足建筑物施工测设的需要；同时，网点的点位应选在通视良好、土质坚实、便于施测、利于长期保存的地点，并应埋设相应的标石，必要时还应增加强制对中装置。标石的埋设深度，应根据地冻线和场地设计标高确定。

场区平面控制网的形式，可根据建筑场地的大小、地形条件、施工方案和建（构）筑物的布置、建筑总平面图的布局等情况，布设成建筑方格网、建筑基线及导线网、三角形网或 GPS 网等形式，如图 15-1 所示：

1）对于地形起伏较大的山区或丘陵地区，常用三角测量或边角测量方法建立三角网，其主要技术要求应符合表 15-1 的规定。

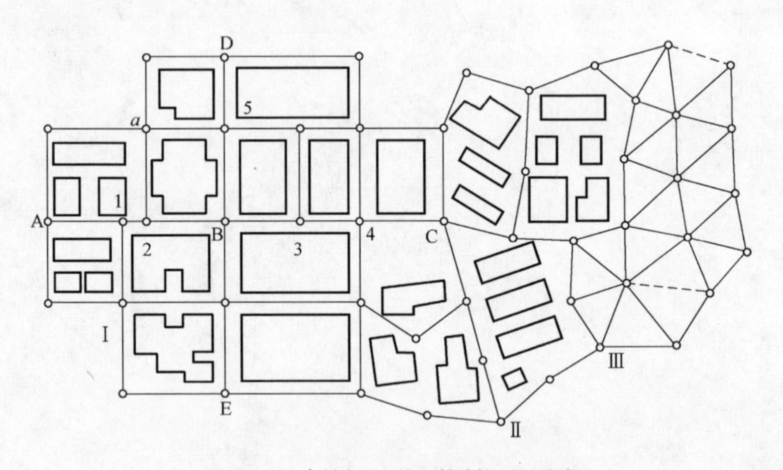

图 15-1　建筑场区平面控制网的形式

2）对于地形平坦而通视比较困难的地区，如扩建或改建的施工场地，或建筑物分布很不规则时，则可采用导线网，其主要技术要求应符合表 15-2 的规定。

3）当采用 GPS 网作为场区控制网时，其主要技术要求应符合表 15-3 的规定。

表 15-1　施工场区平面三角测量的主要技术要求

等级	边长/m	测角中误差/(″)	测边相对中误差	最弱边边长相对中误差	测回数		三角形最大闭合差/(″)
					2″级仪器	6″级仪器	
一级	300～500	5	≤1/40000	≤1/20000	3	—	15
二级	100～300	8	≤1/20000	≤1/10000	2	4	24

表 15-2　施工场区平面导线测量的主要技术要求

等级	导线长度/km	平均边长/m	测角中误差(″)	测距相对中误差	测回数		方位角闭合差/(″)	导线全长相对闭合差
					2″级仪器	6″级仪器		
一级	2.0	100～300	5	1/30000	3	—	$10\sqrt{n}$	≤1/15000
二级	1.0	100～200	5	1/14000	2	4	$16\sqrt{n}$	≤1/10000

注：n 为测站数。

表 15-3　施工场区 GPS 测量的主要技术要求

等级	边长/m	固定误差 A/mm	比例误差系数 B/(mm/km)	边长相对中误差
一级	300～500	≤5	≤5	≤1/40000
二级	100～300			≤1/20000

15.1.2　施工现场建筑基线的布设

对于地面平坦而面积不大又不十分复杂的小型建筑场地，常布置一条或几条建筑轴线组成简单的图形，作为建筑物施工测量的平面控制或放样的依据，称为建筑基线。其布设的形式有“一”字形、“T”字形、“L”字形和“十”字形等，如图 15-2 所示。布置时主要根据建筑物的分布、建筑场地的地形和原有测图控制点的情况而定。由于其各轴线之间不一定

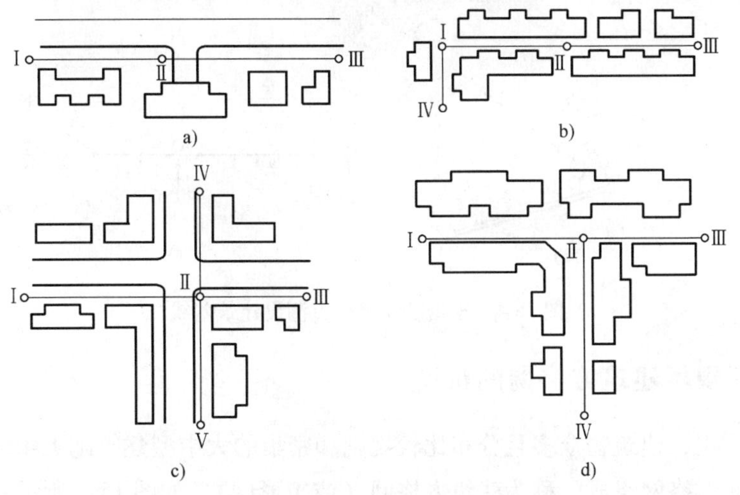

图 15-2　建筑场区建筑基线的布设形式

组成闭合图形，所以这是一种不严密的施工控制形式，这就要求：在不受施工影响的条件下，建筑基线应尽量靠近拟建的主要建筑物，并应尽量位于建筑区中心中央通道的边沿上，其方向应与主要建筑物的轴线平行；纵横基线应相互垂直，相邻基线点应互相通视。为了便于检查基线点位有无变动或者便于基线点遭破坏后的恢复，基线点的数目应不少于三个；同时，为了便于长期保存，要埋设永久性的混凝土桩。

其布设的方法主要有两种：

（1）根据建筑红线测设　在老建筑区，建筑用地边界线（即建筑红线）是由城市规划部门测定的，可用作建筑基线测设的依据。如图15-3所示，AB、AC是建筑红线，Ⅰ、Ⅱ、Ⅲ是建筑基线点。测设时，从A点沿AB方向量取d_2定出Ⅰ′点，沿AC方向量取d_1定出Ⅰ″点。过B、C两点作红线的垂线，沿垂线量取d_1、d_2，得Ⅱ、Ⅲ点，则ⅢⅠ′与ⅡⅠ″相交得Ⅰ点。将经纬仪安置在Ⅰ处，精确观测∠ⅡⅠⅢ，若角值与90°之差超过±20″，则应对Ⅰ、Ⅱ、Ⅲ点按水平角精确测设的方法进行调整。如果建筑红线完全符合作为建筑基线的条件时，可以将其作为建筑基线使用。

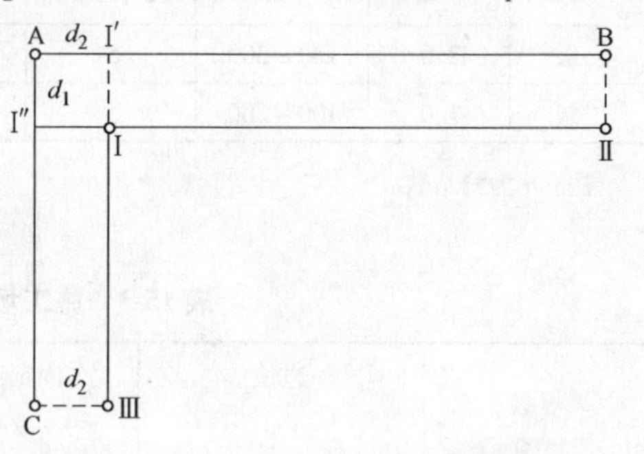

图15-3　根据建筑红线测设建筑基线

（2）根据测图控制点测设　如图15-4a所示，首先根据已知控制点1、2和待测点M、O、N的坐标关系，反算出测设数据。然后可采用极坐标法将主轴线MN上的主点M、O、N等点标定到地面上。由于测量误差的存在，测设出的3个基线点可能不在一条直线上，尚需置仪器于O点，精确测量∠MON的角值β，求出其与180°的差值$\Delta\beta$，如图15-4b所示，按下式计算M、O、N三点的改正数δ，即

$$\delta = \frac{\dfrac{180° - \beta}{2}}{\dfrac{2}{OM}\rho + \dfrac{2}{ON}\rho} = \frac{OM \cdot ON \cdot \Delta\beta}{2(OM + ON)\rho} \tag{15-1}$$

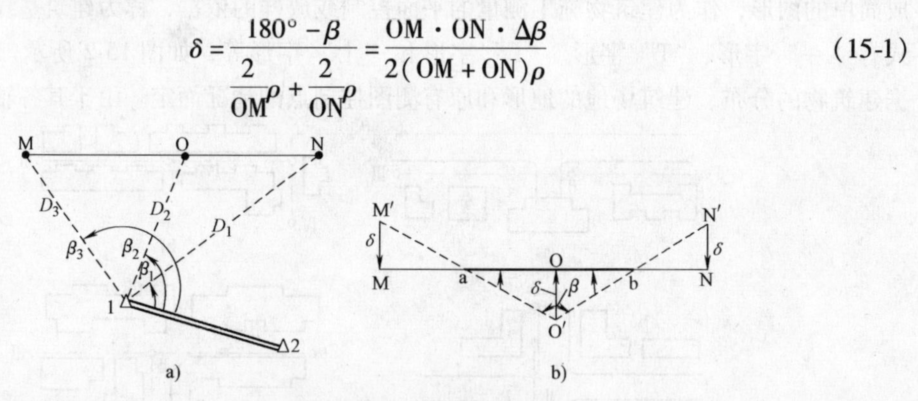

图15-4　根据已知坐标点测设建筑基线

15.1.3　施工现场建筑方格网的布设

对于地势平坦，建筑物众多且分布比较规则和密集的大中型建筑施工场地，施工控制网多用正方形或矩形格网组成，称为建筑方格网（或矩形网），如图15-5所示。当场地面积较大时，常分二级布置，首级控制可采用“十字形”、“口字形”或者“田字形”，然后逐级

进行加密。如果建筑区面积不大，则可一次布置成全面方格网。建筑方格网是一种特殊的导线网，即导线边均与坐标轴平行，导线的折角都是90°或180°，因此，这种网型是精度比较高的施工控制网，要求布设时应根据建筑设计总平面图上各建筑物、构筑物、道路及各种管线的铺设情况，结合现场的地形进行：①建筑方格网的主轴线尽可能在建筑区中部，或者使其靠近主要建筑物，并与主要建筑物的基本轴线平行，主轴线的长度要能控制住整个建筑场地。②相邻格网点之间应保持视线通畅，量距方便，注意点位不要设置在建筑物的基础、管道、道路或原材料堆场位置上。将点位设置在厂区道路路肩上对点位的保存、使用比较有利。③方格网布置要实用，点位尽量接近测设对象，特别是测设精度要求较高的建、构筑物；在满足使用的前提下，方格网点数应尽量少。④方格网的轴线应彼此严格垂直，网格的边长一般视建筑物的大小和分布情况而定，一般为50m的整倍数。

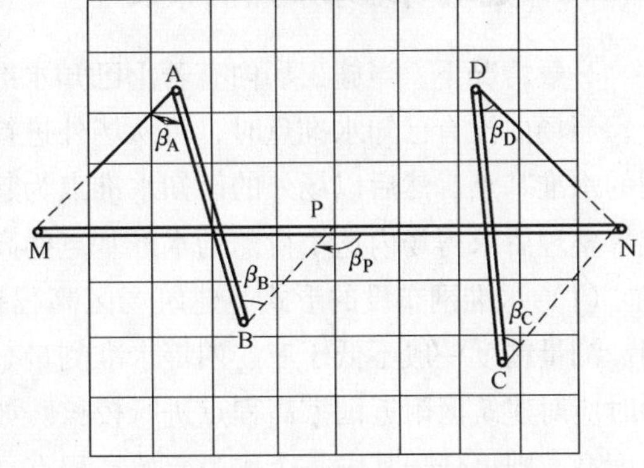

图15-5 建筑方格网布设

其布设的方法是先选定建筑方格网的主轴线，然后根据主轴线再布设方格网。有轴线法和归化法两种：

（1）轴线法 按上述测设基线的方法将建筑方格网的一条主轴线MPN标定到地面上，经过校正后，将仪器安置于中心点P，测设主轴线的垂直轴线CPD。并对测设好的垂直轴线检测它与主轴线的垂直程度，如图15-6所示，依下式计算调整值l_i

$$l_i = \frac{\varepsilon L_i}{\rho} \tag{15-2}$$

然后从中心点O开始在纵、横轴线上向两端用仪器定出一定线距（例如取200m）的点，并在所取得的点上测设出垂直于轴线的各条垂线，分别在每条垂线上量取同样长度的一些线段，这样便构成了基本方格网。在基本方格边的两点间再进行定线和用卷尺丈量的方法，以使基本方格加密为更小的填充方格。

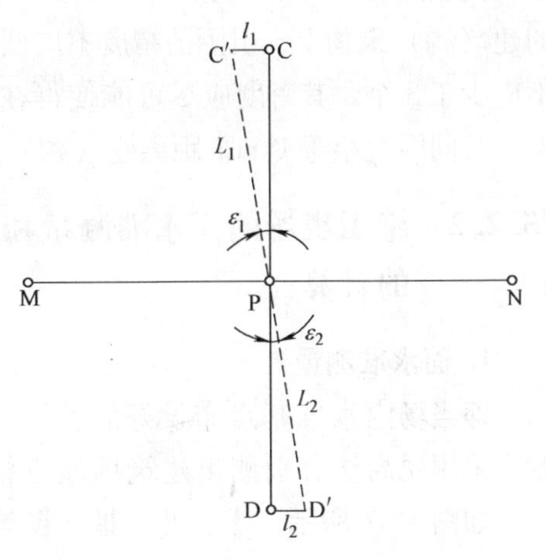

图15-6 轴线法测设建筑方格网

（2）归化法 即在实地中部任意选择一个点，通过此点标定两条互相垂直的纵、横轴线，定线时应考虑到近似地平行于施测地段的主要道路或建筑物的方向。然后，按设计好的方格网，用仪器放出所有的方格点，点位用木桩临时标定。再将其中一些方格点组成三角网进行三角测量，或者将一些方格点组成闭合或者附合导线，进行导线测量，确定所有临时标定的点的精确的坐标值，并与其设计的坐标值比较，求出归化值，再将归化后的点位用永久性标桩标定并进行检测与校核。

15.2 建筑场地的土地平整测量

15.2.1 建筑场地水准点的布设

一般情况下，当施工场内有若干已知水准点时，可以任意选取其中的一个点作为水准基点；当场内没有已知水准点时，可从场外进行引测，即在施工场地内任意选取一个点作为待测的水准基点，然后以场外的已知水准点为起算点对其进行闭合或附合水准测量，将测量的成果整理后求得场内这个待测的水准基点的高程。

（1）水准网布设的形式　建筑场区高程控制网一般布设成闭合环线、附合路线或结点网。测量精度一般不低于三、四等水准测量。测量时应与国家高级或同级高程网相联系。联测时应对建筑区附近国家高程点进行校核。如果附近国家高程点点位埋设稳固，保存完好，精度高，则可任选其中一个作为起始高程点，建立施工高程控制网；或者在国家高程点之间布设附合水准路线作为高程控制。若国家高程点点位保存不好或检测不符合精度要求，则只能选择其中一个点作为起始高程点建立建筑区内一环或多环闭合水准网，以保持建筑区内各部分相对高程位置正确。

当场地面积较大时，高程控制网可分为首级网和加密网两级布设，相应的水准点称为基本水准点和施工水准点。

为了测设的方便，在每栋较大建（构）筑物附近还要测设±0水准点（室内地平线），其位置多选在较稳定的建筑物墙、柱的侧面，用红油漆绘成上顶线为水平线的“▼”形。

（2）水准点布设的要求　一方面，水准点位置应注意将点位选在开挖范围以外土质坚实之处，以利于点位的稳固与长期保存。它可单独布设在场地相对稳定的区域，也可设置在平面控制点的标石上。施工中，当少数高程控制点标石不能保存时，应将其高程引测至稳固的建（构）筑物上，引测的精度不应低于原高程点的精度等级。另一方面，水准点的个数，不应少于3个。其密度应尽可能使得在施工放样时，安置一次仪器即可测设所需要的高程点。其间距宜小于1km，距离建（构）筑物不宜小于25m，距离回填土边线不宜小于15m。

15.2.2 施工现场的面水准测量和填挖土石方量的计算

1. 面水准测量

即当场内水准基点布设好后，以此点为已知水准点，采用视高法分别测出建筑场地方格网各网点的高程。如图15-7所示，Ⅰ、Ⅱ、Ⅲ、Ⅳ等为测站点，K、R、S、P等为转点。测量时，首先将所有方格的顶点用木桩来标志，并按顺序进行编号；然后按方格所编号码的顺序分别在各个测站上安置水准仪，后视已知水准点后，依次在四周各个方格网点上立尺，读取各前视点的读数，通过后视点的视线高与前视点的标尺读数即可计

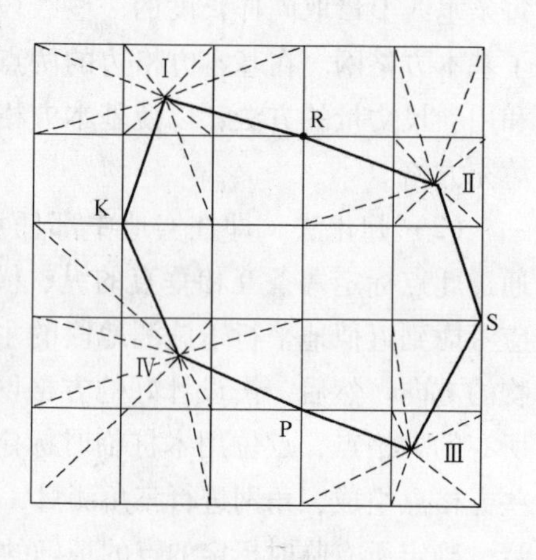

图15-7　面水准测量

算出各个方格网点的高程。

2. 填挖土石方量的计算

假设测得的建筑方格网各网点的地面高程为 H_i，依据这些网点的地面高程按内插法绘出场地的地形平面等高线图，如图 15-8 所示。若将施工场地平整成水平面，则填挖土石方量的计算步骤如下：

1）对方格网中各方格上四个顶点的高程求平均，得平均高程（H_{Pi}）。

$$H_{Pi} = \frac{1}{4}\left(H_1 + H_2 + H_3 + H_4\right) \tag{15-3}$$

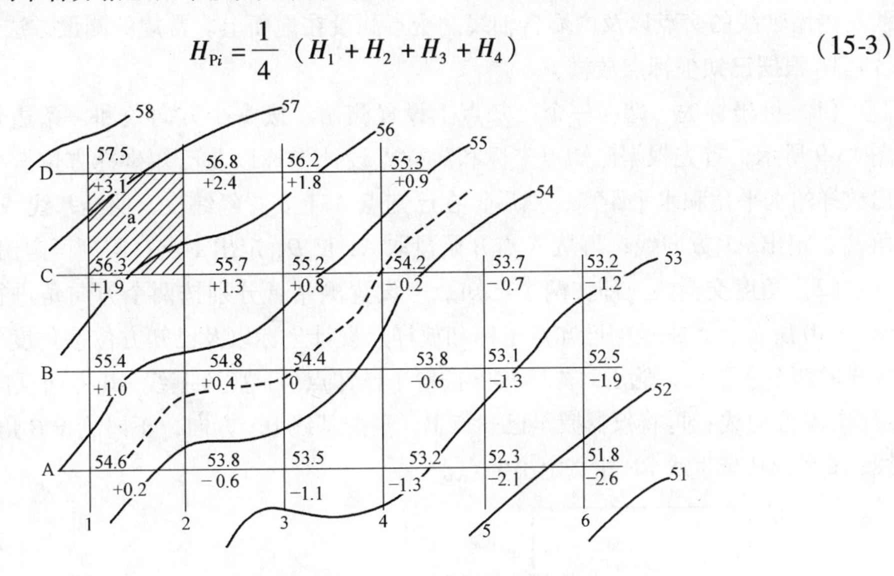

图 15-8 建筑场地平整土石方量计算

例如图中方格 a 的平均高程 H_{P1} 为

$$H_{P1} = \frac{1}{4}(57.5 + 56.8 + 56.3 + 56.7)\,\mathrm{m} = 57.6\mathrm{m}$$

2）将各方格的平均高程求和并除以方格总数 n，即得该施工场地的设计高程（H_0）。

$$H_0 = \frac{H_{P1} + H_{P2} + \cdots + H_{Pn}}{n} \tag{15-4}$$

将该施工场地的设计高程的等高线用虚线在地形平面等高线图上标示出来，

3）计算各网点以设计高为 ±0 的相对高程 h_i。即

$$h_i = H_i - H_0 \tag{15-5}$$

h_i 就是各方格顶点的填、挖高度，当 h_i 为正时表明该顶点为挖土方，为负时为填土方。

4）根据各方格的填挖方面积 A_{Pi} 以及各方格顶点的填挖高度 h_i，计算各方格的填、挖土方量（V_{Pi}）。

$$V_{Pi} = \frac{1}{4}(h_1 + h_2 + h_3 + h_4)A \tag{15-6}$$

例如图中方格 a 的挖土方量 V_{P1} 为

$$V_{P1} = \frac{1}{4} \times (3.1 + 2.4 + 1.9 + 1.3) \times 50^2\mathrm{m}^3 = 5437.5\mathrm{m}^3$$

15.3 房屋建筑的定位测量

15.3.1 方形建筑物的定位与放线

方形建筑物的定位一般是先测设角桩，即根据建筑方格网或已建建筑物，把房屋外墙轴线的交点标定在地面上来；然后就是测设中心桩，即根据角桩进行细部放样，把房屋外墙轴线与内墙轴线的交点以及内墙各轴线的交点测设在地面上。常规的测设方法一般有两种：

1. 根据已知坐标点放样

（1）极坐标法　即在一个已知点上设置测站，按一个方向角和一条边长进行放样。如图 15-9 所示，首先根据已知点坐标和放样点设计坐标以及已知坐标方位按极坐标公式反算出放样的水平角和水平距离；然后，在已知点 A 上安置经纬仪，照准基线 AB 方向测设水平角 β_1，定出 A1 方向线；再从 A 点开始量取 A1 长 D_{A1} 定出 1 点；同理可定出 2、3、4 各点。

（2）角度交会法　即在两个已知点上设置测站，分别按两个方向角进行交会放样。如图 15-10 所示，首先根据已知点坐标和放样点设计坐标以及已知方位按角度交会公式反算出放样的两个水平角；然后，先将仪器按置于已知点 A，照准基线 AB 方向反向测设水平角 α，定出 AP 方向线；再将仪器搬至已知点 B，根据基线 BA 方向，正向测设 β 角，定出 BP 方向线；直线 AP 与直线 BP 相交定出 P 点。

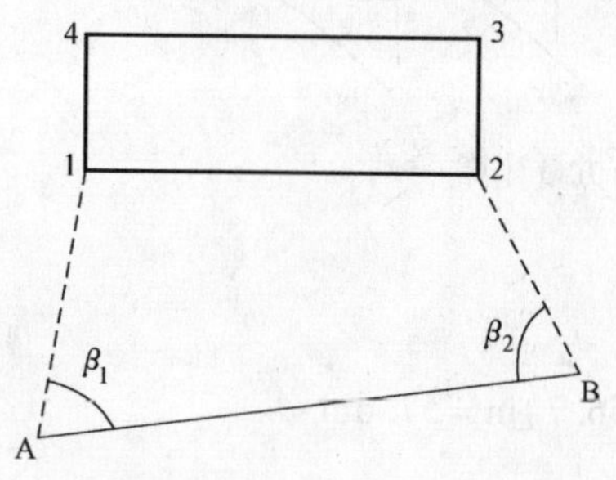

图 15-9　极坐标法放样

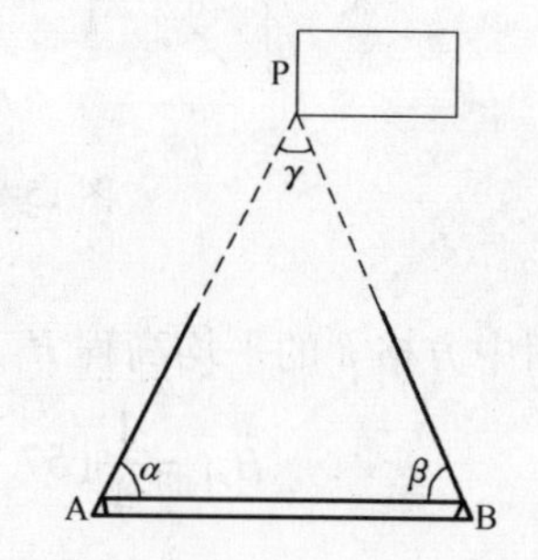

图 15-10　角度交会法放样

（3）距离交会法　即在两个已知点上设置测站，分别按两条边长进行交会放样。如图 15-11 所示，首先根据已知点坐标和放样点设计坐标以及已知方位按距离交会公式反算出放样的两个水平距离；然后，分别以已知点 A 和已知点 B 为圆心，以 D_1 和 D_2 长为半径在地面画弧，两弧线相交定出 1 点。同法，以已知点 B 和已知点 C 为圆心，以 D_3 和 D_4 长为半径在地面画弧，两弧线相交定出 2 点。

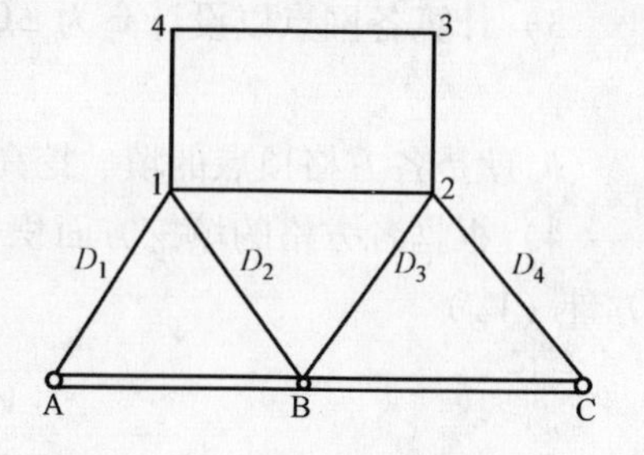

图 15-11　距离交会法放样

2. 根据已建建筑物放样

根据工程设计图纸上拟建建筑物与已建建筑物之间的位置关系，用图解法获取所需要准备的放样数据，然后根据这些放样数据进行测设。

（1）根据已建房屋放样　如图 15-12 所示，用钢尺紧贴已建房屋东西两墙边缘，分别量出相等的一段距离（1～1.5m）定出 M′、N′；置仪器于 N′点，照准 M′点，用正倒镜法定出一条基线 M′N′；从 N′点起沿 M′N′方向延长线测设距离 N′O 定出 O 点，置仪器于 O 点，瞄准 M′点，测设基线 M′N′的垂线 OB；从 O 点起沿垂线 OB 方向测设距离 OA 定出 A 点；同理定出 B 点。

（2）根据已有道路中线放样　如图 15-13 所示，先在实地定出两道路中线的交点 M，自 M 点起沿道路中线 MN 方向测设距离 MN、MQ 定出 N、Q；分别在 N、Q 点安置仪器，测设 MN 的垂线 NA、QB，定出 A、B 和 C、D。

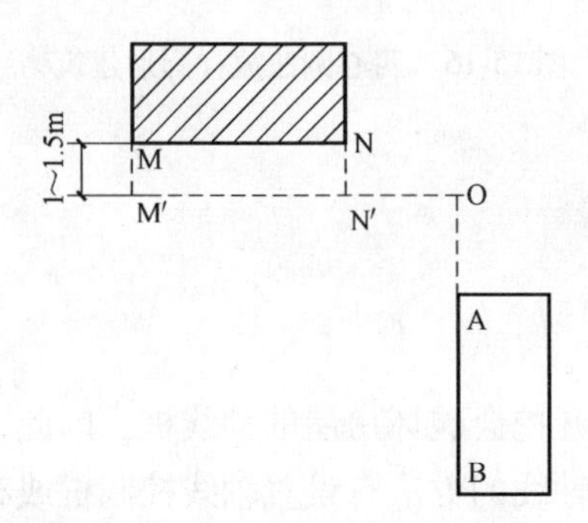

图 15-12　根据已建房屋放样示意图

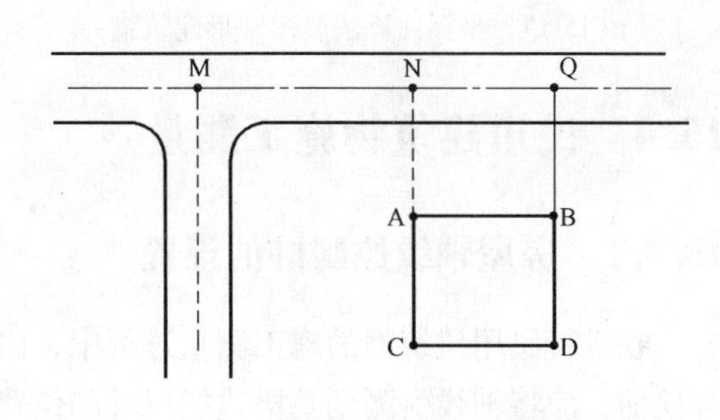

图 15-13　根据已有道路中线放样

15.3.2　圆形建筑物的定位与放线

近年来，随着旅游建筑和公共建筑的发展，在施工测量中经常会遇到各种平面图形比较复杂的建筑物和构筑物，如圆弧形、椭圆形、双曲线形和抛物线形等建筑物。测设这样的建筑物，要根据平面曲线的数学方程式和曲线变化的规律，进行适当的计算，求出放样的数据。然后，按建筑设计总平面图的要求，利用施工现场的测量控制点或已建建筑物，先测设出建筑物的主要轴线，根据主要轴线再进行细部的测设。测设椭圆的方法有：

1. 直接拉线法

先将椭圆的两个焦点 F_1 和 F_2 按一定的放样方案测设到地面上，然后分别在这两个焦点上定一铁钉，将一根直线（长度大于线段 F_1F_2）的两端分别拴在这两个焦点上，直接拉线测设椭圆，如图 15-14 所示。

2. 坐标计算法

先将椭圆的中心点按一定的放样方案测设到地面上，然后通过椭圆中心建立直角坐标系，椭圆的长轴和短轴即为该坐标系的 x 轴和 y 轴，如图 15-15 所示。

3. 四心圆法

即把椭圆当成四段圆弧组成，先在工程设计图样上求出这四段圆弧的圆心位置和半径值，然后到实地分别进行放样，如图 15-16 所示。

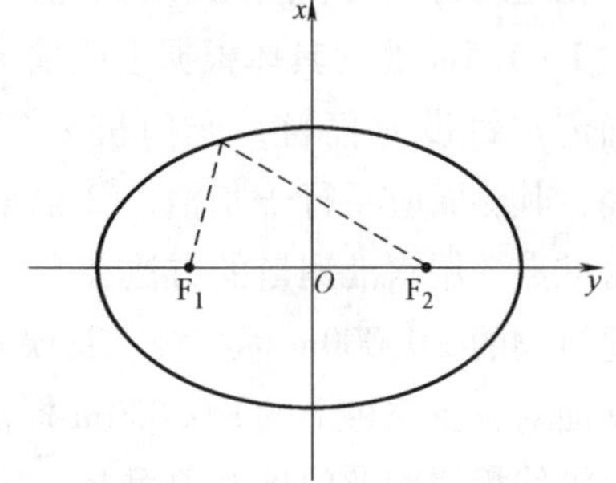

图 15-14　直接拉线法放样圆形建筑物

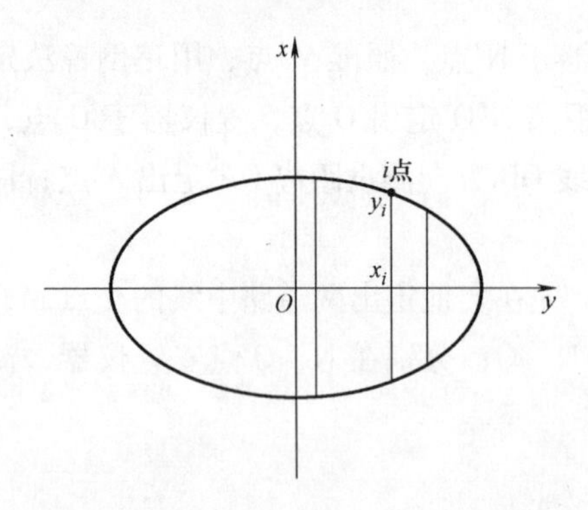

图 15-15　坐标计算法放样圆形建筑物

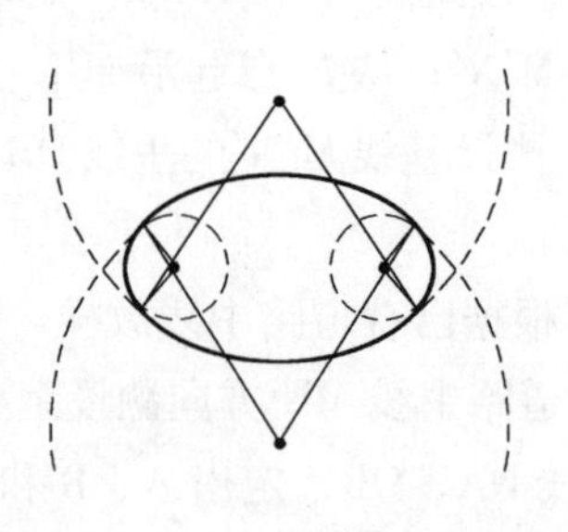

图 15-16　四心圆法放样圆形建筑物

15.4　民用建筑物施工测量

15.4.1　房屋轴线控制桩的设置

在进行民用建筑物的施工测量过程中，由于基槽开挖会破坏房屋的轴线桩，因此，基槽开挖前，应将轴线引测到基槽边线以外的位置，引测轴线的方法有设置轴线控制桩或布设龙门板。

1. 轴线控制桩的设置

轴线控制桩一般设置在基槽边线外基础轴线的延长线上，如图 15-17 所示。轴线控制桩离基础外边线的距离根据施工场地的条件而定，一般为 2～3m。假如是多层建筑，为了便于向上引点，应设置在较远的地方；如果附近有已建的建筑物，也可将轴线投设在该建筑物的墙上。为了保证控制桩的精度，控制桩应与中心桩一起测设；有时先测设控制桩，再测设定位桩。

2. 龙门板的设置

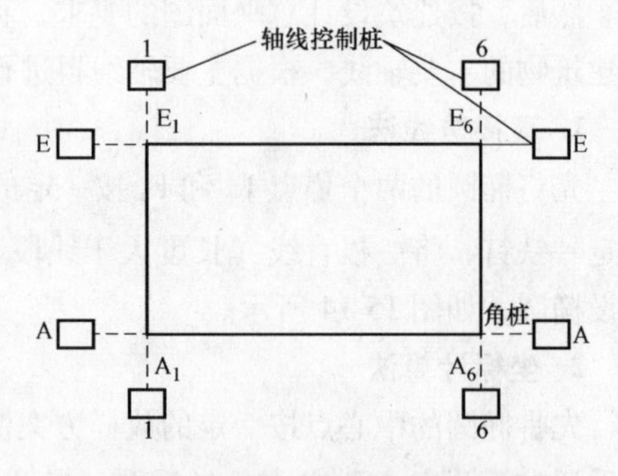

图 15-17　建筑物轴线控制桩的设置

对于一般的民用建筑，为了施工方便，可在基槽边线外一定距离处钉设龙门板，如图 15-18 所示。钉设龙门板的步骤和要求如下：①在建筑物四角和隔墙两端基槽开挖边线以外的 1～1.5m 处（具体根据土质情况和挖槽深度确定）钉设龙门桩，龙门桩要钉得竖直、牢固，其侧面应平行于基槽；②根据建筑场地的水准点，用水准测量的方法在龙门桩上测设出建筑物的 ±0.000m 标高线，其误差应不超过 ±5mm；③将龙门板钉在龙门桩上，使龙门板顶面对齐龙门桩上的 ±0.000m 标高线；④分别在轴线桩上安置经纬仪或全站仪，将墙、柱等轴线投测到龙门板的顶面上，并钉上小钉作为标志，投点误差也应不超过 ±5mm；⑤用钢尺沿龙门板顶面检查轴线桩小钉的间距是否符合限差的要求，并以龙门板上的轴线钉为基准，将墙宽线划在龙门板上。

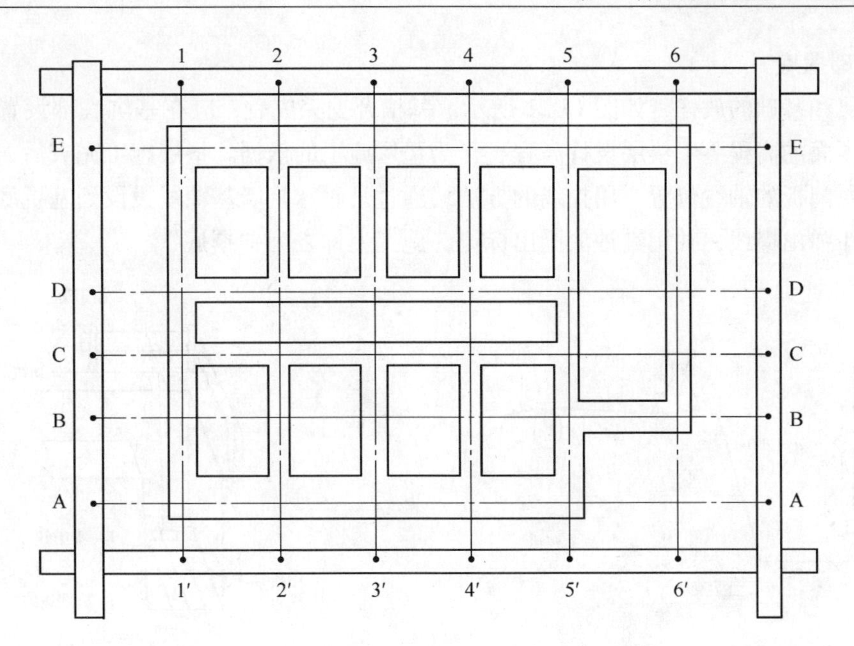

图 15-18　建筑物龙门板的设置

值得注意的是，采用挖掘机开挖基槽时，为了不妨碍挖掘机的工作，一般只设置轴线控制桩，而不设置龙门桩和龙门板。

15.4.2　房屋基础施工测量

1. 基槽放线

即放样基槽开挖边线。房屋基础开挖前，根据轴线控制桩或龙门板的轴线位置和基础大样图上的基槽宽度，并考虑到基础挖深应放坡的尺寸，计算出基槽开挖边线的宽度。由桩中心向两边各量出基槽开挖边线宽度的1/2，作出记号。在地面两个对应的记号点之间拉线，在拉线位置上用白灰放出基槽边线，就可以按照白灰线位置开挖基槽，施工上俗称“放线”，如图15-19所示。

2. 基深抄平

开挖基槽时，不得超挖基底，要随时注意挖土的深度。为了控制基槽的开挖深度，当基槽挖到离槽底设计高程0.300～0.500m时，用水准仪在槽壁上沿水平方向每隔2～3m和拐角处钉一个水平桩，用以控制挖槽深度及作为清理槽底和铺设垫层的依据，施工上称之为“抄平”，如图15-20所示。基槽开挖完成后，应根据控制桩或龙门板复核基槽宽度和槽底标高，合格后方可进行垫层施工。

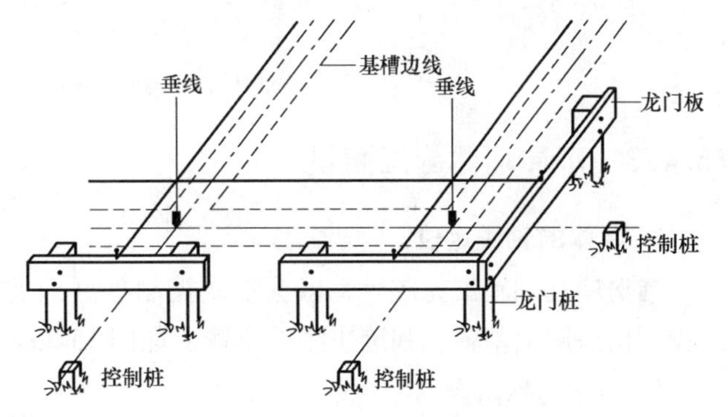

图 15-19　建筑物的基础放线

3. 基础撂底

即垫层和基础的放样，如图15-21所示。基槽开挖完成后，应在基坑底部设置垫层标高桩，使桩顶面的高程等于垫层设计高程，作为垫层施工的依据。垫层施工完成后，根据轴线控制桩或龙门板的轴线位置，用拉线的方法，通过吊垂球将墙基轴线投设到基坑底部的垫层上，用墨斗弹出墨线，并用红油漆画出标记，施工上称之为“撂底”。

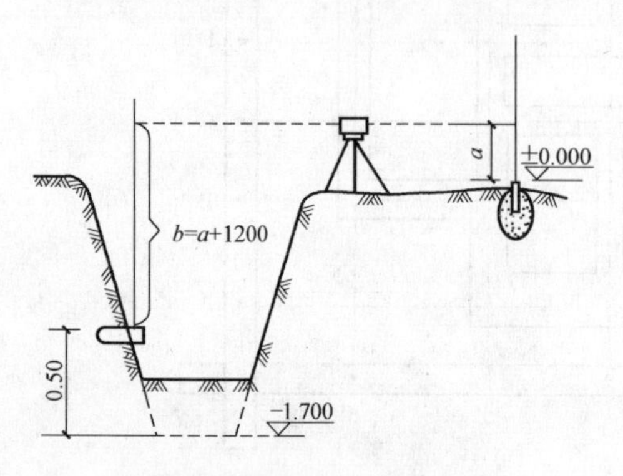

图15-20 建筑物的基础抄平

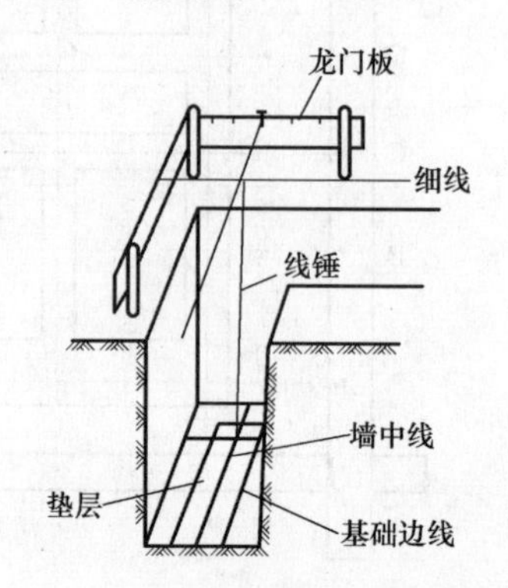

图15-21 建筑物的基础撂底

4. 基础找平

基础墙中心线投测完毕，应按设计尺寸进行复核，合格后，即可进行基础面标高的控制和检测，施工上称之为“找平”，如图15-22所示。

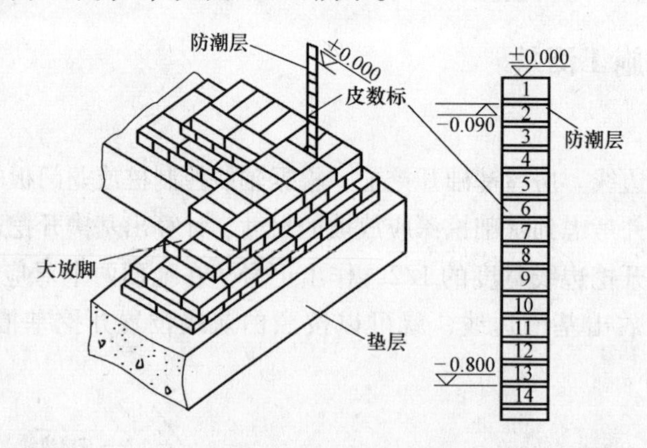

图15-22 建筑物的基础找平

15.4.3 房屋墙体施工测量

1. 墙体的轴线定位

当房屋基础施工完成后，根据轴线控制桩（或龙门板）的轴线位置，在基础面上用墨线投测出房屋墙基轴线和墙边线的位置，如图15-23所示。

2. 墙体的标高控制

进行墙体施工时，可以用皮数杆对墙体的标高进行控制和检查。如图15-24所示，将皮数杆紧贴墙身，在立杆处打一木桩，用水准仪在木桩上测设出±0.000m标高的位置，然后把皮数杆上的零刻度线与木桩上的±0.000m标高线对齐，并用铁钉钉牢。

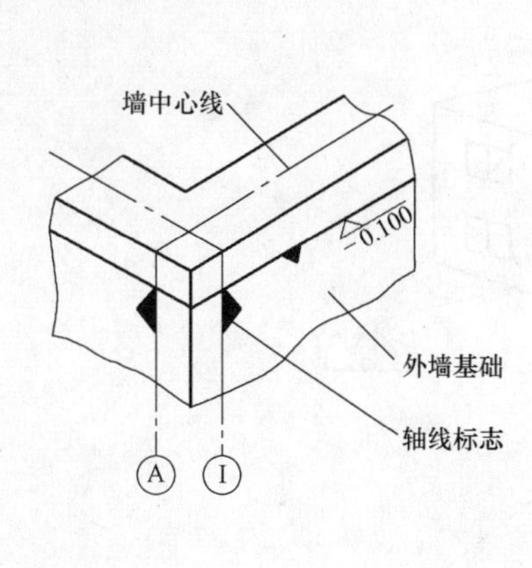

图 15-23 建筑物墙体轴线定位

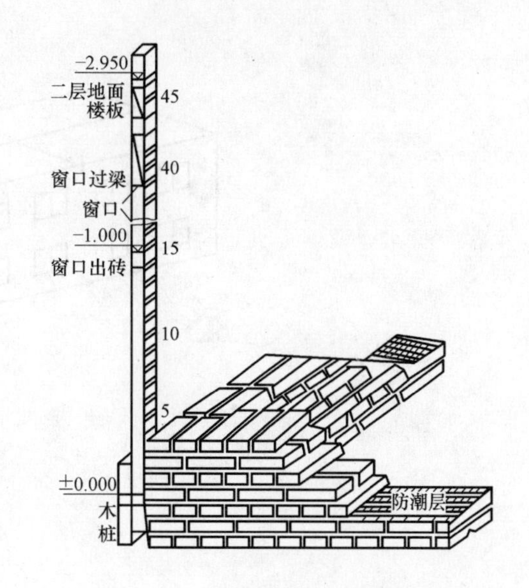

图 15-24 皮数杆对墙体标高的控制

高层建筑物墙体的标高控制和检查则通过高程传递来进行，即当首层墙体砌到1.5m高后，用水准仪在内墙面上测设一条+1.500m标高线，作为首层地面施工及室内装修的标高依据。以后每砌高一层，就从楼梯间用钢尺从下层的+1.500m标高线向上量出层高，测设出上一楼层的+1.500m标高线；如图15-25所示，B_1、B_2的高程分别为

$$\begin{cases} H_{B1}=(H_A+a)+(c_1-d)-b_1 \\ H_{B2}=(H_A+a)+(c_2-d)-b_2 \end{cases} \tag{15-7}$$

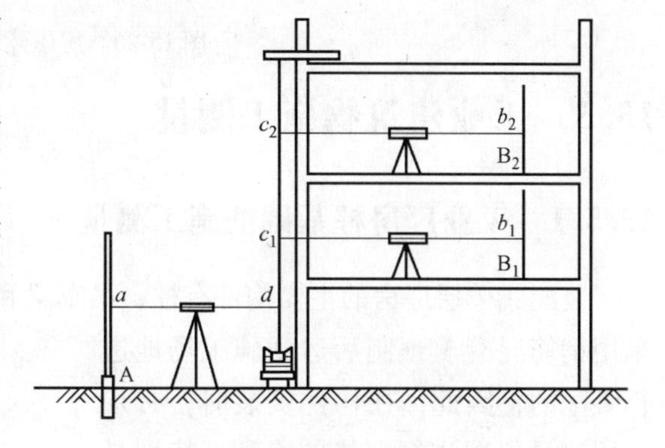

图 15-25 水准仪高程传递

根据情况也可用吊钢尺法向上传递高程，即用钢尺将地面水准点的高程或室内地坪线（±0.000m标高线）传递到楼层地坪上所设的临时水准点上，然后再根据临时水准点进行上一层墙体的标高控制。

3. 墙体的轴线投测

一般采用经纬仪或全站仪的引桩投测法对房屋的墙体轴线进行投测，如图15-26a所示。投测时，先选择墙体的中心轴线，然后向上投测，并增设轴线引桩。当楼层逐渐增高而轴线控制桩距离建筑物又比较近时，由于仪器望远镜的仰角较大，致使操作很不方便，投测精度将随仰角的增大而降低，因此，需要将原中心轴线桩引测到更远的安全地方，或者附近的大楼屋顶上，如图15-26b所示。为了减小外界条件（如日照和大风等）的不利影响，投测工作宜在阴天及无风的天气进行。竖向误差在本层内不得超过5mm，全楼的累积误差不得超过20mm。

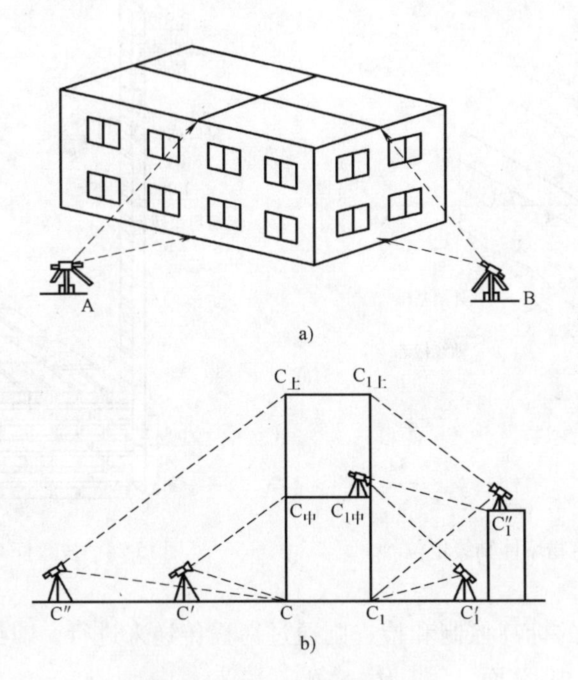

图15-26 房屋建筑的墙体投测

15.5 工业建筑物施工测量

15.5.1 工业厂房柱基础的施工测量

装配式单层厂房的主要构件有柱、吊车梁和屋架等，如图15-27所示。这些构件大多数是用钢筋混凝土预制后运到施工场地进行装配的，因此，在构件安装时，必须使用测量仪器进行严格的检测。特别是柱基础的施工测量，它的位置的正确与否，将直接影响到柱、梁和屋架等构件能否正确安装。

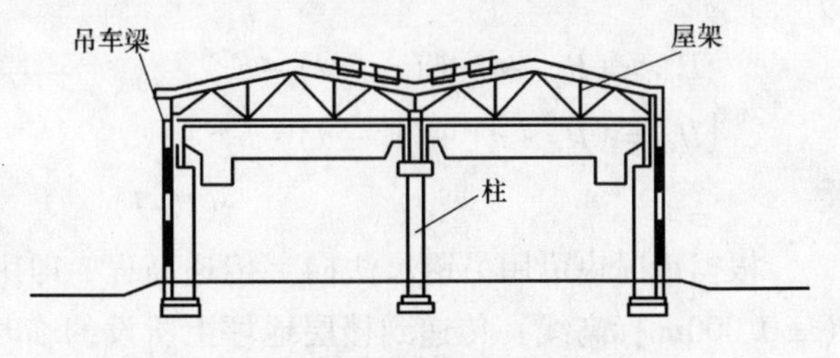

图15-27 工业厂房的结构

1. 厂房柱列轴线的设置

工业厂房的柱列轴线控制桩的设置，应根据厂房平面图上所注的柱间距和跨距尺寸，用钢尺沿矩形控制网各边量出各柱列轴线控制点的位置，并打入木桩，用桩顶小钉标示出点位，作为坑基测设和施工安装的依据。丈量时应根据相邻的两个距离指标桩为起点分别进行，以便检核。

2. 柱基的定位

安置两台仪器在相应的柱列轴线控制桩上（或基础中心线控制桩），交出各柱基的位置(及两轴的交点)，此项工作叫柱基定位。例如图15-28中，欲测设B—②柱基，将经纬仪安置在M和2′上，分别瞄准N和2″点，则MN和2′2″的交点即为柱基定位点。在柱基的两条轴线上打入四个定位小木桩a、b、c、d，其桩位应在基础以外以比基础深度大1.5倍的地方，供挖坑及立模之用。

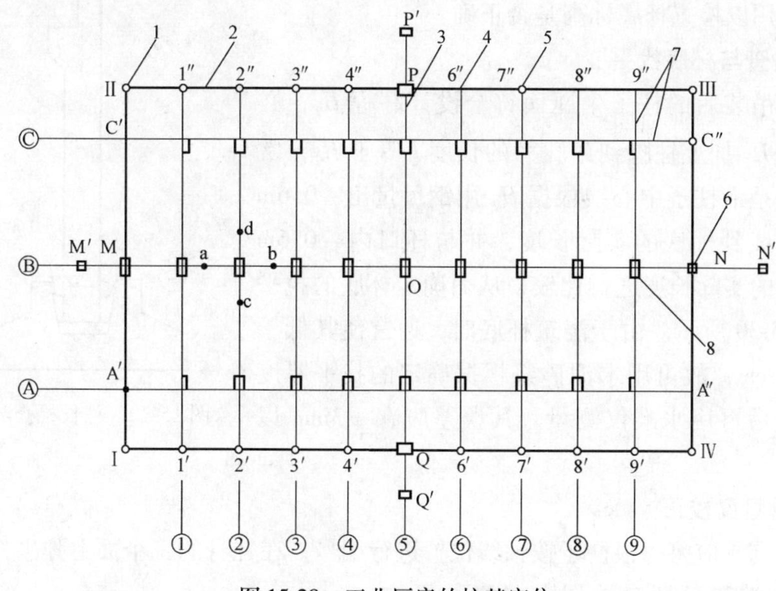

图15-28 工业厂房的柱基定位

3. 柱基的放线

按基础平面图和大样图所注尺寸，顾及基坑放坡宽度，用特制的角尺放出基坑开挖边界，并撒出白灰以便开挖，此项工作叫柱基放线。

4. 柱基开挖深度的控制

当基坑快要挖到设计标高时，应在坑壁四周离坑底设计标高0.5m处设置一水平桩，作为检查坑底标高与控制垫层高度的依据。

5. 杯形基础立模测量

基础垫层打好后，根据柱列轴线桩将柱子轴线投到垫层上，弹出墨线，如图15-29中的PQ、RS，然后用角尺定出交点1、2、3、4，供柱基立模和布置钢筋用。立模板时，将模板底的定位线对准垫层上的定位线，从柱基定位桩拉线吊锤球检查模板是否垂直。最后用水准仪将杯口和杯底的设计标高引测到模板的内壁上。

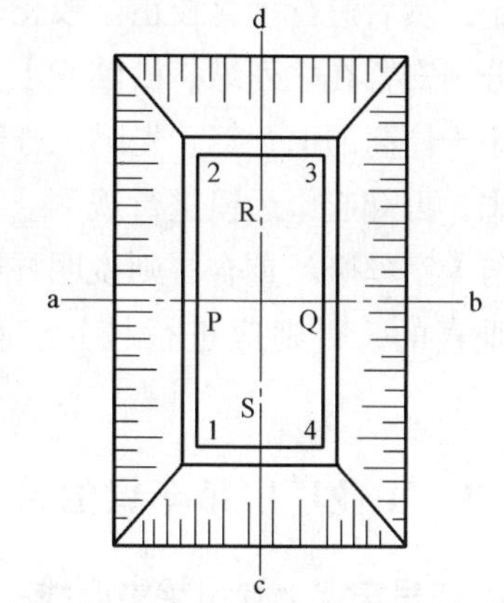

图15-29 工业厂房的杯形基础立模测量

15.5.2 工业厂房柱子的安装测量

1. 投测柱列轴线

在杯形基础拆模以后，由柱列轴线控制桩用经纬仪把柱列轴线投测在杯口顶面上，并弹上墨线，用红油漆画上“▼”标志，作为吊装柱子轴线方向的依据。当柱列轴线不通过柱子中心线时，应在杯形基础顶面上加弹柱中心线。此外，还要在杯口内壁，用水准仪测设一

条一般为 -60cm 的标高线（一般杯口顶面标高为 -50cm），并用“▼”表示。也可测设一条已知标高线，从该线起向下量取一个整分米数即到杯底的设计标高，用以检查杯底标高是否正确。

2. 柱长检查与杯底找平

为了保证吊装后的柱子牛腿面符合设计高程 H_2，必须使杯底高程 H_1 加上柱脚到牛腿面的长度 l 等于 H_2，常用的检查方法是沿柱子中心线根据 H_2 用钢尺量出 -0.6m 标高线，及此线到柱底的实际长度，并与杯口内 -0.6m 标高线到杯底的实际长度进行比较，从而确定杯底的找平厚度，如图 15-30 所示。由于浇筑杯底时，通常使其低于设计标高 3～5cm，故可用水泥砂浆根据确定的找平厚度进行找平，最后再用水准仪测量，其误差应在 ±3mm 以内。

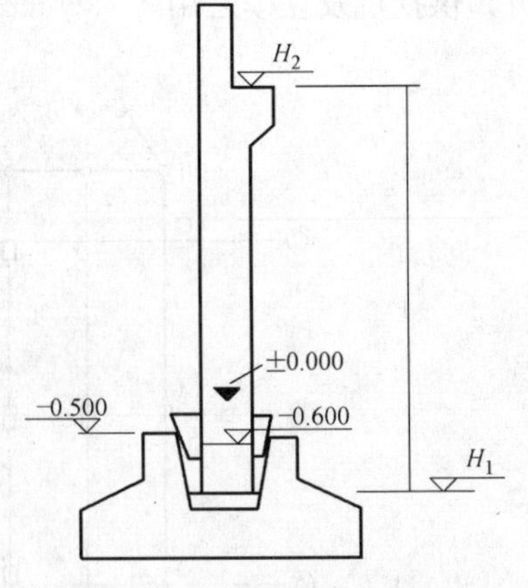

图 15-30 柱长检查与杯底找平

3. 柱子垂直度校正

柱子吊装前，应将每根柱子按轴线位置进行编号，在柱身的三个面上弹出柱中心线，并在每条线的上端和近杯口处划上“▼”标志，以供校正时照准，称为柱身弹线。柱子起吊后，应对号进入杯口，使柱子中心线对准杯口中心线，其误差值不能超过 ±5mm。用钢楔或木楔暂时固定，然后进行垂直校正。校正时，用两台经纬仪分别安置在柱列纵、横轴线上，离柱子的距离不小于柱高的 1.5 倍。先瞄准柱子下部的中心线标志，再仰起望远镜进行观测。若柱子中心线始终与十字丝竖丝重合，则说明柱子在这个方向上是垂直的，否则应进行校正，如图 15-31 所示。

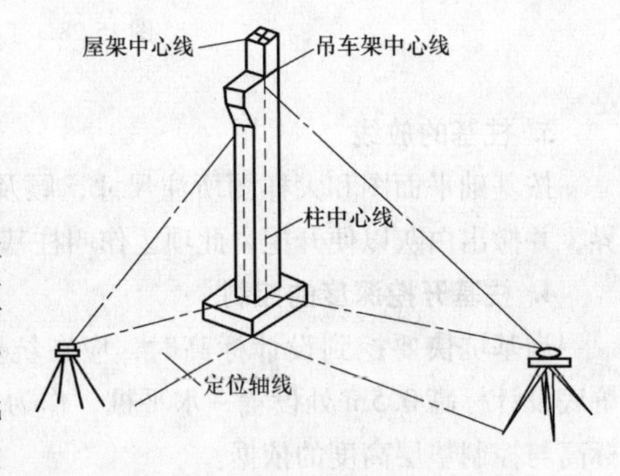

图 15-31 柱子吊装

15.5.3 工业厂房吊车梁的吊装测量

1. 在吊车梁上弹出梁中心线

在梁顶面和两端面上用墨线弹出梁中心线，以作安装定位之用，如图 15-32 所示。

2. 在牛腿面上弹出吊车中心线

根据柱中心到梁中心的距离，以柱中心为准，在牛腿面上弹出吊车梁的中心线。如图 15-33 所示，首先置经纬仪于厂房中心线一端 A_1，照准另一端点 A_1''。测设 90°角，沿视线方向量取吊车梁中心到厂房中心距离 d 得 A′点，纵转望远镜沿视线方向量取 d 得 B′点，再安置经纬仪于 A_1''，同法测得吊车梁中心线的另外两个端点，然后，安置经纬仪于吊车梁中心线的一端 A′点，照准另一端点 A″，仰起望远镜，即可在每根柱的牛腿面上测出吊车中心线。

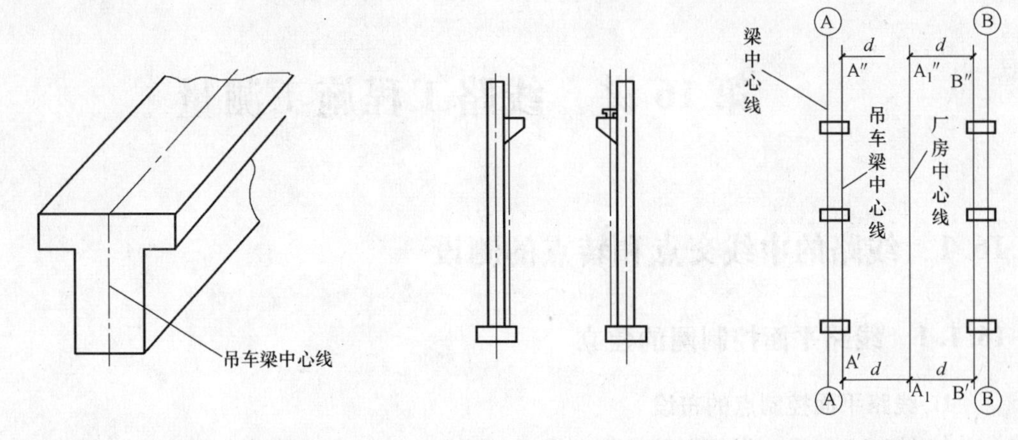

图 15-32　吊车梁中心线的弹测　　　图 15-33　在牛腿面上弹出吊车中心线

3. 在柱面上量出吊车梁顶面标高线

根据柱子上标高线，用钢尺沿柱面向上量出吊车梁顶面设计标高线（也可以量出比梁面的设计标高高出 5～10cm 的标高线），作为调整梁面标高用。

4. 吊车梁中心线定位

安装吊车梁时，应使吊车梁两个端面上的中心线分别与牛腿上的梁中心线对齐，其误差应小于 5mm。

5. 吊车梁面标高检测

吊车梁安装就位后，先按柱面上定出的吊车梁设计标高线对梁面进行调整；然后置水准仪于吊车梁上，再检测梁面的实际标高，其误差不应超过 5mm。

15.5.4　工业厂房屋架的安装测量

1. 屋架轴线的定位

屋架吊装前用经纬仪或其他方法在柱顶面上放出屋架定位轴线，并应弹出屋架两端的中心线，以便进行定位。屋架吊装就位时，应该使屋架的中线与柱顶上的定位线对准，允许误差为 ±5mm。

2. 屋架垂直度的检查

可用垂球或经纬仪进行检查。用经纬仪检查时，可在屋上安装三把卡尺，如图 15-34 所示。一把卡尺安装在屋架上弦中点附近，另外两把分别安装在屋架的两端。自屋架几何中心沿卡尺向外量出一定距离（一般为 500mm），并作标志。然后在地面上距屋架中线同样距离外安装经纬仪，观测三把卡尺上的标志是否在同一竖直面内。若屋架竖向偏差较大，则用机具校正，最后将屋架固定。垂直度允许偏差为 ±5mm。

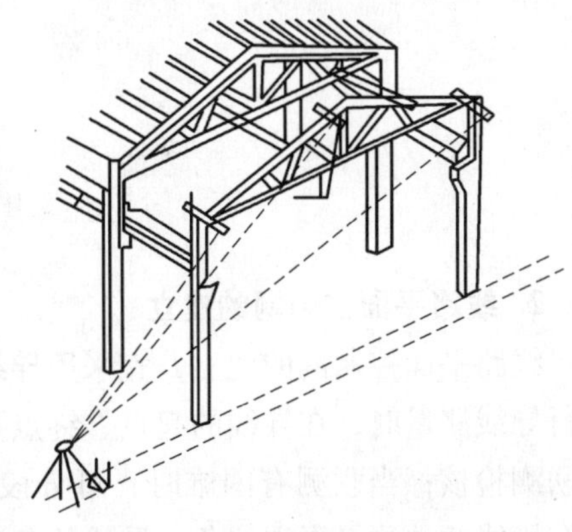

图 15-34　屋架垂直度的检查

第16讲　线路工程施工测量

16.1　线路的中线交点和转点的测设

16.1.1　线路平面控制网的建立

1. 线路平面控制点的布设

如图16-1所示，沿规划路线需布设平面控制点，控制点之间的距离一般应在50～500m之间；点位的选择，宜选在土质坚实、便于观测、易于保存的地方。

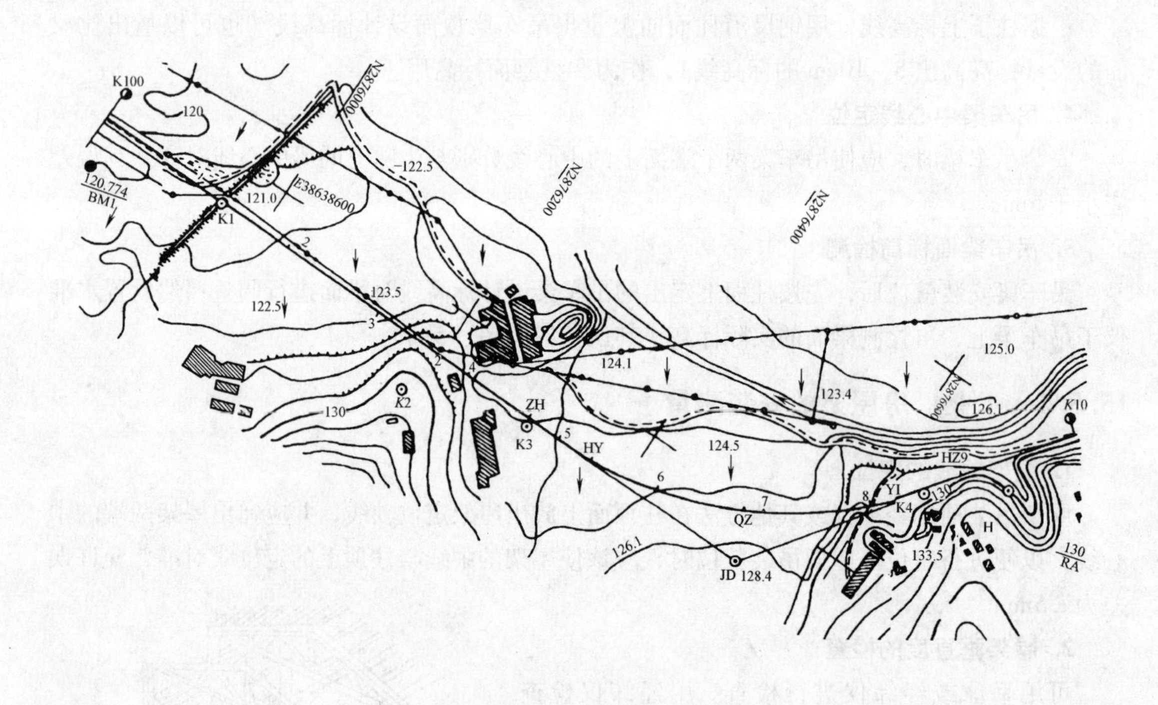

图16-1　线路中线

2. 线路平面控制网的建立

线路平面控制网的建立，宜采用导线或GPS测量方法，并在靠近线路贯通的地方布设。进行导线测量时，在导线的起点、终点及每间隔不大于30km的点上，应与高等级控制点进行联测检核；当联测有困难时，可分段增设GPS控制点；未能与国家控制点联测的导线，应在导线两端测量真方位角；导线的角度测量应按测回法进行观测。导线测量的主要技术要求应符合表16-1中的规定。

表 16-1 二级以下等级公路导线测量的主要技术要求

导线长度/km	边长/mm	仪器精度等级	测回数	测角中误差/(″)	测距相对中误差	联测检核	
						方位闭合差/(″)	相对闭合差
≤30	400～600	2″级仪器	1	12	≤1/2000	$24\sqrt{n}$	≤1/2000
		6″级仪器		20		$40\sqrt{n}$	

注：表中 n 为测站数。

16.1.2 线路中线交点的测设

线路的转折点称为交点，用 JD 表示。它是布设线路、详细测设线路直线和曲线的控制点。对于低等级的线路，常采用一次定测的方法直接在现场测设出交点的位置。对于等级高的线路或地形复杂的路段，一般先在初测的带状地形图上进行纸上定线，然后实地标定出交点的位置。由于定位条件和现场情况的不同，交点测设的方法也需灵活多样，工作中应根据实际情况合理选择测量方法。具体的测量方法有以下几种：

1. 根据地物测设交点

即根据交点与地物的关系测设交点。如图 16-2a 所示，交点 JD_{12} 的位置已经在地形图上确定，可以在图上量出交点到已有建筑物两个墙角和电线杆的距离，在现场根据相应的房角和电线杆，用皮尺分别量取相应的尺寸，然后用距离交会法测设出 JD_{12} 点。

2. 根据导线点测设交点

即根据交点的设计坐标与附近导线点的坐标关系反算出有关测设数据，按坐标法、角度交会法或距离交会法测设出交点。如图 16-2b 所示，根据导线点 6、7 和交点 JD_1 三点的坐标反算出方向角 β 和 6 点到 JD_1 点的距离 D，然后用极坐标法测设出 JD_1 点。

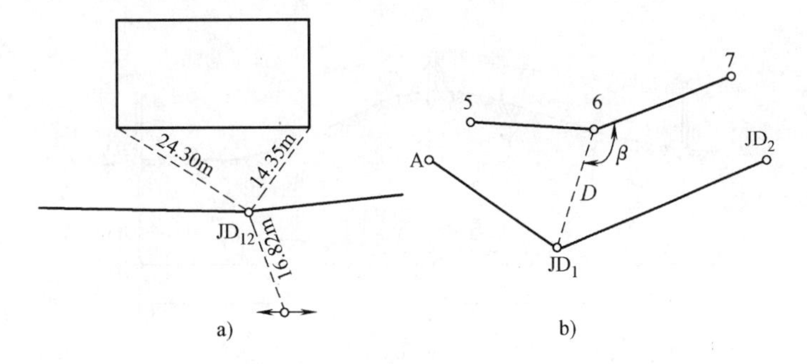

图 16-2 线路中线交点的测设示意图

按上述方法依次测设各交点时，由于测量和绘图都带有误差，测设交点越多，距离越远，积累的误差也就越大。因此，在测设一定里程之后，应和附近的导线点进行联测。联测闭合差与初测导线闭合差相同。限差应符合表 16-2 中的技术要求，并进行闭合差的调整。

表 16-2 线路中线联测闭合差的限差

线路名称	方位角闭合差(″)	相对闭合差
铁路、一级及以上公路	$30\sqrt{n}$	1/2000
二级及以下公路	$60\sqrt{n}$	1/1000

16.1.3 线路中线转点的测设

当相邻两交点互相不通视时，需要在其连线上测设一点或数点，以供在交点测量转折角、直线量距或延长直线时瞄准之用，这样的点称为转点，用ZD表示。直线上一般每隔200~300m设一个转点，在线路与其他线路交叉处以及线路上需要设置构筑物（如桥梁、涵洞等）的地方也要设置转点。转点测设的方法主要有两种：

1. 在两交点之间设置转点

如图16-3a所示，JD_5和JD_6为相邻而互不通视的两个交点，在两点之间初定转点ZD′。欲检查ZD′是否在两交点的连线上，可将经纬仪安置在ZD′上，用正倒镜分中法延长直线至JD_6'，假设与JD_6的偏差为f，用视距法分别测出JD_5和JD_6至ZD的水平距离a、b，则ZD′应横向移动的距离e可按下式进行计算：

$$e=\frac{a}{a+b}f \tag{16-1}$$

将ZD′按e值移动至ZD，在ZD点上安置经纬仪，按上述方法逐渐逼近，直到符合要求为止。

2. 在两交点的延长线上设置转点

如图16-3b所示，JD_8和JD_9两个交点互不通视，在其延长线上初定转点ZD′。在ZD′上安置经纬仪，用正倒镜照准JD_8，固紧水平制动螺旋俯视JD_9，两次取中得到中点JD_9'。若JD_9'与JD_9的偏差为f，用视距法分别测出JD_8和JD_9至ZD的水平距离a、b，则ZD′应横向移动的距离e可按下式进行计算：

$$e=\frac{a}{a-b}f \tag{16-2}$$

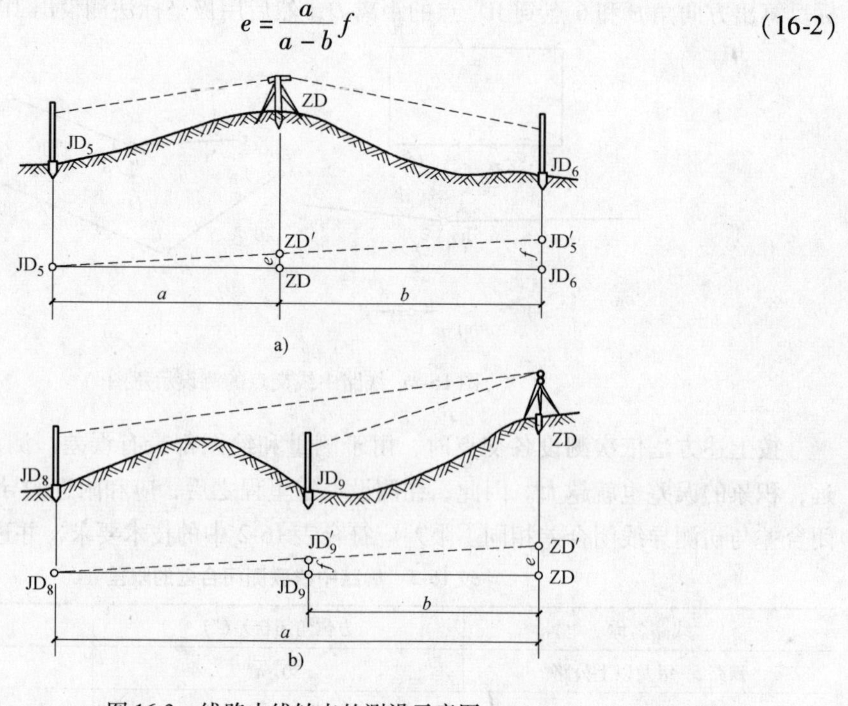

图16-3 线路中线转点的测设示意图

将 ZD′按 e 值移动至 ZD，在 ZD 点上安置经纬仪，按上述方法逐渐逼近，直到符合要求为止。

16.2　线路的中线测量

线路中心线由直线和曲线构成，如图 16-4 所示。其中，线路中线直线段的放样就是把图上定线设计的线路中线沿直线方向按一定间距的直线段放样到实地中，测设的程序分为放点和穿线两步；而线路曲线的形式有多种，如圆曲线、缓和曲线及回头曲线等，其中圆曲线是最常用、最基本的一种平面曲线，又称单曲线，一般分两步进行放样：即先测设出圆曲线上起控制作用的主点，包括起点、终点和中点；然后依据主点再测设曲线主点间每隔一定距离加密的细部点。

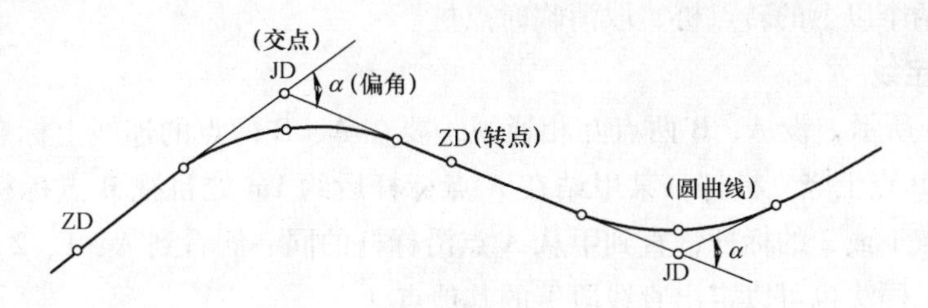

图 16-4　道路中线测量示意图

16.2.1　线路中线直线段的放点

直线段的放点常用的方法有极坐标法和支距法。

1. 极坐标法

如图 16-5a 所示，P_1、P_2、P_3、P_4 为纸上定线的某直线段欲放的临时点，在图上以附近

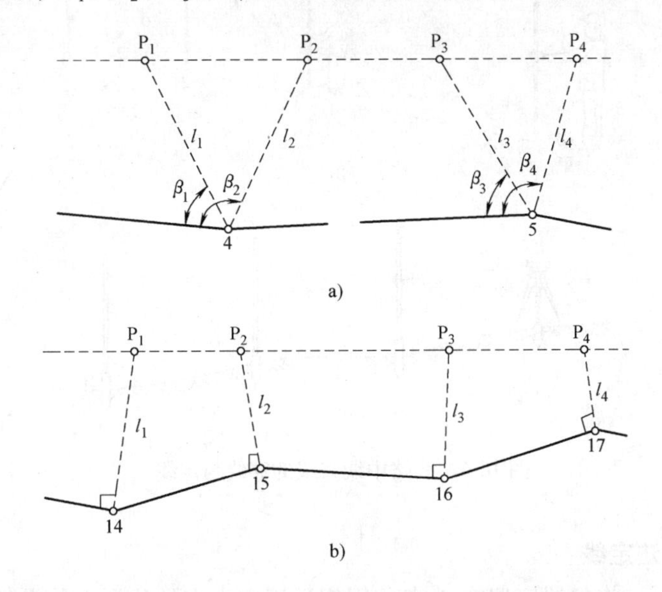

图 16-5　线路中线直线的放点示意图

的导线点4、5为依据，用量角器和比例尺分别量出放样数据（方向角 β_i 和水平距离 P_i）。实地放点时，可用经纬仪和皮尺分别在4、5点上按极坐标法定出各临时点的位置。

2. 支距法

如图16-5b所示，可在图上从导线点14、15、16、17作导线边的垂线，分别与中线相交得各临时点，用比例尺量取各相应的支距 l_i。在现场以相应的导线点为垂足，用方向架标定垂线方向，按支距测设出相应的各临时点。

16.2.2 线路中线直线段的穿线

放出的临时各点理论上应在一条直线上，但由于图解数据和测设工作均存在误差，实际上并不严格在一条直线上，如图16-6a所示。因此可根据现场实际情况，采用目估法或经纬仪视准法，通过比较和选择，定出一条尽可能多地穿过或靠近临时点的直线，最后在直线或其方向上打下两个以上的转点桩，取消临时点桩。

1. 目估法定线

如图16-6b所示，设A、B两点互相通视，要在A、B两点的连线上标定出分段点1或2，则先在A、B点上竖立标杆，某甲站在A点标杆后约1m处目视B点标杆，并指挥某乙左右移动分段点1或2的标杆，直到甲从A点沿标杆的同一侧看到A、1、2、B四支标杆成一条直线为止，同法也可以定出直线段上的其他点。

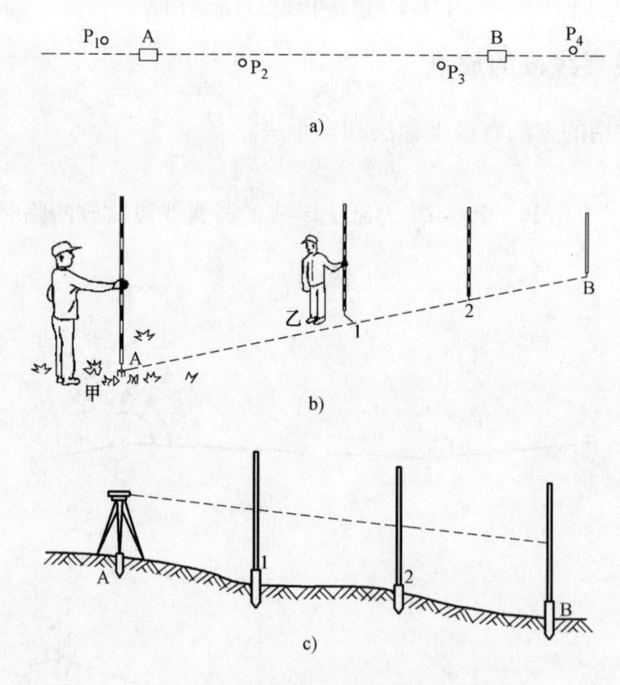

图16-6 线路中线直线的穿线与定线

2. 经纬仪视准法定线

如图16-6c所示，将仪器安置在A点，用望远镜内十字丝分划板的纵丝照准B点，制动照准部，望远镜上下转动，指挥在A、B两点之间某一点1或2上的立尺员左右移动标杆，直至标杆影像为望远镜的纵丝所平分。

定线时，一般应由远到近，即先定2点，再定1点；并且要求乙所持标杆应竖直，用食指和拇指夹住标杆的上部稍微提起，利用重心使标杆自然竖直；为了不挡住甲的视线，乙应持标杆站立在直线方向的左侧或右侧。

16.2.3　线路中线曲线段主点的测设

1. 主点参数的计算

如图16-7a所示，设交点JD的转角为α，圆曲线的半径为R，则曲线的切线长T、曲线长L、外矢距E和切曲差D等放样数据分别可按下式进行计算：

$$\begin{cases} T = R \cdot \tan\dfrac{\alpha}{2} \\ L = R \cdot \alpha \cdot \dfrac{\pi}{180} \\ E = R \cdot \left(\sec\dfrac{\alpha}{2} - 1\right) \\ D = 2T - L \end{cases} \tag{16-3}$$

【例】　已知交点的里程为k3+182.76m，测得转角为$\alpha = 25°48'$，圆曲线的半径为$R = 300\text{m}$，求测设主点的各元素。

按上式计算的测设元素为

$$\begin{cases} T = 300 \times \tan\dfrac{25°48'}{2}\text{m} = 68.71\text{m} \\ L = 300 \times 25°48' \times \dfrac{\pi}{180}\text{m} = 135.09\text{m} \\ E = 300 \times \left(\sec\dfrac{25°48'}{2} - 1\right)\text{m} = 7.77\text{m} \\ D = (2 \times 68.71 - 135.09)\text{m} = 2.33\text{m} \end{cases}$$

2. 主点里程的计算

交点JD的里程由直线段的中桩设置中得到，根据交点的里程和曲线的主点参数即可算出圆曲线起点ZY、中点QZ和终点YZ的里程。即

$$\begin{cases} \text{ZY} = \text{JD} - T \\ \text{YZ} = \text{ZY} + L \\ \text{QZ} = \text{YZ} - \dfrac{L}{2} \\ \text{JD} = \text{QZ} + \dfrac{D}{2} \end{cases} \tag{16-4}$$

上例中，按上式计算各主点的里程为

JD	k3 + 182.76	
−）	T	68.71
ZY	k3 + 114.05	
+）	L	135.09
YZ	k3 + 249.14	
−）	$L/2$	67.54
QZ	k3 + 181.60	
+）	$D/2$	1.16
JD	k3 + 182.76	

3. 主点测设的步骤

如图16-7b所示，先在交点JD点上安置经纬仪，后视相邻交点或转点方向，自JD点沿视线方向量取切线长T，打下曲线起点桩ZY；然后前视相邻交点或转点方向，自JD点沿视线方向量取切线长T，打下曲线终点桩YZ；再测设出分角线方向，并沿所标定的分角线方向量取外矢距E，打下曲线中点桩QZ。

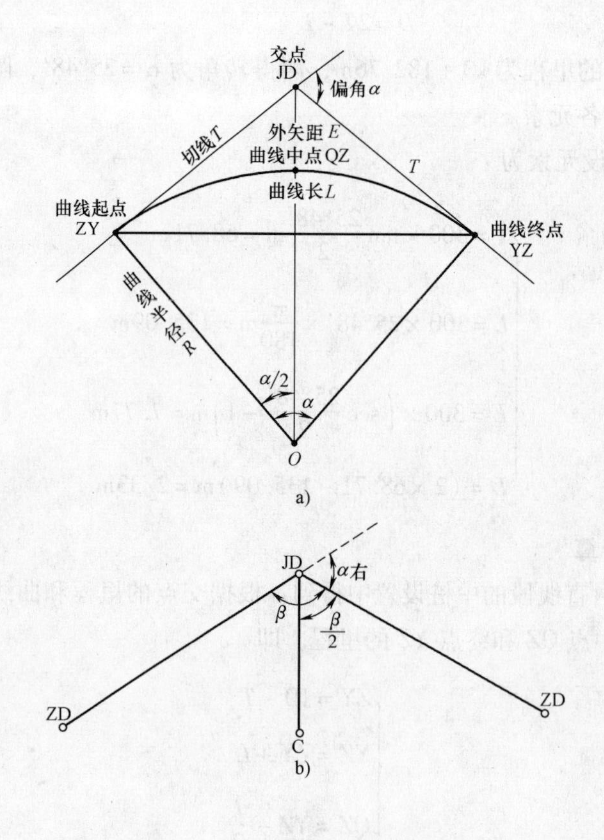

图16-7　圆曲线主点的放样

16.2.4 线路中线曲线段细部点的测设

圆曲线细部点的桩距 l_0 与圆曲线的半径 R 有关，一般有如下规定：当 $R \geqslant 100$m 时，$l_0 = 20$m；当 25m < R < 100m 时，$l_0 = 10$m；当 $R \leqslant 25$m 时，$l_0 = 5$m。按桩距 l_0 在圆曲线上设置细部点的里程桩一般采用整桩号法，即将曲线上靠近起点 ZY 的第一个桩号凑整成为桩距 l_0 倍数的整桩号，然后按桩距 l_0 连续向曲线终点 YZ 设桩。其测设的方法有：

1. 切线支距法

实质上就是直角坐标法，如图 16-8 所示，P_i 为曲线上欲测设的细部点位，这些点到曲线起点 ZY 的弧长为 l_i，φ 为 l_i 所对应的圆心角，R 为圆曲线半径，则 P_i 的坐标为

$$\begin{cases} x_i = R\sin\varphi_i \\ y_i = R(1-\cos\varphi_i) \end{cases} \tag{16-5}$$

式中，$\varphi_i = \dfrac{l_i \cdot 180}{R \cdot \pi}$

测设的步骤为：①从起点 ZY 开始，用钢卷尺沿切线方向量取 P_i 的横坐标 x_i，得垂足 N_i；②在各垂足 N_i 上用方向架定出切线的垂线方向，量取 P_i 的纵坐标 y_i，定出 P_i。表 16-3 为切线支距法圆曲线放样数据的计算记录。

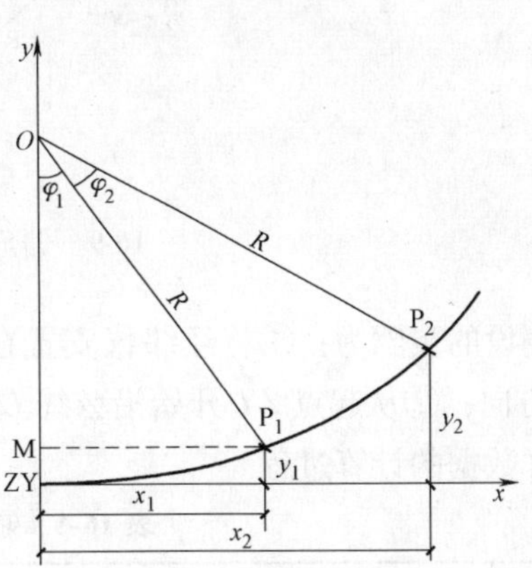

图 16-8 切线支距法放样圆曲线细部点的示意图

表 16-3 切线支距法圆曲线放样数据的计算

曲线桩号	各桩至 ZY 或 YZ 的曲线长	圆心角 φ (°′″)	独立坐标系的坐标 x_i/m	y_i/m	曲线桩号	各桩至 ZY 或 YZ 的曲线长	圆心角 φ (°′″)	独立坐标系的坐标 x_i/m	y_i/m
ZY K3 + 114.04	0	0 00 00	0	0	QZ K3 + 181.59	67.55	125404	7.57	66.98
P_1 K3 + 120	5.96	10818	0.06	5.96	P_5K3 + 200	49.14	92306	4.02	48.92
P_2K3 + 140	25.96	45729	1.12	25.93	P_6K3 + 220	29.14	53355	1.41	29.09
P_3K3 + 160	45.96	84640	3.51	45.78	P_7K3 + 240	9.14	14444	0.14	9.14
P_4K3 + 180	65.96	123551	7.22	65.43	YZ K3 + 249.14	0	0 00 00	0	0

2. 偏角法

实质上就是极坐标法，如图 16-9 所示，P_i 为曲线上欲测设的细部点位，φ 为 l_i 所对应的圆心角，R 为圆曲线半径，则 P_i 到曲线起点 ZY 的弦长 C_i 和弦线与切线的弦切角 Δ_i 为

$$\begin{cases} \Delta_i = \dfrac{\varphi_i}{2} \\ C_i = 2R \cdot \sin\dfrac{\varphi_i}{2} \end{cases} \tag{16-6}$$

式中，$\varphi_i = \dfrac{l_i \cdot 180}{R \cdot \pi}$

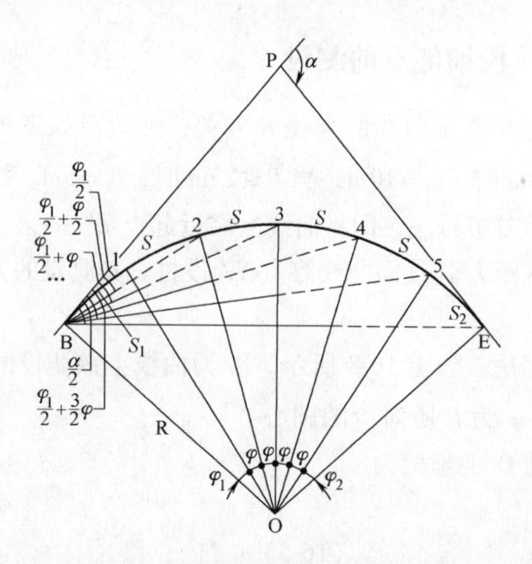

图 16-9 偏角法放样圆曲线细部点的示意图

测设的步骤为：①将经纬仪安置在起点 ZY 上，照准交点 JD，测设偏角 Δ_i，定出弦线 C_i 的方向；②从起点 ZY 开始沿弦线 C_i 的方向量取弦长 C_i，定出 P_i。表 16-4 为偏角法圆曲线放样数据的计算过程。

表 16-4 偏角法圆曲线放样数据的计算

曲线桩号	各桩至 ZY 点的曲线长/m	偏角 γ (°′″)	弦长 C/m	相邻桩间弧长 l/m	相邻桩间弦长 /m
ZY K3 +114.04	0	00000	0		
P_1 K3 +120	5.96	03409	5.96	5.96	5.96
P_2K3 +140	25.96	22844	25.95	20	19.99
P_3K3 +160	45.96	42320	45.92	20	19.99
P_4K3 +180	65.96	61755	65.83	20	19.99
P_5K3 +200	85.96	81231	85.67	20	19.99
P_6K3 +220	105.96	100706	105.41	20	19.99
P_7K3 +240	125.96	120142	125.04	20	19.99
YZK3 +249.14	135.10	125405	133.96	9.14	9.14
QZK3 +181.59	67.55	62702	67.41		

16.2.5 线路中线中桩的设置

线路中线中桩的设置就是从线路起点开始，沿线路方向在地面上按规定每隔某一整数要设置一个整桩，例如图 16-10 所示，可用全站仪进行。根据不同线路，整桩之间的距离也不同，一般为 20m、30m、50m 等。同时，在相邻整桩之间线路穿越的重要地物处（如铁路、公路、地下管道等）以及地面坡度变化处还要增设加桩。加桩又分地形加桩、地物加桩和关系加桩等。直线段中线桩位的测量限差见表 16-5 所示。

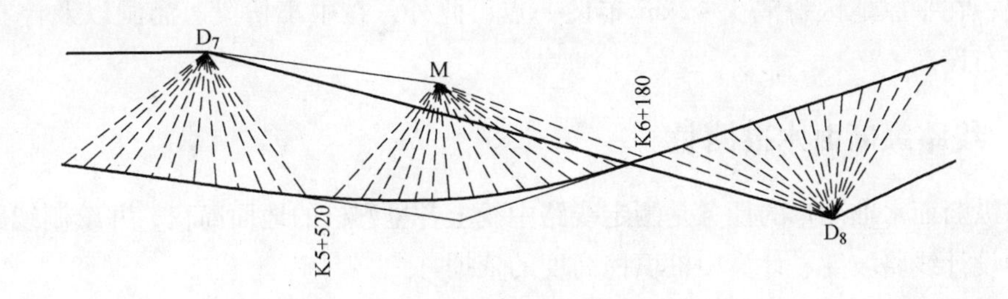

图16-10　全站仪设置中桩示意图

为了便于计算，线路中桩均按起点到该桩的里程进行编号，并用红油漆写在木桩侧面，如整桩号为K2+100，即此桩距离起点为2100m（“+”号前的数为公里数）。同时，为了避免测设中桩的错误，量距一般用钢卷尺丈量两次，精度为1/1000。

表16-5　线路中线桩位的测量限差

线路名称	纵向误差/m	横向误差/cm
铁路、一级及以上公路	$\frac{S}{2000}+0.1$	10
二级及以下公路	$\frac{S}{1000}+0.1$	10

注：S为转点桩至中线桩的距离（m）。

16.3　线路的纵横断面水准测量

16.3.1　线路基平测量

在规划路线的沿线上设置水准点，建立高程控制，进行高程控制测量，为道路的设计建立满足要求的高程控制点，提供准确可靠的高程值，称为基平水准测量。布设的水准点分永久水准点和临时水准点两种，测量时应首先将起始水准点与国家高程基准进行联测，以获得绝对高程。在沿线途中，应尽量靠近线路布设水准点；并每隔30km与附近高等级国家水准点联测一次，以便获得更多的校核条件。若线路附近设有国家水准点，也可以采用假定高程基准。将水准点连成水准路线，采用四等水准测量或全站仪三角高程测量的方法进行，其主要技术要求应符合表16-6中的规定。

表16-6　二级以下等级公路水准测量的主要技术要求

等级	每千米高差全中误差/mm	路线长度/km	往返较差、附合或环线闭合差/mm
五等	15	30	$30\sqrt{L}$

注：L为水准路线长度（km）。

水准点布设时应尽量选在线路施工干扰区的外围、地基稳固、易于联测以及施工时不易被破坏的地方，同时，在埋设标石时要设在永久性建筑物上，或将金属标志嵌在基岩上。对于永久性水准点，在较长的线路上一般应每隔25～30km布设一点；在线路的起点和终点、大桥两岸、隧道两端等，以及需要长期观测高程的重点工程附近也应布设。对于临时水准点，布设的密度应根据地形复杂情况和工程需要而定，一般在丘陵和山区，每隔0.5～1km

布设一点；在平原地区每隔 1～2km 布设一点；此外，在中小桥梁、涵洞以及停车场等地段，均应布设。

16.3.2 线路纵断面水准测量

线路纵断面水准测量的任务是测定线路中线上各里程桩的地面高程，并绘制线路纵断面图，作为设计线路坡度、计算中桩填挖高度的依据。

1. 中平测量

根据各水准点高程，分段进行中桩水准测量，称为中平测量。它从一个水准点出发，逐个测定中线桩的地面高程，最后附合到下一个水准点上，这样，相邻水准点之间就构成了一条附合水准路线。

如图 16-11 所示，将水准仪置于测站①，后视水准点 BM_1，前视转点 TP_1，读出后视和前视读数；然后观测中间的各个中线桩，即后尺员将标尺依次立于 0+000、0+050、…、0+120 等各个中线桩的地面上，读出各桩的标尺读数；如果利用中线桩作转点，应将标尺立在桩顶上，并记录桩高。接着，将仪器搬至测站②，后视 TP_1，前视转点 TP_2，同法读出后视和前视读数；然后观测各中线桩地面点高程。用同样的方法继续向前观测，直至附合到水准点 BM_2，完成附合水准路线的观测工作。特别注意的是，当线路跨越河流时，需要测出河床断面、洪水位高程和正常水位的高程，并注明时间，以便为桥梁设计提供资料。线路纵断面水准测量的观测成果记录见表 16-7 所示。

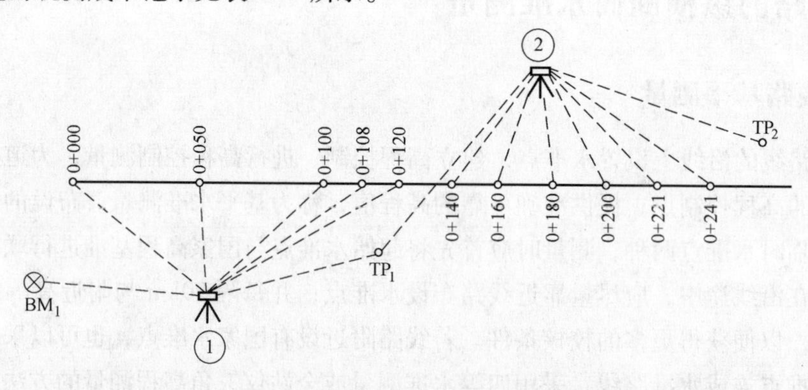

图 16-11 线路纵断面中平水准测量示意图

表 16-7 线路纵断面水准测量的观测成果记录

测站	点号	水准尺读数/m			仪器视线高程/m	高程/m	备注
		后视	中视	前视			
1	BM1	2.191			14.505	12.314	
	0+000		1.62			12.890	
	+050		1.90			12.610	
	+100		0.62			13.890	ZY_1
	+108		1.03			13.480	
	+120		0.91			13.600	
	TP_1			1.006		13.499	

（续）

测站	点号	水准尺读数/m			仪器视线高程/m	高程/m	备注
		后视	中视	前视			
2	TP_1	2.162			15.661	13.499	
	+140		0.50			15.160	
	+160		0.52			15.140	
	+180		0.82			14.840	QZ_1
	+200		1.20			14.460	
	+221		1.01			14.650	
	+240		1.06			14.600	
	TP_2			1.521		14.140	
3	TP_2	1.421			15.561	14.140	
	+260		1.48			14.080	
	+280		1.55			14.010	
	+300		1.56			14.000	YZ_1
	320		1.57			13.990	
	+335		1.77			13.790	
	+350		1.97			13.590	
	TP_3			1.388		14.173	
4	TP_3	1.724			15.897	14.173	
	+384		1.58			14.320	
	+391		1.53			14.370	JD_2
	+400		1.57			14.330	
	BM_2			1.281		14.616	(14.618)

2. 绘制纵断面图

中平测量完之后，以计算的各桩点高程为依据绘制纵断面图，如图16-12所示。它是在以中线桩的里程为横坐标，以其高程为纵坐标的直角坐标系中绘制。里程（水平）比例尺和高程（垂直）比例尺要根据实际工程要求选取。为了明显地表示地面的高低起伏，一般取高程比例尺较里程比例尺大10倍或20倍。该图的上半部，从左至右绘有贯穿全图的两条线。细折线表示线路中线方向的地面线，是根据中平测量的中线桩地面高程绘制的；粗折线表示线路纵坡的设计线，是根据线路中线方向地面线的高低起伏情况按照线路施工与测量有关的专业技术规定进行的。另外，上面还注有以下资料：水准点的编号、高程和位置，竖曲线的示意图及其曲线参数，桥涵的类型、孔径和里程桩号，与其他线路工程交叉点的位置、里程桩号和有关说明等。图的下半部以表格的形式，在图样的左侧自上而下各栏填写测量和纵坡设计的相关资料，包括线型（即直线或曲线）、桩号、地面高程、设计高程、填挖土深度、坡度和距离等。

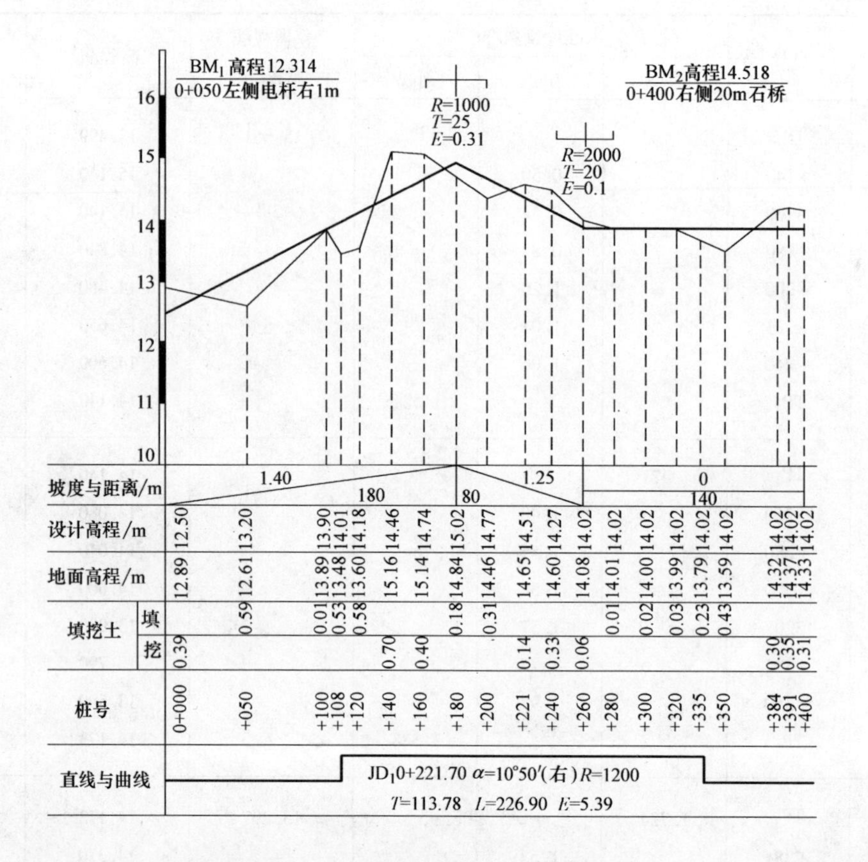

图16-12 线路纵断面设计示意图

16.3.3 线路横断面水准测量

线路横断面水准测量是测定线路各中心桩两侧垂直于线路中线的地面高程，其主要任务是在线路各中心桩处确定垂直于中线方向的地面起伏情况，然后绘成横断面图，以便供路基设计、土石方工程量计算和施工时确定断面填挖边界等之用。

1. 横断面方向的测设

线路直线段上的横断面方向是与线路中线相垂直的方向，而线路曲线段上的横断面方向是与曲线的切线相垂直的方向。测设时，可以用杆头上有十字形木条的方向架来进行，如图16-13a所示。

当在直线段上测设横断面时，只要将方向架立于欲测设横断面方向的A点上，用架上的1-1′方向线照准交点JD或直线段上某一转点ZD，则2-2′方向线即为A点的横断面方向，用花杆标定出来即可，如图16-13b所示。

而当在曲线段上测设横断面时，则需要在方向架上另加一根可以转动的定向杆3-3′，这样，如果要确定曲线上某一点P_1的横断面方向，则先将方向架立于ZY点上，用架上的1-1′方向线照准JD，则2-2′方向即为横断面方向线zz'的方向，转动定向杆3-3′对准P_1点，并制动定向杆；然后，将方向架移至P_1点，用架上的2-2′方向对准ZY点，根据同弧两端弦切角

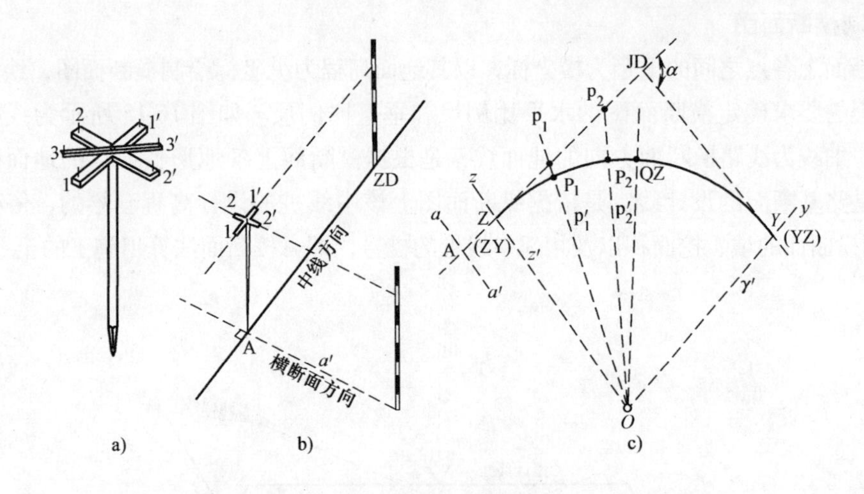

图16-13　线路横断面方向的测设示意图

相等的原理，定向杆3-3′的方向即为P_1点的横断面方向；为了继续测设曲线上P_2点的横断面方向，同样依照上面的方法在P_1点定好横断面p_1p_1'方向线之后，转动定向杆3-3′对准P_2点，并制动定向杆，再将方向架移至P_2点，用架上的2-2′方向对准P_1点，则定向杆3-3′的方向即为P_2点的横断面p_2p_2'方向，如图16-13c所示。

2. 横断面方向水准测量

横断面方向水准测量就是以横断面上中线桩的地面高程为控制点，测量出横断面方向上各地形特征点的地面高程。具体的步骤是：在横断面测区内任意一点上安置水准仪，以横断面上的中线桩为后视，以中线桩两侧横断面方向上的地形特征点为前视，读取各点的标尺读数，并用钢尺或视距法分别量出各特征点到中线桩的水平距离，如图16-14所示。将线路中线桩横断面方向水准测量的成果记录在表16-8中。

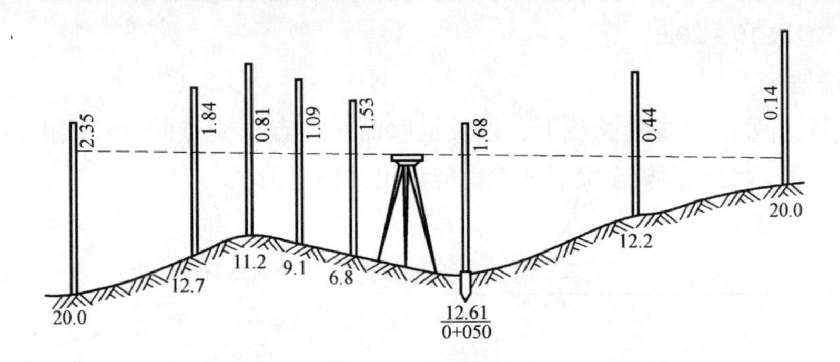

图16-14　线路横断面方向水准测量示意图

表16-8　线路中线桩横断面方向水准测量的成果记录

$\dfrac{\text{前视读数}}{\text{距离}}$（左侧）	$\dfrac{\text{后视读数}}{\text{桩号}}$	（右侧）$\dfrac{\text{前视读数}}{\text{距离}}$
$\dfrac{2.35}{20.0}$ $\dfrac{1.84}{12.7}$ $\dfrac{0.81}{11.2}$ $\dfrac{1.09}{9.1}$ $\dfrac{1.53}{6.8}$	$\dfrac{1.68}{0+0.50}$	$\dfrac{0.44}{12.2}$ $\dfrac{0.14}{20.0}$

3. 绘制横断面图

以横断面上各点之间的平距为横坐标，以其地面高程为纵坐标绘制横断面图，绘制时应根据实际工程的要求确定横断面图的水平比例尺和垂直比例尺。如图 16-15 所示为线路横断面图，其中，细线为线路横断面方向的地面线，是根据横断面上各地形特征点的地面高程绘制的；粗线是路基断面的设计线，是依据纵断面图上该中线桩的设计高程套绘的，俗称“戴帽子”。根据横断面的填、挖面积以及相邻中线桩的桩号，即可按断面法算出施工的土石方量。

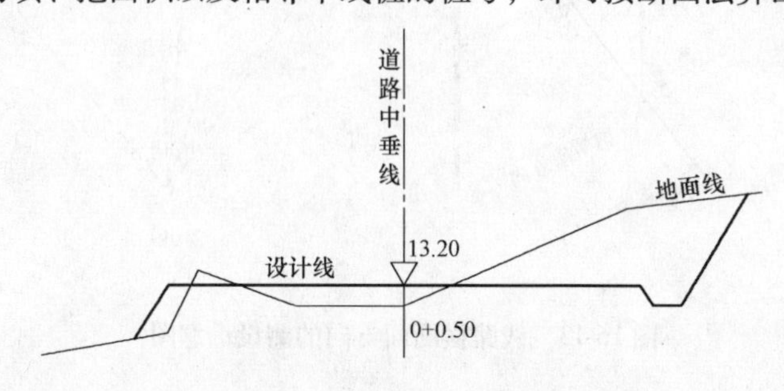

图 16-15 线路横断面设计示意图

16.4 地面道路施工测量

16.4.1 道路施工控制桩的设置

道路的中线桩在施工过程中要被挖掉或填埋，为了在施工中能及时、方便和可靠地控制中线位置，需要在不易受施工破坏、便于引测和易于保存桩位的地方测设施工控制桩。一般有以下两种测设的方法。

1. 平行线法

即在设计路基宽度以外，测设两排平行于道路中线的施工控制桩，如图 16-16 所示，控制桩的间距一般取 10～20m。

2. 延长线法

即在道路转折处的中线延长线上，以及道路曲线中点至交点的延长线上测设施工控制桩，如图 16-17 所示，控制桩至交点的距离应量出并作记录。

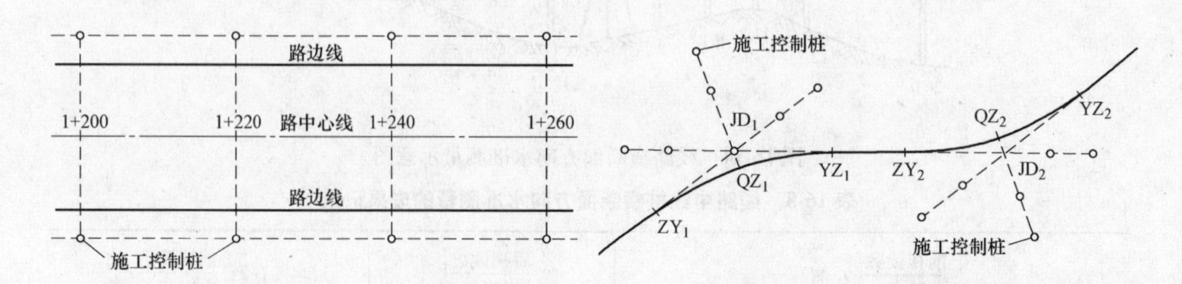

图 16-16 平行线法测设道路施工控制桩的示意图　　图 16-17 延长线法测设道路施工控制桩的示意图

16.4.2 道路路基边桩的测设

施工前，要把设计路基的边坡与地面相交的点测设出来，该点称为边桩，测设的方法主要有两种：

1. 图解法

即在道路工程设计时，地形横断面及设计标准面都已经绘制在横断面图上，边桩的位置可用图解法求得，即在横断面图上量取中线桩至边桩的距离，然后到实地在横断面方向上用卷尺量出其位置。

2. 解析法

即通过计算求得左、右边桩至中线桩的距离 l，对于填方路基（一般称路堤，见图16-18a）和挖方路基（一般称路堑，见图16-18b）可分别按下式进行计算，即

$$\begin{cases} l_{路堤(左、右)} = \dfrac{B}{2} + mh_{(左、右)} \\ l_{路堑(左、右)} = \dfrac{B}{2} + S + mh_{(左、右)} \end{cases} \tag{16-7}$$

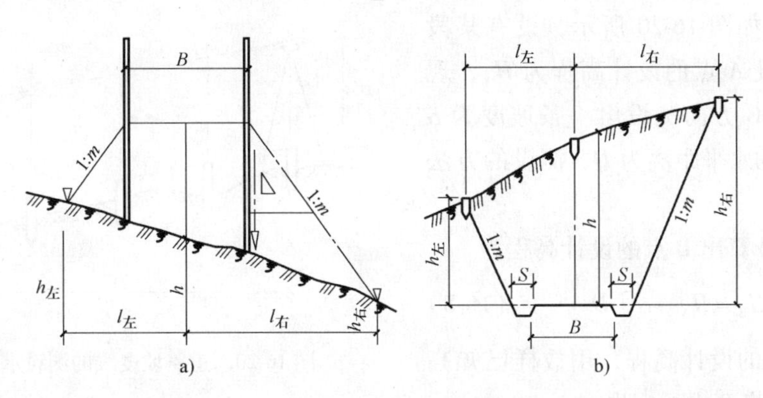

图16-18 路堤和路堑的边桩测设示意图

16.4.3 道路路基边坡的测设

在测设出边桩后。为了保证填、挖的边坡达到设计要求，还应把设计边坡在实地标定出来，以方便施工。

1. 用竹竿、绳索测设边坡

如图16-19a，O为中桩，A、B为边桩，CD = B 为路基宽度。测设时在C、D处竖立竹竿，于高度等于中桩填土高度H处把C′、D′用绳索连接，同时由C′、D′用绳索连接到边桩A、B上。

当路堤填土不高时，可一次挂线。当填土较高如图16-19b时，可分层挂线。

2. 用边坡样板测设边坡

施工前按照设计边坡制作好边坡样板，施工时，按照边坡样板进行测设。有两种方式：①用活动边坡尺测设边坡，即将活动边坡的斜边贴近边坡，当水准器气泡居中时，边坡尺的

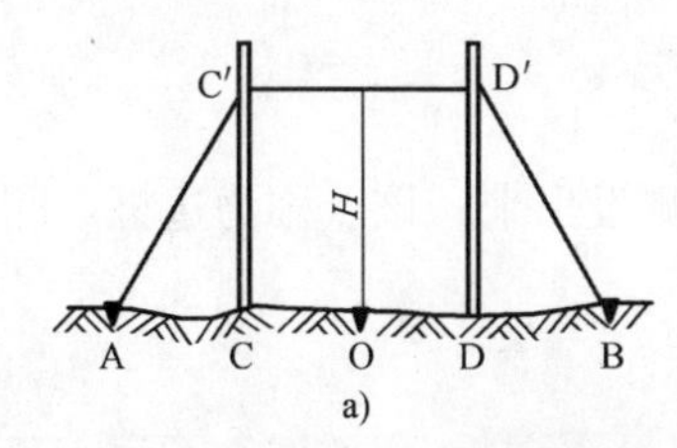

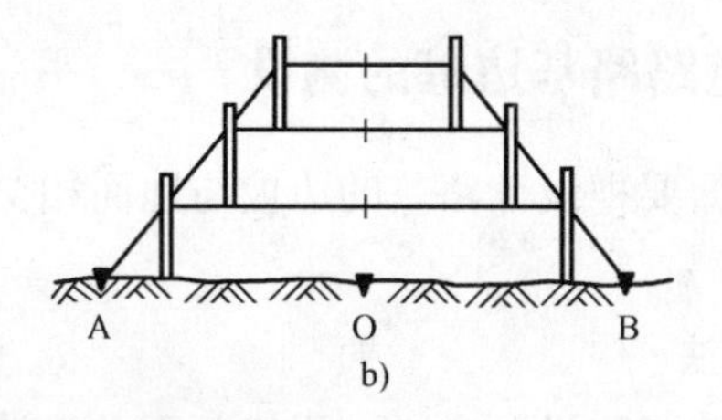

图 16-19 用竹竿、绳索放边坡示意图

斜边所指示的坡度正好为设计边坡坡度，可依此来指示与校核路堤的填筑，或校核路堑的开挖。②用固定边坡样板测设边坡，即在开挖路堑时，于坡顶桩外侧按设计坡度设立固定样板，施工时可随时指示并校核开挖和修整情况。

16.4.4 道路路面坡度线的测设

某段道路坡度线的测设就是根据该道路的设计坡度和道路两端点之间的水平距离，计算出两端点之间的高差，再用经纬仪或全站仪按测设已知高程法将该道路坡度线上的各点在实地标定出来。如图 16-20 所示，设有某段道路 AB，假设 A 点的设计高程为 H_A，现要从 A 点沿 AB 方向测设出一条坡度为 α 的直线，AB 的水平距离为 D，测设的方法如下：

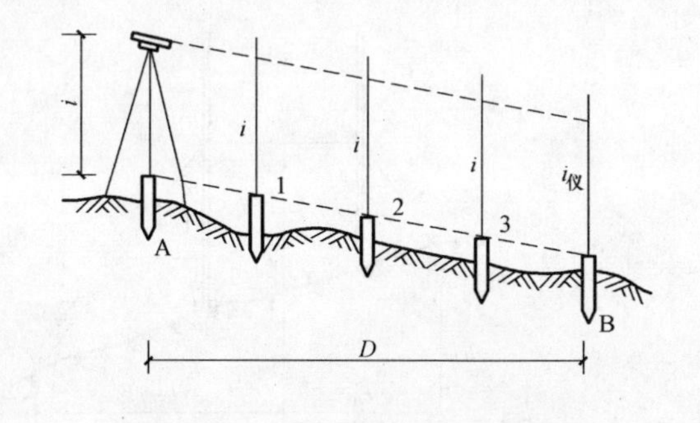

图 16-20 道路坡度线的测设示意图

1）首先计算出 B 点的设计高程为

$$H_B = H_A - \alpha \cdot D \qquad (16\text{-}8)$$

按照 B 点的设计高程，用放样已知高程法在地面上将 B 点标定出来。

2）在 A 点安置经纬仪，并量取仪器高 i，然后将望远镜照准 B 点上的水准尺，使视线倾斜至水准尺读数为仪器高 i 为止，则仪器的视线倾角即为该段道路坡度 α。

3）在该道路的中间各点 1、2 等上立水准尺，同时上下垂直移动水准尺使望远镜读数均等于仪器高 i，打下木桩，使桩顶恰好与水准尺尺底对齐，这样，各木桩桩顶的连线就是测设道路的设计坡度线。

16.4.5 道路路面竖曲线的测设

路线纵断面是由许多不同坡度的坡段线连接而成的。纵断面上坡度的变化点叫变坡点，如图 16-21 中的 O_1、O_2 点。为了保证行车安全，在路线坡度变化处，亦应用曲线把两个不同坡度的线连接起来，这种曲线称为竖曲线。它有凸形和凹形两种，凡变坡点在曲线的上方者为凸形竖曲线，凡变坡点在曲线下方者称凹形竖曲线。竖曲线各元素按下列近似公式计算：

$$\begin{cases} T = R\dfrac{i_1 - i_2}{2} \\ E = \dfrac{T^2}{2R} \\ y = \dfrac{x^2}{2R} \end{cases} \tag{16-9}$$

式中，i_1、i_2 为相邻两段路线的坡度。

测设时，可以从变坡点沿路线中线向两侧量出 T 值，钉出竖曲线的起点和终点；然后每隔 10m 测设一个里程桩，计算出各桩的设计高程和高程改正数 y_i，便可得出竖曲线上各点的实际高程 H_i'，如图 16-22 所示。

$$\begin{cases} \text{在凸形竖曲线中}: H_i' = H_i - y_i \\ \text{在凹形竖曲线中}: H_i' = H_i + y_i \end{cases} \tag{16-10}$$

依据 H_i'用水准仪即可测设出竖曲线上各点。

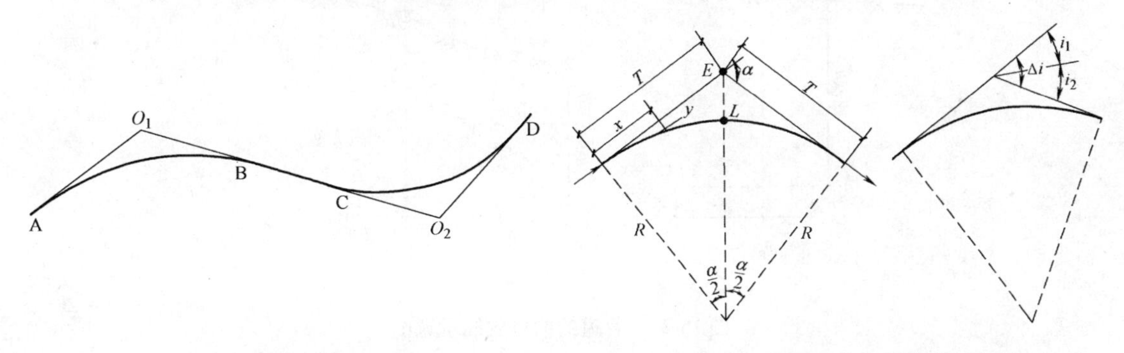

图 16-21　道路竖曲线示意图　　图 16-22　道路竖曲线的测设示意图

16.5　地下管道施工测量

16.5.1　开槽法施工测量

在城市和工业建设中，需要敷设许多地下管道，如给水、排水、煤气、电力等。管道施工测量的主要任务，就是根据工程进度的要求向施工人员随时提供中线方向和标高位置。其方法主要采用开槽法，包括以下内容：

1. 测设施工控制桩

在施工时由于中线上各桩要被挖掉，为便于恢复中线和其他附属构筑物的位置，应在不受施工干扰、引测方便和易于保存桩位处设置施工控制桩，如图 16-23 所示。施工控制桩分中线控制桩和附属构筑物的位置控制桩两种。中线控制桩的位置，一般是测设在管道起止点及各转折点处中心线的延长线上，附属构筑物的位置控制桩则测设在管道中线的垂直线上。

2. 槽口放线

槽口放线就是按设计要求的埋深和土质情况、管径大小等计算出开槽宽度，并在地面上定出槽边线位置，划出白灰线，以便开挖施工。

1）若地表横断面坡度比较平缓时，半槽口开挖宽度 $D/2$ 可按下式计算，如图 16-24a 所示。

$$\frac{D}{2}=\frac{d}{2}+mh \qquad (16\text{-}11)$$

2）若地表横断面坡度较陡时，中线两侧槽口宽度不等，半槽口开挖宽度 $D/2$ 可按下式计算，如图 16-24b 所示。

$$\begin{cases} D_1=\dfrac{d}{2}+m_1h_1+m_3h_3+c \\ D_2=\dfrac{d}{2}+m_2h_2+m_3h_3+c \end{cases} \qquad (16\text{-}12)$$

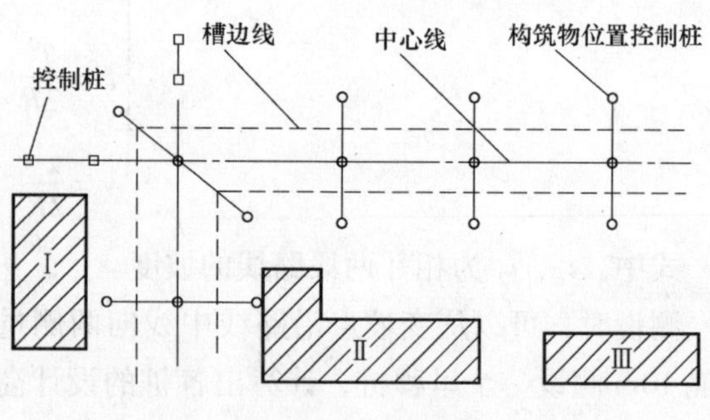

图 16-23　管道施工控制桩的设置示意图

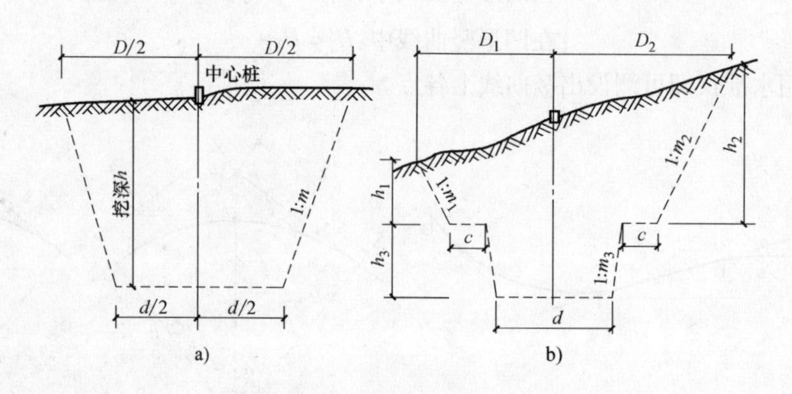

图 16-24　管道的槽口放线示意图

3. 设置坡度板

管道施工中的测量工作主要是控制管道中线设计位置和管底设计高程。为此，需设置坡度板。如图 16-25 所示，坡度板跨槽设置，间隔一般为 10～20m，编以板号。根据中线控制桩，用经纬仪把管道中心线投测到坡度板上，用小钉作标记，称作中线钉，以控制管道中心的平面位置。

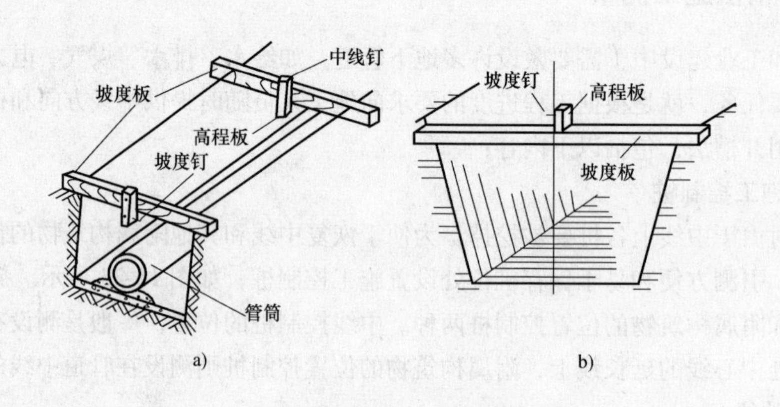

图 16-25　管道坡度板的设置示意图

4. 测设坡度钉

为了控制沟槽的开挖深度和管道的设计高程，还需要在坡度板上测设设计坡度。为此，在坡度横板上设一坡度立板，一侧对齐中线，在竖面上测设一条高程线，其高程与管底设计高程相差一整分米数，称为下反数。在该高程线上横向钉一小钉，称为坡度钉，以控制沟底挖土深度和管子的埋设深度。如图16-26所示，用水准仪测得桩号为0+010处的坡度板中线处的板顶高程为45.292m，管底的设计高程为42.800m，从坡度板顶向下量2.492m，即为管底高程。为了使下反数为一整分米数，坡度立板上的坡度钉应高于坡度板顶0.008m，使其高程为45.300m。这样，由坡度钉向下量2.5m，即为设计的管底高程。

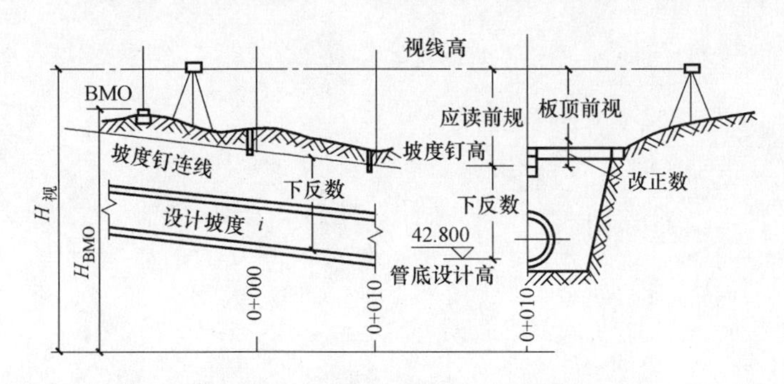

图16-26 管道坡度钉的设置示意图

16.5.2 顶管法施工测量

当地下管道需要穿越铁路、公路、河流或重要建筑物等障碍物时，为了保证正常的交通运输和避免大量的拆迁工作，往往不允许从地面开挖沟槽，此时常采用顶管法施工。顶管法施工还可克服雨季和严冬对施工的影响，减轻劳动强度和改善劳动条件。

1. 顶管中线方向的控制

依照设计图样的要求，首先在工作坑的前后钉立两个中线控制桩（如图16-27中的A、B），使前后两桩通视，并与已建成的管道在一条直线上。然后根据中线控制桩定出工作坑的开挖边界，并撒出灰线，进行开挖。工作坑挖好后，分别置经纬仪于中线控制桩A、B上，将中线引测到坑壁，并打入大铁钉或木桩，此桩叫顶管中线桩（如图16-27中的a、b）。在坑内标定出中线方向后，在管内前端水平放置一把木尺，尺上有刻度并标明中心点，用经纬仪可以测出管道中心偏离中线方向的数值，依此在顶进中进行校正。

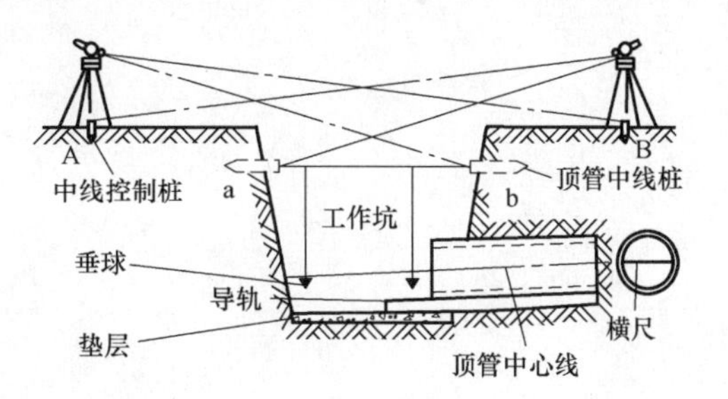

图16-27 管道顶管中线方向的控制示意图

2. 管底高程的控制

在工作坑内测设临时水准点，用水准仪测量管底前、后备点的高程，可以得到管底高程和坡度的校正数值，如图16-28所示。测量时，管内使用短水准标尺。

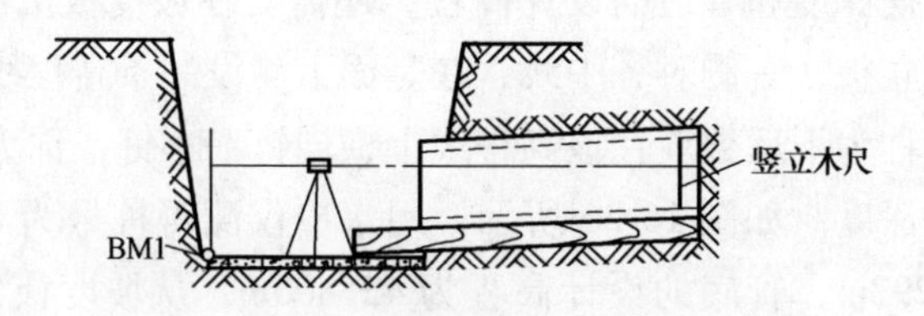

图16-28　管道管底高程的控制的控制示意图

第17讲　隧道工程施工测量

17.1　隧道的洞外控制测量

17.1.1　洞外平面控制桩的设置

隧道施工一般是由隧道两端的洞口进行相向开挖，为了避免在对向开挖的隧道贯通面上引起贯通误差，即隧道中线不能吻合，则首先要设置洞外控制桩，以便及时地确定隧道的开挖井位和开挖方向。通常，洞外平面控制桩的设置有以下几种方法：

（1）直接定线法　对于长度较短的直线隧道，可以采用此法。如图17-1所示，A、D两点是设计的直线隧道洞口点，在地面测设出位于AD直线方向上的B、C两点，作为洞口点A、D向洞内引测中线方向时的定向点。

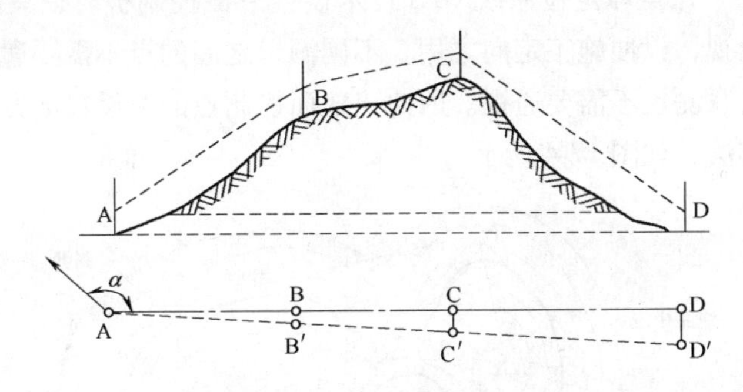

图17-1　直线定线法地面控制

（2）导线测量法　连接两隧道口布设一条导线或大致平行的两条导线，导线的转折角和距离可用全站仪测定，如图17-2所示。经洞口两点坐标的反算，可求得两点连线方向的距离和方位角，据此可以计算掘进方向。

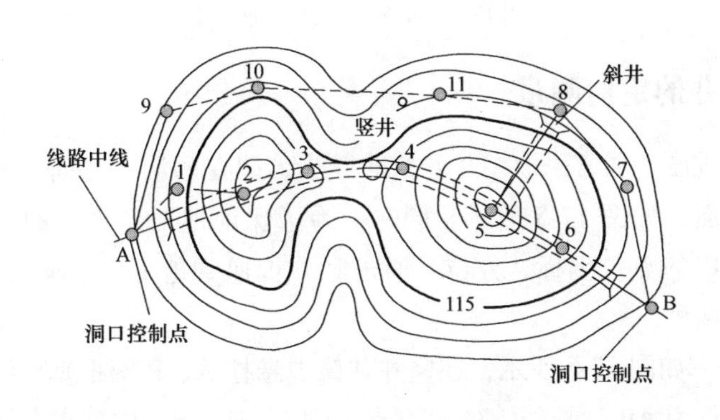

图17-2　导线测量法地面控制

（3）三角测量法　对于隧道较长、地形复杂的山岭地区，地面平面控制桩一般布置成三角网形式，如图17-3所示。测定三角网的全部角度和若干条边长，或全部边长，使之成为边角网。三角网的点位精度比导线高，有利于控制隧道贯通的横向误差。

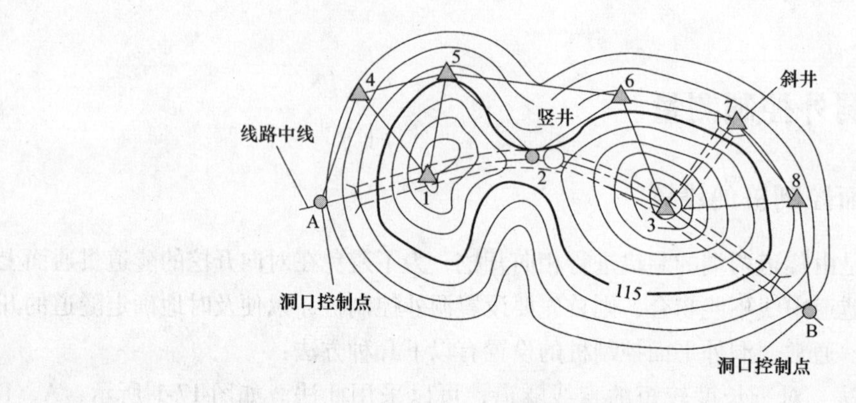

图17-3　三角测量法地面控制

（4）GPS测量法　用全球定位系统GPS技术设置平面控制桩时，只需要布设洞口控制点和定向点且相互通视，以便施工定向之用。不同洞口之间的点不需要通视，与国家控制点或城市控制点之间的联测也不需要通视。因此，地面控制点的布设灵活方便，且定位精度目前已优于常规控制方法，如图17-4所示。

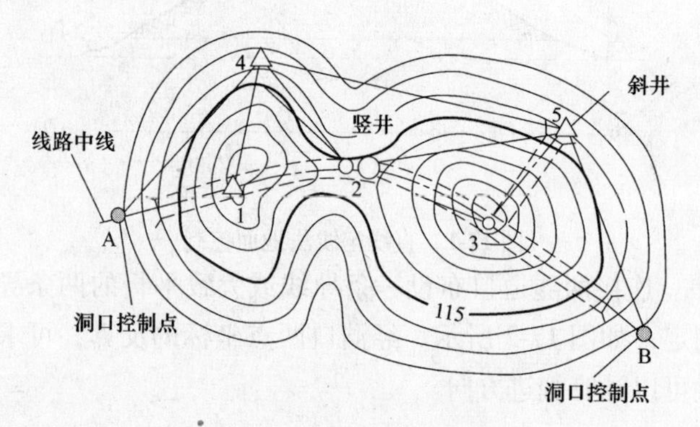

图17-4　GPS测量法地面控制

17.1.2　隧道竖井的定向测量

为了加快工程进度，通常采取多井开挖的办法，即在两洞口之间另外开挖竖井或斜井，以增加掘进的工作面，如图17-5所示。同时，为了保证地下各方向的开挖面能准确贯通，必须将地面控制网中的点位坐标、方位，通过竖井传递到地下，这项工作称为竖井定向测量，其方法一般有两种：

（1）方向线法　如图17-6所示，在竖井井筒中悬挂A、B两根垂球线，C点为BA延长线上的地面点，C′点为AB延长线上的地下点，则C、A、B、C′四点在同一方向上。首先，根据地面控制桩测出C点的坐标及DC边的方位角，然后分别在C、C′点上安置经纬仪或全站仪，测出连接角φ、φ'和CA、AB、BC′的长度，再推算出地下点C′的坐标及C′D′边的方位角。

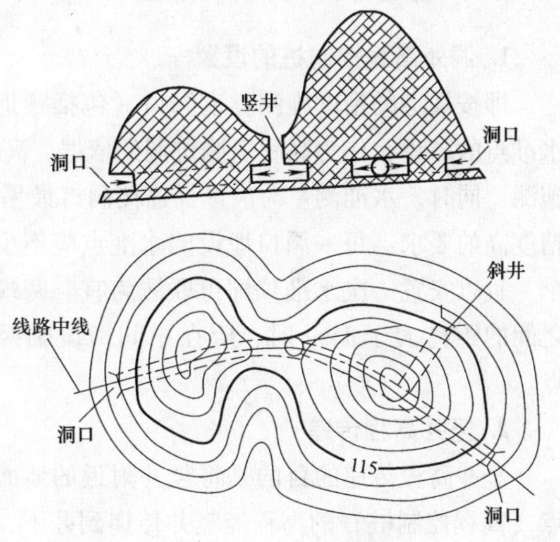

图17-5　隧道的开挖

（2）联系三角形法　如图17-7所示，在竖井井筒中悬挂A、B两根垂球线，在地面设临时点C，在地下设临时点C′，则C和C′与以AB边为公用边的狭长三角形△ABC和△ABC′称为联系三角形。现假设D、E为洞外地面控制桩，用经纬仪或全站仪观测地面连接角δ、φ和边长CD，以及联系三角形△ABC的一个内角γ和三个边长（a，b，c），计算出α、β角，从而可按导线EDCAB算出垂球线A、B的坐标和AB边的方位角，按导线ABC′D′E′计算出洞内控制点D′的坐标和井下起始边D′E′的方位角。定向时，为了提高方位角的传递精度，联系三角形的C、C′点，一般应尽可能在AB的延长线上，并尽量靠近垂球线。

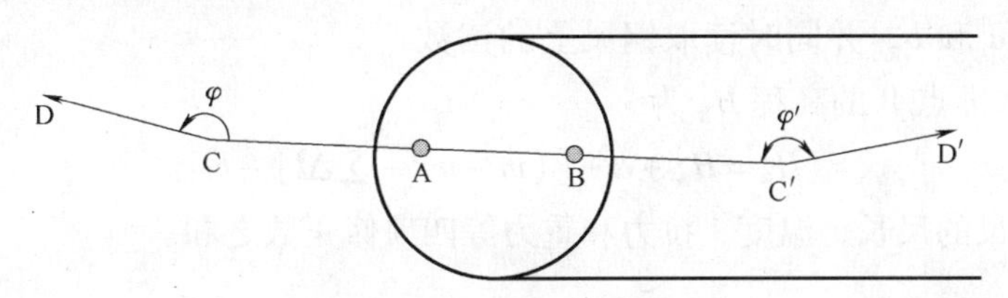

图17-6　方向线法竖井定向

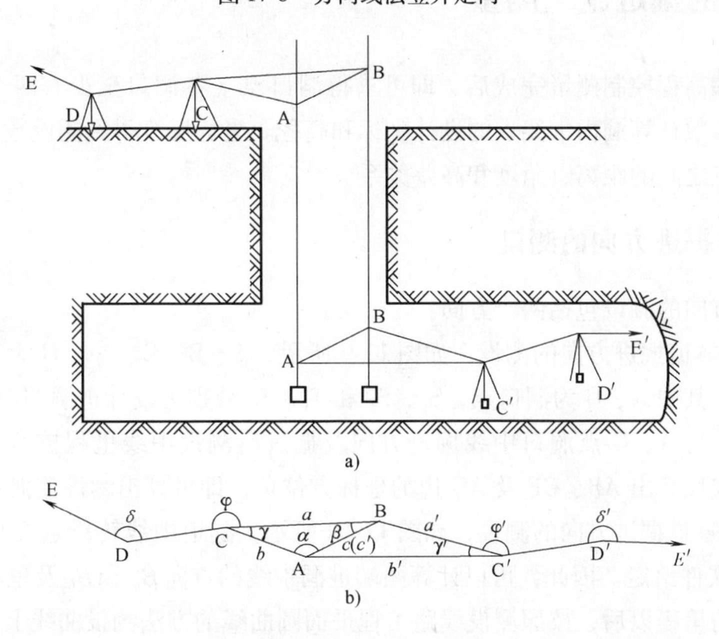

图17-7　联系三角形法竖井定向

17.1.3 隧道竖井的高程测量

1. 洞外高程控制桩的设置

即按规定的精度施测隧道洞口（包括隧道的进出口、竖井口、斜井口和平洞口）附近水准点的高程，作为高程引测进洞的依据。高程控制通常采用三、四等水准测量的方法进行施测。同时，水准测量时应选择连接洞口最平坦和最短的线路，以期达到设站少、观测快、精度高的要求。每一洞口埋设的水准点应不少于两个，且以安置一次水准仪即可联测为宜。两端洞口之间的距离大于1km时，应在中间增设临时水准点。

2. 竖井高程传递

竖井高程传递的目的是将竖井附近的地面水准点（高程控制桩）的高程经竖井传递到井下，求出井下水准点的高程。如图17-8所示，在竖井井筒中悬挂一根特制的长钢尺，钢尺的零端挂上重锤。分别在地面和井下安置两架水准仪，读取水准点A和B上的标尺读数 a 和 b，并同时读取钢尺上的读数 m 和 n，则井下水准点B的高程 H_B 为

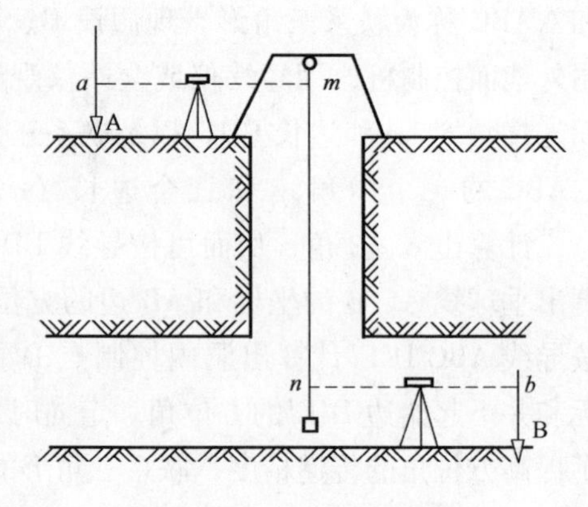

图17-8 竖井高程传递

$$H_B = H_A + a - [(m - n) + \sum \Delta l] - b \quad (17\text{-}1)$$

式中，$\sum \Delta l$ 为钢尺的尺长、温度、拉力和重力等四项修正数之和。

17.2 隧道的掘进施工测量

洞外平面和高程控制测量完成后，即可求得洞口点（各洞口至少有两个）的坐标和高程，根据设计参数计算洞内中线点的设计坐标和高程。坐标反算得到测设数据，即洞内中线点与洞口控制点之间的距离、角度和高差关系。

17.2.1 洞口掘进方向的测设

洞口掘进方向的测设包括两个方面：

1）对直线隧道掘进方向的测设，如图17-9所示，A、B、C、…、G为一直线隧道的地面平面控制点。其中A、G为洞口点，S_1、S_2 和 T_1、T_2 分别为设计进洞的第1、第2个中线里程桩。为了求得A、G点洞口中线掘进方向及掘进后测设中线里程桩 S_1、S_2 和 T_1、T_2，用坐标反算公式反算出AB、GF及AG边的坐标方位角，即可算出测设数据 β_A 和 β_G。

2）对曲线隧道掘进方向的测设，如图17-10所示，隧道中线转折点C的坐标和曲线半径 R 已由设计文件给定。因此，可以计算两端进洞中线的方向 β_a 和 β_b 及里程并测设。当掘进达到曲线段的里程以后，按照测设线路工程平面圆曲线的方法测设曲线上的里程桩。

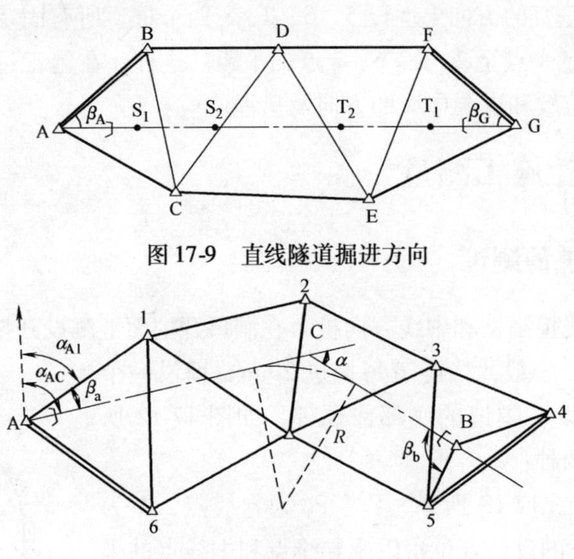

图 17-9　直线隧道掘进方向

图 17-10　曲线隧道掘进方向

17.2.2　洞口掘进方向的标定

隧道贯通的横向误差主要由隧道中线方向的测设精度所决定，而进洞时的初始方向尤为重要。因此，在隧道洞口，要埋设若干个固定点，将中线方向标定于地面，作为开始掘进及以后与洞内控制点联测的依据。如图 17-11 所示，用 1、2、3、4 四个桩标定掘进方向，再

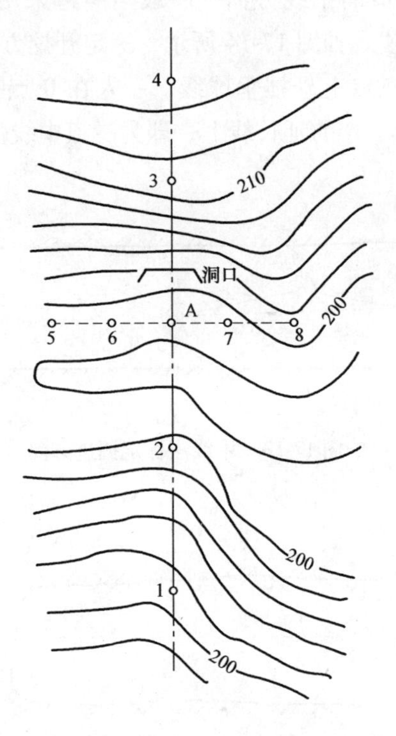

图 17-11　洞口掘进方向的标定

在洞口点 A 上与中线垂直的方向上埋设 5、6、7、8 四个桩。所有固定点应埋设在不易受施工影响的地方，并测定 A 点至 2、3、6、7 点的平距。这样，在施工过程中就可以随时检查或恢复洞口控制点的位置和进洞中线的方向及里程。

17.3 隧道的开挖施工测量

17.3.1 隧道中线桩的测设

根据隧道洞口中线控制桩和中线方向桩，在洞口开挖面上测设开挖中线，并逐步往洞内引测中线上的里程桩。一般，当隧道每掘进 20m 要埋没一个中线里程桩，可以埋设在隧道的底部或顶部，如图 17-12 所示。其测设的方法有两种：

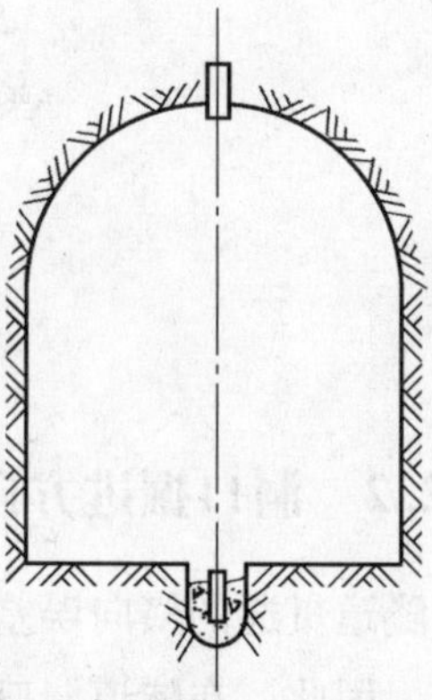

图 17-12 隧道中线桩的标定

（1）中线法 如图 17-13 所示，P_4、P_5 为导线点，A 为隧道中线点，根据 AD 的设计方位角以及导线点和中线点的坐标即可推算出有关中线点的放样数据（β_5，β_A，L），然后用经纬仪或全站仪置于导线点 P_5 上，后视 P_4 点，即可测设出中线点 A 的位置；再将仪器移动至 A 点，后视 P_5 点，即可测设出中线的方向。

（2）串线法 此法是利用悬挂在两个临时中线点上的垂球线，直接用肉眼来标定隧道的中线方向。一般当隧道采用开挖导坑法施工时可采用此法。如图 17-14 所示，标定开挖方向时，首先根据导线点在洞内设置三个临时中线点，并在三点上悬挂垂球线，一人在 B 点指挥，另一人在工作面持手电筒使其灯光位于中线点 B、C、D 的延长线上，即为隧道中线位置。

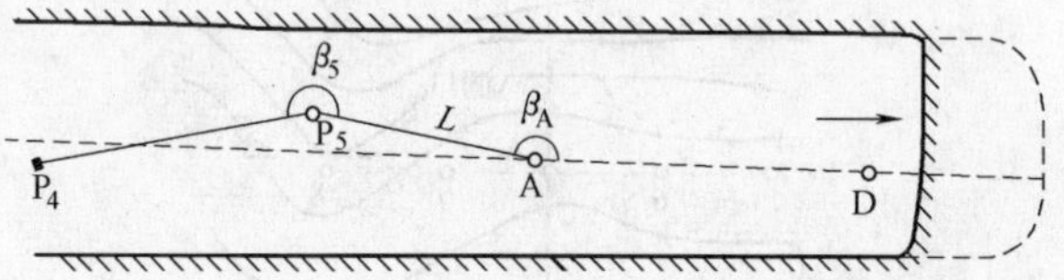

图 17-13 中线法标定掘进方向

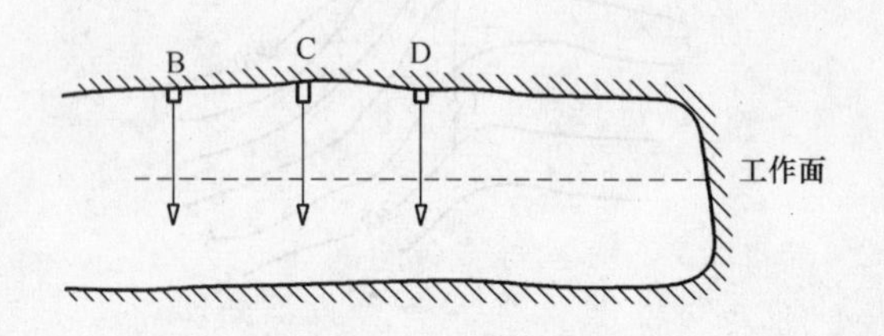

图 17-14 串线法标定掘进方向

17.3.2　隧道腰线的测设

在隧道施工中，为了控制施工的标高和隧道横断面的放样，在隧道岩壁上，每隔一定距离（5～10m）测设出比洞底设计地坪高出1m的标高线，称为腰线。腰线的高程由引入洞内的施工水准点进行测设，如图17-15所示，将水准仪置于欲放样的地方，后视水准点 P_5 的水准尺即得仪器视线高程，根据腰线点A、B处的设计高程，可分别求出A、B点与视线间的高差 Δh_1、Δh_2，然后在边墙上放出A、B两点。由于隧道的纵断面有一定的设计坡度，因此，腰线的高程按设计坡度随中线的里程而变化，它与隧道的设计地坪高程线是平行的。

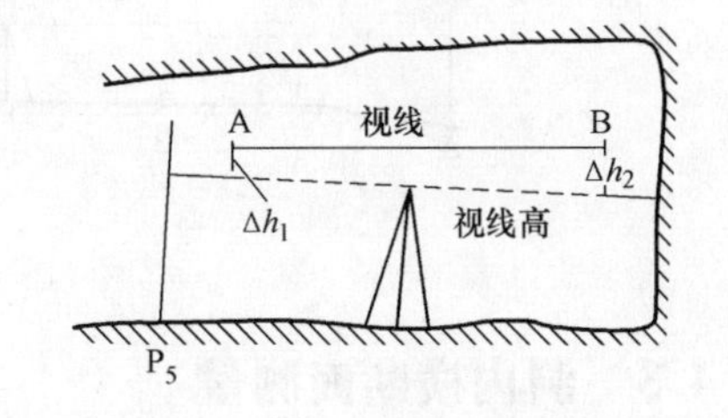

图17-15　隧道腰线测设

17.4　隧道的洞内施工测量

17.4.1　洞内导线测量

测设隧道中线时，通常每掘进20m埋设一个中线桩。由于定线误差，所有中线桩不可能严格位于设计位置上。所以，隧道每掘进至一定长度（直线隧道约每隔100m左右，曲线隧道按通视条件尽可能放长）布设一个导线点，也可以利用埋设的中线桩作为导线点，组成洞内施工导线，如图17-16所示。洞内施工导线只能布置成支导线的形式，并随着隧道的掘进逐渐延伸。支导线缺少检核条件，观测应特别注意根据导线点的坐标来检查和调整中线桩位置。随着隧道的掘进，导线测量必须及时跟上，以确保贯通精度。

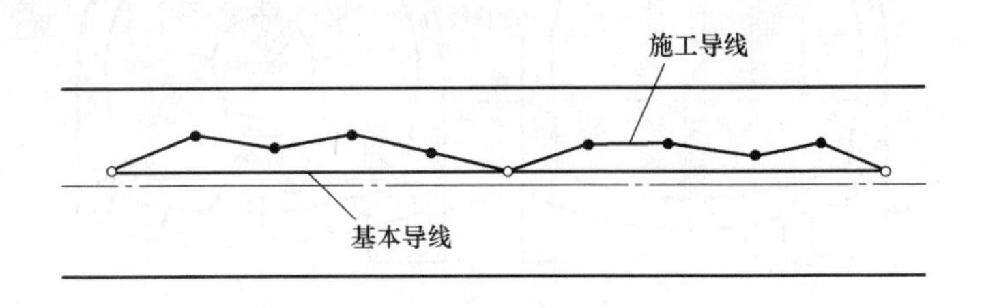

图17-16　洞内导线测量

17.4.2　洞内水准测量

用洞内水准测量控制隧道施工的高程。隧道向前掘进，每隔20～50m应设置一个洞内水准点，并据此测设腰线。通常情况下可利用洞内的导线点作为水准点，也可将水准点埋设在洞顶洞底或洞壁上，但都应力求稳固和便于观测。当水准点设在顶板上时，测量时要倒立水准尺，以尺底零端顶住测点，此时倒立尺的读数应为负数，如图17-17所示。洞内水准线路也是支水准线路，除应往返观测外，还须经常进行复测。

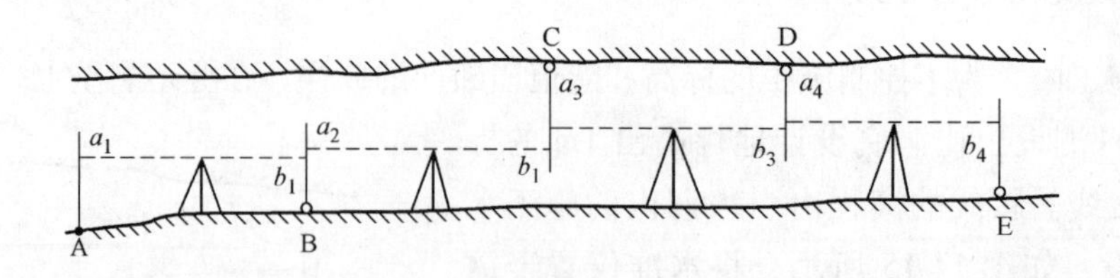

图 17-17　洞内水准测量

17.4.3　洞内横断面测量

在隧道整个断面一次或部分开挖完成后，为了判断开挖断面是否符合设计的净空要求，了解超挖或欠挖情况，需要进行横断面测量。直线隧道每隔 10m、曲线隧道每隔 5m 测一个横断面。横断面测量可以用直角坐标法或极坐标法。

（1）直角坐标法　如图 17-18a 所示，测量时，是以横断面的中垂线为纵轴，以起拱线为横轴，量出起拱线至拱顶的纵距 x_i 和中垂线至各点的横距 y_i，还要量出起拱线至底板中心的高度 x'等，依此绘制竣工横断面图。

（2）极坐标法　如图 17-18b 所示，用一个有 0°～360°刻度的圆盘，将圆盘上 0°～180°刻度线的连线方向放在横断面中垂线位置上，圆盘中心的高程从底板中心高程量出。用长杆挑一皮尺零端指着断面上某一点，量取至圆盘中心的长度，并在圆盘上读出角度，即可确定点位。在一个横断面上测定若干特征点，就能据此绘出竣工横断面图。

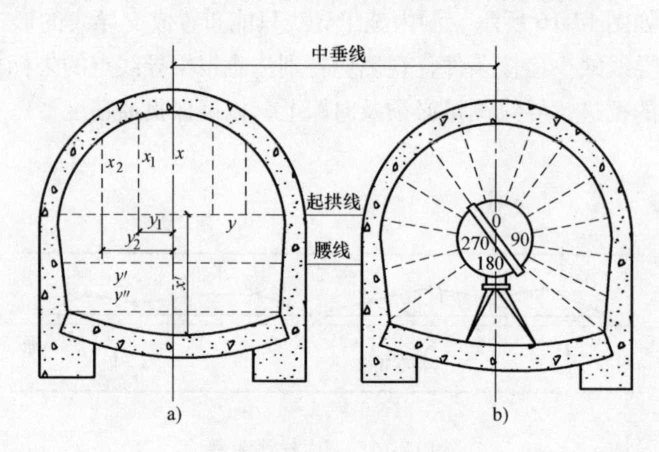

图 17-18　洞内横断面测量

第18讲　桥梁工程施工测量

18.1　桥梁施工控制测量

为了保证桥梁施工质量达到设计要求，必须采用正确的测量方法和适宜的精度控制各分项工程的平面位置、高程和几何尺寸。不同类型的桥梁，其施工控制测量的方法及精度要求是不相同的，表18-1为不同类型的桥梁的施工控制网等级。

表18-1　不同类型桥梁施工控制网的精度等级

桥长 L/m	跨越的宽度 l/m	平面控制网等级	高程控制网等级
$L>5000$	$l>1000$	二等或三等	二等
$2000\leqslant L\leqslant 5000$	$500\leqslant l\leqslant 1000$	三等或四等	三等
$500<L<2000$	$200<l<500$	四等或一级	四等
$L\leqslant 500$	$l\leqslant 200$	一级	四等或五等

18.1.1　桥梁平面控制测量

建立桥梁平面控制网的目的，就是为了按规定的精度测定桥梁轴线长度，以及进行桥墩、桥台及细部放样定位；同时，也可用于施工过程中的变形监测。因此，桥梁施工前，必须对设计时建立的平面控制网进行复核，检查其精度是否能保证桥轴线长度测定和墩台中心放样的必要精度，以及是否便于施工放样。必要时还应加密控制点或重新布网。

桥梁平面控制网一般采用三角网形式，图18-1为常用的两种桥梁三角网图形，图中AB为桥梁轴线，双线为实测边长的基线。桥梁三角网的布设，除满足三角测量本身的要求外，还要求三角点选在不被水淹、不受施工干扰的地方；桥轴线应与基线一端连接，成为三角网的一边；同时要求两岸中线上的A、B三角点选在与桥台相距不远处，便于桥台放样；基线应选在岸上平坦开阔处，并尽可能与桥轴线相垂直，基线长度宜大于桥轴长度的0.7倍。基

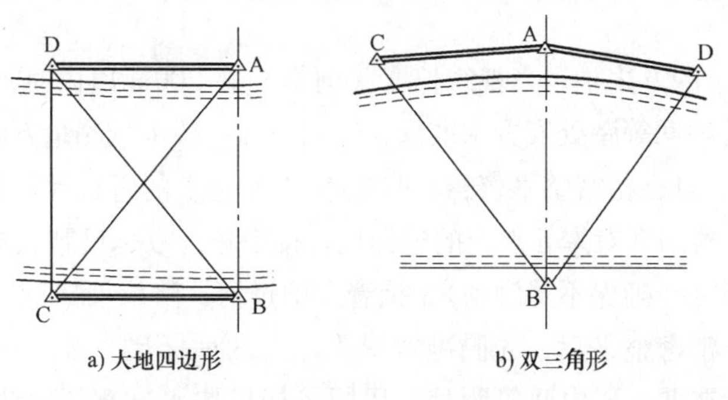

a) 大地四边形　　b) 双三角形

图18-1　桥梁三角网

线测量可采用检定过的钢尺或全站仪施测，基线相对中误差应小于1/100000。水平角观测一般用DJ2或DJ6级光学经纬仪或全站仪，观测2个测回。中型桥梁三角网的主要技术要求应符合表18-2中的规定。

表18-2 中型桥梁三角网主要技术要求

桥轴线长/m	测角中误差/(″)	基线相对中误差	桥轴线相对中误差	三角形最大闭合差/(″)
30～100	±20	1:10000	1:5000	±60

18.1.2 桥梁高程控制测量

在桥梁的施工阶段，为给墩台施工过程中的高程测设提供依据，还应建立高程控制网，即在河流两岸布设若干个水准基点。这些水准基点除用于施工外，也可作为以后变形观测的高程基准点。为了在两岸建立可靠而统一的高程系统，需要将高程由河的一岸传递到另一岸。由于过河视线较长，使得照准标尺读数精度太低，以及由于前、后视距相差悬殊，而使水准仪的i角误差和地球曲率、大气折光的影响都会增加，这时可采用过河水准测量的方法解决。

1）水准点的选择应尽量选在桥渡附近河宽较窄、土质坚实、便于设站的河段，尽可能有较高的视线高度，标尺与仪器点应尽量等高。两岸测站点和立尺点可布成图18-2a所示的"Z"字形图形或类似图形。图中Ⅰ、Ⅱ为测站点，A、B为立尺点，要求ⅠA=ⅡB，且ⅠA、ⅡB均不得小于10m。图中各点应用大木桩牢固打入地中，其顶端钉上铁帽钉供安置标尺用。

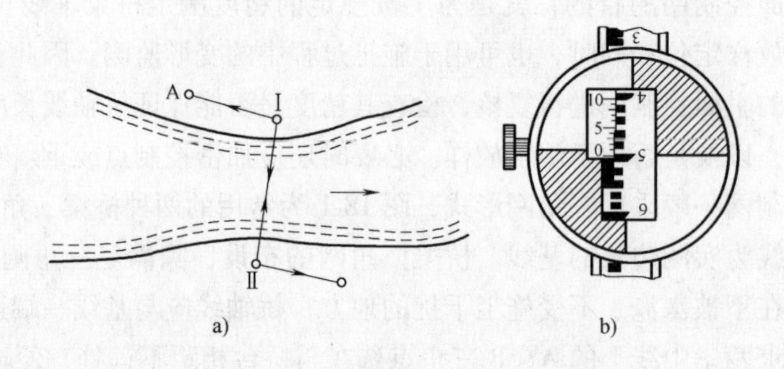

图18-2 过河水准测量的测站和立尺点

2）过河水准测量的方法是：当视线长度（河宽）在200m以内时，可用直接读尺法进行，即先在A与Ⅰ的中间等距处安置水准仪，用同一标尺按水准测量方法，测定AⅠ的高差$h_{AⅠ}$；然后搬仪器于Ⅰ点，精密整平仪器，瞄准本岸A点上的近标尺，按中丝读取标尺基、辅分划各一次；将仪器瞄准对岸Ⅱ点上的远标尺，按中丝读取标尺基、辅分划各两次，同时用胶布将调焦螺旋固定（确保不受触动）；接着立即过河，将仪器搬到对岸Ⅱ点上，A点上标尺移到Ⅰ点安置，精密整平后，先瞄准对岸Ⅰ点上的远标尺，按上述相反顺序操作与读数；最后将仪器安置在Ⅱ、B中间等距处，用同一标尺按水准测量方法，测定ⅡB的高差$h_{ⅡB}$。则A、B两点的高差为

$$h_{AB}=\frac{(h_{A\mathrm{II}}+h_{\mathrm{II}B})-(h_{B\mathrm{I}}+h_{\mathrm{I}A})}{2} \tag{18-1}$$

当河面较宽（河宽300～500m）水准仪读数有困难时，可采用微动觇板法，如图18-2b所示，将特制的可活动觇板装在水准尺上，由观测者指挥上下移动觇板，直至觇板红白分界线与十字丝中横丝相重合为止，由立尺者直接读取并记录标尺读数。其观测程序和计算方法同上述。按国家三、四等水准测量规范规定，过河水准测量一般应施测两次，高差互差为三等不大于±8mm，四等不大于±16mm，最后取其平均值作为最终结果。

3）跨河水准测量的观测时间最好选在风力微弱、气温变化较小的阴天进行；晴天观测时，应在早晨日出1小时后开始至下午日落前1小时结束。

18.2　桥梁的河床与河流测量

18.2.1　桥轴线纵断面测量

在桥梁的设计中需了解桥梁的全断面河床、水深的变化情况，分析河床变化与水流流速的关系，需要根据桥轴线河床变化情况及水深等来决定桥梁的孔径、选择墩台的位置和类型以及基础的深度。因此，需要进行桥梁的纵断面测量，就是测量桥轴线方向地表的起伏状态，并将测量结果绘制成纵断面图，称为桥轴线纵断面图。纵断面测绘的范围根据设计的需要而定，一般情况下应测至两岸线路路基设计标高以上。如果河的两岸陡峭或者有河堤，则应测至陡岸边或堤的顶部。如河滩过宽，两岸为浅滩漫流，则岸上的测绘范围以能满足设计包括引桥在内的桥梁孔跨、导流建筑物和桥头引道的需要为原则。当地质条件复杂且地面横坡陡于1∶4时，为了更好地反映地面状况供设计参考，尚需在上、下游各6～20m处加测辅助纵断面，并根据设计需要，可在桥梁墩台基础范围内再增测辅助断面。纵断面水准测量的内容则包括岸上和水下两部分。岸上部分与路线纵断面测量方法相同，因而应在进行路线纵断面测量的同时完成。如果路线中线上的整桩及加桩尚嫌不足，应根据地形地质的变化情况进行加密，测量的方法一般采用水准测量的方法进行，测点距离一般在山区不大于5m，平坦地区不大于20～40m，按水准测量要求与水准点进行闭合；也可采用全站仪测定各测点的距离和高差。水下部分因无法钉设里程桩，也无法进行水准测量，所以测点的位置及其高程都是用间接方法测求，测点高程的测定是先测出水面高程H_i'（水位）和水深h_i'，然后由水面高程减去水深，得到河底的高程H_i，即

$$H_i=H_i'-h_i \tag{18-2}$$

1. 水面高程测量

由于水面高程是随着时间变化的，特别是在洪水季节，其变化尤其显著，因此，必须求得测量水深时的瞬时水面高程，才能用水面高程减去水深求出河底的高程。

为了测定水面高程，应在岸边水中竖立水标尺，水标尺的构造与水准尺相似。如果水位变化很大，则可在岸边高低不同的位置上竖立若干个水标尺，如图18-3a所示。立好水标尺后，采用水准测量的方法自附近的水准点测算出水标尺零点的高程H_0。水标尺零点高程加上水面在水标尺上的读数a就等于水面的高程，即

$$H_i' = H_0 + a \tag{18-3}$$

由于水位随时变化，所以应定期进行观测，在水位比较稳定时期每日观测一次，如在洪水季节，应适当增加观测次数。在取得时间及水位资料以后，即可以时间为横坐标，以水位为纵坐标，绘出时间水位曲线，如图 18-3b 所示。利用这一曲线，即可以查出在测水深时的水位。如果断面测量时间很短，也可以在测量开始及结束时各读一次水标尺读数，取两次读数的平均值计算测量时水位。

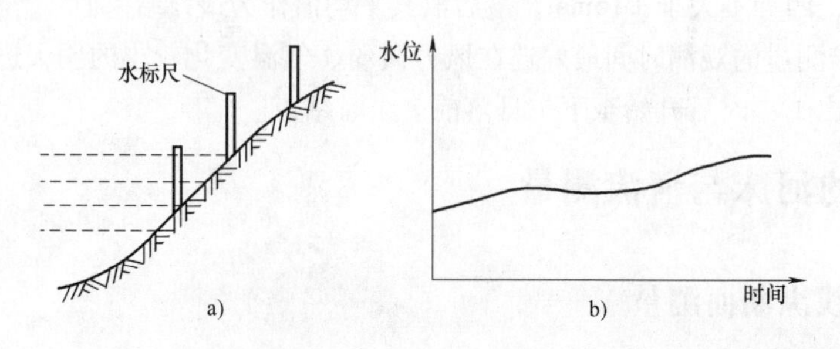

图 18-3　水面高程测量

2. 水深测量

水深的测量根据水深及流速的大小可以采用测深杆、测深锤或回声测深仪等。

（1）测深杆　如图 18-4a 所示，测深杆为一直径 5 ~ 8cm 长 3 ~ 5m 的竹竿，其上涂有测量深度的标记，下端镶一直径 10 ~ 15cm 的铁制底盘，用以防止测深时测杆下陷而影响测深精度。测深杆宜在水深 5m 以内、流速和船速不大的情况下使用。用测深杆测深时，应在距船头 1/3 船长处作业，以减少波浪对读数的影响。测深杆要顺船头插入水中，使测杆触到水底时，正好垂直以读取水深。

（2）测深锤　如图 18-4b 所示，测深锤又名水铊，为一质量 3 ~ 8kg 的铅铊上系一根作了分米标记的绳索。测深锤测深时，应预估水深取相应绳长盘好，过长使收绳困难，过短达不到水底。将铊抛向船首方向，在铊触水底，测绳垂直时，取水深读数。测深锤适用于测量水深小于 20m、河流流速小、船速小，河流底质较硬的条件测量水深。

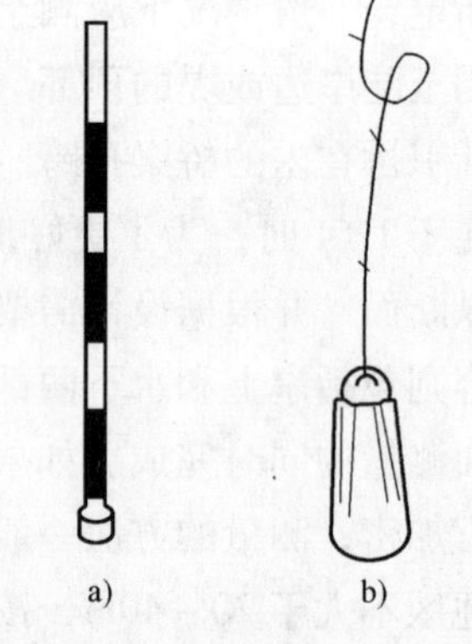

图 18-4　测深杆与测深锤

（3）回声测深仪　简称测深仪，是测量水深的一种仪器，在水深流急的江河与港湾，测深仪得到广泛的应用。其基本原理是根据超声波在均匀介质中匀速直线传播，遇不同介质而产生反射的原理设计而成，由超声波从水面到水底往返传播的时间与其在水中的传播速度即可推算出水深。测深仪可分为单波束测深仪、双波束测深仪和多波束测深仪，大多具有自动记录和自动成图的功能，使用测深仪测量水深时，应按仪器使用方法进行操作。

3. 测深点平面位置测定

纵断面上测深点的平面位置和水深是同时测定的，一般根据河宽及地形条件，可采用直接丈量、全站仪法及差分 GPS 定位。测深点的数目，以能正确表示河床变化为原则，在一般情况下，测深垂线的间距不应大于表 18-3 的规定。

表18-3 河床纵断面测量布点间距

水面宽/m	<50	50~100	100~300	300~1000	>1000
最大间距/m	3~5	5~10	10~20	20~50	50

（1）直接丈量法 一般是在两岸桥位桩间拉一根标有距离记号的绳索，这根绳索称断面索，测量时测船沿断面索前进，按预先规定的间距测出水深，并同时记下测深时间和位置。这种方法适用于河流较窄而水深较深的河上。

（2）全站仪定位 传统的光学经纬仪定位，以行驶的测船上与测深点在同一铅直线的标志为观测目标，由岸上的两台经纬仪同时照准目标，实施前方交会定位，并且做到与水深测量工作同步。为了达到上述要求，通常用对讲机报点号，记录测深点的交会角和水深值。随着全站仪的普遍使用，传统的光学经纬仪前方交会法定位目前已不常使用。新的方法是直接利用全站仪，按极坐标法进行定位。在定位时可将全站仪安置在桥轴线已知里程的点上，瞄准桥轴线方向，测站观测者指挥测船到轴线方向后直接测量测站到测深点的距离，从而算出测深点里程。该方法应先计算出测点坐标再采用全站仪坐标放样的方法定位。采用全站仪定位的方法方便灵活，自动化程度高，精度高。用全站仪定位时一般采用全站仪的跟踪测量模式。

（3）差分GPS定位 测量时将GPS接收机与测深仪器组合，前者进行定位测量，后者同时进行水深测量。利用便携机（或电子手簿）记录观测数据，并配备相应软件和绘图设备，便可组成水下测量自动化系统。一般野外有两人便可完成岸上和船上的全部操作，当天所测数据只用1~2h就可处理完毕，并可及时绘出水下地形图、测线断面图、水下地形立体图等。随着GPS接收机，特别是双频实时动态GPS价格的降低，采用实时差分GPS定位将在大型桥梁的水下纵断面测量中得到更加广泛的应用。

在测得断面岸上高程和水下各测点的平面位置及地面高程后，即可以用绘制路线纵断面图的方法，绘制出桥轴线纵断面图。图上应注明施测水位，最大洪水位及最低水位。

18.2.2 河流比降测量

河流比降亦称水面坡度，它等于同一瞬间两处水面高程之差与两处的距离之比。沿水流方向的比降称为纵比降，垂直于水流方向的比降称为横比降。比降与流速有关，它直接影响流量与河床的冲刷，所以比降是桥梁设计的一项重要资料。

河流比降直接受水位高低、水流深浅及河流宽度的影响。为了满足桥梁设计的需要，一般要在桥轴线处分别在不同水位条件下进行河流比降测量。

河流比降的测量方法如图18-5a所示，在桥轴线处布设断面AB，在上下游分别布设断面CD及EF。断面间的距离视河流比降大小而定，比降小时距离大些，而比降大时则距离小些。一般比降断面的间距不应小于表18-4的要求间距。

表18-4 比降观测断面间距

每公里水面落差/mm	50	60	80	130	200	500
断面间距/m	2000	1500	1000	500	300	100

水面较狭窄河面在比降断面处观测一岸设立水标尺，一般是在桥轴线断面设立两个或两个以上的基本水尺，在上游断面和下游断面设立一个比降水尺，也可采用在比降断面的同侧打入木桩代替水标尺，桩顶高出水面。当水面较宽时两岸均应设立水标尺。水标尺零点或桩顶的高程，用水准测量的方法施测。水位观测应在几个水标尺或木桩上同时进行，观测时要有几个人根据同一信号或规定的时刻同时读数。如果由一个人观测，则应往返进行，取其平均值。当利用水标尺时，水标尺零点高程加上水标尺读数即为水位高程；当利用木桩时，则用桩顶高程减去桩顶至水面的距离以求出水面高程。

根据相邻断面水位的高差 h 及其距离 D，即可用下式求出河流比降 i：

$$i = \frac{h}{D} \tag{18-4}$$

河流比降测量要在不同的水位进行，一般要分别在低水位、常水位及高水位时进行观测。根据不同水位的比降，可绘出水位与比降的关系曲线，如图 18-5b 所示。在桥梁设计时，起控制作用的是历史最高洪水位的比降，但在一般情况下无法直接测出，所以就在水位与比降的关系曲线上，根据调查得到的历史最高洪水位高程，采用外插（即延长曲线）的办法求出最高洪水位时的河流比降。

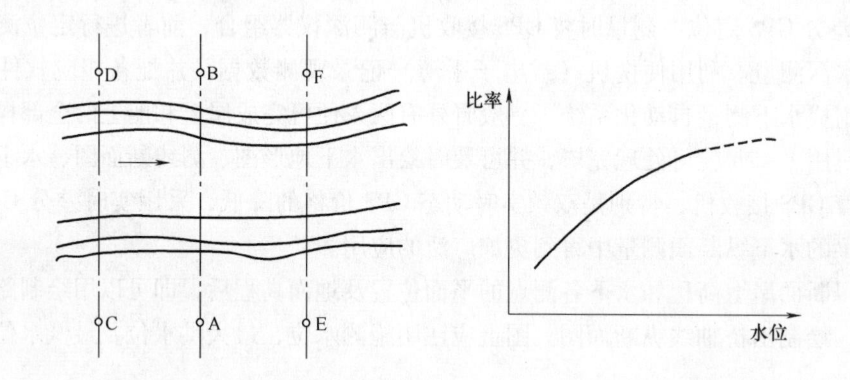

图 18-5 河流比降的测量

18.3 桥梁墩台施工测量

18.3.1 桥梁墩台定位

测设墩台中心位置的工作称为桥梁墩台定位，是桥梁施工测量中的关键性工作。它是根据桥轴线控制点的里程和墩台中心的设计里程，以桥轴线控制点和平面控制点为依据，准确地放样出墩台中心位置和纵横轴线，以固定墩台位置和方向。若为曲线桥梁，其墩台中心不一定位于线路中线上，此时应考虑设计资料、曲线要素和主点里程等。

桥墩测设应进行两次。水中桥墩基础（墩底）采用浮运法施工时，目标处于浮动中的不稳定状态，在其上无法安置测量仪器，因此墩底测设一般采用方向交会法；在已经稳固的墩台基础上定位时，可以采用直接丈量法和方向交会法。

1. 直线丈量法

根据桥轴线控制桩及其与墩台之间的设计长度，用测距仪或经检定过的钢尺精密测设出墩台的中心位置并钉一小钉精确标志起点位。然后在墩台的中心位置上安置经纬仪或全站仪，以桥梁主轴线为基准放出墩台的纵、横轴线。并测设出桥台和桥墩控制桩位，每侧要有两个控制桩，以便在桥梁施工中恢复起墩台中心位置，如图18-6所示。

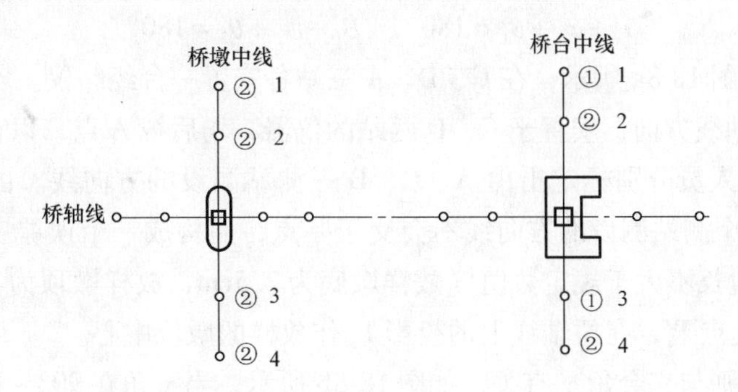

图18-6　直接丈量法测设桥墩位置

2. 方向交汇法

对于大中型桥的水中桥墩及其基础的中心位置测设，则采用方向交汇法。这是由于水中桥墩基础一般采用浮运法施工，目标处于浮动中的不稳定状态，在其上无法使测量仪器稳定。可根据已建立的桥梁三角网，在三个三角点上（其中一个为桥轴线控制点）安置经纬仪或全站仪，以三个方向交会定出，如图18-7所示，在桥位控制桩间距算出后，按设计尺寸分别自A、B两点量出相应的距离，即可测设出两岸桥台的位置。至于水中桥墩的中心位置，因直接量距困难，则首先计算出交会的角度α、β，然后进行桥墩中心P_i的测设。

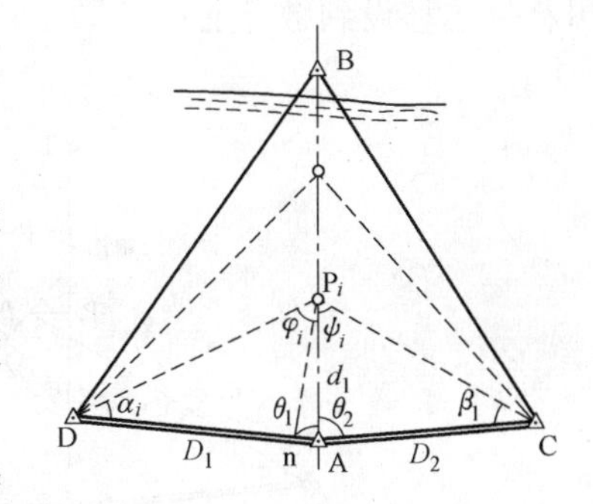

图18-7　方向交会法测设桥墩位置

1）交会角度的计算方法：设d_i为i号桥墩中心至桥轴线控制点A的距离，在设计中基线D_1、D_2及角度θ_1、θ_2均为已知值，交会的角度α_i、β_i可按下述方法算出。即经桥墩中心P_i向基线AD作辅助垂线P_in，则在直角三角形DnP_i中，

$$由\ \tan\alpha_i=\frac{P_in}{Dn}=\frac{d_i\cdot\sin\theta_1}{D_1-d_i\cos\theta_1}，得$$

$$\alpha_i=\arctan\frac{d_i\cdot\sin\theta_1}{D_1-d_i\cos\theta_1}\tag{18-5}$$

同理得

$$\beta_i=\arctan\frac{d_i\cdot\sin\theta_2}{D_2-d_i\cos\theta_2}\tag{18-6}$$

为了校核α_i、β_i，可参照求算α_i、β_i的方法，计算φ_i及ψ_i，即

$$\left.\begin{aligned}\varphi_i &= \arctan\frac{D_1 \cdot \sin\theta_1}{d_i - D_1\cos\theta_1}\\ \psi_i &= \arctan\frac{D_2 \cdot \sin\theta_2}{d_i - D_2\cos\theta_2}\end{aligned}\right\} \quad (18\text{-}7)$$

则计算校核式为

$$\alpha_i + \varphi_i + \theta_1 = 180°,\quad \beta_i + \psi_i + \theta_2 = 180° \quad (18\text{-}8)$$

2）施测方法如图18-8a所示，在C、D、A三站各安置一台经纬仪。安置于A站的仪器瞄准B点，标出桥轴线方向，安置于C、D两站的仪器，均后视A点，以正倒镜分中法测设α_i、β_i，在桥墩处的人员分别标定出由A、C、D三测站测设的方向线。由于测量误差的影响，由A、C、D三个测站测设的方向线不会交于一点，而构成一个误差三角形。若误差三角形在桥轴线上的边长不大于规定数值（放样墩底为2.5cm，放样墩顶为1.5cm），则取C、D两站测设方向线交点P_i'，在桥轴线上的投影P_i作放样的墩位中心。

3）其交会精度则与交会角γ有关，如图18-8b所示，当γ角在90°~110°范围内时，交会精度最高。因此，在选择基线和布网时应尽可能使角γ在80°~130°之间，但不得小于30°或不得大于150°。

4）在桥墩施工中，角度交会需经常地进行，为了准确、迅速进行交会，可在取得P_i点位置后，将通过P_i点的交会方向线延长到彼岸设立标志。标志设好后，应进行检核。这样，交会墩位中心时，可直接瞄准彼岸标志进行交会，而无需拨角。若桥墩砌高后阻碍视线，则可将标志移设到墩身上。

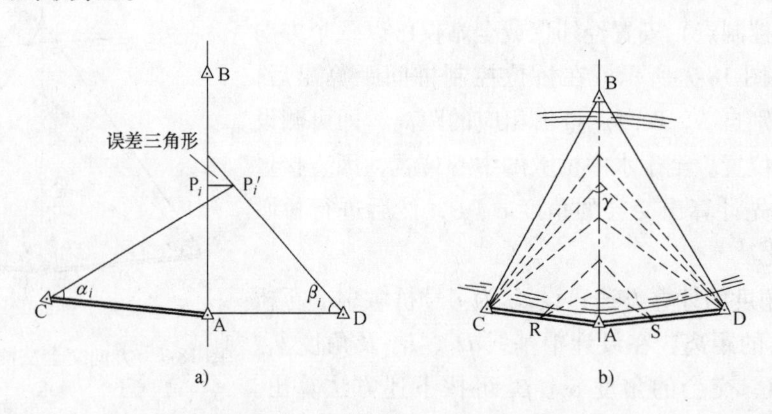

图18-8 交会精度与交角γ的关系

18.3.2 桥梁墩台基础施工放样

墩、台中心定位后，在各墩、台中心点上安置经纬仪或全站仪，以桥轴线为依据，用正倒镜分中法在基坑开挖线外1~2m处设置墩、台纵横轴线方向桩（也称护桩，如图18-9所示），作为墩、台基础施工恢复的依据。墩、台基础施工分明挖基础和桩基础。

1. 明挖基础

明挖基础多在地面无水的地基上施工，先挖基坑，再在坑内砌筑块材基础（或浇筑混凝土基础）。如系浅基础，可连同承台一次砌筑（或浇筑）。如果在水面以下采用明挖基础，则要先建立围堰，将水排出后再施工。

在基础开挖前，应根据墩、台中心点及纵、横轴线位置，按设计的平面形状测设出基础轮廓线控制点。如果基础的形状为方形或矩形，基础轮廓线的控制点则为四个角点及四条边与纵、横轴线的交点，如图 18-10a 所示；如果是圆形基础，则为基础轮廓线与纵、横轴线的交点，必要时尚须增加轮廓线与纵、横轴线成 45°线的交点，如图 18-10b 所示。控制点距墩中心点或纵横轴线的距离应略大于基础设计的底面尺寸，一般可大 0.3～0.5m，以保证能正确安装基础模板。

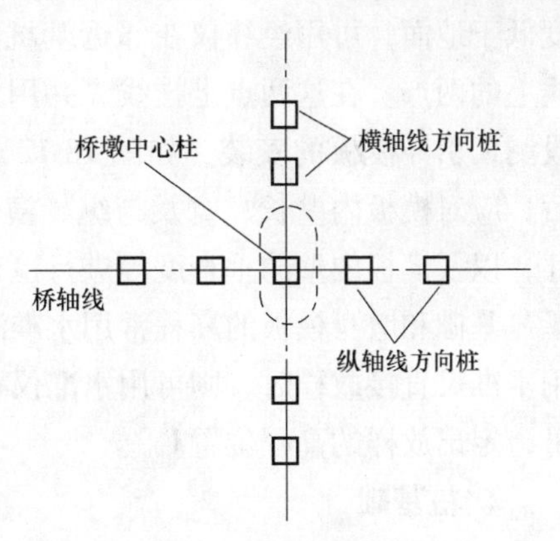

图 18-9　墩、台中心相互垂直的纵、横轴线桩测设

如地基土质稳定，不易坍塌，则坑壁可垂直开挖，不设模板，而直接贴靠坑壁砌筑基础（或浇筑基础混凝土）。此时可不增大开挖尺寸，但应保证基础尺寸偏差在规定容许偏差范围之内。如果地基土质软弱，开挖基础时需要放坡，基础的开挖边界线需要根据坡度计算得到。此时可先在基坑开挖范围测量地面高程，然后根据地面高程与坑底设计高程之差以及放坡坡度，计算出边坡桩至墩、台中心的距离。如图 18-11 所示，边坡桩至墩台中心的水平距离 D 为：

$$D=\frac{b}{2}+l+mh \tag{18-9}$$

式中　b——基础宽度（m）；

l——预留工作宽度（m）；

h——基坑开挖深度（m）；

m——边坡坡度。

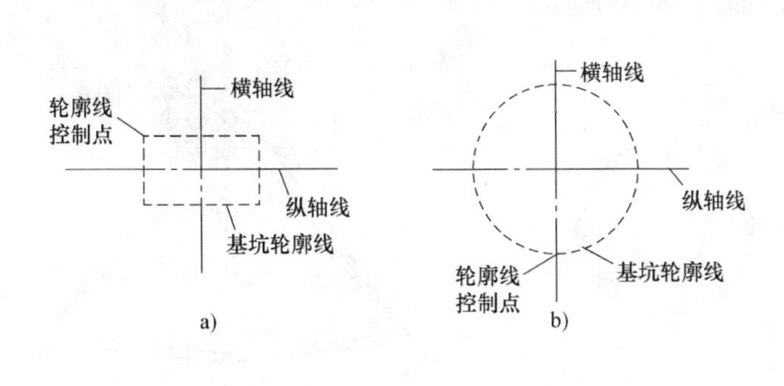

图 18-10　明挖基础轮廓线测设

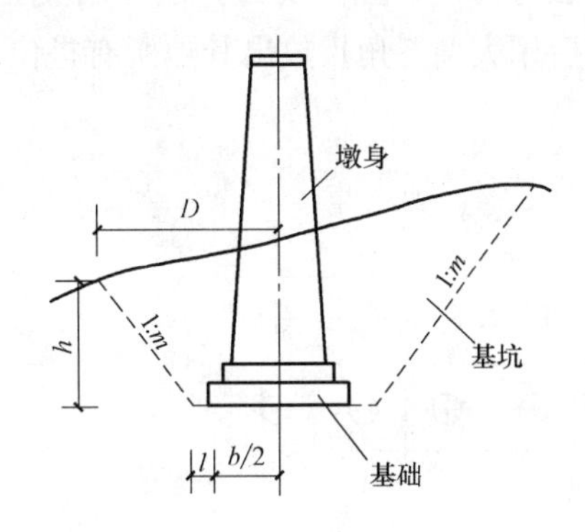

图 18-11　明挖基础施工放样

在测设边界桩时，以墩台中心点和纵、横轴线为基准，用钢尺测量水平距离 D，在地面上测设出边坡桩，再根据边坡桩撒出灰线，即可以此灰线进行施工开挖。

当基础开挖至坑底的设计高程时，应对坑底进行平整清理，然后安装模板，浇筑基础及墩身。在进行基础及墩身的模板放样时，可将经纬仪安置在墩、台中心线的一个护桩上，瞄准另一个较远的护桩定向，此时仪器的视线即为中心线方向。安装模板时调整模板位置，使其中心与视线重合，则模板已正确就位。如果模板的高度低于地面，可用经纬仪在邻近基坑的位置，放出中心线上的两点。在这两点上挂线，并用垂球将中心线向下投测，引导模板的安装，如图18-12所示。在模板安装后，应对模板内壁长、宽及与纵、横轴线之间的关系尺寸，以及模板内壁的垂直度等进行检查。

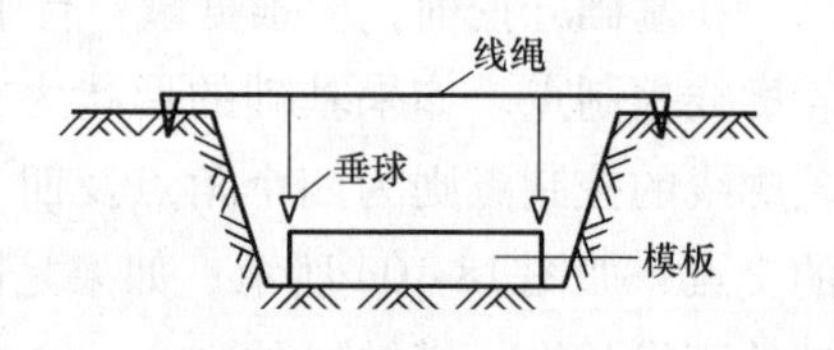

图18-12　基础模板的放样

基础和墩身模板的高程常用水准测量的方法放样，但当模板低于或高于地面很多，无法用水准尺直接放样时，则可用水准仪在某一适当位置先测设一高程点，然后再用钢尺垂直丈量，定出放样的高程位置。

2. 桩基础

桩基础是常用的一种基础类型。按施工方法的不同分为打（压）入桩和钻（挖）孔桩。打（压）入桩基础是预先将桩制好，按设计的位置及深度打（压）入地下；钻（挖）孔桩是在基础的设计位置上钻（挖）好桩孔，然后在孔内放入钢筋笼，并浇注混凝土成桩。在桩基础成型后，在其上浇筑承台，使桩与承台成为一个整体，再在承台上修筑墩身，如图18-13所示。

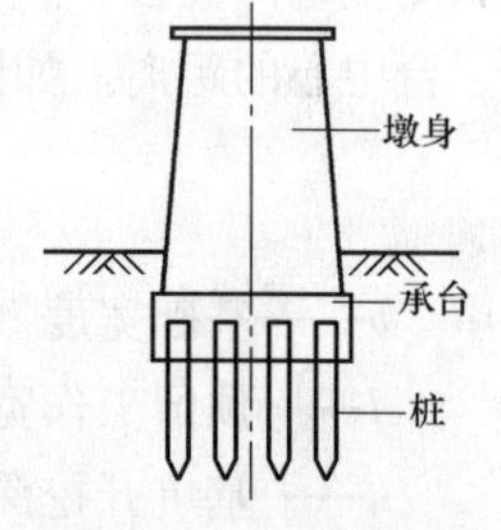

图18-13　桥梁桩基础

在无水的情况下，桩基础的每一根桩的中心点可按其在以墩、台纵横轴线为坐标轴的坐标系中的设计坐标，用支距法进行测设。如图18-14所示。如果桩为圆周形布置，各桩也可以与墩、台纵轴线的偏角和到墩、台中心点的距离，用极坐标法进行测设，如图18-15所示。一个墩、台的全部桩位宜在场地平整后一次放出，并以木桩标定，以方便桩基础施工。如果桩基础位于水中，则可用交会法将每一个桩位放出。也可用交会法放出其中一行或一列桩位，然后用大型三角尺放出其他所有桩位，如图18-16所示。

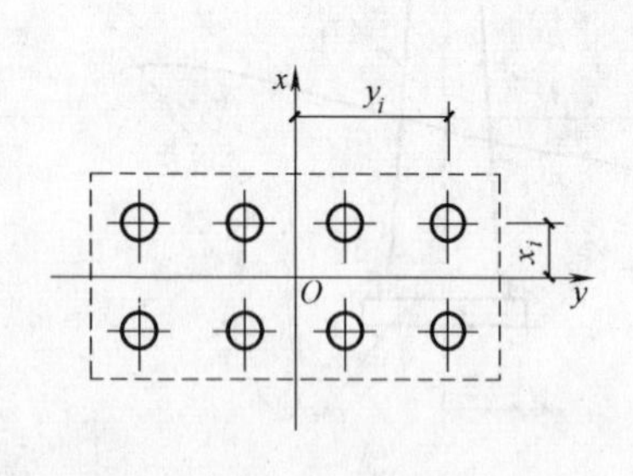

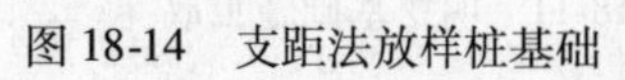
图18-14　支距法放样桩基础

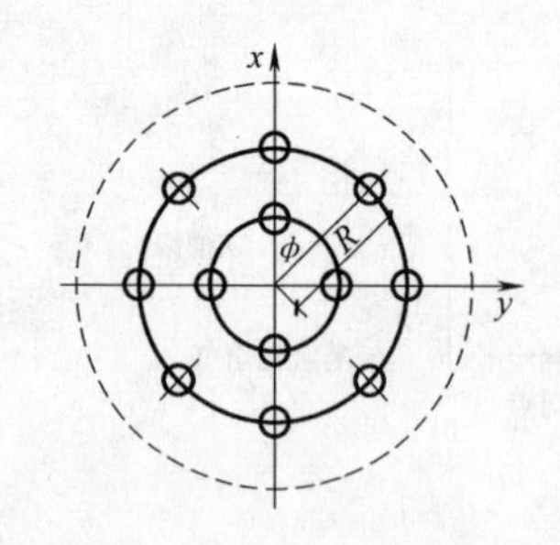

图18-15　极坐标法放样桩位

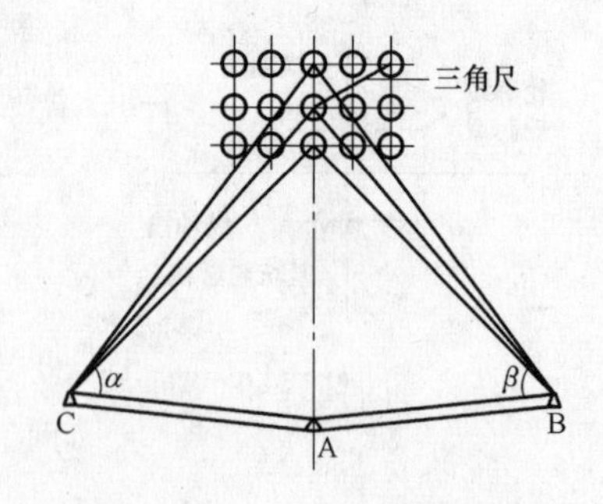

图18-16　交会法放样桩位

18.3.3　桥梁墩台身施工放样

为了保证墩、台身的垂直度以及轴线的正确传递，可利用基础面上的纵、横轴线用线锤法或经纬仪投测到墩、台身上。

1）吊垂线法就是用一重垂球悬吊到砌筑到一定高度的墩、台身顶边缘各侧，当垂球尖对准基础面上的轴线时，垂球线在墩、台身边缘的位置即为周线位置，画短线做标记；经检查尺寸合格后方可施工。当有风或砌筑高度较大时，使用吊锤线法满足不了投测精度要求，应用经纬仪投测。

2）经纬仪或全站仪投测法就是将经纬仪或全站仪安装在纵、横轴线控制桩上，仪器距墩、台的水平距离应大于墩、台的高度。仪器严格整平后，瞄准基础面上的轴线，用正倒镜分中的方法，将轴线投测到墩、台身并作标志。

18.3.4　桥梁墩台帽施工放样

桥墩、桥台砌筑至一定高度时，应根据水准点在墩、台身每侧测设一条距顶部为一定高差（1m）的水平线，以控制砌筑高度。墩帽、台帽施工时，应根据水准点用水准仪控制其高程（误差应在 -10mm 以内），再依中线桩用经纬仪控制两个方向的中线位置（偏差应在 ±10mm 以内），墩台间距要用钢尺检查，精度应高于 1/5000。

根据定出并校核的墩、台中心线，在墩台上定出 T 形梁支座钢垫板的位置，如图 18-17 所示。测设时，先根据桥墩中心线②$_1$—②$_4$ 定出两排钢垫板中心线 B′B″、C′C″，再根据线路中心线 F_2F_3，定出中心线上的两块钢垫板的中心位置 B_1 和 C_1。然后根据设计图样上的相应尺寸用钢尺分别自 B_1 和 C_1 沿 B′B″、C′C″方向量出 T 形梁间距，即可得到 B_2、B_3、B_4、B_5 和 C_2、C_3、C_4、C_5 等垫板中心位置，桥台的钢垫板位置可按同法定出，最后用钢尺校对钢垫板的间距，其偏差应在 2mm 以内。钢垫板的高程应用水准仪校测，其偏差应在 -5mm 以内（钢垫板略低于设计高程，安装 T 形梁时可加垫薄钢板找平）。上述工作校测完后，即可浇筑墩、台顶面的混凝土。

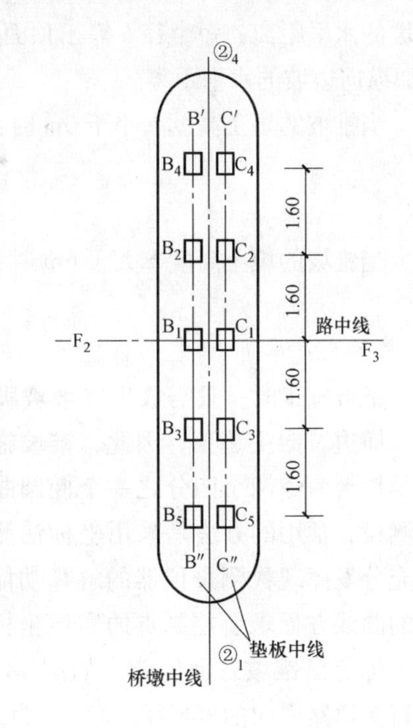

图 18-17　支座钢垫板

18.3.5　桥涵墩台锥形护坡放样

为使路堤与桥涵台连接处路基不被冲刷，则需在桥涵台两侧填土呈锥体形，并于表面砌石，称为锥体护坡，简称锥坡。锥坡的形状为四分之一个椭圆截锥体，如图 18-18 所示。当锥坡的填土高度小于 6m 时，锥坡的纵向（即平行于道路中线的方向）坡度一般为 1∶1；横向（即垂直于道路中线的方向）坡度一般为 1∶1.5，与桥台后的路基边坡一致。当锥坡的填土高度大于 6m 时，路基以下超过 6m 的部分纵向坡度由 1∶1 变为 1∶1.25；横向坡度由 1∶1.5变为 1∶1.75。

锥坡的顶面和底面都是椭圆的四分之一。锥坡顶面的高程与路肩相同，其长半径 a' 等于桥台宽度与桥台后路基宽度差值的一半；短半径 b' 等于桥台人行道顶面高程与路肩高程之差，但不应小于 0.75m。即满足以下条件：

$$\left.\begin{aligned}a' &= (W_B - W_R)/2 \\ b' &= H_P - H_R \geqslant 0.75\end{aligned}\right\} \quad (18\text{-}10)$$

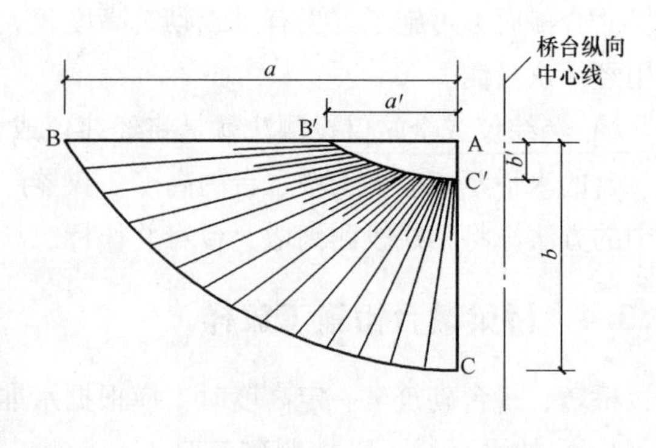

图 18-18　锥坡

式中　W_B——桥台宽度；

W_R——桥台后路基宽度；

H_P——桥台人行道顶面高程；

H_R——桥台后路肩高程。

锥体底面的高程一般与自然地面高程相同，其长半径 a 等于顶面长半径 a' 加横向边坡的水平距离；短半径 b 等于顶面短半径 b' 加纵向边坡的水平距离。

当锥坡的填土高度 h 小于 6m 时：

$$\left.\begin{aligned}a &= a' + 1.5h \\ b &= b' + h\end{aligned}\right\} \quad (18\text{-}11)$$

当锥坡的填土高度 h 大于 6m 时：

$$\left.\begin{aligned}a &= a' + 1.75h - 1.5 \\ b &= b' + 1.25h - 1.5\end{aligned}\right\} \quad (18\text{-}12)$$

锥坡施工时，只需放出锥坡坡脚的轮廓线（四分之一个椭圆），即可由坡脚开始，按纵、横边坡向上施工，因此，锥坡施工测量的关键是桥台两侧两个四分之一个椭圆曲线的锥坡底面测设，常用的方法是采用坐标法测设，该方法是充分发挥现代测量仪器的解算功能，直接由椭圆的曲线方程求解控制点的实地坐标，最后在地面上标定出锥坡底面轮廓。如图 18-19 所示，设平行于道路方向的短半径方向 AC 为 x 轴，垂直于道路方向的长半径方向 AB 为 y 轴，建立直角坐标系，则可写出椭圆的方程

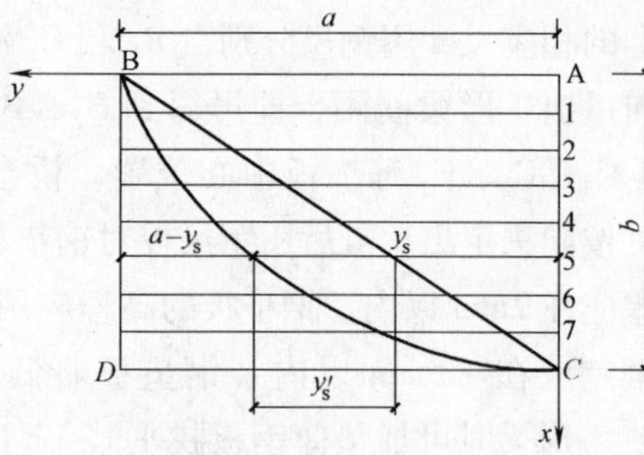

$$\frac{x^2}{b^2} + \frac{y^2}{a^2} = 1 \quad (18\text{-}13)$$

图 18-19　支距法测设锥坡

计算时一般将短半径 b 等分为 8 段，根据式（18-13）计算相应于各等分点处的 y 坐标，结果见表 18-5。

测设时以 AC 方向为基准，以长、短半径为边长测设矩形 ACDB，再将 BD 等分为 8 段，在垂直于 BD 的方向上分别量出相应的距离值（$a - y_s$），即可测设出坡脚椭圆形轮廓。当然，根据现场实际情况，也可将长半径 a 等分为 n 段，再按式（18-13）计算出相应的 x 坐标进行测设。

此外，还可以按以下方法进行测设，即由图 18-19 可得

$$y_s' = y_s - \frac{n-i}{n}a \tag{18-14}$$

式中　y_s——由式（18-13）计算的第 i 点的 y 坐标；

n——将 b 等分的段数；

i——等分点编号。

测设时将 BC 等分成 n 段，在各等分点平行于长半径 a 的方向上分别量出相应的 y_s'值，即得椭圆曲线的轮廓点。表 18-5 也列出了将 BC 分为 8 段时计算 y_s'值的情况。

表 18-5　支距法测设椭圆计算表

点位编号	x	y	$a-y$	$y_s' = y_s - \frac{n-i}{n}a$
0	0	a	0	0
1	$b/8$	$0.9922a$	$0.0078a$	$0.1172a$
2	$2b/8$	$0.9682a$	$0.0318a$	$0.2182a$
3	$3b/8$	$0.9270a$	$0.0730a$	$0.3020a$
4	$4b/8$	$0.8660a$	$0.1340a$	$0.3660a$
5	$5b/8$	$0.7806a$	$0.2194a$	$0.4056a$
6	$6b/8$	$0.6614a$	$0.3386a$	$0.4114a$
7	$7b/8$	$0.4841a$	$0.5159a$	$0.3591a$
8	b	0	a	0

18.3.6　桥墩上部结构的安装测量

架梁是桥梁施工的最后一道工序。桥梁梁部结构复杂，要求对墩台方向距离和高程用较高的精度测定，作为加梁的依据。墩台施工时是以各个墩台为单位进行的。架梁需要将相邻墩台联系起来，要求中心点间的方向距离和高差符合设计要求。因此在上部结构安装前应对墩、台上支座钢垫板的位置、对梁的全长和支座进行检测。梁体就位时，其支座中心线应对准钢垫板中心线，初步就位后，用水准仪检查梁两端的高程，偏差应在 5mm 以内。大跨度钢桁架或连续梁采用悬臂安装架设，拼装前应在横梁顶部和底部分中点作出标志，用以测量架梁时钢梁中心线的偏差值、最近节点距离和高程差是否符合设计和施工要求。对于预制安装的箱梁、板梁、T 形梁等，测量的主要工作是控制平面位置；对于支架现浇的梁体结构，测量的主要工作是控制高程，测得弹性变形，消除塑性变形，同时根据设计保留一定的预拱度；对于悬臂挂篮施工的梁体结构，测量的主要工作是控制高程与预拱度。梁体和护栏全部安装完成后，即可用水准仪在护栏上测设出桥面中心高程线，作为铺设桥面铺装层起拱的依据。

第 19 讲　水利大坝施工测量

19.1　水利大坝的控制测量

19.1.1　基本平面控制

基本平面控制网作为首级平面控制，一般布设成三角网，并应尽可能将坝轴线的两端点纳入网中作为网的一条边，如图 19-1 所示。根据坝体重要性的不同要求，一般按三等以上三角测量的要求施测。大型混凝土坝的基本网兼作变形观测监测网，精度要求更高，须按一、二等三角测量要求施测。

图 19-1　大坝施工平面控制网

为了减少安置仪器的对中误差，三角点一般建造混凝土观测墩，并在墩顶埋设强制对中设备，以便安置仪器和觇标。

19.1.2　坝体控制

坝体控制是根据基本网确定坝轴线，然后以坝轴线（即坝顶中心线）为依据布设坝身控制网以控制坝体细部的放样。

1. 土坝坝体

对于中小型土坝的坝轴线，一般是由工程设计人员和勘测人员组成选线小组，深入现场进行实地踏勘，根据当地的地形、地质和建筑材料供应条件，经过方案比较，直接在现场选定。对于大型土坝，一般经过现场踏勘、图上规划等多次调查研究和方案比较，确定建坝位置，并结合水利枢纽的整体布局，在坝址地形图上将坝轴线标出。为了将图上设计好的坝轴线标定在实地上，一般可根据预先建立的施工控制网用角度交会法测设到地面上。如图 19-2a 所示，在设计图上确定轴线两端点的坐标，即可反算出它与邻近测图控制点之间的夹角，再用角度（方向）交会法把轴线两端测设到地面上，然后根据定出的轴线测设坝顶端点（轴线与坝顶设计高程线在地面的交点），坝轴线的两端点在现场标定后，应用永久性标志标明。然后，还要布设与坝轴线平行和垂直的一些控制线，称为坝身控制线。如图 19-2b 所示，平行于坝轴线的控制线可布设在坝顶上下游线、上下游坡面变化处、下游马道中线，也可按一定间隔布设（如 10m、20m、30m 等），以便控制坝体的填筑和进行收方；垂直于坝轴线的控制线，一般按 50m、30m 或 20m 的间距以里程来测设。

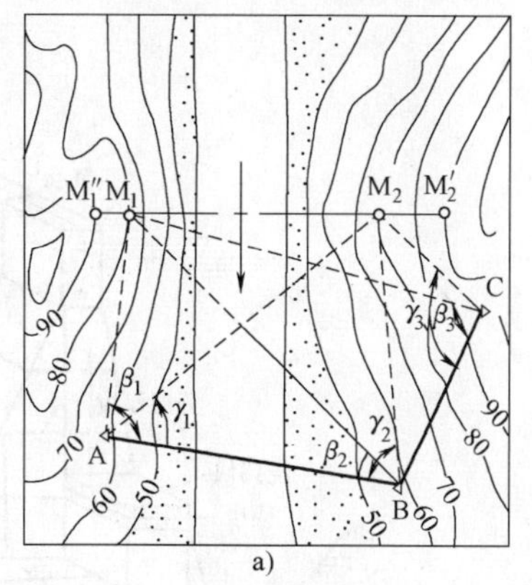

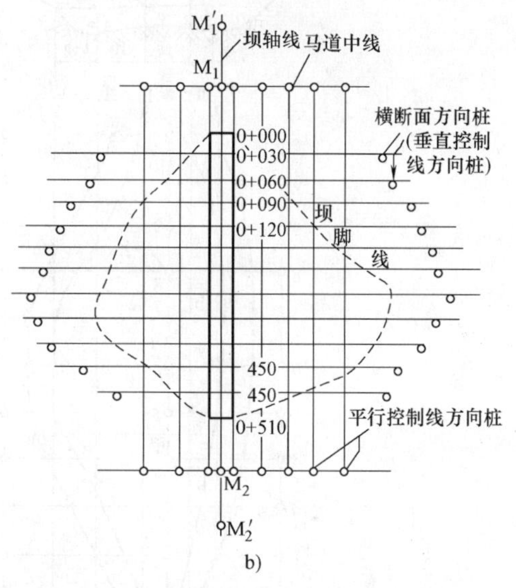

图 19-2 土坝坝体轴线测设

2. 混凝土坝体

为了防止大体积混凝土浇筑过程中内外温差过大，造成坝体开裂，混凝土坝要求分层施工，每一层中还分跨分仓（或分段分块）进行浇筑。坝体细部常用方向线交会法和前方交会法放样。因此，坝体轴线控制常采用定线控制网，包括矩形网和三角网两种，前者以坝轴线为基准，按施工分段分块尺寸建立矩形网，后者则由基本网加密建立三角网作为定线网。

（1）矩形网 如图 19-3 所示为直线型混凝土重力坝分层分块示意图，它是以坝轴线为基准布设的矩形网，由若干条平行和垂直于坝轴线的控制线所组成，格网尺寸按施工分段分块的大小而定。

（2）三角网 如图 19-4 所示，由基本网的一边加密建立的定线网，各控制点的坐标（测量坐标）可测算求得。但坝体细部尺寸是以施工坐标系为依据的，因此应根据设计图样求得其施工坐标系原点 O 的测量坐标和坐标方位角，再换算为便于放样的统一坐标系统。

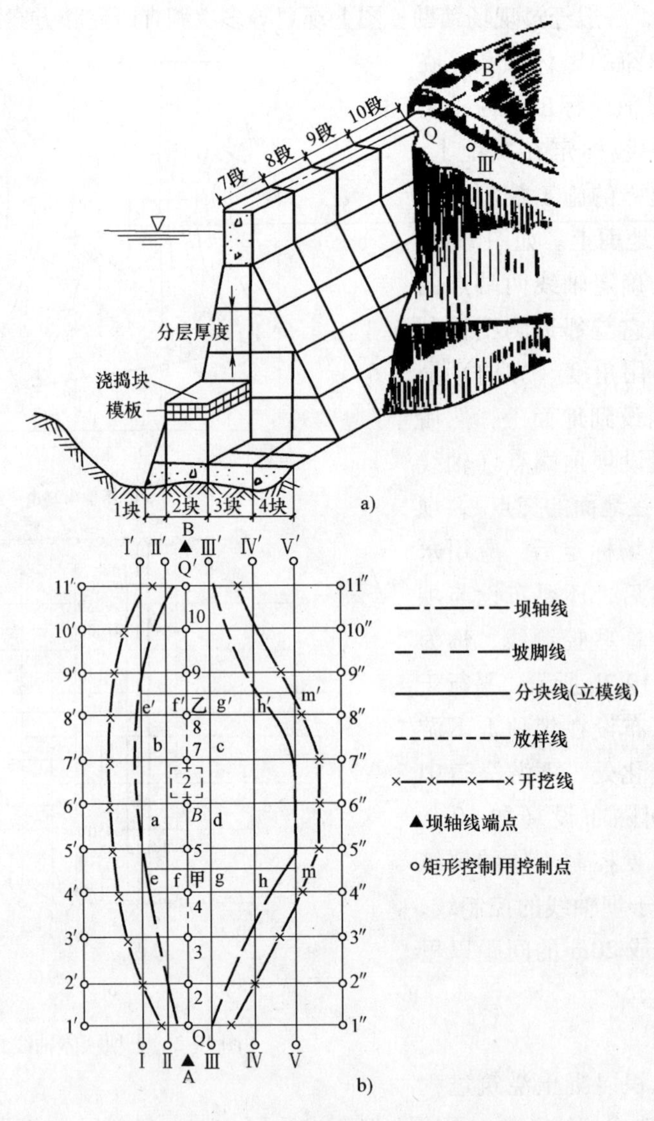

图 19-3　混凝土重力坝的坝体控制

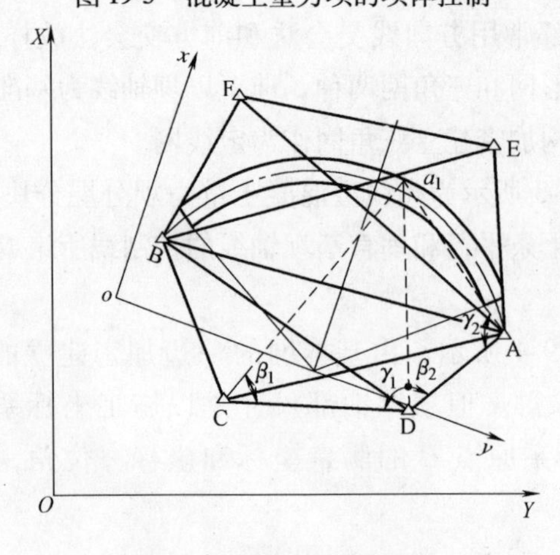

图 19-4　定线三角网

19.1.3 高程控制

用于大坝施工放样的高程控制，可由若干永久性水准点组成基本网和临时作业水准点两级布设，如图 19-5 所示。

1）基本网是整个水利枢纽的高程控制，主要布设在施工范围以外，视工程的不同要求按二等或三等水准测量施测，并考虑以后可用做监测垂直位移的高程控制。同时，应与国家水准点连测，组成闭合或附合水准路线。

2）作业水准点或施工水准点，直接用于坝体的高程放样，应布置在施工范围以内不同高度的地方。同时，应根据施工进程及时设置，尽可能附合到永久水准点上，并经常由基本水准点检测其高程，如有变化应及时改正。

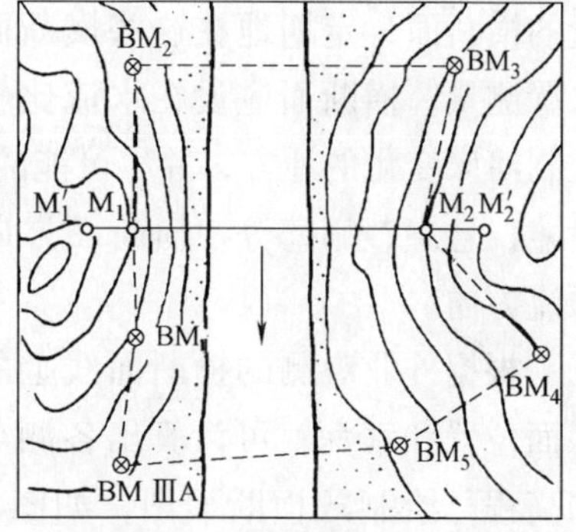

图 19-5 大坝高程基本控制网

19.2 水下的地形及断面测量

19.2.1 水下地形测量

水下地形测量与陆地上地形测量采用的控制测量方法是相同的，不同的是水下地形的起伏看不见，不像陆上地形测量可以选择地形特征点进行测绘。因此，只能用测深断面法或散点法均匀地布设一些测点。观测时利用船只测定每个测点的水深，常用的测深工具或仪器有测深杆、测深锤和回声测深仪，可根据水深、流速大小和精度要求等情况选用。测点的平面位置可在岸上的控制点上架设仪器测定，也可在船上用动态 GPS 测定或采用无线电定位系统确定。测点的高程是由水面高程（水位）减去测点的水深间接得到的。

水下地形测量的内容不如陆上的那么多，只要求在图上用等高线或等深线表示水下地形的变化。图 19-6 为水下地形图的一部分。

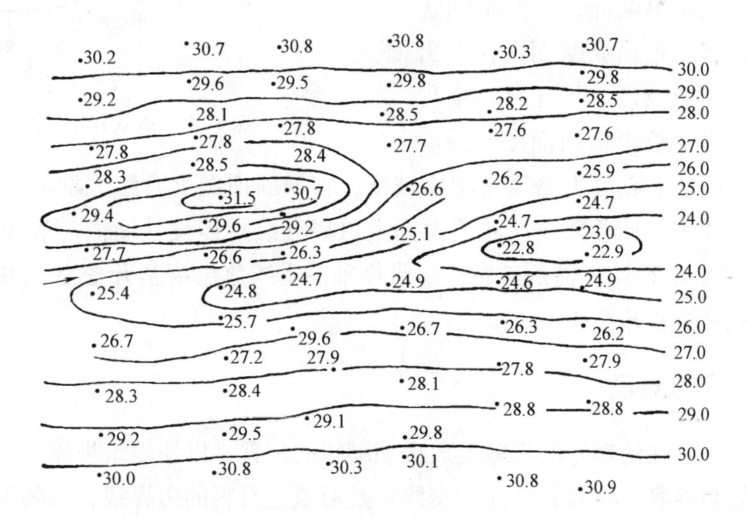

图 19-6 水下地形图

19.2.2 水下断面测量

为了掌握水下的演变规律以及满足水利工程设计的需要，在有代表性的河段布设一定数量的横断面，定期地在这些横断面线上进行水深测量。横断面应设在水流比较平缓且能控制河床变化的地方，并尽可能的避开急流、险滩、悬崖、峭壁等，横断面方向应垂直于水流方向。

根据外业观测的横断面线上的各测点的平面位置和水深，可计算出各测点的起点距和高程，绘制成横断面图，如图19-7所示。在图上应注明垂直、高程比例尺，观测日期及观测时的平均水位。

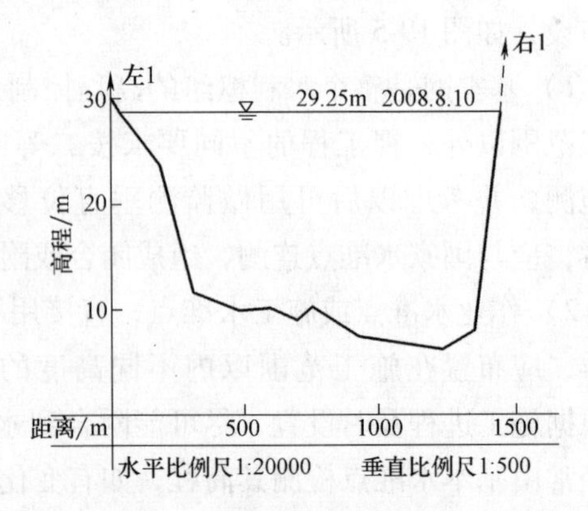

图19-7 水下横断面图

19.3 大坝的坝体施工测量

19.3.1 清基开挖线的放样

为使坝体与岩基很好地结合，坝体填筑前，必须对基础进行清理。为此，应放出清基开挖线，即坝体与原地面的交线，它是确定对大坝基础进行清除基岩表层松散物的范围，它的位置主要是根据坝两侧坡脚线、开挖深度和坡度决定。

清基开挖线的放样精度要求不高，可用图解法求得放样数据在现场放样。为此，先沿坝轴线测量纵断面，即测定轴线上各里程桩的高程，绘出纵断面图，求出各里程桩的中心填土高度，再在每一里程桩进行横断面测量，绘出横断面图，最后根据里程桩的高程、中心填土高度与坝面坡度，在横断面图上套绘大坝的设计断面。如图19-8所示，根据坝体设计参数，在此断面图上可以套绘坝体设计断面，从而量出清基开挖点至里程桩的距离 d_1 和 d_2，然后，在实地沿坝轴的垂线放出清基开挖点，再将各垂线上的开挖点连起来就是清基开挖线。

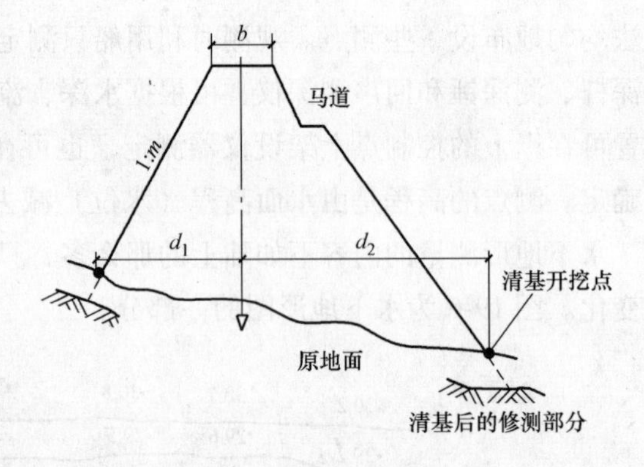

图19-8 清基开挖线测设

19.3.2 坝脚线的测设

清基完工后，应在清理好的坝基上放出坝脚线的位置，以便填筑坝体。坝脚线又称起坡线或坡脚线，它是坝底与清基后地面的交线，是填筑土石料的边界线，其测设精度要求比清基开挖线高。

首先实测清基开挖后的实际地面线，并根据设计坝顶高程等参数，套绘坝体设计断面图。如图19-9所示，在某一里程桩相应的横断面图上，量取坝脚点P至坝轴线的平距 d_P 作为放样数据，根据 d_P 在实地放出临时点P′。用水准测量方法测定该点高程 H'_P，然后按下式计算相应的平距值 d'_P：

$$d'_P = \frac{b}{2} + (H_{顶} - H'_P)m \tag{19-1}$$

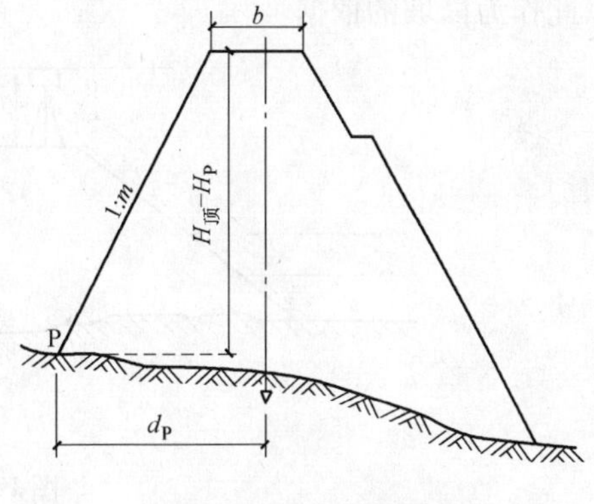

图19-9 坝脚线的测设

若实测的 d_P 与计算得到的 d'_P 相差超过1/1000，则应修正P′点位置。修正时，沿断面方向移动标尺，再测定立尺点的高程，按式（19-1）计算立尺点的平距，直至计算的平距与实测的基本相等为止（误差小于1/1000），这时的立尺点就是正确的坝脚点P的位置。

19.3.3 坝身细部放样

1. 土坝坝体放样

（1）边坡放样 土坝坝体坡脚放出后，就可填土筑坝。为了标明上料填土的界线，每当坝体升高1m左右，就要用桩（称为上料桩）将边坡的位置标定出来。标定上料桩的工作称为边坡放样。如图19-10所示，放样前先要确定放置在坡面边沿的上料桩至坝轴线的水平距离（坝轴距）。由于坝面有一定坡度，随着坝体的升高坝轴距将逐渐减小，所以预先要根据坝体的设计数据计算出坡面上不同高程的坝轴距。为了使经过压实和修理的坡面与设计坡面吻合，实际工程中通常要加宽1~2m填筑。上料桩实际上是标定在加宽后的边坡线上，因此，各上料桩的坝轴距比理论计算值要大1~2m，并将其数值编成放样数据表，供放样时使用。

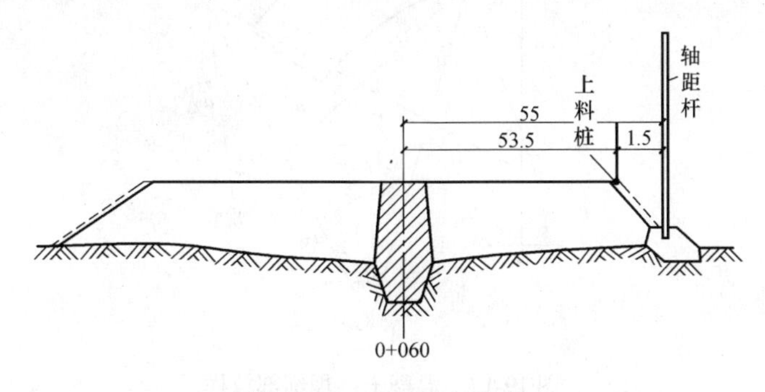

图19-10 土坝边坡放样

（2）坡面修整 土坝填筑至一定高度且坡面压实后，还要进行坡面的修整，使其符合设计要求的坡度，此时可用水准仪或经纬仪按测设已知坡度线的方法求得修坡量（削坡或回填）。坡面修整可以根据设计给定的坝坡比，计算出边坡倾角α。将经纬仪安置在坡顶边沿处，按边坡倾角向下倾斜，得到平行于设计边线的视线，如图19-11中的虚线所示，这条线可以作为修整边坡的依据。通常，在一个横断面上要沿坡面观测3～4个点，求得修坡量，以此作为修坡的依据。

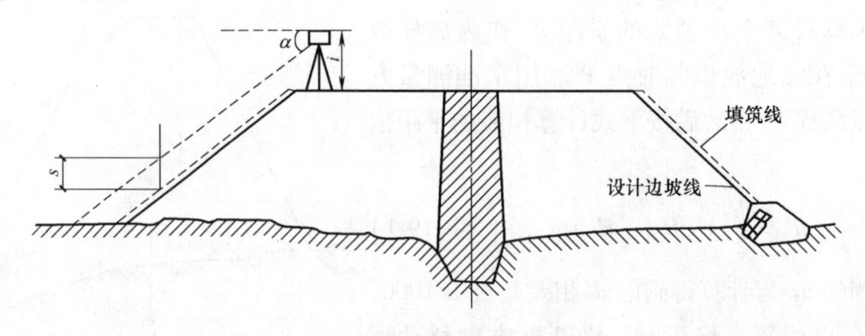

图19-11 坡面修整放样

2. 混凝土坝体放样

（1）立模放样 一般多采用前方交会法，如图19-12所示。在坝体分块立模时，应将分块线投影到基础面上或已浇好坝坡脚放样示意图的坝块面上，模板架立在分块线上，因此分块线也叫立模线，但立模后立模线被覆盖，还要在立模线内侧弹出平行线，称为放样线，用来立模放样和检查校正模板位置。放样线与立模线之间的距离一般为0.2～0.5m。

（2）浇筑高度放样 模板立好后，还要在模板上标出浇筑高度。其步骤一般在立模前先由最近的作业水准点（或邻近已浇好坝块上所设的临时水准点）在仓内增设两个临时水准点，待模板立好后由临时水准点按设计高度在模板上标出若干点，并以规定的符号标明，以控制浇筑高度。

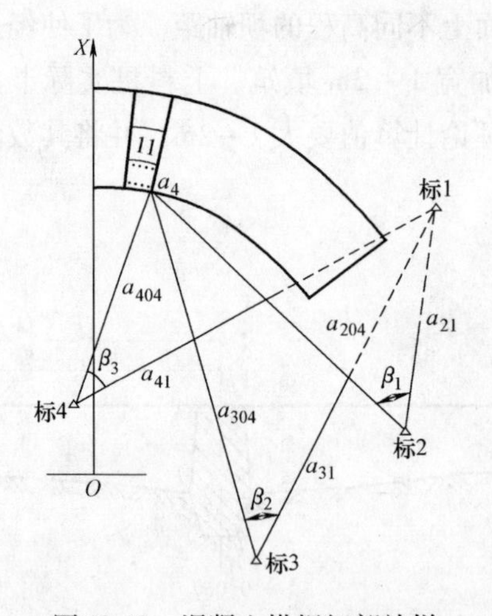

图19-12 混凝土拱坝细部放样

第20讲　建（构）筑物的变形观测和竣工测量

20.1　建（构）筑物的变形观测

工程建（构）筑物在施工过程中及施工完成后，由于其改变了建筑地基的应力状态，地基的变形不可避免。此外，由于建（构）筑物从施工开始就承受各种外部作用（重力、风力、温度及地下水位的变化等）相互交叉的复杂影响，建（构）筑物将发生沉降、水平位移、扰曲、倾斜及裂缝等变形现象。这种变形在一定限度之内，应认为是正常的现象，但如果超过了规定的限度，就会影响建（构）筑物的正常使用，严重时还会危及建（构）筑物和人民生命财产安全。因此，工程建（构）筑物在施工之后及运营使用期间，必须对其变形状态进行监测，即变形观测。利用观测的结果进行整理、加工和分析，研究工程建（构）筑物的变形规律，从而对建（构）筑物空间状态变化包括变形值的大小和方向作出几何描述，对变形原因作出合理判断，对变形的发展作出预报，进而反演结构的质量、刚度分析，确定结构物的工作状态，为建（构）筑物的施工、运营提供健康状态评价，以达到监测建（构）筑物安全、验证工程设计理论和检验施工质量的目的。

变形测量的主要内容包括沉降观测、水平位移观测、裂缝观测、倾斜观测、挠度观测和振动观测等。其中最基本的是建（构）筑物的沉降观测和水平位移观测。

20.1.1　建（构）筑物沉降观测

建筑物的沉降观测主要是测定建筑物地基的沉降量、沉降差和沉降速度，并计算基础的倾斜、局部倾斜、相对弯曲及构件倾斜。

1. 水准基点的设置

特级沉降观测的水准基点数不少于4个，其他级别沉降观测的水准基点数不应少于3个。工作基点可根据需要设置。水准基点和工作基点应形成闭合环或由附合路线构成的结点网，其主要的技术要求应符合表20-1的规定。

水准基点和工作基点位置的选择应符合下列要求：

1）对于建筑物较少的测区，宜将水准基点连同观测点按单一层次布设；对于建筑物较多且分散的大测区，宜按两个层次布网。

2）每一个测区的水准基点应不少于3个，同时应设置在基岩土层或原状土层上。

3）水准基点的位置与邻近建筑物的距离不得小于建筑物基础深度的1.5~2.0倍，同时，工作基点应设在稳定的永久性建筑物的墙体或基础上。

4）各类水准基点应避开交通干道、地下管线、仓库堆栈、水源地、河岸、松软填土、滑坡地段、机械振动区以及其他宜使水准基点遭到腐蚀或破坏的地点。

表 20-1 建筑物沉降观测水准网布设的主要技术要求

等级	相邻基准点高差中误差/mm	每站高差中误差/mm	往返较差或环线闭合差/mm	检测已测高差较差/mm
一等	0.3	0.07	$0.15\sqrt{n}$	$0.2\sqrt{n}$
二等	0.5	0.15	$0.30\sqrt{n}$	$0.4\sqrt{n}$
三等	1.0	0.30	$0.60\sqrt{n}$	$0.8\sqrt{n}$
四等	2.0	0.70	$1.40\sqrt{n}$	$2.0\sqrt{n}$

2. 沉降观测点的布设

沉降观测点是固定在建筑物结构基础、柱、墙上的测量标志，是测量沉降量的依据。因此，观测点的数目和位置应以能全面反映建筑物地基变形特征为原则，并结合建筑物的结构、大小、荷载、基础形式、内部应力的分布情况和地质条件来确定。并且，点位宜选在下列位置：

1）建筑物的四角、大转角处及沿外墙每 10 ~ 15m 处或每隔 2 ~ 3 根柱基上。

2）高低层建筑物、新旧建筑物、纵横墙等交接处的两侧。

3）建筑物的裂缝和沉降缝两侧、基础埋深相差悬殊处、人工地基与天然地基接壤处、不同结构的分界处及填挖方分界处。

4）地质复杂及膨胀土地区的建筑物在承重内墙中部设内墙点，在室内地面中心及四周设地面点。

5）邻近堆置重物处、受震动有显著影响的部位及基础下的暗沟处。

6）框架结构建筑物的每一个或部分柱基上或沿纵横轴线设点。

7）片筏基础、箱形基础底板或接近基础的结构部分之四角处及其中部位置。

8）重型设备基础和动力设备基础的四角或埋深改变处以及地质条件变化处的两侧。

9）电视塔、烟囱、水塔、油罐、炼油塔、高炉等高耸建筑物，沿周边在与基础轴线相交的对称位置上布点。

3. 沉降观测的周期和时间

沉降观测的周期和观测时间，可按下列要求并结合具体情况确定：

1）建筑物施工阶段的观测应随施工的进度及时进行。一般建筑物可在基础完工后或地下室砌完后开始观测；大型或高层建筑可在基础垫层或基础底部完成后开始观测。观测次数与间隔的时间应视地基与加荷情况而定。民用建筑可每加高 1 ~ 5 层观测一次；工业建筑可按不同施工阶段如回填基坑、安装柱子和屋架、砌筑墙体、设备安装等分别进行观测。如果建筑物均匀增高，应至少在增加荷载的 25%、50%、75% 和 100% 时各观测一次。施工过程中如暂时停工，在停工时及重新开工时各观测一次。停工期间可每隔 2 ~ 3 个月观测一次。

2）建筑物使用阶段的观测次数应视地基土类型和沉降速度大小而定。除了有特殊要求外，一般情况下可在第一年观测 3 ~ 4 次，第二年观测 2 ~ 3 次，第三年后每年 1 次，直至稳定为止。观测期限一般为：砂土地基不少于 2 年，膨胀土地基不少于 3 年，黏土地基不少于 5 年，软土地基不少于 10 年。

3）在观测过程中，如有基础附近地面荷载突然增减、基础四周大量积水、长时间连续降雨等情况，均应及时增加观测次数。当建筑物突然发生大量沉降、不均匀沉降或严重裂缝时，应立即进行逐日或几天一次的连续观测。

4）沉降是否进入稳定阶段应由沉降量与时间的关系曲线判定，对重点观测和科研观测的工程，若最后3个周期中每周沉降量不大于$2\sqrt{2}$倍测量中误差即可认为已进入沉降稳定阶段。而一般工程若沉降速度小于0.01～0.04mm/d 即可认为进入稳定阶段。

4. 沉降观测的技术要求与方法

观测的方法一般根据水准基点，采用视线高法对各个沉降观测点进行高程测量，如图20-1 所示；并将观测成果记录在表中（见表20-2）。并且，根据表20-3 中的数据绘制沉降观测的时间与沉降量及荷载的关系曲线图，如图20-2 所示。

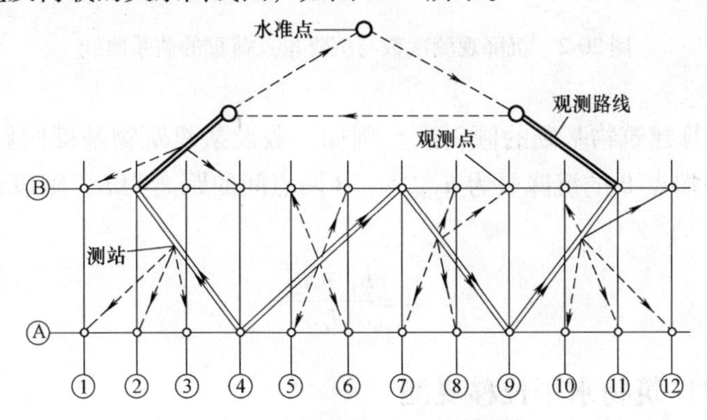

图20-1 某建筑物的沉降观测

表20-2 某建筑物的沉降观测记录

观测次数	观测时间	NO:1 高程/m	NO:1 本次下沉/mm	NO:1 累计下沉/mm	NO:2 高程/m	NO:2 本次下沉/mm	NO:2 累计下沉/mm	NO:3 高程/m	NO:3 本次下沉/mm	NO:3 累计下沉/mm	施工进展情况	荷载情况/(t/m²)
1	1995.1.10	70.454	0	0	70.473	0	0	70.467	0	0	一层平口	—
2	1995.2.23	70.448	-6	-6	70.467	-6	-6	70.462	-5	-5	三层平口	40
3	1995.3.16	70.443	-5	-11	70.462	-5	-11	70.457	-5	-10	五层平口	60
4	1995.4.14	70.440	-3	-14	70.459	-3	-14	70.453	-4	-14	七层平口	70
5	1995.5.14	70.438	-2	-16	70.456	-3	-17	70.450	-3	-17	九层平口	80
6	1995.6.4	70.434	-4	-20	70.452	-4	-21	70.446	-4	21	主体完	110
7	1995.8.30	70.429	-5	-25	70.447	-5	-26	70.441	-5	-26	竣工	
8	1995.11.6	70.425	-4	-29	70.445	-2	-28	70.438	-3	-29	使用	
9	1995.2.28	70.423	-2	-31	70.444	-1	-29	70.436	-2	-31		
10	1996.5.6	70.422	-1	-32	70.443	-1	-30	70.435	-1	-32		
11	1996.8.5	70.421	-1	-33	70.443	0	-30	70.434	-1	-33		
12	1996.12.25	70.421	0	-33	70.443	0	-30	70.434	0	-33		

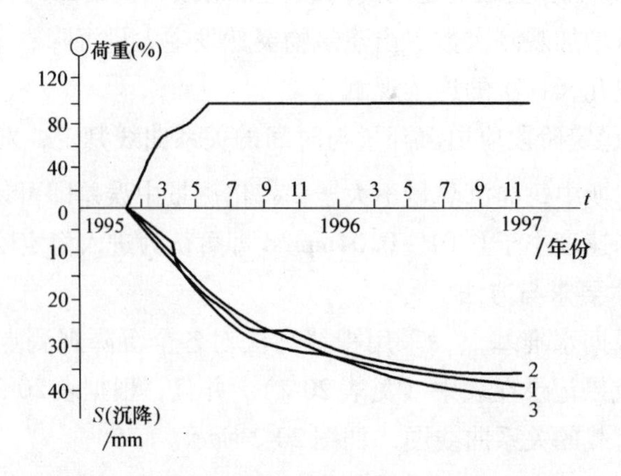

图 20-2 沉降观测次数与沉降量及荷重的关系曲线

根据沉降量计算建筑物基础的倾斜度。例如，假设某建筑物基础倾斜方向一端 A 点的沉降量为 h_1，另一端点 B 的沉降量为 h_2，A、B 两点间的距离为 L，则该建筑物的基础倾斜度 α 为

$$\alpha = \frac{h_1 - h_2}{L} \tag{20-1}$$

20.1.2 建（构）筑物水平位移观测

建筑物的水平位移观测主要是测定建筑物顶部相对于底部或各层间上、下层之间的相对水平位移，并计算建筑物整体或分层的倾斜度、倾斜方向及倾斜速度。

1. 平面控制点的设置

建筑物位移观测的平面控制网可采用导线网、测角网、测边网或边角网等形式，各种布网应考虑网形强度，长短边不宜悬殊过大，其主要技术要求应符合表 20-3 的规定。并且，控制网点的布设应符合如下的规定：

表 20-3 建筑物水平位移观测平面控制网布设的主要技术要求

等级	相邻基准点的点位中误差/mm	平均边长 L/m	测角中误差/(″)	测边相对中误差	水平角观测测回数	
					1″级仪器	2″级仪器
一等	1.5	≤300	0.7	≤1/300000	12	—
		≤200	1.0	≤1/200000	9	—
二等	3.0	≤400	1.0	≤1/200000	9	—
		≤200	1.8	≤1/100000	6	9
三等	6.0	≤450	1.8	≤1/100000	6	9
		≤350	2.5	≤1/80000	4	6
四等	12.0	≤600	2.5	≤1/80000	4	6

1）对于建筑物地基基础及场地的位移观测，宜按两个层次布设；对于单个建筑物上部

或构件的位移观测可按单一层次布设。

2）每一测区的控制基点应不少于2个，并根据不同布网方式与构型选设在变形影响范围以外便于长期保存的稳定位置。

2. 水平位移观测点的布设

位移观测点的布设应符合如下要求：

1）水平位移观测点位对建筑物应选在墙角、柱基及裂缝两边等处；对地下管线应选在端点、转角点及必要的中间部位；对护坡工程应按待测坡面成排布点；对测定深层侧向位移的点位与数量，应按工程需要确定。

2）主体倾斜观测点位应沿对应测站点的某主体竖直线，对整体倾斜按顶部、底部，对分层倾斜按分层部位、底部上下对应布设。

3. 水平位移观测的时间与周期

对于不良土质地区的观测可与一并进行的沉降观测协调考虑确定；对于受基础施工影响的有关观测，应按施工进度的需要确定，可逐日或每隔数日观测一次，直至施工结束；对于土体内部侧向位移观测，应视变形情况和工程进展而定。观测的周期可视位移的速度每1～3个月观测一次。如遇基础附近因大量堆载或卸载、场地降雨长期积水等而导致位移速度加快或裂缝加大时，应及时增加观测次数。同时，位移观测应避开强日照和风荷载影响大的时间段。

4. 水平位移观测的技术和方法

1）建筑物水平位移量的观测可用钢尺直接量取，或者也可以用全站仪进行测量得到。如图20-3所示，在已知点A点安置全站仪，照准后视点B（B点可在NA的延长线上）进行坐标定向，然后分别照准N′与N点，测出AB与AN的水平角β，及AB与AN′的水平角β'，则位移量NN′为

$$NN' = AN' \cdot \cos(\beta' - \beta) \quad (20\text{-}2)$$

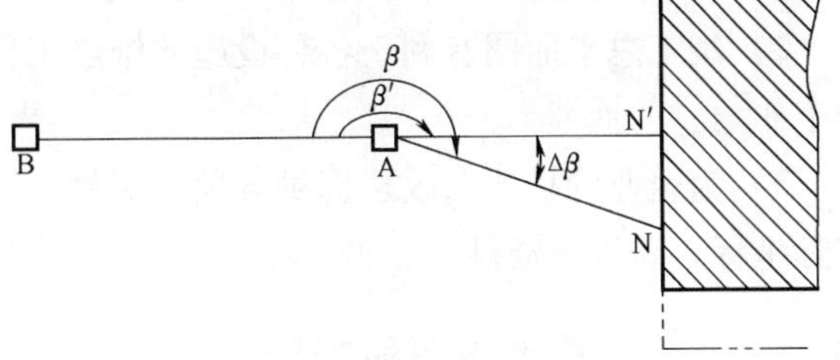

图20-3　建筑物水平位移观测

2）建筑物倾斜度的观测通常采用全站仪投测法，如图20-4所示，M、N为某建筑物的倾斜观测点，如果建筑物发生倾斜，MN将由垂直线变成请斜线。观测时，全站仪的位置距离建筑物的距离D应大于建筑物的高度。照准建筑物的上部点M，用正倒镜法向下投点得N′，如果N′与N不重合，则说明建筑物发生倾斜。以a表示N′与N的水平距离，并同理投测出与MN墙面相垂直的墙面PQ的位移点Q′，用b表示Q′与Q的水平距离。则该建筑物的倾斜度i为

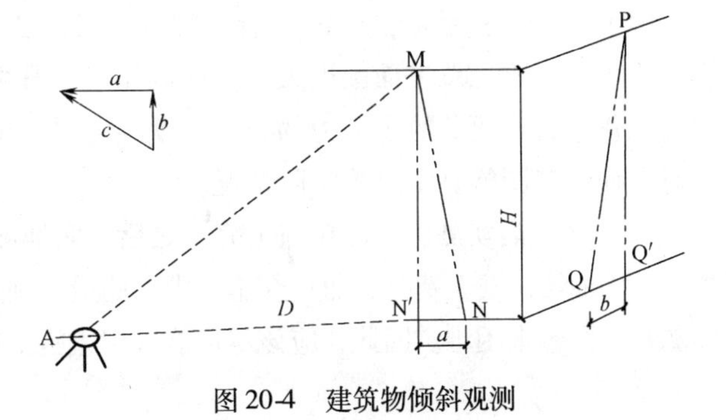

图20-4　建筑物倾斜观测

$$i = \arcsin\frac{c}{H} = \arcsin\frac{\sqrt{a^2+b^2}}{H} \tag{20-3}$$

3）建筑物挠度观测是指在建筑物垂直面内各不同高程点相对于底点的水平位移的观测，通常采用正垂线法，即从建筑物顶部悬挂一根铅垂线，直通至底部，在铅垂线的不同高程上设置观测点，借助光学式坐标仪量测出各点与铅垂线之间的相对位移值。如图20-5所示，任一观测点 N 的挠度可按下式计算

$$S_N = S_0 - \overline{S}_N \tag{20-4}$$

式中 S_0——底点与顶点之间的相对位移；

$\overline{S}_N$——任一观测点 N 与顶点之间的相对位移。

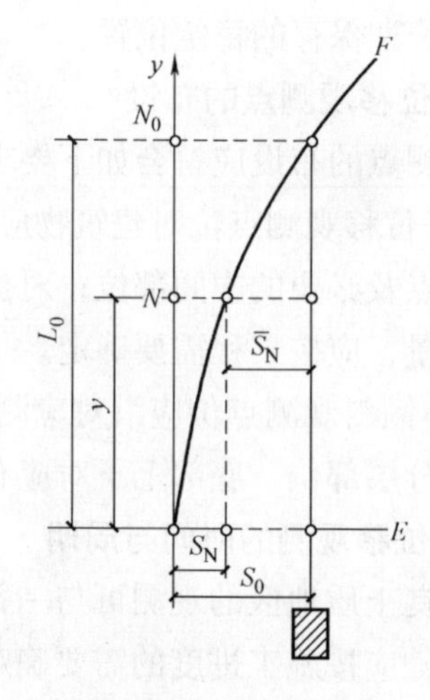

图20-5 挠度观测

20.2 建（构）筑物竣工测量

20.2.1 竣工测量的目的

竣工测量就是编绘竣工总平面图，它是建筑设计总平面图在施工后实际情况的全面反映，其目的在于：

1）在施工过程中往往可能使设计有所变更，改进设计中不合理、不完善的地方，这种临时变更设计的情况必须通过测量反映到竣工总平面图上。

2）竣工总平面图有利于各种设施的维修工作，特别是地下管道等隐蔽工程的检查与维修工作。

3）为企业的扩建、改建提供各项建筑物、构筑物、地上和地下各种管线及交通线路的实际坐标、高程等资料。

20.2.2 竣工总平面图的测绘方法

竣工图测绘的方法主要有两种：

（1）边施工边编绘法　即随着工程的陆续竣工相继进行编绘。其优点是，当整个工程全部竣工时，竣工总平面图也大部分编制完成，既可作为交工验收的资料，又可大大减少实测的工作量，从而节约了人力物力。在编绘的过程中如发现地下管线有问题，可及时到现场查对，使竣工图能真实反映实际情况。

（2）竣工后实测法　即在施工完毕之后，实地测绘竣工总平面图。采用这样的方法编绘竣工总平面图，费工费时，而且在施工中，测量控制点不容易全部完好地保存下来，给竣工后实测竣工图带来困难。因此，应该尽可能采用边施工边编绘的方法来编绘竣工总平面图。

20.2.3 竣工总平面图编绘的内容

包括室外实测和室内资料编绘两方面的内容。

1）室外实测即在每一个单项工程完成后，必须由施工单位进行竣工测量。竣工测量完成后，应提交完整的资料，包括工程的名称、施工依据、施工成果，作为编绘竣工总平面图的依据。竣工总平面图上应包括建筑方格网标桩、水准点、厂房、辅助设施、生活福利设施、架空与地下管线、铁路等建筑物或构筑物的坐标、高程，以及厂区内空地和未建区的地形。有关建筑物、构筑物的符号应与设计图例相同，有关地形图的图例应使用国家地形图图式符号。

2）室内资料编绘即在编绘前先将设计总平面图用铅笔绘于图纸上，作为底图。每项工程竣工后，用黑色将该工程实际形状绘出，并将坐标及高程标在图上，随着施工的进展，逐步在底图上将铅笔线着墨描绘。厂内地上和地下所有建筑物、构筑物绘在一张竣工总平面图上时，如果线条过于密集而不醒目，则可采用分类编绘，如综合竣工总平面图，交通运输竣工总平面图，管线竣工总平面图等。

竣工总平面图的比例尺一般采用1∶1000，如不能清楚地表示某些特别密集的地区，也可局部采用1∶500的比例尺绘制。

参 考 文 献

[1] 罗时恒．地形测量学［M］．北京：冶金工业出版社，1985.
[2] 丁惟坚，陈福山．建筑工程测量学［M］，北京：中国建筑工业出版社，1988.
[3] 王永臣，放线工手册［M］．北京：中国建筑工业出版社，1990.
[4] 黄浩，测量［M］．北京：中国建筑工业出版社，1990.
[5] 章书寿，陈福山．测量学教程［M］．北京：测绘出版社，1991.
[6] 王时炎，等，测量学［M］．北京：测绘出版社，1991.
[7] 陈昌乐．建筑施工测量［M］．北京：中国建筑工业出版社，1991.
[8] 李生平，建筑工程测量［M］．武汉：武汉工业大学出版社，1993.
[9] 刘大杰，施一民，过静君．GPS 原理与数据处理［M］．上海：同济大学出版社，1996.
[10] 吴来瑞，邓学才，建筑施工测量手册［M］．北京：中国建筑工业出版社，1997.
[11] 高井祥，张书毕，等．测量学［M］．江苏：中国矿业大学出版社，1998.
[12] 严莘稼，王侬．建筑测量学教程［M］．北京：测绘出版社，1998.
[13] 杨德麟，等．大比例尺数字测图的原理与应用［M］．北京：清华大学出版社，1998.
[14] 钟孝顺，聂让．测量学［M］．北京：人民交通出版社，1999.
[15] 王家贵，金继读，等．测绘学基础［M］．北京：教育科学出版社，2000.
[16] 何瑶民，测量学［M］．长沙：中南大学出版社，2001.
[17] 郑金兴，园林测量［M］．北京：高等教育出版社，2001.
[18] 詹长根．地籍测量学［M］．武汉：武汉大学出版社，2002.
[19] 卞正富，测量学［M］．北京：中国农业出版社，2002.
[20] 张正禄．工程测量学［M］．武汉：武汉大学出版社，2002.
[21] 潘正风，杨正尧．数字测图原理与方法［M］．武汉：武汉大学出版社，2002.
[22] 罗聚胜，杨晓明．地形测量学［M］．北京：测绘出版社，2002.
[23] 王光遐．建筑施工测量百问［M］．北京：中国建筑工业出版社，2003.
[24] 苗景荣．建筑工程测量［M］．北京：中国建筑工业出版社，2003.
[25] 李天文．GPS 原理与应用［M］．北京：科学出版社，2003.
[26] 王惠南．GPS 导航原理与应用［M］．北京：科学出版社，2003.
[27] 陈鹰．遥感影像的数字摄影测量［M］．上海：同济大学出版社，2003.
[28] 廖克．现代地图学［M］．北京：科学出版社，2003.
[29] 邹永廉，土木工程测量［M］．北京：高等教育出版社，2004.
[30] 中华人民共和国住房和城乡建设部．城市测量规范（CJJ/T 8—2011）［S］．北京：中国建筑工业出版社，2011.
[31] 宁津生，陈俊勇等．测绘学概论［M］．武汉：武汉大学出版社，2004.
[32] 刘基余．GPS 卫星导航定位原理与方法［M］．北京：科学出版社，2005.
[33] 覃辉．土木工程测量［M］，上海：同济大学出版社，2006.
[34] 孔祥元，郭际名，等．大地测量学基础［M］．武汉：武汉大学出版社，2006.
[35] 华锡生，李浩．测绘学概论［M］．北京：国防工业出版社，2006.
[36] 岳建平，陈伟清，土木工程测量［M］．武汉：武汉理工大学生出版社，2006.

[37] 陈久强．土木工程测量［M］．北京：北京大学出版社，2006.
[38] 胡伍生．土木工程测量［M］．南京：东南大学出版社，2007.
[39] 中华人民共和国住房和城乡建设部．工程测量规范（GB50026—2007）［S］．北京：中国计划出版社，2007.
[40] 中交第一公路勘察．设计研究院．公路勘测规范（JTG C10—2007）［S］．北京：人民交通出版社，2007.
[41] 中交第一公路勘察．设计研究院．公路勘测细则（JTG/T C10—2007）［S］．北京：人民交通出版社，2007.
[42] 中华人民共和国住房和城乡建设部．建筑变形测量规范（JGJ8—2007）［S］．北京：中国建筑工业出版社，2007.
[43] 覃辉，马德富，熊友谊．测量学［M］．北京：中国建筑工业出版社，2007.
[44] 朱爱民．工程测量［M］．北京：人民交通出版社，2007.
[45] 郭宗河．土木工程测量［M］．北京：机械工业出版社，2008.
[46] 皮振毅，等．测量员［M］，哈尔滨：哈尔滨工程大学出版社，2008.
[47] 宋建学．新编土木工程测量［M］．郑州：郑州大学出版社，2012.

检
33